U0812245

地质调查工作方法指导手册

成矿构造分析方法

梁一鸿　编著

地质出版社

·北　京·

内 容 提 要

本书主要论及构造与成矿的关系。全书包括三部分内容：矿床形成的地球动力学环境分析、成矿区带分析和矿田构造解析。矿床形成的地球动力学环境分析主要探讨不同地球动力学背景下的矿床类型、矿床组合、标型特征和判别方法；成矿区带分析主要探讨不同级别成矿区带的构造属性、划分标志和矿产在成矿区带中集中分布的规律；矿田构造解析主要介绍褶皱构造、断裂构造、韧性剪切带构造、接触带构造和火山构造的控矿特征和控矿规律；最后还简要介绍了矿田构造应力场的数字模拟方法。

本书可以作为野外地质调查和科研工作的参考书，也可以作为大专院校本、专科学生和研究生的教学参考书。

图书在版编目（CIP）数据

成矿构造分析方法 / 梁一鸿编著 . —北京：地质出版社，2021. 5

ISBN 978 - 7 - 116 - 12595 - 7

Ⅰ. ①成… Ⅱ. ①梁… Ⅲ. ①成矿构造-分析方法 Ⅳ. ①P613

中国版本图书馆 CIP 数据核字（2021）第 053108 号

责任编辑：田　野　李云浮
责任校对：关风云
出版发行：地质出版社
社址邮编：北京市海淀区学院路 31 号，100083
电　　话：（010）66554528（发行部）；（010）66554631（编辑室）
网　　址：http：//www. gph. com. cn
传　　真：（010）66554686
印　　刷：北京地大彩印有限公司
开　　本：787 mm×1092 mm　1/16
印　　张：18. 5
字　　数：430 千字
版　　次：2021 年 5 月北京第 1 版
印　　次：2021 年 5 月北京第 1 次印刷
定　　价：98. 00 元
书　　号：ISBN 978 - 7 - 116 - 12595 - 7

承诺：凡购买地质出版社的图书，如有印装问题，本社负责调换。
感谢：如对本书有建议或意见，敬请致电本社，并对此表示感谢。

声明：版权所有，未经作者书面许可，不得为任何目的，以任何形式或手段复制、翻印、传播或其他任何方式使用本书的任何图版、图片。

序

地质工作是一项专业性和实践性很强的科学工作，无论是地质调查还是地学研究都涉及广泛的专业知识和各个方面实际工作技巧。一个称职的地质工作者应该系统掌握其工作领域里相应的工作方法和理论知识，以适应其工作需求。随着地质科学自身的完善和发展，特别是经济社会发展对地质工作需求的变化和提升，地质工作者正面临着如何进一步提高综合素质和工作能力的问题，中国地质调查局也在积极面对如何尽快提高公益性地质调查队伍整体能力的挑战。

地质专业的大学毕业生、研究生是地质队伍的主要人才来源，他们在学校系统学习了地学的基本理论，掌握了一些基本工作技能，但由于实践经验不足，还难以适应复杂与差异变化的地质工作的实际需求，毕业生必须经过实践锻炼才能逐步胜任实际工作。多少年来，我们培养了一代又一代的地质工作者，不断发展着这一古老而又年轻的学科。但是，近几年来，由于种种原因，年富力强的一线地质工作者明显不足，出现了“文革”之后的又一次人才断层，许多新参加工作的地质技术人员难以得到老专家的传帮带，工作技能的提高受到很大的制约。同时，由于信息社会知识的爆炸，地学领域的新技术、新理论在不断涌现，每一个地质工作者都面临着如何实现知识更新、跟上时代步伐的问题。在地质工作任务日益繁重，社会对地质工作成果的要求越来越高的形势下，如何尽快提高地质队伍中青年技术人员的业务综合能力是摆在中国地质调查局面前的一项重要任务。

为了适应新的形势，尽快提高地质工作者的业务素质，我们组织各方面有丰富经验和较高专业造诣的专家编写了这套涵盖地质调查研究各个领域的工作方法系列指导手册。这套手册从地质工作的实际需求出发，侧重基本工作方法和动手能力的培养，起到了大学教科书与实际工作之间的连接与过渡作用。手册中包含了作者们多年积累的丰富实际工作经验和大量实际资料，使读者可以在实践中充分参考、学习。这一手册无论对新出校门的年轻人还是对有工作经验的老地质工作者都有很大的参考价值，可以成为广大地质工作者不断扩展知识领域和技能范畴、完善自我的重要辅助材料。我相信，这一手册的出版将有效地推动地质调查队伍业务能力建设的进程，受到广大地质工作者，特别是青年地质工作者的欢迎。

作为地质战线的一员，我衷心感谢参与编写该指导手册的所有专家们，感谢他们将自己辛勤工作积累下来的经验和资料总结升华，留给青年同行，感谢他们为中国地质工作做出的不可磨灭的贡献。我也感谢该指导手册编写的组织者，他们为地质工作的发展和振兴做了一件好事。我也期待着我们的老专家们更多地参与到这项工作中来，并就培养青年地质技术人员的途径和方式献计献策、发挥作用。

随着《国务院关于加强地质工作的决定》出台，我国地质工作正在进入一个新的历史机遇期，国家需要更多的高素质地质工作者。每一个地质工作者都要不辱使命，尽力提高自身能力，通过自己的努力为发展地质事业，全面建设小康社会做出贡献。

2006 年 3 月于北京

《地质调查工作方法指导手册》编辑委员会成员名单

主任委员：孟宪来

副主任委员：张洪涛　周家寰

委　　员：（以姓氏笔画排序）

邓晋福　卢民杰　叶建良　吕建生　任天祥
刘士毅　刘凤山　刘纪选　孙文珂　庄育勋
严光生　张　伟　李家熙　杨振升　肖桂义
陈　磊　陈仁义　季　强　殷跃平　莫宣学
彭齐鸣　曾朝铭

顾问委员会成员名单

（以姓氏笔画排序）

丁国瑜　马宗晋　方克定　王　达　王秉忱　王鸿祯　卢耀如
叶天竺　任纪舜　刘广志　刘广润　刘光鼎　刘宝珺　多　吉
孙　枢　孙殿卿　汤中立　许志琴　何继善　宋叔和　寿嘉华
张本仁　张宗祜　张弥曼　李廷栋　李佩成　杨　起　杨文采
杨遵义　汪品先　汪集旸　沈其韩　肖序常　邱中建　陈庆宣
陈梦熊　陈毓川　於崇文　林学钰　郑绵平　金庆焕　金振民
金翔龙　赵文津　赵鹏大　徐世浙　殷鸿福　涂光炽　袁道先
贾承造　常印佛　童庆禧　董申葆　谢学锦　翟光明　翟裕生
裴荣富　薛禹群　戴金星

前 言

《成矿构造分析方法》是中国地质调查局策划并主编的《地质调查工作方法指导手册》中的一个分册。

这里所说的成矿构造是指与成矿作用有关的地质构造的总和。它包括三个层次的含义：矿床形成的地球动力学环境、成矿区带和矿田构造。

矿床形成的地球动力学环境分析主要探讨不同地球动力学背景下的矿床类型、标型特征和鉴别标志。

自从板块构造学说问世以来，人们倾向于把沉积作用、岩浆活动、变质作用和成矿作用与板块构造联系起来。即特定的沉积作用、岩浆活动、变质作用和成矿作用发生于特定的板块构造环境。不同板块构造环境下形成的沉积岩、岩浆岩和变质岩，或多或少地带有相应板块构造环境的烙印——独特的地质和地球化学特征。因此，人们也希望利用这些特征恢复其形成时的地球动力学环境。

矿床也是在特定的板块构造体制下形成的，它们形成于威尔逊旋回的不同阶段。

在大陆裂谷开裂之前的大陆隆起，伴随三种岩浆岩组合：基性-超基性岩，碱性杂岩-碳酸岩和A型花岗岩。形成铬铁矿床、硫化铜镍矿床、稀土矿床和高温热液型钨、锡、铀等矿床以及斑岩铜矿床。

大陆裂谷为喷流沉积成因的铅、锌、铜、铁、钴等矿床的形成提供了良好的背景条件：它具有高的热流值，可以为深循环的海水不断加热；区域引张为海水循环提供驱动条件；正断层系统控制不同级别裂谷盆地和热卤水池所在，并为海水循环提供通道。

在大洋盆地，广泛发育的铁锰结核是最具有未来经济价值的矿床；在扩张脊，是众所周知的热液型含金属硫化物的沉积以及塞浦路斯型块状硫化物矿床；产于蛇绿岩套下部的豆荚状铬铁是铬矿的主要来源之一；在蛇绿岩套的辉长岩系统中发育有重要的硫化铜镍矿床。

浅成低温热液型金（银）矿床发育在岛弧、大陆边缘弧和弧后引张克拉通盆地的中酸性火山岩或与之有关的沉积岩围岩中。在不同环境中，形成低硫化型或高硫化型浅成低温热液型金（银）矿；岛弧和大陆边缘弧也是黑矿型块状硫化物矿床、斑岩型矿床、石英脉型金矿和脉状铅锌矿等的产地。

在大陆边缘岩浆弧的靠陆一侧，有一条大致呈弧形的地带，发育以花岗岩为主体的侵入岩。与这个花岗岩浆弧有关的矿床包括W、Sn和Mo矿，都属于高温岩浆热液型矿床。同时也发育斑岩型铜（钼）矿床。

陆陆碰撞为内生金属矿床的形成提供了良好的地球动力学条件。首先，山根的形成为中酸性岩浆——特别是S型花岗岩的形成提供了必要的物源；造山后的伸展环境为A型花岗岩浆的形成提供了一个减压条件。相关的岩浆活动是有色金属和贵金属矿床形成的基础。与这一构造环境有关的矿床有与深成岩浆作用有关的锡和铀的热液矿床，银、镍和钴的砷化物矿床以及金矿等。

我国地质工作者首次将成矿区带的概念赋予了相对规模和构造属性，并将我国成矿区带进行系统的逐级划分，总结其成矿规律。成矿区带分析是本书的第二部分内容，主要探讨不同级别成矿区带的地质含义、划分标志和成矿规律。

Ⅰ级成矿带与地球表面一级构造单元相对应：它们分别对应板块和巨型造山带。

Ⅱ级成矿带以构造旋回为主要标志：它们可能对应板块内部的前寒武纪不同时期的构造带和地块以及大洋闭合以前不同时期的增生造山带。

在以造山带为成矿域（如古亚洲成矿域）的情况下，Ⅲ级成矿带与大地构造相的分布相对应。

在对成矿区带的矿产分布规律分析中，引入了矿床形成的地球动力学模型的概念，以此建立构造作用与成矿作用或构造演化与成矿作用演化的内在联系。

作为区域成矿分析和矿田构造解析的过渡，利用一章篇幅，介绍了几个典型矿田或矿集区，如密西西比河谷型铅锌矿田、浅成低温热液金银矿田、卡林型金矿田等。这里并没有过多描述构造在其中的意义。原因是控制矿田的关键因素是大地构造环境、成矿作用方式和含矿建造。

地质构造在其中所起的作用各不相同：对于密西西比河谷型铅锌矿，其后的造山作用至关重要，矿床可能被限制在造山带的前陆地区；许多卡林型金矿是受成矿前的压性构造（如逆冲推覆构造）在成矿期张开控制的；浅成低温热液型金（银）矿则是活动大陆边缘的挤压环境（岛弧）和伸展环境（弧后引张克拉通盆地）控制了产出部位和矿床类型（高硫化型或低硫化型），而矿床和矿体多数受火山构造控制。

本书的第三部分内容是矿田构造解析，主要介绍褶皱构造、断裂构造、韧性剪切带构造、接触带构造和火山构造的控矿作用。

褶皱构造控矿分析强调了褶皱构造容矿空间、不同构造环境褶皱构造的控矿特点、不同褶皱排列组合方式的控矿要点以及一些特殊褶皱类型——断层相关褶皱、膝折、叠加褶皱等的控矿作用分析，本章还用一节的篇幅介绍了变质岩区被褶皱矿床产状的恢复方法。

岩石的断裂方式有张裂和剪裂。不同外力作用方式——拉张、挤压、剪切、弯曲和扭转所形成的同一力学性质的断裂具有不同特点。正确识别断裂性质，是断裂构造控矿分析的基础。断裂构造控矿分析的另外一个要点是断裂组合分析：把控制矿床或矿体的不同产状、不同规模、不同性质的断裂正确地组合和分期，建立控矿断裂构造体系。

韧性剪切带是深部层次的构造，只有大型的断裂构造才能达到地壳较大深度。因此，韧性剪切带控矿作用只涉及造山带的大型逆冲推覆型韧性剪切带、变质核杂岩-拆离断层组合的韧性拆离断层以及与大型走滑断裂有关的走滑型韧性剪切带。但是在变质岩发育地区，特别是前寒武纪结晶基底，可能发育小型韧性剪切带，代表区域变质条件下的线性变形带。

侵入体构造控矿主要分析不同侵位作用方式对接触带构造的影响。侵位作用的方式不同，接触带构造样式以及伴生的褶皱和断裂构造的特点不同，从而控制不同形状、产状的矿体。

火山构造的主体是破火山口构造，其次是火山穹隆、火山通道以及火山作用产生的环状和放射状断裂。它们是浅成低温热液矿床、黑矿和火山颈相斑岩型矿床的主要控矿构造。

本书在最后一章，简单介绍了成矿构造应力场的分析方法。

书中涉及的实例，均引自公开发表的论文或专著。非常感谢各位原作者细致的描述、精美的图件、精辟的分析和论述。

作　者

2021年2月

目　录

第一章　矿床形成的构造环境

自从板块构造学说问世以来，人们倾向于把沉积作用、岩浆作用和变质作用与板块活动联系起来(Mitchell and Garson,1976,1981;Hutchison,1989;Sawkins,1972,1976；朱上庆和池三川，1992；翟裕生，1997；毛德宝等，2001)。在特定的板块构造环境下形成的沉积岩、岩浆岩和变质岩往往具有一定的、反映其形成环境的标型特征。因此，人们又试图利用这些标型特征恢复其形成时的地球动力学环境。

矿床是在特定的板块构造体系中形成的，它们形成于威尔逊旋回的不同阶段。但是，尽管不同构造环境中的矿床有时也具有某些标型特点（如某些块状硫化物矿床），但是矿床普遍的共性（如产状、矿物组合、结构、构造等）使得通过矿床地质特征直接鉴别矿床形成的地球动力学环境比较困难。就如我们不能从一个含金石英脉的特点来判断其形成的构造环境一样。本章主要简单介绍不同地球动力学环境中的主要矿床类型。

Wilson（1966）认为，大洋的构造旋回起始于一个大陆裂谷，终结于造山带。并将其总结为六个阶段：萌芽阶段（东非裂谷），初始阶段（红海），成熟阶段（大西洋），衰退阶段（太平洋），残余阶段（地中海），消亡阶段（阿尔卑斯-喜马拉雅）。在不同阶段产生不同的构造环境，在不同构造环境中形成了各种不同矿产。

现代大地构造学认为（Maruyama，1994），作为威尔逊旋回萌芽阶段的大陆裂谷起因于地幔柱构造。因此本书在威尔逊旋回的大陆裂谷构造环境之前增加了地幔柱构造环境。

第一节　地幔柱构造有关的矿床

地幔柱（mantle plume）构造的概念是伴随 Wilson（1963，1965）提出的热点(hotspots）理论发展起来的。热点理论认为，在地幔中存在能产生大量岩浆、位置固定不变的热地幔区——热点。热点在地表的表现形式就是如夏威夷、天皇岛那样的火山岛链。

Morgan（1971）首次提出热地幔柱的概念。他认为，Wilson（1963，1965）所指的固定热地幔区实际上是一个产生于地幔底部附近的热幔柱，热点火山链则是长期活动的热幔柱熔融物质在上覆运动板块上留下的轨迹。Anderson（1975）则强调地幔柱与周围地幔化学成分的差异。而 Olson 和 Yuen（1982）则将地幔柱定义为“地幔热化学柱”。

20 世纪 90 年代，Maruyama 等（1994）通过地震层析成像技术，揭示了地幔整体结构，确定了岩石圈俯冲板块与地幔柱之间的关系，提出了“全球构造体系”的概念。他们认为，板块运动是由地幔对流引起的，而地幔对流起因于地幔深部上升的直径数千千米的大型热地幔柱和沉入 670km 深并暂处于滞留状态的板片而引起的冷地幔柱。

因此，地幔柱构造可以认为是板块构造的动力学来源，也是威尔逊旋回的开始，是大陆裂谷和大洋裂谷启动的前奏。因此，这里所说的地幔柱构造及其成矿作用是指明显的大陆裂谷或大洋裂谷出现前的构造及其成矿作用。

地幔柱构造经常（但并不一定是）伴随其后的裂谷作用。在这种情况下，人们通常把地幔柱作用有关的矿床与裂谷作用有关的矿床看作为同一体系。而我们这里所说的地幔柱有关的矿床包括两类：①地幔柱作用，地表形成穹隆和（或）形成初期裂陷时形成的矿床，这些矿床形成于大规模或明显的裂谷作用之前；②在裂谷作用期，在裂谷系之间稳定陆块区、裂谷、盆岭构造的“岭”区或变质核杂岩区形成的矿床。因此，与地幔柱构造有关的矿床并不受裂谷构造的直接控制和制约。

地幔柱环境最主要的矿床类型包括与花岗岩——经常是板内A型花岗岩有关的锡矿和铀矿；与碳酸岩和碱性杂岩有关的磷灰石、磁铁矿、蛭石和烧绿石矿；与基性、超基性岩有关的铬矿和硫化铜镍矿；与金伯利岩有关的金刚石矿；与花岗岩有关的斑岩铜矿以及与碱性玄武岩和玄武岩有关的宝石矿等（表1-1）。

表1-1 与地幔柱有关的矿床

构造环境	岩石组合	矿床成因	金属或矿物类型	实　例
地幔柱	花岗岩、碱性花岗岩和过碱性花岗岩	热液矿床	W、Sn、U	乔斯高原锡矿（侏罗纪）坎博山铀矿
	基性岩和超基性岩	岩浆矿床	Cu、Ni、Pt、Cr、V	津巴布韦大岩墙
	金伯利岩	岩浆矿床	金刚石	南非金刚石矿
	碳酸杂岩	热液-交代	磷灰石、磁铁矿、蛭石、烧绿石	科拉半岛（新元古代—古生代）
	玄武岩		红宝石、蓝宝石	泰国、柬埔寨

（据Mitchell et al.，1981）

一、与板内A型花岗岩有关的锡矿和铀矿

尼日利亚乔斯高原的锡矿是地幔柱型锡矿的典型代表。该锡矿位于乔斯高原走向近南北、长1300km、宽200km的花岗岩带的南端，贝努埃裂谷（坳拉槽）西侧。该花岗岩带包含40余个直径达25km的环形构造（Bowden and Kinnaird，1978）。花岗岩为钠长石-钠闪石花岗岩、绿钠闪石花岗岩和黑云母花岗岩。花岗岩侵入到前寒武纪变质岩和火成岩以及中生代富硅质火山岩和玄武岩中。过碱性花岗岩富含锌；黑云母花岗岩早期形成铌铁矿、磷钇矿、钍石和锡石，晚期形成云英岩型锡矿。主要矿石矿物为锡石、闪锌矿、黄铜矿、方铅矿和黄铁矿。

作为地幔柱型铀矿的一个实例发育在阿拉斯加东南部的坎博山。矿床产于过碱性钠闪石花岗岩体内。该花岗岩体侵入于新元古代和早古生代地层中。铀矿呈浸染状分布于花岗岩体内或呈脉状分布于花岗岩和围岩裂隙中。Taylor（1979）认为，这些过碱性花岗杂岩与岩石圈相对于下伏地幔柱运动的休止期有关。

二、与碳酸岩和碱性杂岩有关的磷灰石、磁铁矿、蛭石和烧绿石矿

与地幔柱碳酸岩-碱性杂岩-超基性岩有关的磷灰石、磁铁矿、蛭石和烧绿石矿的典型实例发育在科拉半岛卡累利阿北部（图1-1）。岩石主要为碱性岩（霞石正长岩、霓霞岩）、基性-超基性岩和碳酸岩。岩体（脉）围绕一个直径为450km的穹隆分布，构成一

个弧形和放射状岩墙-断裂系统。岩体年龄从610Ma到270Ma，代表地幔柱长期、持续作用（Mitchell and Garson，1981）。这个矿区中的西宾内矿的氟磷灰石储量达2700Mt。矿体产于层状霓霞岩带内（Gerasimovski et al.，1974）。矿床由磷灰石角砾岩、富磷灰石霓霞岩和磷霞岩组成。

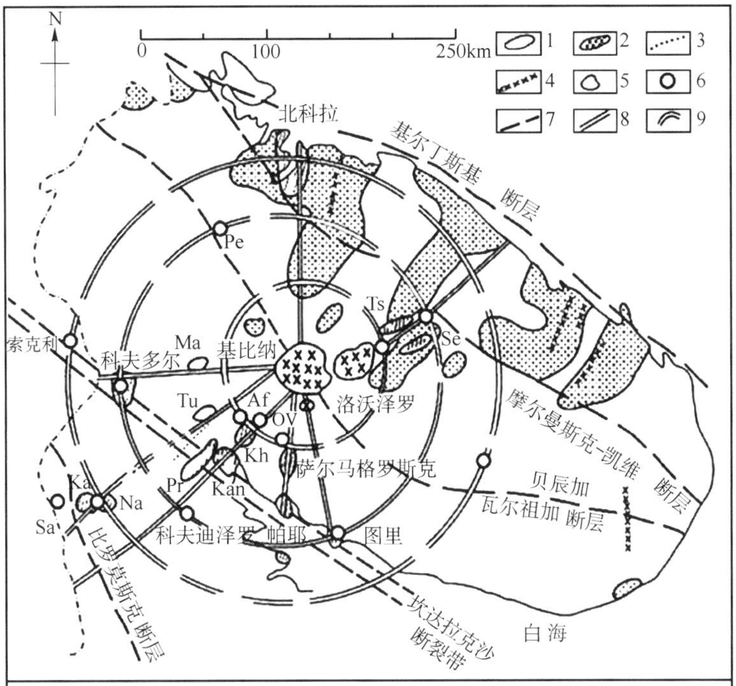

Af—爱弗里坎德；Ka—卡尔瓦；Kan—坎达拉克沙；Kh—卡布泽罗；Ma—马夫拉古巴；Na—纳马瓦拉；OV—奥泽马亚瓦拉卡；Pe—佩琴加；Sa—萨拉塔瓦；Se—西亚维；Ts—钦克尔亚尔维；Tu—通塞基

图1-1　科拉半岛碳酸岩-碱性岩-基性、超基性岩分布图

（据Mitchell et al.，1981）

1—巨大的碱性岩和碳酸岩岩墙群和岩墙带；2—分布广泛的基性岩、超基性岩岩墙区；3—巨型碱性岩墙；4—巨型基性岩墙；5—碱性岩体；6—碳酸岩及相关岩石的中心式侵入体；7—大断裂；8—放射状断裂；9—弧形断裂

三、与基性、超基性岩有关的铬矿、硫化铜镍矿和铂族金属矿

按照现代大地构造观点，地幔柱起源于地球深部的核幔交界处。因此经常有基性-超基性侵入岩伴生，特别形成基性岩墙群构造，并伴生铬矿、硫化铜镍矿和铂族金属矿床。其代表是南非的津巴布韦大岩墙。

津巴布韦大岩墙呈北北东向横穿津巴布韦克拉通的太古宙岩石，长约550km，宽4~12km。纵向上可划分为南北2个主要岩浆房和5个次级岩浆房。北部岩浆房由穆森盖济（Musengezi）、达温代尔（Darwendale）和赛巴奎（Sebakwe）3个次岩浆房组成；南部岩浆房则由塞卢奎（Selukwe）和韦扎（Wedza）2个次岩浆房组成。在其东西两侧，发育2条与之平行的辉长岩和石英辉长岩的“卫星岩墙”：西侧的为乌姆维米拉（Umvimeela）卫星岩墙，东侧的为东部（East）卫星岩墙（楚旭春和范本贤，1982）。大岩墙的最新锆石 U-Pb 年龄为（2574±7）Ma（Armstrong and Wilson，2000）。

大岩墙下部为超镁铁质岩层，上部为镁铁质岩层。超镁铁质岩层由一系列互层的岩层组成，下部主要为夹铬铁矿层的纯橄榄岩序列，厚度约 1000m；上部为夹斜方辉岩层的古铜辉岩序列，厚度大于 1000m。镁铁质岩层由辉长岩和苏长岩组成，作为岩浆分离的残余物在大岩墙中心部位出现，厚度大于 1000m。

大岩墙盛产铂、钯、金、铬、镍、铜等矿床，尤其是铂族金属和铬铁矿之储量均居世界第二。沿大岩墙发育数十个大型—超大型铂、钯（金）和铬铁矿矿床。

吉林省通化县的赤柏松硫化铜镍矿也是该类矿床的一个很好例子。它位于龙岗变质核杂岩中，受一条北北东—近南北向断裂控制。近年研究结果表明，成矿时间为早白垩世的（134±7）Ma（赵全国，2006）。

四、与金伯利岩有关的金刚石矿

原生金刚石矿只产于古老克拉通地区的金伯利岩筒和金伯利岩脉中或者钾镁煌斑岩中。古老、长期稳定的克拉通是含金刚石金伯利岩形成的重要条件之一。尽管部分含金刚石金伯利岩与稳定克拉通地区的大陆裂谷有时间和空间上的一致性，但是许多金伯利岩形成于大规模裂解作用（裂谷形成）之前。或者，即使形成于裂谷作用期，也发育在裂谷附近的稳定陆块区，是地幔柱作用的直接产物。

在南非，含金刚石的金伯利岩筒或金伯利岩脉均位于长期稳定的德兰士瓦克拉通内；而在坦桑尼亚的维多利亚湖以南，含金刚石的金伯利岩则位于从中元古代以来构造性质一直比较稳定的古坦桑尼亚克拉通的中部（图 1-2）。

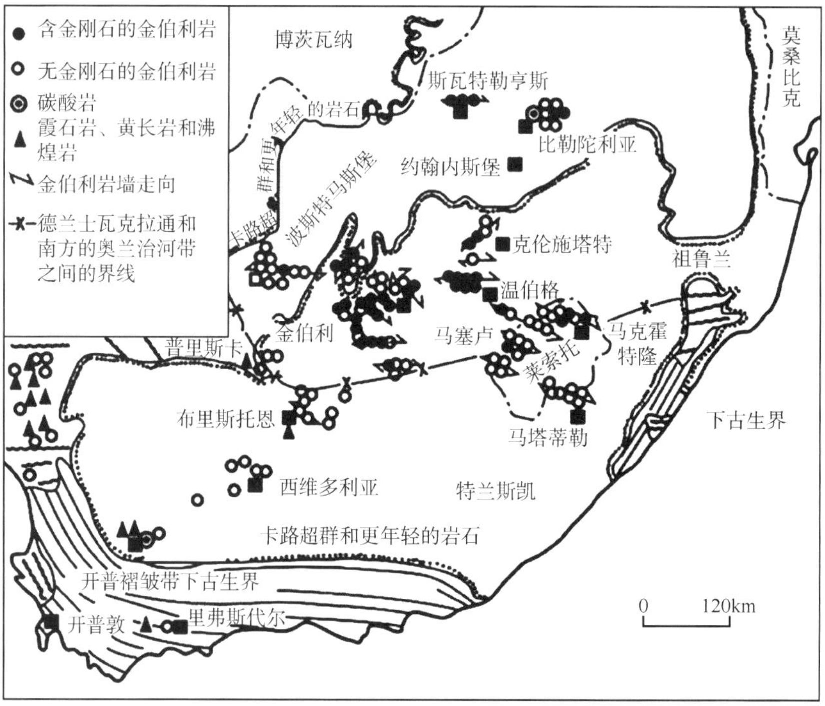

图 1-2　南非的金伯利岩

（据 King，1970）

五、斑岩铜矿和宝石矿

斑岩铜矿可以形成于不同的构造环境。其中，北美西南部盆岭区的斑岩铜矿被认为与地幔柱活动有关（Livingstone，1973）。该处钙碱性侵入体的年龄从南东部的54Ma到北西部的70Ma，被认为是北美板块相对于下伏热点以大约3.5cm/a向北西迁移和顺时针旋转的结果。

此外，柬埔寨和泰国的宝石矿被认为来自碱性玄武岩的风化作用，而这些碱性玄武岩可能成因于下伏的热点（Barr et al.，1978）。

第二节　裂谷带有关的矿床

裂谷可能形成于地幔柱作用（与地幔柱有关的裂谷-大陆裂谷）、俯冲作用（弧后引张克拉通盆地、弧后盆地、大陆边缘裂陷）以及碰撞造山作用（碰撞诱发的裂谷）。

理想的与地幔柱作用有关的裂谷最初是由三条呈120°夹角的裂谷系组成，三条裂谷系的焦点就是地幔柱或地幔柱穹隆的中心。三条裂谷中的两条可能进一步扩展成大洋，另一条残留在大陆中成为坳拉槽（图1-3）。

并不是所有大陆裂谷都会发育成大洋，它们可能在发展的某一阶段终止而成为典型的大陆裂谷。

地质历史时期中的大陆裂谷、坳拉槽以及上述其他成因的裂谷往往经历了裂解-沉积和火山沉积-回返（造山、岩浆侵入和变质作用）过程。在不同发展阶段，形成不同类型的矿床。

裂谷带中的矿床，通常与裂谷沉积作用、喷流沉积作用以及裂谷带不同演化时期的岩浆活动有关（表1-2）。

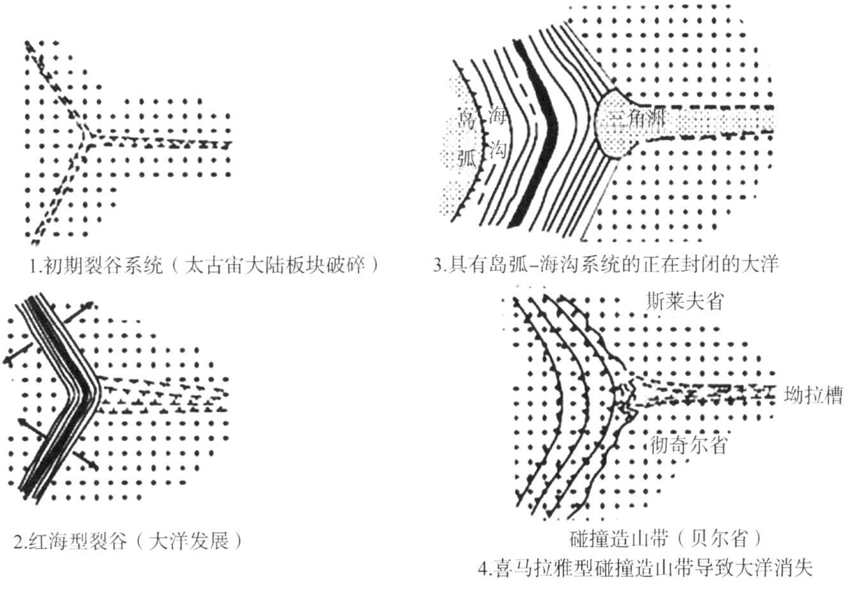

图1-3　中元古代阿萨普斯科坳拉槽的演化

（据Mitchell et al.，1981）

一、与裂谷沉积作用有关的矿床

与裂谷沉积作用有关的矿床包括砂页岩型铜矿（SST）、黑色页岩型金属矿、蒸发岩型矿床（钠盐矿、钾盐矿、菱镁矿和磷酸盐矿）以及密西西比河谷型铅锌矿（表 1-2）。

表 1-2　与裂谷带有关的矿床

裂谷作用	岩石组合	矿床类型	金属或矿物类型	实　例
沉积作用	砂页岩	SST	Cu	非洲的大西洋边缘（阿普第期）；欧洲的含铜页岩（二叠纪）；赞比亚、扎伊尔（新元古代）
	黑色或灰黑色粉砂岩、泥岩、页岩、泥灰岩	黑色页岩型	Cu、Pb、Zn、U、V、Fe、Mn、Ni	贝努埃槽和亚马孙断裂带（白垩纪）
	蒸发岩	沉积	钠盐和钾盐、菱镁矿和磷酸盐	东非裂谷（第四纪）；辽吉裂谷大石桥菱镁矿（古元古代）
	砂、砾岩	砾岩型	U、Au	威特沃特斯兰德盆地的铀金矿
喷流沉积作用	火山岩	VMS	Cu、Pb、Zn、(Au、Ag)、B、Fe	四川呷村 Pb-Zn-Cu 矿
	碳酸盐岩为主	Sedex	Pb、Zn	朝鲜检德 Pb-Zn 矿；青城子Pb-Zn矿
	细碎屑岩为主	Sedex	Ag、Cu、Zn、Pb、Fe、Co	沙利文型 Ag、Zn、Pb 矿；大栗子 Fe 矿、大横路 Cu-Co 矿
	火山-沉积岩	VSMS	Ag、Cu、Zn、Pb、Au	锡铁山 Pb-Zn 矿
岩浆作用	碱性杂岩	岩浆	磷灰石	贝加尔裂谷（晚古生代） 奥斯陆地堑（二叠纪）
	碳酸杂岩	岩浆-交代	磷灰石+蛭石，Cu-U-斜锆石，烧绿石；菱锶矿	南非的帕拉博拉（元古宙）；加拿大的奥卡（早白垩世）；马拉维的奇尔岛和坎坎昆德（早白垩世）
	基性、超基性岩	岩浆	Cr-Ni-Pt-Cu	南非布什维尔德（古元古代），美国明尼苏达州德卢思杂岩（新元古代）
	花岗岩和花岗斑岩	斑岩型	Cu、Mo	奥斯陆裂谷中的斑岩钼矿（二叠纪），加拿大基韦诺裂谷中的斑岩铜钼矿（新元古代），中条裂谷中铜矿峪铜矿（古元古代）
		岩浆热液	Cu、Pb、Zn、Mo、Au、Ag	奥斯陆裂谷（二叠纪）； 基韦诺裂谷（新元古代）；中条裂谷（古元古代）
	辉长岩-闪长岩-花岗岩	IOCG	Fe、Cu、U、Au、Ag	奥林匹克坝

1. 砂页岩型铜矿（SST）

砂页岩型铜矿是指以砂岩和页岩为主要容矿岩石的、受一定层位控制的并有明显沉积成矿特征的一类层状和层控铜矿。含铜矿物主要是黄铜矿、斑铜矿和辉铜矿。矿石为含铜砂页岩。事实上，该类矿床可能形成于不同的构造环境，而裂谷带构造是主要成矿构造环境之一。

Caia（1976）在描述非洲白垩纪铜矿时指出：摩洛哥、加蓬和安哥拉等地的铜矿都集中形成于大陆裂谷裂陷初期的砂岩和砾岩中（图 1-4）。与之类似的是赞比亚和扎伊尔的层状铜钴矿。Burke 和 Dewey（1973）同样认为，中非铜矿带的含铜岩系沉积于大陆裂谷演化的初期阶段。

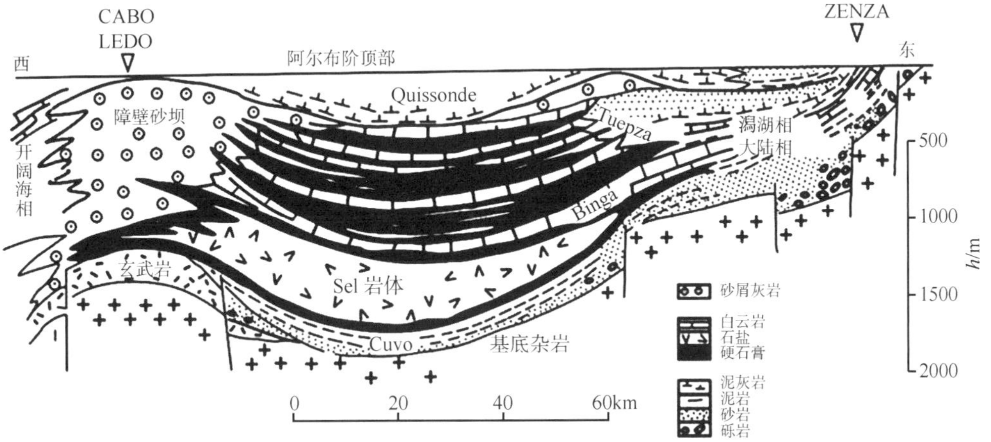

图 1-4　安哥拉海岸的宽扎盆地沉积剖面示意图

（据 Eden，1978）

2. 黑色页岩型金属矿

黑色页岩型金属矿是指产于黑色或者灰黑色的粉砂岩、泥岩、页岩、泥灰岩、硅质岩等所谓黑色岩系中、明显受层位控制、金属硫化物多呈微细粒浸染状分布于寄主岩石中的一类金属矿床。根据金属组合，可以分为 Cu-Pb-Zn 矿、U-V 矿、Co-Mn 矿、Ni-Mo矿和 Au-Ag 矿及 Pt 族金属矿等。如砂页岩型铜矿一样，黑色页岩型金属矿也可以形成于不同构造环境中，而裂谷带构造是主要构造环境之一。典型矿床之一是北欧的曼斯菲尔德铜矿：含铜岩系为黑色沥青质白云质页岩，属于上二叠统蔡希斯坦组（图 1-5）。其下伏地层是下二叠统赤底组砂岩和砾岩，代表北欧北海地区一个碰撞诱发裂谷初期的沉积（Mitchell et al.，1981）。

3. 蒸发岩型钠盐、钾盐、菱镁矿和磷酸盐

蒸发岩型钠盐、钾盐、菱镁矿和磷酸盐是裂谷带常见的矿床类型。在近代的东非裂谷中，形成一系列大型钠盐矿、钾盐矿、菱镁矿和磷酸盐矿。其中，肯尼亚的马加迪湖中，年产钠盐 15000t 以上，并有厚达 20m 的天然碱（Deans，1966）。George（1979）认为，马加迪湖和纳特龙湖中直径达 1.5km 的钠盐间歇喷泉是东非裂谷引张期间形成的。此外，在纳特龙湖以南的马尼亚拉湖东南岸和东岸发育放射性的沉积磷酸盐矿（Harris，1961）。

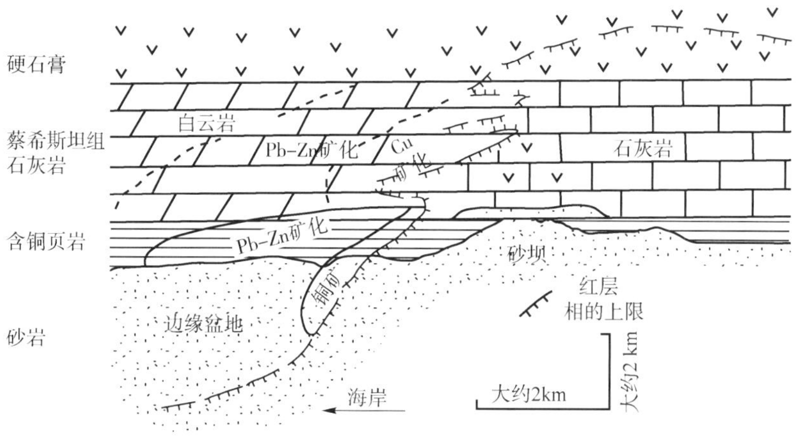

图 1-5 蔡希斯坦组底部地层层序

（据 Mitchell et al.，1981）

沉积磷矿也发育于我国东北地区的辽吉裂谷带（古元古代）。在辽吉裂谷带的辽东区，以发育在高家峪组的甜水磷矿为代表；在吉南地区则在老岭群珍珠门组中形成板石沟和珍珠门磷矿等小型磷矿床以及一系列矿点和矿化点。

辽吉古元古代裂谷带的古元古界大石桥组镁质碳酸盐-泥质岩建造中还赋存有多个超大型菱镁矿矿床。蒋少涌等（2004）通过碳氧同位素、硫同位素以及稀土元素分析证明，辽东地区的镁质碳酸盐岩（镁方解石和白云石）可能是从蒸发的潟湖盆地中沉积的，而菱镁矿石则主要是沉积后富镁卤水下渗交代原岩碳酸盐岩形成的。在区域变质作用过程中，菱镁矿层曾发生变质重结晶作用，在更晚期的热液活动中，也有一些菱镁矿脉形成。

4. 密西西比河谷型铅锌矿（MVT）

密西西比河谷型铅锌矿多产于稳定大陆边缘或者陆表海区。但是，Guid（1972）和Olabe（1976）认为非洲大西洋海岸贝努埃坳拉槽中的铅锌矿与密西西比河谷型铅锌矿在成因上是一致的（图 1-6）。矿床产于厚达 5000m 白垩纪阿尔布阶沉积岩系中，矿石矿物是方铅矿、闪锌矿和少量铜硫化物和黄铁矿。矿体发育于沿着背斜顶部发育的陡倾斜断裂系和剪切带中。与之类似的是亚马孙断裂带中的铅矿。

5. 砾岩型铀-金矿

砾岩型铀-金矿床在世界上多有分布，但是规模较大者只有南非的维特瓦特斯兰德、加纳的塔克华，巴西的贾卡比纳和加拿大安大略省的依利澳特湖的盲河地区的矿床。另外在津巴布韦、苏联和西澳大利亚地区也发育规模不大的该类矿床。该类矿床中的铀储量占世界推测铀储量四分之一（Dahlkamp，1980），而仅维特瓦特斯兰德盆地的金的年产量就经常是世界金年产量的三分之一至二分之一。

该类矿床都产于古老克拉通为结晶基底的内陆盆地中，年龄通常在 2300～2500Ma。与其伴生的岩层有石英岩、页岩、黏土岩，形成韵律性的地层组合，厚度通常达万米以上。金（和铀）仅限于某些层位的砾岩或某几层砾岩中。含金（和铀）的砾岩呈薄层状夹于巨厚的沉积岩层或火山沉积岩中。

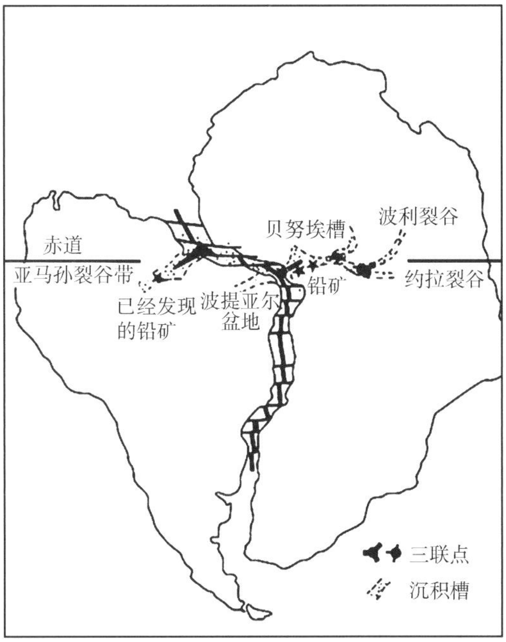

图 1-6 贝努埃裂谷和亚马孙裂谷内的铅锌矿分布图
（据 Mitchell，1981）

南非的维特瓦特斯兰德盆地位于南非共和国约翰内斯堡南至韦科姆（Welkom）之间，呈北东向狭长展布，面积大于 70000km^2。从 1886 年起，从砾岩中开采黄金；从 1952 年开始把铀作为副产品进行回收。

盆地基底为卡普瓦尔克拉通。卡普瓦尔克拉通的覆盖面积约 1.2×10^{8}km^2。它的北面是林波波造山带，再向北是津巴布韦克拉通；西面和南面是中元古代造山带；东面是侏罗纪火山岩。

卡普瓦尔克拉通是在 3100Ma 前稳定的。而在 3100Ma 至 2650Ma 之间的构造作用主要发生于克拉通边缘，例如大约在 2700Ma 发生的津巴布韦克拉通与卡普瓦尔克拉通的碰撞造山运动以及林波波造山带的形成。

卡普瓦尔克拉通内部盆地——维特瓦特斯兰德盆地的形成以及巨厚沉积物和火山沉积物的形成过程应该是与克拉通边缘造山作用同时发生的。盆地中沉积的巨厚的沉积岩和火山沉积岩系，自下而上可分为多米尼安-里夫岩系、维特瓦特斯兰德岩系、芬特斯多普岩系和德兰士瓦岩系（表 1-3）。

表 1-3 维特瓦特斯兰德盆地地层层序

岩系	统或层	厚度/m	岩性	年龄/Ma
德兰士瓦	比勒陀利亚统	2400	页岩、石英岩、辉绿岩	
	白云岩统	1520	白云质灰岩	
	布莱克-里夫统	20	页岩、石英岩、砾岩	

续表

岩系	统或层	厚度/m	岩性	年龄/Ma
芬特斯多普	艾伦理兹层	460	杏仁状熔岩	2718
	博瑟维尔层	300	石英岩、砾岩	
	里盖特层	600	熔岩、少量沉积岩	
	马克瓦西层	600	石英玢岩	
	兰克伊利文层	2100	安山熔岩、少量沉积岩和集块	
	瓦尔笨得层	910	斑状熔岩、石英岩、砾岩	
维特瓦特斯兰德	金伯利-埃尔斯伯格统	1860	石英岩、砾岩、页岩	
	梅因-伯德统	1010	石英岩、砾岩、熔岩	
	杰普斯顿统	1130	页岩、石英岩、熔岩	
	戈夫门特一统	1620	石英岩、砾岩、页岩	
	霍斯皮特尔山统	1490	页岩、石英岩	
多米尼安-里夫	上部酸性火山岩层	2000	熔岩	3060
	上部碱性火山岩层	640	熔岩、石英岩	
	底部沉积层	40	石英岩、砾岩	

注：主表据怀特赛德，1973；年龄数据据 Armstrong et al.，1991。

各岩系的砾岩中均有金矿产出，但以维特瓦特斯兰德岩系为主。而铀矿则只产于维特瓦特斯兰德岩系上部层位的砾岩中。

维特瓦特斯兰德岩系总厚为5500~7500m，可划分为2个群和5个亚群。下部为西兰德群（Westrand Group），分布在盆地的西北部边缘，地层厚度为2000~4000m，主要由粗碎屑岩、细碎屑岩和火山岩组成，火山岩与沉积岩之比为0.1∶1。上部为中兰德群（Central Rand Group），该群地层厚度达3200m，可分为约翰内斯堡亚群和特方廷亚群。其中约翰内斯堡亚群厚度达1500m，主要由石英岩和砾岩组成，是十分重要的含金、铀砾岩层位，兰德盆地内的金-铀砾岩矿的大部分都产在此亚群内。

锆石U-Pb测年结果表明，位于维特瓦特斯兰德岩系下部的多米尼安-里夫岩系火山熔岩年龄为3060Ma，而上覆的芬特斯多普岩系火山熔岩年龄为2718Ma（Armstrong et al.，1991），说明维特瓦特斯兰德超群的形成年龄在2718~3060Ma之间。

沿维特瓦特斯兰德盆地北、西、南三面分布有7个矿田：即艾怀恩德（Evander）、东部兰德（East Rand）、中部兰德（Central Rand）、西部兰德（West Rand）、卡勒顿维累（Carlrtonville）、克勒克多普（Klerkdorp）和韦尔科姆（Wel Kom）矿田。总计有100多个矿床。其中，已生产出黄金900t以上的10个最大的金矿床是：西部喷泉矿（属卡勒顿维累金矿田）、皇冠矿（中部兰德金矿田）、ERPM矿（中部兰德金矿田）、瓦尔里夫斯矿（克勒克多普金矿田）、东方控股公司矿（韦尔科姆金矿田）、西部深层矿（卡勒顿维累金矿田）、布利沃鲁伊茨矿（卡勒顿维累金矿田）、自由邦格杜尔德矿（韦尔科姆金矿田）和政府经营区矿（东部兰德）（图1-7）。

维特瓦特斯兰德金矿床的含矿层位均为砾岩层，由70%砾石和30%胶结物所组成。砾石主要成分为石英脉，其次有石英岩、燧石、碧玉和石英斑岩等。砾石粒径一般小于

2.5cm，个别长 10cm。基质主要为石英砂，含不等量的黄铁矿和其他硫化物，以及少量铬铁矿、锆石等重矿物以及白云母、叶蜡石和绿泥石等层状硅酸盐矿物和炭质颗粒。

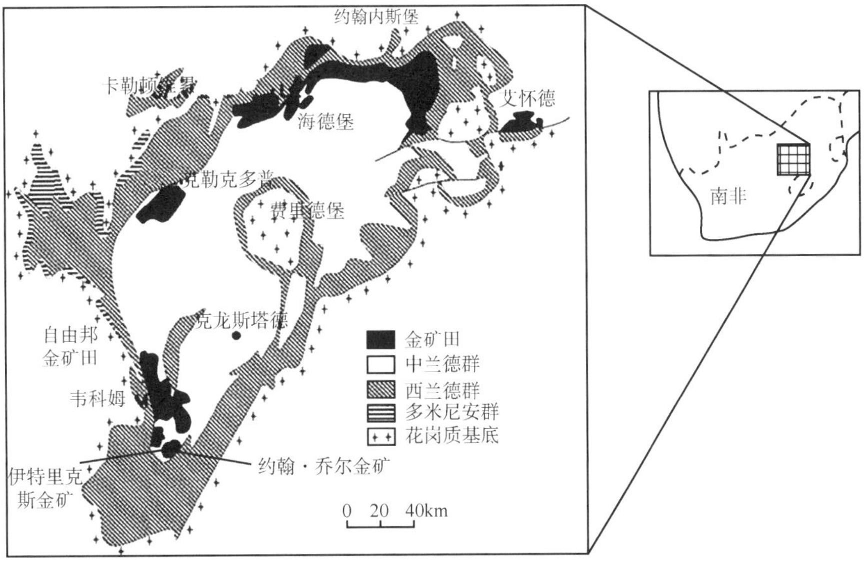

图 1-7　兰德盆地主要矿田和含金层位分布示意图

（据王杰等，2014）

有用矿物存在于基质中，主要是金、沥青铀矿和微量铱锇矿及铁铱矿。金呈不规则状，粒径在 0.005~0.5mm。主要铀矿物有晶质铀矿及铀钍碳氢矿，其次为沥青铀矿、钛铀矿。早期主要有两种矿床成因观点：一种是热液说，认为金和铀是在砾岩沉积以后由岩浆热液带来的；另一种是砂矿说，认为金是以碎屑颗粒的形式与砾岩中的其他碎屑成分一起沉积的。当前比较普遍接受的观点是沉积改造说：认为碎屑沉积以后，大多数颗粒又经过原地重结晶，或经溶解、搬运和再沉积，因此目前金的形态大都是次生的。

二、喷流沉积矿床

是裂谷带内最主要的矿床类型之一。这主要是由于裂谷带是一个规模巨大的张性活动带：地热流值高、构造裂隙发育、可以为热水循环提供良好的通道和沉积场所。裂谷带中的喷流沉积矿床以沉积岩为容矿岩石的 Sedex 型矿床为主，也发育以火山岩为容矿岩石的 VMS 矿床和以火山-沉积岩为容矿岩石的 VSMS 矿床。

以沉积岩为容矿围岩的 Sedex 型矿床可以分为以碳酸盐为容矿围岩的矿床和以细碎屑岩为容矿围岩的矿床。后者的典型代表是沙利文型 Sedex 矿床。

1. 沙利文型 Sedex 矿床

是指发育在北美西部加拿大不列颠哥伦比亚省南部的金伯利地区的超大型层控的 Ag-Pb-Zn 多金属矿。矿床产于中元古界奥尔德里季组（1700~1300Ma）泥岩或粉砂岩中。矿石矿物主要为方铅矿、闪锌矿、磁黄铁矿和黄铁矿。矿床形成于未能发展形成洋盆的大陆裂谷或坳拉槽中。

以细碎屑岩组合为主要容矿围岩的喷流沉积矿床在我国境内的裂谷带矿床中也有大量报道。典型者如内蒙古东升庙多金属矿（华北克拉通北缘裂谷——中元古代），中条山胡家峪和篦子沟铜矿（中条裂谷——古元古代），吉林省老岭地区的大横路（铜）钴矿（辽-吉-朝裂谷——古元古代）等（图1-8）。

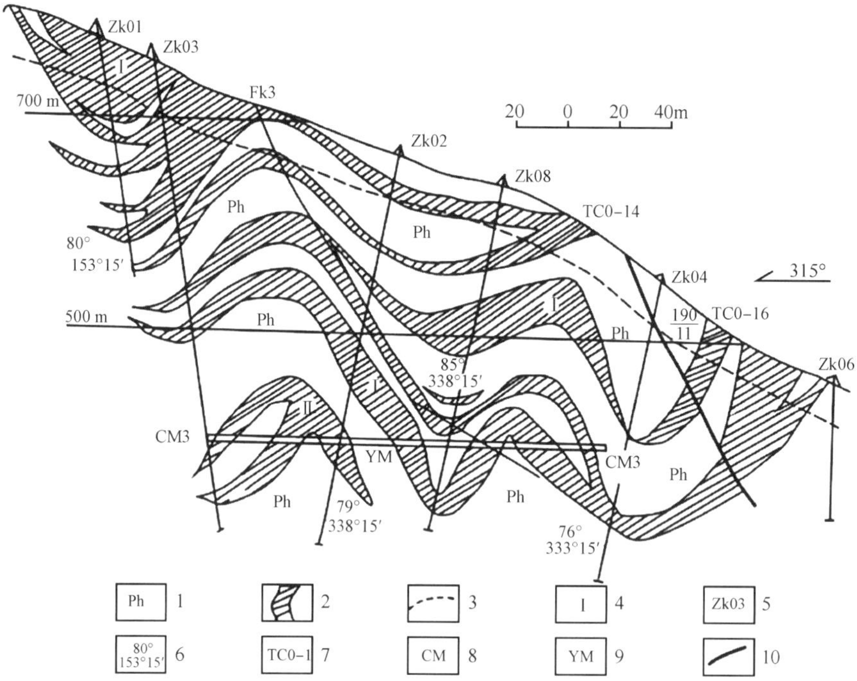

图1-8　大横路钴（铜）矿床0线剖面图

（据杨言辰等，2002）

1—绢云千枚岩、含碳绢云千枚岩夹石英岩、电英岩；2—钴（铜）矿体；3—氧化矿与原生矿分界；4—矿体编号；5—钻孔及编号；6—钻孔倾角、方位；7—探槽及编号；8—穿脉坑道；9—沿脉坑道；10—断裂构造

2. 以碳酸盐岩为容矿围岩的 Sedex 型矿床

常称之为银矿山型矿床。它们是裂谷带中喷流沉积成因矿床的最主要的类型。在辽-吉-朝古元古代裂谷带，该类矿床广泛发育，尤其以辽宁省境内的青城子铅锌矿和朝鲜境内的检德铅锌矿为代表。

检德铅锌矿位于辽-吉-朝古元古代裂谷带朝鲜境内的咸镜南道的新德。矿区出露北大川统的白云岩、大理岩和南大川统片岩以及端川岩群的万塔山岩体等花岗闪长岩体（图1-9）。

矿体严格受层位控制。矿区的北大川统和南大川统组成一轴向近南北向的倒转向斜构造：南大川统为向斜的核，北大川统构成东、西两翼。其中，东翼倒转。矿体呈似层状、板状、透镜状、鞍状及筒状。矿石矿物主要为闪锌矿、方铅矿，其次为黄铁矿、磁黄铁矿、毒砂、黄铜矿。矿石结构以他形粒状结构和自形粒状结构为主，并发育乳滴状结构和交代结构。

矿石构造为块状构造、浸染状构造和条带状构造。矿石品位：铅，1%～7%；锌，3%～12%；银，20～30g/t；富矿石中银达30～50g/t。

3. 以火山岩为容矿围岩的 VMS 型矿床

以火山岩为容矿围岩的 VMS 型矿床也经常与引张环境有关。在我国北祁连山西段，分布两个与早古生代海相火山岩有关的块状硫化物矿床（图1-10）。

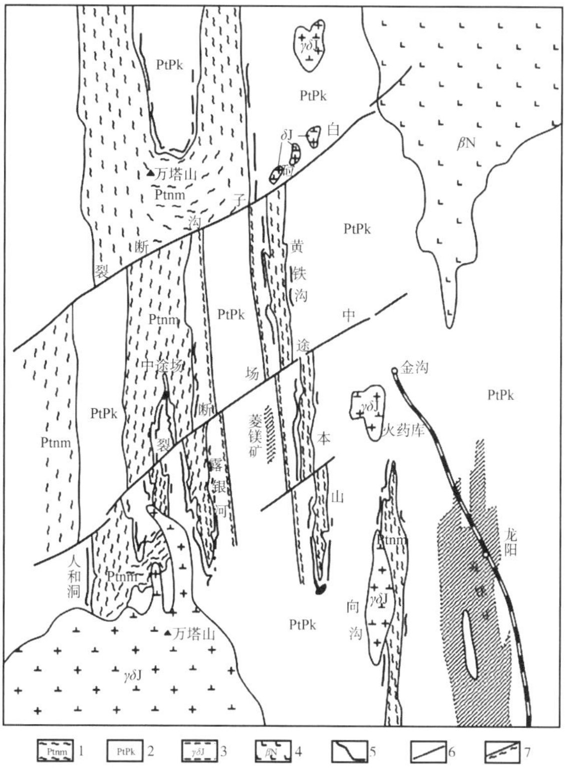

图 1-9　检德铅锌矿地质略图

1—南大川统；2—北大川统；3—侏罗纪花岗闪长岩；4—古近纪—新近纪橄榄玄武岩；5—矿体；6—断层；7—破碎带

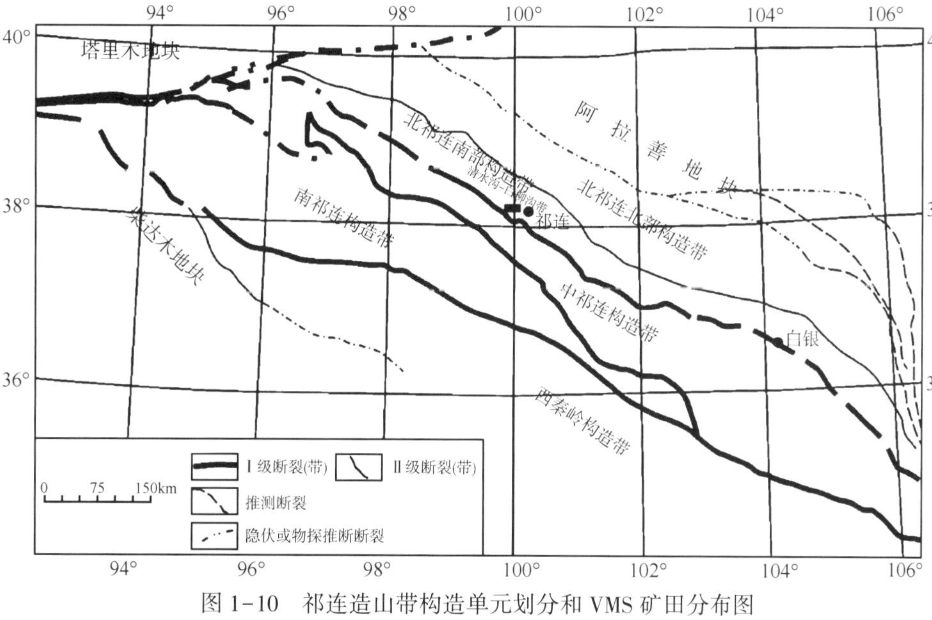

图 1-10　祁连造山带构造单元划分和 VMS 矿田分布图

（据彭素霞等，2013）

一是白银厂矿床。含矿火山岩系主要是新元古代—中寒武世的一套双峰式火山岩。包括细碧岩-角斑岩-石英角斑岩、钾细碧岩-含钾细碧玢岩和石英钠长斑岩及粗面岩组合。成矿与细碧角斑岩组合密切相关，矿床主要产于石英角斑岩质细火山碎屑岩中。矿体呈透镜状、筒状、柱状或板状。矿石类型主要为块状和浸染状含铜、铅、锌黄铁矿石、含铜黄铁矿石、含铅锌黄铁矿石。矿石为胶状、球状结构，块状、浸染状和网脉状构造。矿物以黄铁矿、方铅矿、闪锌矿、黄铜矿为主。见“黑矿”（块状铅锌铜黄铁矿）和“黄矿”（含铜黄铁矿）的垂直分带特征（彭素霞等，2013）。

二是祁连清水沟-白柳沟地区与海相火山岩有关的块状硫化物矿床。同样与新元古代—中寒武世的一套与大陆裂谷环境双峰式火山岩系密切相关（图 1-11）。火山岩包括细碧玢岩钾质辉石钠长粒玄岩、角斑岩、钾石英角斑岩、钾角斑岩、角斑质角砾熔岩和石英角斑岩等。成矿主要与次火山岩相石英钾长斑岩和钾质石英钠长斑岩有关。

清水沟-白柳沟矿田明显受石头沟-香子沟和郭米寺-白柳沟 2 个含矿的长英质火山岩为主的火山岩穹隆控制。目前，发现的 12 处块状硫化物矿床及矿点，除一处矿床见于石头沟-香子沟火山穹隆体中外，其余均产于郭米寺-白柳沟火山穹隆构造周缘的酸性火山岩成矿蚀变带中 。

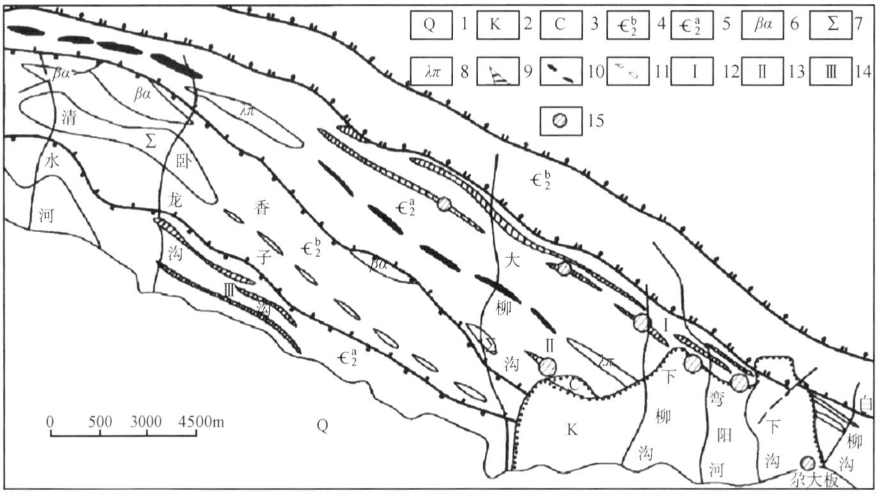

图 1-11　清水沟-白柳沟矿区地质图

（据郭彦汝等，2014）

1—第四系冲积、坡积层；2—白垩系紫红色砂岩、砾岩；3—石炭系砂岩、页岩夹煤层；4—中寒武统上部碎屑岩、含锰硅质岩组；5—中寒武统下部火山岩组；6—辉绿岩；7—超基性岩；8—石英斑岩；9—蚀变带；10—背斜轴；11—向斜轴；12—大柳沟-白柳沟蚀变带；13—郭米寺蚀变带；14—香子沟蚀变带；15—Zn-Pb-Cu 矿床和矿点

在该矿田中，郭米寺、下柳沟矿床、弯阳河矿床和下沟 4 个主要工业矿床及其矿点均属铅-锌-铜型，并伴生金、银。目前，已获得铜-铅-锌金属储量 32.58×10^4t，金为 3.5t，银为 100t。类型同属大陆裂谷型与酸性火山岩活动有关的块状硫化物矿床成矿系列（彭素霞等，2013）。

4. 以火山-沉积岩为容矿围岩的 VSMS 矿床

火山-沉积岩型块状硫化物矿床（VSMS）是一类以长英质火山岩、火山碎屑岩和沉积岩为容矿围岩的块状硫化物矿床。经常形成于活动大陆边缘有关的裂谷——弧内裂谷或弧后盆地，以加拿大育空区芬利森湖矿集区该类矿床为代表。在我国，类似的矿床是锡铁山铅锌矿。

三、与裂谷带岩浆作用有关的矿床

包括与碳酸岩有关的磷灰石或磷灰石+蛭石矿、烧绿石矿、稀土矿、铜矿和铀矿，与碱性杂岩有关的磷灰石矿，与基性、超基性岩有关的铬铁矿和硫化铜镍矿，与中酸性侵入岩有关的斑岩钼矿、斑岩铜钼矿、脉状金属矿以及奥林匹克坝型铁-铜-铀-金矿。

1. 与碳酸岩有关的矿床

包括磷灰石矿、磷灰石+蛭石矿、烧绿石矿、稀土矿和铜硫化物矿床。

东非裂谷的碳酸岩沿着裂谷系广泛分布（图 1-12）。多数碳酸岩呈环状杂岩产出，与碱性岩或超基性岩共生。同样的碳酸岩在加拿大东部的圣劳伦斯裂谷、莱茵地堑以及印度等地均有发育。

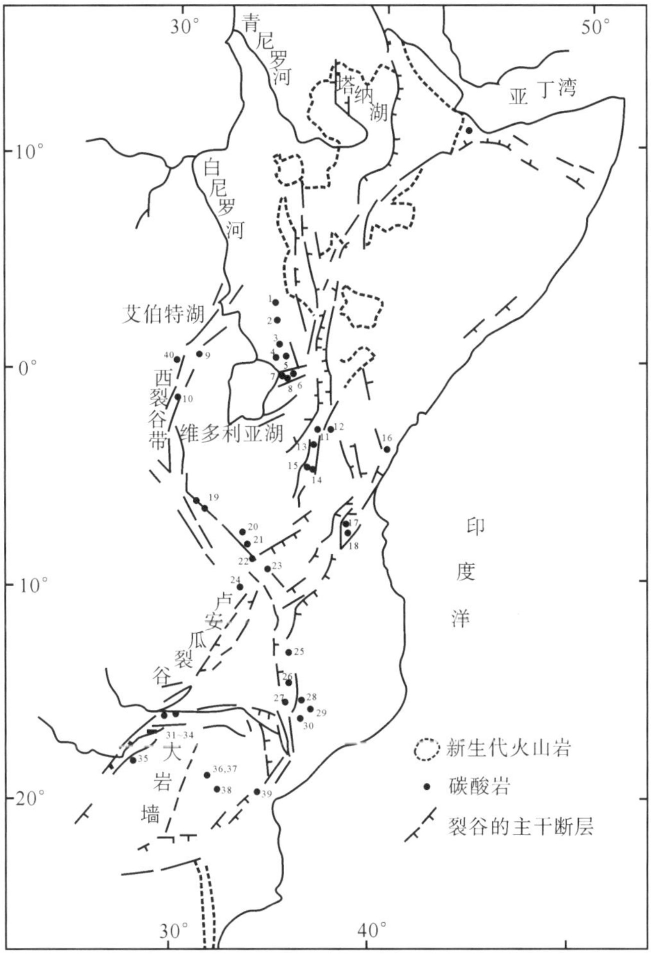

图 1-12　东非裂谷碳酸岩分布

（据 Mitchell et al.，1981）

1—托罗；2—纳帕克；3—布宿；4—托罗罗；5—苏库鲁；6，7—鲁里霍马山；8—拉格瓦；9—垒门；10—吕射；11，12—奥多尼约·伦加，凯里马西；13—奥多尼约帝力；14—加拉波；15—哈南；16—里玛；17—维古；18—真矢维塔；19—卡雷玛凹陷；20—恩瓜拉；21—松威斯卡普；22—姆贝亚；23—纳欣德泽瓦亚；24—恩孔博瓦；25—利普切；26—马伦伯湖火山口；27—坎加纳昆德；28—奇尔瓦岛；29—通杜鲁；30—恩卡隆耶；31~34—卡卢韦、纳霍姆、旺布托、查斯韦塔；36，37—卡泰特、多罗瓦；38—奇卢武；39—宾古；40—达坎勒南非的帕拉博拉（Palabora）矿区磷灰石精矿储量达3000Mt，P_2O_5品位达36.5%。帕拉博拉碳酸岩还是少见的含铜硫化物矿床有关的碳酸岩体之一。在这个杂岩体中心的碳酸岩墙含1%左右的铜，同时有金、银和铂族元素伴生（图1-13）。

含烧绿石的碳酸岩产于加拿大的奥卡（Oka）和圣奥诺（St Honore）、马拉维的奇尔瓦岛和印度南部的塞瓦图尔（Sevathur）。在奥卡矿区，含Nb_2O_5为0.45%的烧绿石年产量达3000t以上。

在马拉维、赞比亚、坦桑尼亚和肯尼亚均发现含稀土的碳酸岩。其中马拉维坎坎昆德（Kangankunde）火山口，由铁白云石和菱锶矿碳酸岩构成的矿体含4%~7%的独居石，14%的菱锶矿和少量的重晶石、闪锌矿以及其他稀土碳酸盐矿物（Garson，1965）。

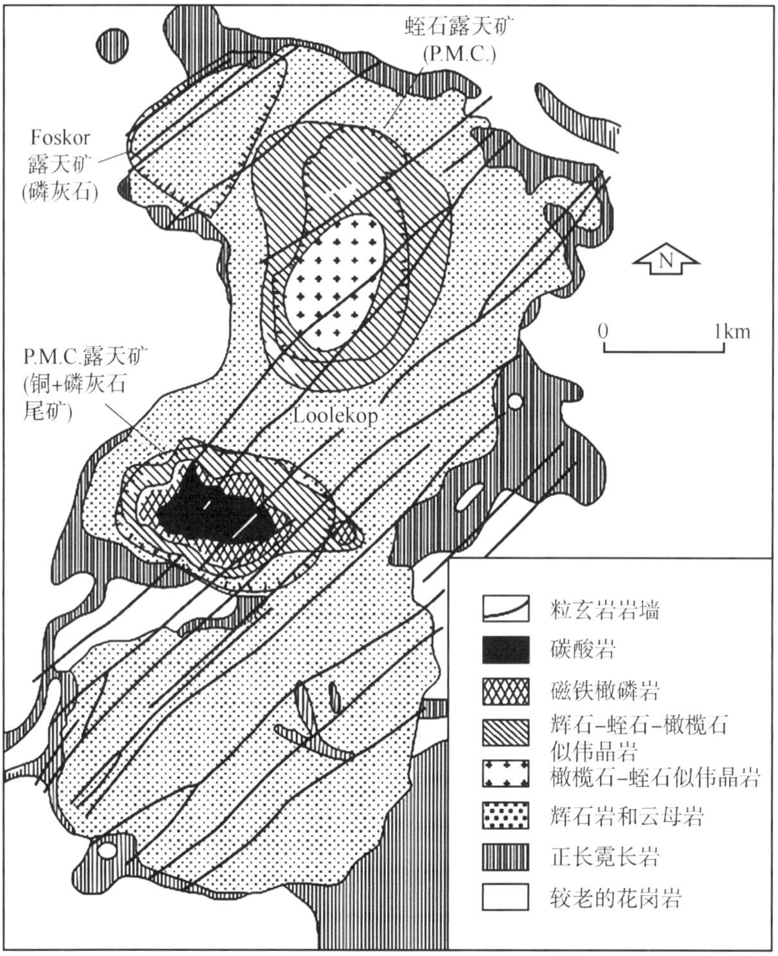

图1-13　南非Palabora碳酸杂岩

（据De Jager和Fourie，1978）

2. 与碱性杂岩有关的磷灰石矿

与碱性杂岩有关的磷灰石矿的一个例子是贝加尔裂谷系中的矿床。在长达400km的岩带中发育7个碱性杂岩体。其中，辛纳尔（Synnr）环状杂岩由斑霞正长岩、富钾霞石正长岩和假白榴石岩组成呈同心环状岩体。其中暗色的霞石正长岩厚达几米，呈狭长弧状，含磷灰石达10%。在奥斯陆地堑区发育的二叠纪科达尔（Kodal）钛铁霞辉岩墙长达1.9km，含磷灰石高达15%以上并含大约40%的钛铁矿，矿石储量达30Mt。

3. 与裂谷带基性、超基性侵入杂岩有关矿床

与裂谷带基性、超基性侵入杂岩有关矿床的最好的例子是与南非布什维尔德杂岩有关的矿床。以铬矿和含钒磁铁矿为主，且含可供综合开采的铂、金、镍和铜。Du Plessis等（1990）认为，控岩断裂系统形成于大陆边缘裂谷环境。

4. 与裂谷带中酸性侵入岩有关的矿床

与裂谷带中酸性侵入岩有关的矿床包括斑岩钼矿和斑岩铜钼矿以及热液脉状铜、铅、锌、钼等金属和多金属矿。这两类矿床在奥斯陆裂谷（Vokes and Gale，1976）和加拿大基维诺（Keweenawan）裂谷（Norman，1978）中均有发育。在我国中条古元古代裂谷带中也发育裂谷带型斑岩型铜矿——铜矿峪铜矿。

铜矿峪铜矿区位于陕西省恒曲县，中条古元古代三叉裂谷带交会部位。成矿花岗岩为变花岗闪长斑岩、变二长花岗斑岩和变石英斑岩，侵入到古元古代铜矿峪亚群的骆驼峰组、西井沟组和竖井沟组的石英岩、绢英片岩、绢英岩、绿泥石英片岩、变质钾质流纹岩和变质流纹质凝灰岩中。岩体的锆石U-Pb年龄为2182Ma，辉钼矿Re-Os年龄为（2108±32）Ma，是裂谷带同期产物（崔春香和真允庆，2013）。矿石矿物主要为黄铁矿、黄铜矿、辉钼矿，其次为斑铜矿和磁铁矿。

5. 奥林匹克坝铁-铜-铀-金矿

奥林匹克坝铁-铜-铀-金矿是与裂谷带岩浆活动有关矿床的一个特殊情况。奥林匹克坝铜-铀矿山（Olympic Dam Copper-Uranium Mine）是世界上最大的铀矿床、第四大金矿床和第五大铜矿床。该矿床由西部矿业公司（WMC）于1975年发现。奥林匹克选矿厂于1988年投产。1997～1999年之间矿山和选矿厂均进行了扩建，使其铜年产量提高到200kt，铀产量提高到4300t，金和银的产量也得到提高。

第三节　被动大陆边缘和陆表海矿床

被动大陆边缘被定义为“没有大陆和大洋底之间相对运动的大陆边缘”，是由大陆裂谷的进一步扩张形成的。其典型代表是大西洋两岸的陆缘区。从大陆裂谷转换为被动大陆边缘过程中，海底扩张作用对其影响主要表现在大陆架和大陆坡的形成以及与之有关的正断层系统。

被动大陆边缘构造活动不发育，以沉积作用为主，形成各种沉积矿床和（或）与成岩作用有关的矿床。与之类似的环境是陆表海和陆内盆地。这里所说的陆内盆地包括造山后的残留海盆以及大陆内部成因不明的陆相盆地。有关的主要矿床类型是：砂矿、蒸发岩类矿床、黑色岩系中的矿床、密西西比河谷型铅锌矿和不整合脉型铀矿（表1-4）。

表 1-4　被动大陆边缘和陆表海矿床

构造环境	岩石组合	矿床成因	金属或矿物类型	实例或位置
被动大陆边缘和陆表海	砂	机械沉积	独居石、锆石、钛铁矿、金红石、金刚石	南非、澳大利亚东海岸、东海、南海、黄海
	页岩、石膏、碳酸盐岩	化学沉积	钠盐矿 钾盐矿	南大西洋和红海沿岸
	磷酸盐、白云岩、黑色页岩、燧石等	化学和生物化学沉积	磷块岩	扬子克拉通东南缘和扬子克拉通西缘
	黑色或灰黑色粉砂岩、泥岩、页岩、泥灰岩	黑色页岩型	Cu、Pb、Zn、U、V、Fe、Mn、Ni	华南板块
	砂岩、页岩、碳酸盐岩	胶体化学沉积	Fe、Mn	宣龙式铁矿、宁乡式铁矿
	碳酸盐岩	MVT	Pb、Zn	密西西比河谷地区、扬子克拉通
	硅质岩、泥质岩、砂岩	不整合脉型	U	加拿大阿萨巴斯卡盆地；澳大利亚派因·克里克盆地

一、滨海砂矿、盐矿和磷块岩矿

1. 滨海砂矿

滨海砂矿是被动大陆边缘海（不限于被动大陆边缘）最常见矿床类型。包括锆石、金红石、钛铁矿、独居石、金刚石和锡石等。滨海砂矿常沿海岸线延伸，砂矿富集于高潮线附近、沿岸沙堤以及不同地貌单元接触处。

在我国的东海、黄海、南海沿岸以及台湾省西海岸，滨海砂矿广泛分布。其中，海南岛北起铺前港、南至保平港的东滨海带和南滨海带，大小砂矿数十个，占全国滨海重砂矿物总量的86%。其中钛铁矿占全滨海带的92%，锆石占79%，独居石占18%，以钛铁矿为主。砂矿多为大型和中型，矿物组合为独居石+锆石+钛铁矿（王正铤，1988）。

2. 盐矿

盐矿广泛发育在具有被动大陆边缘海的摩洛哥、墨西哥湾、塞内加尔浅海区、西非和巴西。Burke（1975）认为，它们是中生代大西洋张开早期形成的。Ruiter（1979）指出，刚果和加蓬盆地中的盐矿也是南大西洋蒸发岩区的一部分。在埃塞俄比亚红海岸，以石盐为主的蒸发岩厚达3500m，形成于海岸平原相对达纳基尔阿尔卑斯山脉发生沉陷的构造背景（Hutchinson and Engels，1970）。

3. 磷块岩矿

磷块岩矿是主要磷矿类型，占世界磷储量80%。磷块岩矿主要产于不同构造背景的海相沉积环境。根据沉积环境不同，磷块岩矿床经常被分为西海岸型（地槽型）、东海岸型（地台型）、风化和残积型及鸟粪型。其中，东海岸型（地台型）就是产于典型的被动大陆边缘或者以克拉通为基底的陆表海中的矿床。矿床规模大、品位高，是最重要的磷块岩矿床。例如美国佛罗里达州和北卡罗来纳州的古近纪—新近纪大西洋沿岸平原矿床，以色列的米沙什（Mishash）矿床，莫斯科盆地中生代磷块岩矿床等。我国南方震旦纪—寒武纪地层中的磷块岩矿床（如云南昆阳磷块岩矿床）也属于此类型（田升平，2000）。

二、黑色页岩中的金属矿床

目前对黑色岩系的定义是指含有较多有机碳及硫化物（铁的硫化物为主）的暗灰-黑色的硅质岩、碳酸盐岩、泥质岩及其相应变质岩石组合的总称。黑色页岩形成于还原条件，通常是深水盆地或封闭、半封闭的滞流盆地。这种还原环境经常对应大洋缺氧事件。

黑色页岩型金属矿床包括钒、铀矿，金、（铂族）矿，钴、锰矿，镍、钼矿和铜矿等。在我国，下寒武统黑色页岩遍布南方十几个省，富含 Ni、Mo、V、U、Cu、Co、Mn 等多种元素，构成一系列有重要经济价值矿床（图 1-14）。

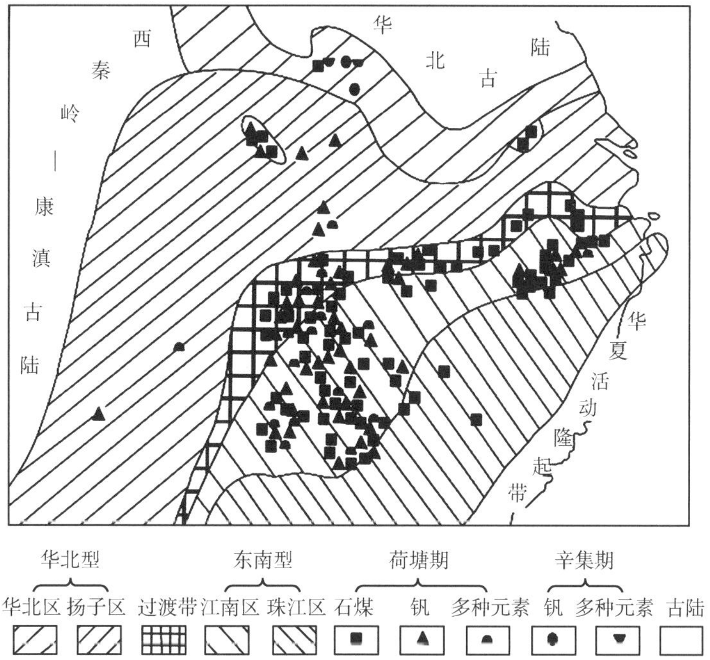

图 1-14　中国南方寒武纪石煤、钒、多种元素矿床分布及生物地理分区示意图
（据卢衍豪，1980）

三、胶体化学沉积的铁、锰矿

胶体化学沉积的铁、锰矿的成矿物质主要来源于地质构造比较稳定的、长期风化地区，是被动大陆边缘和稳定克拉通为基底的陆表海地区主要铁和锰的矿化形式。在我国，该类型铁矿以宣龙式铁矿和宁乡式铁矿为代表。

宣龙式铁矿是指以河北省宣化市龙烟铁矿为代表的、产于燕辽沉降带内长城系串岭沟组砂页岩层中的鲕状沉积铁矿床。主要矿床有龙烟铁矿（宣化）、庞家堡铁矿（宣化，图 1-15）、烟筒山铁矿（宣化）、辛窑铁矿（赤城）等。

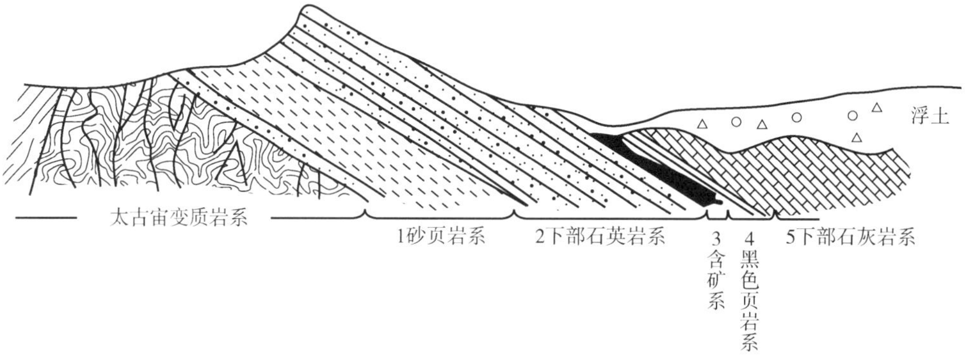

图 1-15 庞家堡铁矿床剖面图

（据袁见齐等，1985）

宣龙式铁矿沿着燕辽沉降带的边缘海湾分布（图 1-16），产于长城系串岭沟组砂页岩内。矿体呈层状、似层状，少数为透镜状，主要为鲕状赤铁矿及少量菱铁矿，以品位高、杂质低、规模大为特点。

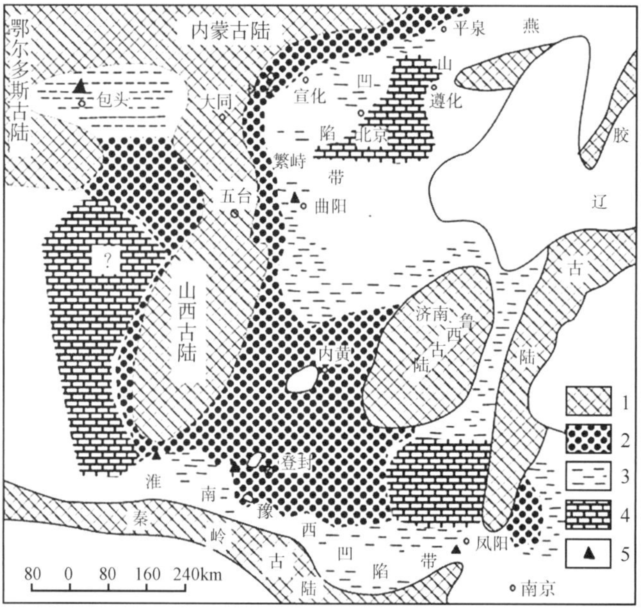

图 1-16 宣龙式铁矿床分布及其古地理环境

（据袁见齐等，1985）

1—古陆；2—碎屑沉积区；3—泥质沉积区；4—碳酸盐沉积区；5—沉积铁矿床位置

宁乡式铁矿广泛分布于我国南方的鄂、湘、赣、川、滇、黔、桂等省、自治区以及甘肃南部地区（图 1-17），赋存于中、上泥盆统，并以上泥盆统为主。在 1 个矿床中通常有 1~4 层铁矿，其中有 1 个主矿层。

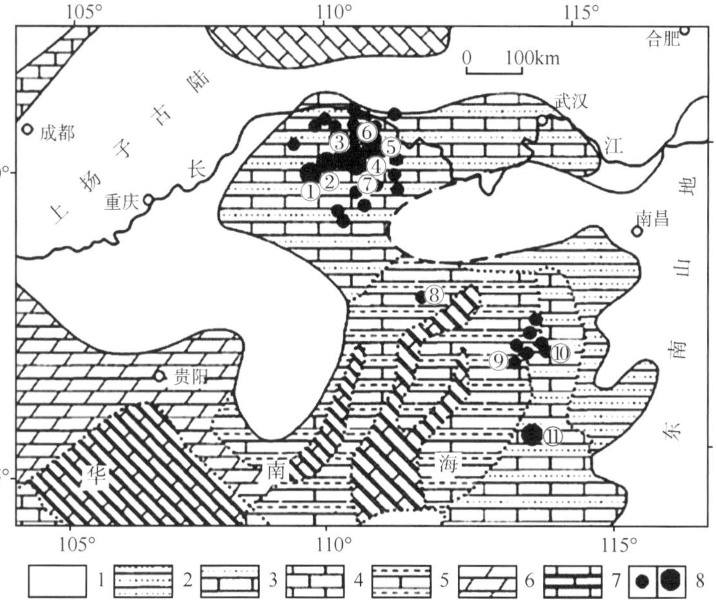

图 1-17　华南晚泥盆世古地理及沉积铁矿的分布

（据赵一鸣等，2000）

1—古陆；2—海陆交互相碎屑岩组合；3—滨浅海碎屑岩及碳酸盐岩组合；4—浅海碳酸盐岩组合；5—浅海泥质碳酸盐岩组合；6—浅海镁质碳酸盐岩组合；7—深浅海硅质碳酸盐岩组合；8—沉积铁矿床（中型及大型）

主要铁矿床名称：①长潭河；②五家河；③官店；④龙角坝；⑤火烧坪；⑥青岗坪；⑦小溪峪；⑧插花庙；⑨排前；⑩乌石山；⑪大坪

矿石主要由鲕状赤铁矿组成，其次有菱铁矿、鲕绿泥石和褐铁矿。含铁品位一般为30%~45%，含磷通常偏高，介于0.4%~1.1%。矿层主要产于海侵层序，形成于湿热环境下较封闭或半封闭的古海盆、古海湾或潮坪中的浅海-滨海相沉积组合。现已探明该类铁矿储量达3720Mt（含表外储量），占全国沉积铁矿探明储量的73.5%（赵一鸣等，2000）。

锰和铁有相似的化学行为，决定了两者经常共生。但是两者丰度和化学活动性的差异，决定两者往往形成独立的沉积矿床。海相沉积锰矿形成于陆棚浅海环境；含矿岩系为黑色页岩、硅质岩-灰岩、杂色泥岩和碳酸盐岩；矿体呈层状、似层状和透镜状；含锰矿物主要为硬锰矿、软锰矿和菱锰矿等。

我国辽宁省瓦房子锰矿位于燕辽沉降带蓟县系铁岭组中。含矿岩系由杂色含锰碳酸盐岩、深灰色和黑色含锰粉砂质页岩、含锰页岩和泥岩及锰矿层组成。锰矿层为一系列透镜状“矿饼群”。矿石分为氧化锰矿（以水锰矿为主）和碳酸锰矿（以菱锰矿和锰方解石为主）。据袁见齐等（1985），瓦房子锰矿形成于蓟县纪末期古海盆中。东南海水深度小，为近岸带；向西北，海水渐深，过渡为还原环境，导致矿石相的变化（图1-18）。

在我国南方，沉积锰矿资源丰富。主要产锰层位有震旦系、奥陶系、泥盆系、石炭系、二叠系和三叠系。其中，泥盆系含锰岩系分布于广西和湖南两省，为上泥盆统榴江组，矿床规模一般为大、中型。其中大新下雷锰矿是我国最大的锰矿床。

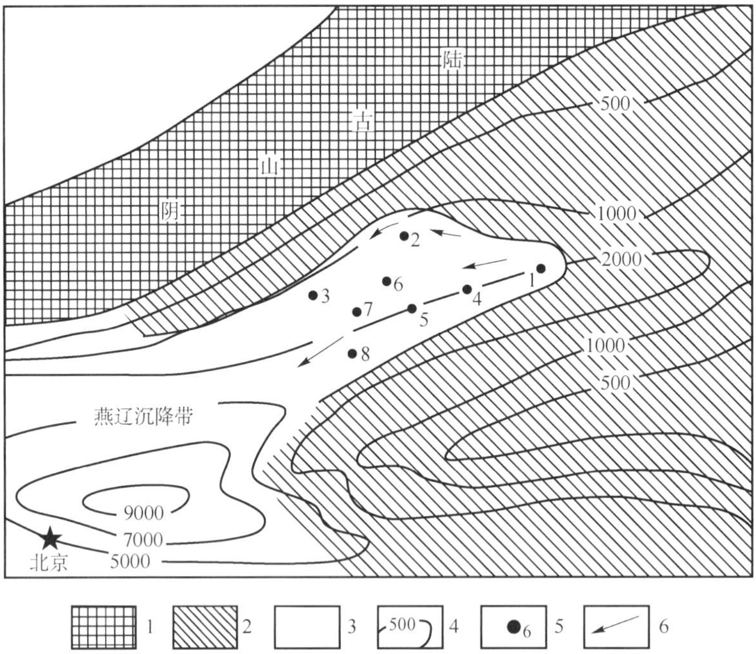

图 1-18　瓦房子地区中元古代古地理示意图

（据袁见齐等，1985）

1—古陆；2—中元古代早、中期海侵范围；3—中元古代晚期海侵范围；4—中元古界等厚线（m）；5—锰矿点；6—古水流方向

四、密西西比河谷型铅锌矿（MVT）

密西西比河谷型铅锌矿（MVT）是被动大陆边缘和陆表海地区最重要的铅锌矿化类型。这类矿床的特点是：①产于没有侵入岩的、稳定环境中沉积的碳酸盐岩中；②矿区范围可达几百平方千米，矿化地段位于盆地边缘、隆起区附近、生物礁和岩相变化带；③矿化总体受层位控制，呈层状、似层状，部分为脉状；④矿石矿物简单，主要为方铅矿和闪锌矿，其次是黄铁矿；脉石矿物为白云石、重晶石、萤石、方解石等；矿石构造为层纹状、浸染状、角砾状、细脉状等；⑤成矿温度低（50~150℃），盐度高（15%~20%）。

密西西比河谷型铅锌矿集中分布于美国密西西比河谷地区，不同规模矿床达400个之多。该类矿床也发育于加拿大、欧洲、澳大利亚以及南美洲和非洲。

在我国的塔里木盆地西南缘（祝新友等，1997，1998）、扬子克拉通周边（张长青等，2005）以及广东、广西等地均发现了一系列该类矿床。

川滇黔MVT铅锌矿带位于扬子克拉通西南缘，包括黔西北、滇东北和川南部分地区。晋宁运动形成克拉通基底，其后开始陆表海演化阶段。

铅锌矿床和矿点分布在北南向安宁河断裂带和石棉-小江断裂带以东至北西向垭都-紫云断裂带之间（图1-19）。

川滇黔成矿区的绝大多数铅锌矿床产于厚的碳酸盐岩地层中，白云岩为最主要的赋矿岩石，赋矿层位为震旦系至二叠系。其中，震旦系碳酸盐岩为主要赋矿地层，产有巧家茂租、会东大梁子、会理天宝山大型矿床，永善金沙厂、会泽五星厂、宁南银厂沟、鲁甸乐红中型矿床和5处小型矿床。

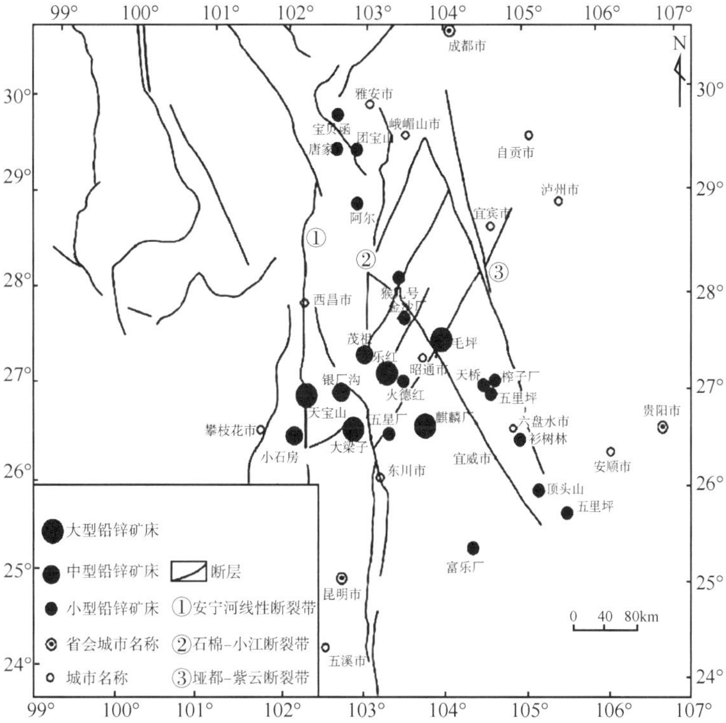

图1-19　中国川滇黔地区主要铅锌矿床分布图

（据张长青等，2005）

矿床在构造上主要受褶皱和断层控制，主要分布于向斜和背斜的核部、翼部以及断层两侧。

铅锌矿体多呈脉状、似层状、透镜状、囊状产于白云岩中。产状分为2种：一种为切层筒柱状、脉状，倾角一般大于60°，如天宝山、大梁子等矿床；另一种为似层状矿体，顺层产出，一般倾角在10°~30°之间，如矿山厂、茂租等矿床。

矿石矿物主要为方铅矿、闪锌矿、黄铁矿、菱锌矿、辉铜矿等；脉石矿物主要为方解石、白云石、重晶石、石英、玉髓、萤石等。矿石具粒状、胶粒状、晶粒状等结构和浸染状、块状、条带状、脉状、团块状、斑点状等构造。矿石中金属组分比较简单，主要为锌，其次为铅，共生组分为硫，伴生组分有锗、镉、镓、银等；另有微量锑、砷、金。矿床富铅或富锌，一般锌高于铅，比值为1∶2~1∶15，矿石铅品位一般为0.5%~5.5%，锌品位为1%~11%（张长青等，2005）。

塔里木西南缘MVT成矿带位于塔里木地块西南缘铁克里克断隆的碳酸盐台地。矿化以铅锌（铜）矿和铁矿为主，主要矿床有卡兰古-托格拉克铅矿、塔木铅锌矿、阿巴列克铅铜矿等。

含矿岩系为中、上泥盆统—下石炭统浅海相碳酸盐岩—陆源碎屑岩。矿床受北北西向高角度逆断层控制，区内所有铅锌矿床均分布于断裂两侧。矿体呈似层状、层状、透镜状和脉状。

矿（化）体均见于强烈碎裂的岩石中。矿石以角砾状构造为主：角砾一般为灰岩或白云石化的灰岩，胶结物多为方铅矿、闪锌矿、黄铁矿和黄铜矿。

主要金属矿物为方铅矿、闪锌矿、黄铜矿、黄铁矿、赤铁矿、磁铁矿以及白铅矿、铅钒、孔雀石等。脉石矿物主要是白云石，少量石英、方解石、石膏。

矿区内没有与成矿作用有关的岩浆岩。

据王书来等（2001）研究，塔木、卡兰古、乌苏里克、卡拉牙斯卡克等铅锌矿区的矿物流体包裹体类型单一，多为液相包裹体；成矿流体具有低温（145~165℃）、中高盐度（16%~18%）、高密度（0.96~1.08g/cm^3）特征；是富含 Ca^{2+}、Mg^{2+}、Na^+ 及有机烃类物质和硫化氢气体的热卤水；矿化剂主要是 Cl^-。上述特征可与北美典型密西西比河谷型铅锌矿类比。

匡文龙等（2003），对该带中卡兰古铅锌矿研究结果表明，海西期、喜马拉雅期是区内两次最为重要的成矿阶段。其中，喜马拉雅期的逆冲推覆褶皱作用引发了大规模的热卤水运移循环，特别是油田卤水与深层流体的混合导致了矿质的沉淀。容矿最佳部位为断隆区、褶隆区以及与区域构造线不一致的褶皱核部。

尽管多数 MVT 矿床含矿建造形成于稳定环境的被动大陆边缘或陆表海，但其成矿作用、成矿流体迁移可能与后期造山作用有关（周朝宪等，1997；匡文龙等，2003；刘英超等，2008）。

五、不整合脉型铀矿床

通常是指产于下、中元古界不整合面附近，具一定层位并被构造控制，呈脉状、似脉状、似层状产出的一类铀矿床。是 20 世纪 60 年代后期在加拿大和澳大利亚发现的一种新类型铀矿。以矿石品位高、储量大而引起人们重视。以著名的澳大利亚北部派因·克里克盆地和加拿大阿萨巴斯卡盆地的铀矿床为代表。

根据加拿大和北澳大利亚不整合脉型铀矿地质特征总结其有如下特点：

1. 三位一体的与成矿有关的建造组合

太古宙克拉通以及富铀基底杂岩——特别是富含铀的花岗质岩石为矿源层的形成提供了良好的源区。加拿大阿萨巴斯卡地区基底花岗岩同位素年龄为 2500~2700Ma，铀平均含量为 14×10^{-6}；澳大利亚北部派因·克里克地区基底花岗岩平均铀含量为 $(9\sim13)\times10^{-6}$。

古元古代内克拉通盆地沉积形成了原始富含铀层位。

中、新元古代陆相沉积构成盖层。

2. 层控性

矿床主要产于古元古代地层中。在派因·克里克盆地，矿化与卡希尔组、怀茨组和库尔平组有关；在阿萨巴斯卡盆地，矿化与阿菲比亚群的绿泥石片岩、绿泥石云母片岩、绿泥石石墨片岩、钙硅质岩石及泥质岩石关系密切。

3. 不整合面控矿

矿床产于中元古界和新元古界不整合面附近，不整合面之下 200m 以内，不整合面之下成矿最好，不整合面之上矿化范围仅几米。

4. 构造控制

从构造演化来看，整个地区经历了稳定-活动-稳定的地壳演化过程：太古宙末期形成稳定的克拉通基底，古元古代在形成内克拉通盆地并经历古元古代末期褶皱、变质和岩浆侵入作用，中元古代形成未变质的陆相沉积盖层。

太古宙基底的线性构造和卵型构造叠加部位有利成矿；矿床总体受深大断裂及其派生构造控制；断层和角砾岩带等扩容构造有利于矿体定位。

5. 矿物组合

原生矿化简单，主要是沥青铀矿和晶质铀矿以及少量硫化物。有时伴生金矿［澳大利亚鳄鱼河（Alligator）矿床］和铜矿［澳大利亚摇滚乐（Rock Downs）矿床］。

6. 矿化具有多期性

矿床往往经历了原始矿源层形成、伴随褶皱和造山作用的岩浆热液和（或）变质热液成矿以及后生成矿等多期成矿作用。例如，加拿大阿萨巴斯卡盆地主成矿期为1050~1350Ma，次成矿期为1000Ma；澳大利亚派因·克里克盆地主成矿期为1600Ma，次成矿期为900Ma和500Ma（表1-5）。

关于这类矿床成因大致可分为地表表生成因和岩浆或变质热液成因、成岩热液成因等。地表表生成因说将矿体和围绕矿体的蚀变归因于风化作用形成的含铀地下水活动的结果；而热液成因说则强调矿化与岩浆热液、变质热液或成岩热液有关。

表1-5　加拿大和澳大利亚不整合脉型铀矿

时代	派因·克里克盆地	阿萨巴斯卡盆底
中元古代盖层	科姆波尔吉组近水平的砂岩，层间安山质火山岩，少量铀矿化	阿萨巴斯卡组：河积砂岩和卵石砾岩
古元古代盆地沉积	浅变质沉积岩夹少量火山岩，主要是炭质泥质岩，其次是砂岩、碳酸盐岩、凝灰岩和砾岩，其中包括含矿的卡希尔组、怀茨组和库尔平组，2400~1870Ma，造山运动为1800Ma	阿菲比亚群：主要是泥质岩，其次是长石砂岩、石英岩和浅水碎屑沉积和化学沉积，均已高角闪岩相变质。有2200 1656Ma的岩基和小侵入体，赫德森运动为1800Ma
太古宙基底	纳纳姆布、拉姆·詹格尔和沃特豪斯杂岩，岩性为花岗岩、片麻岩、混合岩、石英岩和片岩等，2500Ma	花岗质片麻岩和粉红色页理状花岗岩2500~2600Ma，克诺兰运动为2600~2200Ma
铀矿化年龄	主期1600Ma，次期900Ma和500Ma	主期1050~1350Ma，岩墙侵入期1360~1000Ma，活化期1000Ma

（据梁良，1989）

第四节　大洋中脊和大洋盆地中的矿床

大洋中最显著的地貌单元是大洋中脊。它纵贯太平洋、印度洋、大西洋和北冰洋，全长约8×10^4km，占世界大洋总面积的33%，是地球上最大的环球性洋底山系。大西洋中脊与太平洋脊在地貌上有较大差异（图1-20），前者广泛发育的断块系统被认为是缓慢扩张引起的。大洋中脊是板块构造的离散边界，火山活动频繁、地热流值高，是环球主要地震带之一，也是大洋环境中主要成矿构造单元。

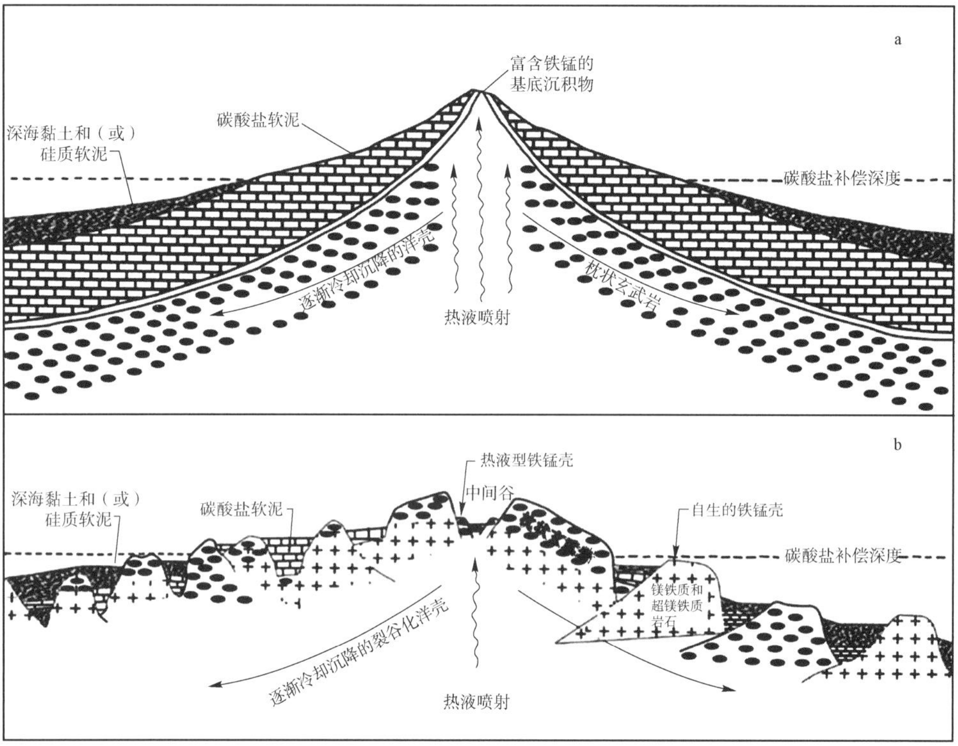

图 1-20　快速扩张的东太平洋洋隆型洋脊（a）和缓慢扩张的大西洋型洋脊（b）

（据 Mitchell et al.，1981）

在大洋中存在另外一种不发育地震的洋底山脉——无震海岭。无震海岭延伸长度可达数千千米，宽数百千米，高出周围洋盆底部 2000～4000m，地形一般起伏不大，顶面较平坦。无震海岭在各大洋均有分布，如太平洋的夏威夷海岭、皇帝海岭，大西洋的鲸鱼海岭、里奥格兰德海岭，印度洋的东经 90°海岭等。无震海岭是板块经过热点上部时留下的火山链，其延伸方向代表板块运移方向。

深海盆地是洋中脊、无震海岭、海山和海底高原之间的洋底部分。在大西洋和东太平洋海盆，通常发育成水深在 3000～6000m、宽度达数百千米、坡度小于 1∶1000 的深海平原。深海平原占海洋面积的 40%。深海平原表层有平均 1000m 厚的深海沉积物。

转换断层是由 Wilson（1965）定义的。在洋底均呈线性分布、长达数百至数千千米、垂直于大洋中脊并将之错断，最大错距达 1000km。它们往往使两侧洋底形成巨大高差，并且在平移错断洋中脊同时，也错断了洋底的重力和磁异常条带。

大洋环境中的主要矿产包括深海平原的铁锰结核，海山斜坡上的富钴结壳、大洋中脊的塞浦路斯型 VMS 矿床及附近的层状铁锰矿床和铁矿床、豆荚状铬铁矿、硫化铜镍矿床和可能与转换断层有关的金属矿化和重晶石矿等（表 1-6）。

表 1-6　大洋环境中的主要矿床

构造环境	岩石组合	矿床类型或成因	金属或矿物类型
深海平原	深海沉积物	铁锰结核	Fe、Mn、Co、Ni、Cu
海山	玄武岩	富钴结壳	Fe、Mn、Co、Ni、Cu
大洋中脊 弧后盆地 陆间裂谷	枕状玄武岩	塞浦路斯型 VMS	Cu、Zn
	辉长岩系	铜镍硫化物	Ni、Cu、Pt
	橄榄岩	豆荚状铬铁矿	Cr
转换断层	玄武岩、页岩、碎屑岩	热液矿床	重晶石

一、大洋铁锰结核

铁锰结核是铁锰氧化物和氢氧化物的集合体，呈黑色或褐黑色，圆球状、椭球状、角砾状、板状或其他不规则球状，直径从几微米至几十厘米，但是多数铁锰结核的直径在5cm至20cm之间，个别大者重达几百千克。结核的核心部分通常是火山碎屑、海洋动物的骨骼碎片、黏土团块等，铁锰氧化物和氢氧化物呈同心状层层包裹（图1-21）。

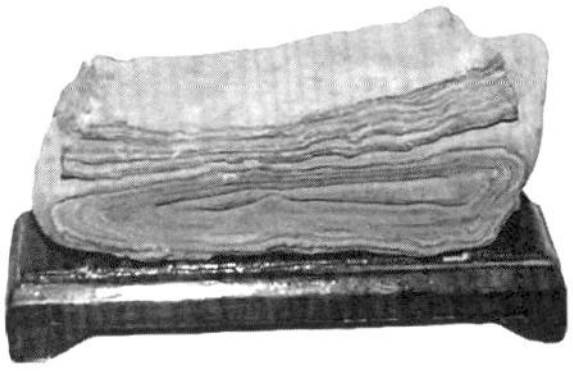

图 1-21　板状铁锰结核
（吉林大学博物馆收藏）

在水深114m的浅海区至7700m的深海沟处，均有铁锰结核分布。但是具有经济价值、可以形成矿床者主要发育在水深3000~6000m的深海平原区，且在深海沉积物表层及以下40~60cm的范围内，海洋沉积物很少或者没有海洋沉积物的海底处发育最好。

在世界各大洋中，太平洋底铁锰结核最发育。据估计，世界海洋中约有3×10^{12}t铁锰结核，而太平洋就拥有1.7×10^{12}t，占太平洋底面积达1800×10^4km^{2}左右。其中含锰4000×10^8t、镍164×10^8t、铜88×10^8t、钴58×10^8t。而在赤道太平洋北纬6°~20°、西经110°~180°的1080×10^4km^{2}范围内，铁锰结核的可采储量为（140~150）$\times10^8$t，平均金属含量为：Mn 29.8%、Cu 1.2%、Ni 1.36%、Co 0.2%，相当于陆地的富矿品位（俞旭，1978）。

铁锰结核富含铁、锰、钴、镍、铜等多种有用金属元素（表1-7），是海洋中最有价值的金属矿产资源。

表 1-7　世界各大洋中铁锰结核主要金属含量　　单位：%

元素	南太平洋 11件样品	北太平洋 4件样品	印度洋西部 10件样品	印度洋东部 14件样品	大西洋 4件样品
Mn	16.61	16.98	13.54	15.83	16.30
Fe	13.92	10.95	15.75	11.31	17.50
Ni	0.433	0.463	0.322	0.512	0.42
Co	0.595	0.195	0.358	0.153	0.31
Cu	0.185	0.348	0.102	0.330	0.20
Pb	0.073	0.106	0.061	0.034	0.10
Ba	0.230	0.410	0.146	0.155	0.17

续表

元素	南太平洋 11 件样品	北太平洋 4 件样品	印度洋西部 10 件样品	印度洋东部 14 件样品	大西洋 4 件样品
Mo	0.035	0.029	0.029	0.031	0.03
V	0.050	—	0.051	0.040	0.07
Ti	1.007	0.475	0.820	0.528	0.08
Cr	0.0007	—	0.002	0.0009	—
烧失量	28.73	14.73	25.89	27.18	23.8
水深/m	3539	5048	3793	5046	不明

（据俞旭，1978）

二、大洋富钴结壳

大洋富钴结壳又称钴结壳或铁锰结壳，是生长在洋底海山斜坡的皮壳状的铁锰氧化物和氢氧化物，由于富含钴而被称为富钴结壳。结壳表面呈皮壳状、肾状、鲕状、瘤状、板状、盘状和块状，内部发育层纹状构造，煤黑色或黑褐色，厚度从几毫米至 6cm，多数厚 2~4cm，厚者可达 25cm（图 1-22）。

图 1-22　板状富钴结壳
（据中国大洋样品馆官网）

富钴结壳通常生长在水深 400~4000m 范围内、最低含氧层及其以下、碳酸岩补偿深度以上的海山斜坡或海台表面的基岩露头上。据目前勘察结果，铁锰结壳主要发育在太平洋，大西洋和印度洋仅有少量发现。太平洋的铁锰结壳主要分布在西北海盆、中央海盆和马里亚纳海盆边缘的海山和海台上，并主要分布在南纬 35°和北纬 45°之间，而近赤道地区最为富集。研究表明（石学法，2009），富钴结壳成矿区的形成需要如下条件：①大型海底火山或高地的存在，水深浅于 1500m，火山基岩较老，至少老于 20Ma；②存在强烈持久的海流运动；③火山建造没有被巨厚的珊瑚礁所覆盖；④较浅的发育良好的最低含氧带；⑤火山斜坡稳定；⑥火山活动不发育；⑦区域上没有河流和风化搬运的大量碎屑的输入。赤道太平洋地区符合这些条件，因此是富钴结壳的主要产区。

太平洋富钴结壳平均金属含量为：锰 23.06%、钴 0.73%、镍 0.47%、铜 0.16%。铂平均含量高于陆地 80 倍，钴平均含量较陆地原生矿高数十倍。据不完全统计，西太平洋海山带上，富钴结壳潜在资源量达 10×10^8t，含钴（600~700）$\times10^4$t，总经济价值超过 1000 亿美元。

构成富钴结壳的铁锰矿物主要为水羟锰矿（氧化锰）和水纤铁矿（氧化铁），多数结壳含少量石英和长石，较厚结壳常含有一定数量的磷灰石。主要金属元素为钴、镍、锰、铜、铁，并伴生金、银、铂、钽、铑、锇、铱、钼、钨、铅、镉、铋、锡及稀土元素，有害元素为硫、砷、磷、氟等。

三、阿尔卑斯式铬铁矿

也称豆荚状铬铁矿，是蛇绿岩套中具有标志性意义的矿床：它总是产于蛇绿岩套中，并与特定的岩石类型或岩相密切相关。

一类阿尔卑斯式铬铁矿产于纯橄榄岩—方辉橄榄岩岩体中，并产于纯橄榄岩相内。铬铁矿体多呈扁豆状、条带状、似层状、巢状，与岩相带呈整合关系；矿石呈中细粒自形结构，浸染状、条带状和块状构造，是所谓的早期岩浆矿床。

另外一些豆荚状铬铁矿体是受构造控制的。矿体产于纯橄榄岩和方辉橄榄岩中，除个别矿体呈似层状和条带状外，经常呈不规则脉状、豆荚状、团块状、网脉状等（图 1-23）。

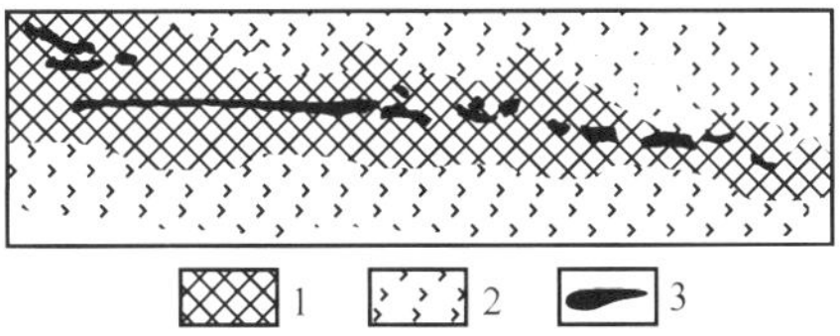

a.豆荚状铬铁矿矿体
1—纯橄榄岩；2—斜方辉橄岩；3—铬铁矿矿体

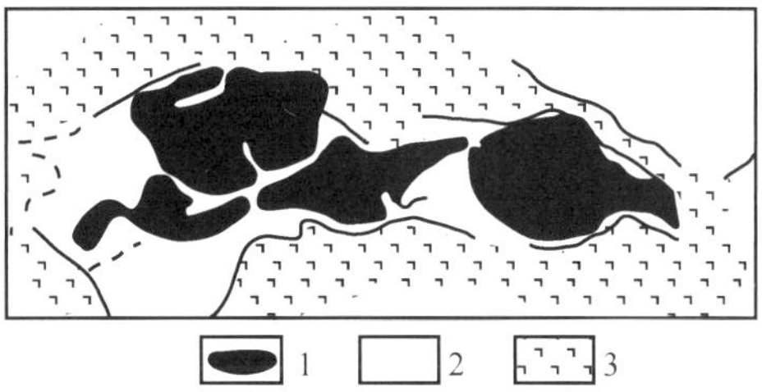

b.囊状铬铁矿矿体
1—铬铁矿矿体；2—斜方辉橄岩；3—辉长岩

c.铬铁矿透镜体和矿饼群
1—纯橄榄岩；2—铬铁矿矿体

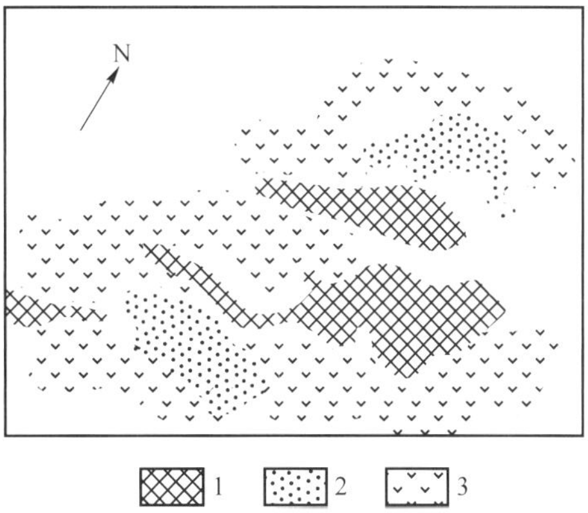

d.由多种浸染矿石组成的不规则矿体
1—稠密浸染状铬铁矿矿体；2—中等浸染状铬铁矿矿体；3—纯橄榄岩

图 1-23　豆荚状铬铁矿矿体形态
（转引自姚凤良等，2006）

蛇绿岩套的理想剖面自下而上是：变质橄榄岩（二辉橄榄岩、方辉橄榄岩和纯橄榄岩）—堆晶杂岩（辉长岩质）—铁镁质席状岩墙—枕状熔岩。如果加上深海沉积的泥质岩、页岩、泥灰岩和硅质岩，就构成了完整的大洋地壳。阿尔卑斯式铁矿或者位于纯橄榄岩与方辉橄榄岩接触面附近的纯橄榄岩中（图 1-24），或者位于方辉橄榄岩中呈透镜状体。在后者的情况下，透镜状铬铁矿体的表层多有一层厚度不等的纯橄榄岩壳。因此人们倾向于认为阿尔卑斯式铬铁矿或者形成于大洋扩张脊，或者形成于边缘扩张盆地。

阿尔卑斯式铬铁矿往往规模小，矿石储量很少超过几千吨。但是菲律宾的科托矿床的矿石储量达 14Mt。这类矿床目前广泛分布于不同地质历史时期的造山带，包括塞浦路斯、古巴、希腊、土耳其、菲律宾以及我国西藏、新疆等地。

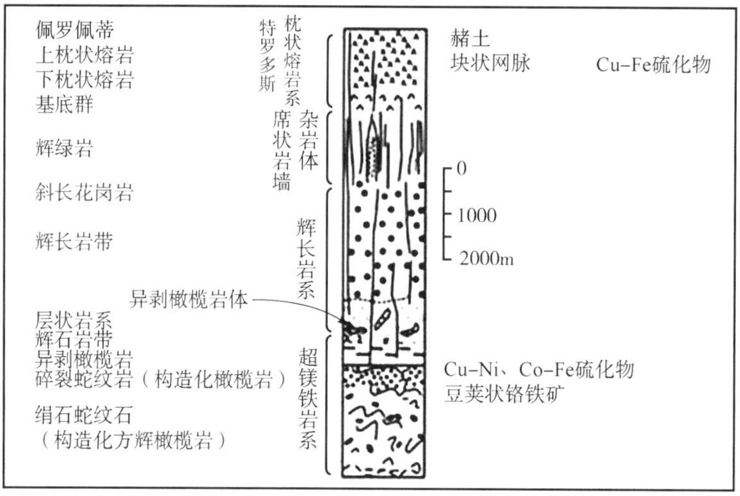

图 1-24　利马索尔森林蛇绿岩理想柱状图

（据 Mitchell et al.，1981）

四、塞浦路斯型 VMS 矿床

是伴随蛇绿岩套产出的另一类金属矿床。它具有一般 VMS 矿床的共同特点，例如以火山岩为容矿围岩；具有与围岩平行的层状、似层状矿体和下部的细脉状、网脉状矿体和脉状矿体；往往在整合型矿体上部出现喷流沉积成因的富含铁锰的硅质岩等喷流沉积岩；下盘出现广泛蚀变等。而它的独特性在于与蛇绿岩套伴随；产于蛇绿岩套上部的枕状玄武岩中；矿石矿物主要为黄铁矿，其次为黄铜矿、闪锌矿，有时可见白铁矿和磁黄铁矿；有用组分主要为铜和少量的锌，有时含金和银（Ag/Au=2~10），几乎不含铅；产于大洋中脊或类似环境。典型代表是塞浦路斯矿床。类似的矿床发育在阿曼、纽芬兰、挪威、菲律宾和土耳其。

在我国北祁连山中西段发育一系列塞浦路斯型 VMS Cu-Zn 矿床，并以石居里地区集中分布。

矿床主要产于奥陶系阴沟群基性火山岩或碧玉岩中；矿石以块状构造为主，亦有角砾状、网脉状、浸染状和条带状（纹层状）矿石；矿石矿物主要为黄铜矿、黄铁矿、闪锌矿；脉石矿物主要为石英，其次为方解石和绿泥石；有用组分为铜和锌，有时伴生银，贫铅。杨合群等（2002）总结该区矿床地质特征，建立了蘑菇状矿体剖面模型（图 1-25），显然这个模型与塞浦路斯 VMS 矿床模型非常相似。

冯益民等（1996）研究了塔洞沟蛇绿岩剖面和大岔蛇绿岩剖面，认为二者的形成环境分别为弧后扩张脊和岛弧扩张脊；夏林圻等（1998）则将二者均归属为弧后扩张环境。

五、层状铁锰矿

与塞浦路斯型 VMS 矿床一样，大洋中脊附近的层状铁锰矿也是喷流沉积成因的。它沉积于蛇绿岩套顶部枕状玄武岩之上，或者富铁锰（赭石）、或者贫锰富铁（赭土）。前述塞浦路斯 VMS 矿床上部的赭石和赭土显然属于该类矿床。赭石在燧石、凝灰岩或偶尔

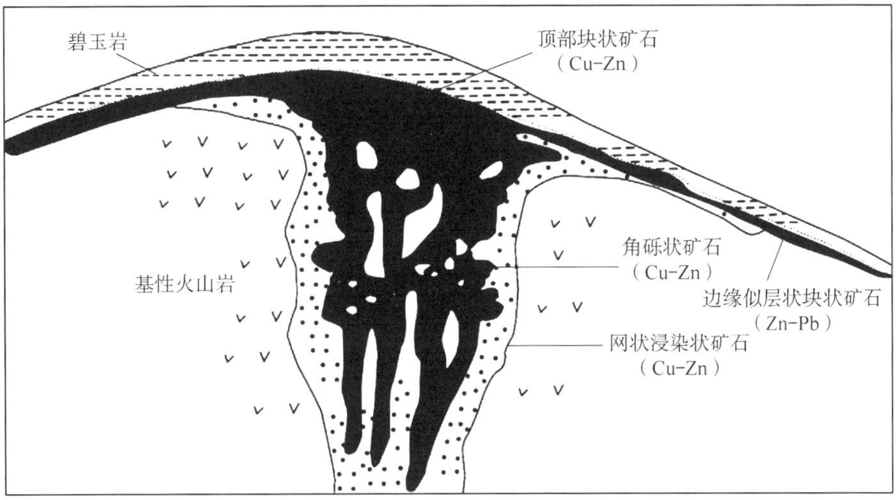

图 1-25　北祁连山中西段 VMS 矿床地质模型
（据杨合群等，2002）

在石灰岩中呈夹层状，整合于块状硫化物矿石之上，经常含有条带状硫化物或碎屑硫化物，并富含铜和锌。赭土不整合于枕状熔岩之上，与碧玉和其他沉积岩共生，厚度可达1～10m，主要矿物为含锰针铁矿和磁赤铁矿。

在阿曼的塞马尔蛇绿岩的玄武岩上部也存在赭土和赭石：在构造简单地区，与大型硫化物矿床关系密切，存在于下部层位的绿片岩相变质的熔岩中，赭土位于上覆的沸石相变质的熔岩中或其上；在大型阿莱凹陷内，火山岩系上部普遍覆盖赭土和赭石（图 1-26）。

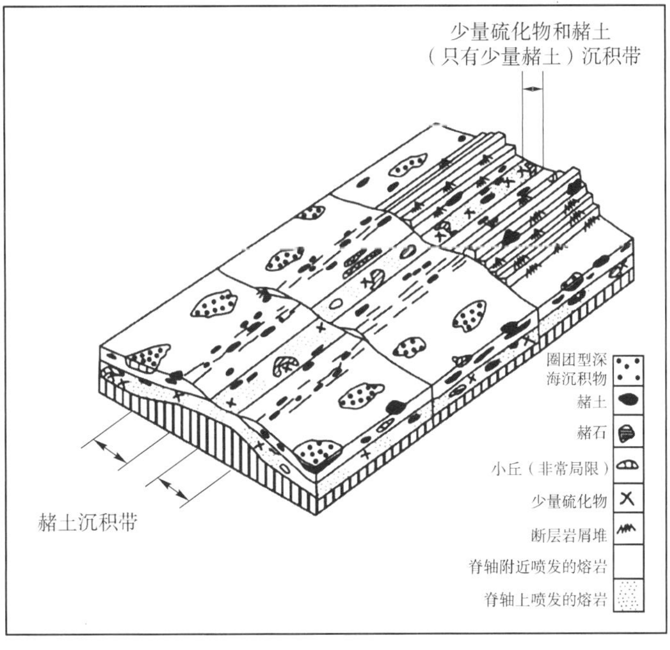

图 1-26　大洋扩张轴部含金属沉积物的沉积模式图
（据 Mitchell et al.，1981）

Mitchell 等（1981）描述了意大利亚平宁山脉的该类矿床。在那里，条带状锰矿和块状锰矿产在玄武岩之上的沉积岩系底部的燧石层中（图 1-27）。条带状矿床的厚度可达 1m，横向延伸达数百米；块状矿体的厚度从数米到 20m，侧向延伸 10~200m，呈透镜状。矿床主要由石英和褐锰矿混合物组成，并含磁铁矿、软锰矿、菱锰矿、方解石、重晶石和红帘石。

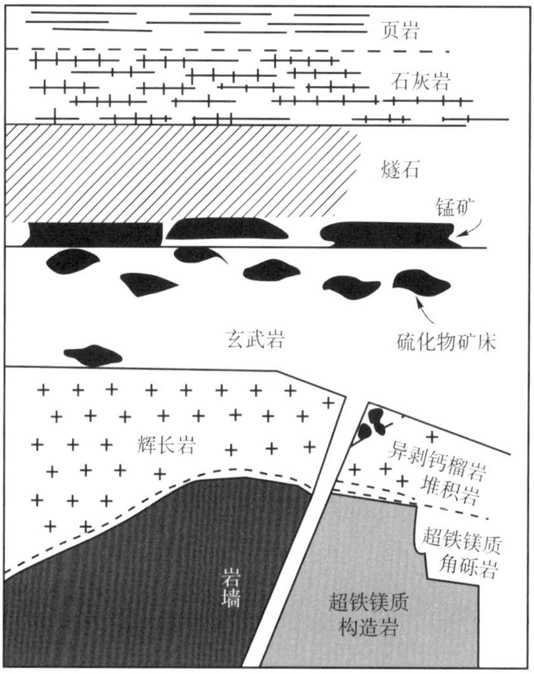

图 1-27　北亚平宁带含热液锰矿蛇绿岩立体示意图

（据 Mitchell et al.，1981）

六、硫化铜镍矿床

硫化铜镍矿床通常与基性岩伴生，并经常产于基性岩体中的超基性岩相内。蛇绿岩套底部的地幔橄榄岩和上部的枕状玄武岩之间发育大量的辉长岩系，为硫化铜镍矿床形成提供了良好条件（参见图 1-24）。

Mitchell 等（1981）描述了阿曼山脉北部与层状辉长岩有关的铜矿，那里的铜矿中还含有 As、Se、U、Sb 等有用组分。我国吉林省红旗岭硫化铜镍矿以及吉林省延边地区的长仁硫化铜镍矿显然属于此种类型，两者位于被敦密断裂带错断的同一构造带中。

七、与大洋转换断层有关的矿化和矿床

大洋转换断层是名副其实的岩石圈断裂。由于它与大洋中脊高角度相交并将其错断，因此在两者交会处成为许多喷流沉积的中心，也成为与洋中脊有关的块状硫化物矿床和富铁锰热水沉积物形成的重要控制因素之一。

Bonatti 等（1976）和 Rona（1978）在大西洋中脊上的 Romanche 和 Vema 断裂带中发现富含铁锰氧化物和氢氧化物沉积和结壳；White（1968）发现富含金属的索尔顿湖热田与圣安德烈斯系统的一个转换带有关；Garson 和 Krs（1976）发现红海渊中的含金属沉积物形成于扩张脊与转换断层交汇部位。而 Lonsdale（1979）报道了在圣克利门蒂断层带 1800m 水深处发育大型重晶石矿（图 1-28）。因此，大洋转换断层可能成为重要的成矿和控矿构造。

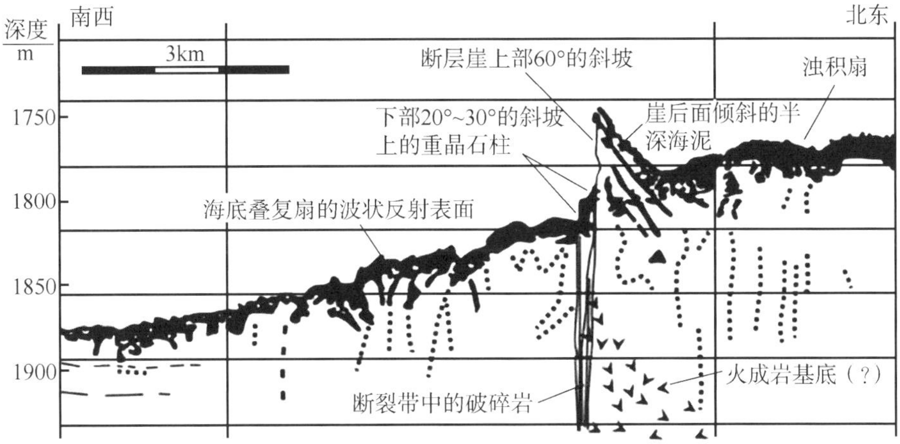

图 1-28　通过圣克利门蒂断层的 3.5KHz 的声波剖面

（据 Mitchell et al.，1981）

第五节　活动大陆边缘矿床

活动大陆边缘又称主动大陆边缘、太平洋型大陆边缘、汇聚大陆边缘，是大洋板块向大陆板块之下俯冲而形成的具有强烈活动性的陆缘。以大量的、平行大陆边缘呈线性分布的侵入岩带、火山活动带和地震带发育为特点。现代活动大陆边缘发育在环绕太平洋地区以及印度洋东北部。从地貌上看，活动大陆边缘的大陆架较窄，大陆坡较陡，大陆隆经常被海沟淹没。

活动大陆边缘有两种基本构造样式：一种即所谓的弧-沟-盆体系，在海沟和大陆之间存在岛弧和边缘海盆（弧后盆地）；另一种情况是大洋板块沿着海沟直接俯冲到大陆板块之下，在大陆边缘形成一个火山-侵入岩弧，称为大陆边缘弧。

具有弧-沟-盆体系的活动大陆边缘包括如下构造单元：海沟、外弧（又称前弧）、弧前盆地（又称外弧槽）、岛弧、弧后盆地和（或）弧后引张克拉通盆地（图 1-29）。

海沟的外侧线，是活动大路边缘与洋盆的分界线。海沟中发育三种沉积物：浊流沉积、深海沉积和等深流沉积。在海沟堆积物中经常发育洋壳残片（块）和由大洋板块运移而来的大小不等的异地岩块或陆块——地体。由于大洋板块的俯冲，海山和海底高原被加积到靠陆一侧，构成蛇绿混杂岩的主要部分。同时，海沟沉积物有时可能由陆隆处的深海扇向着海沟方向仰冲。

外弧又称前弧，是沿着海沟发生的俯冲作用的直接产物。伴随海沟沉积物由陆隆处的深海扇向着海沟方向仰冲，靠陆一侧的岩石发生同斜紧闭褶皱，并形成叠瓦状构造。这是外弧一种可能的成因模式。因此，鉴别古外弧的主要方法是识别蛇绿混杂岩、滑塌堆积、同斜紧闭褶皱和叠瓦状构造。

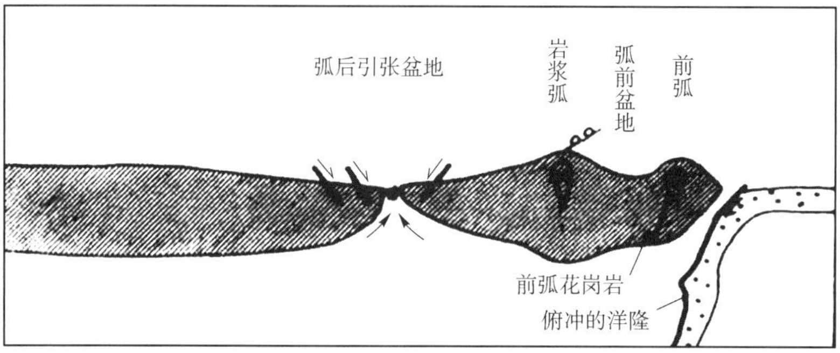

图 1-29　弧-沟-盆型活动大陆边缘
（据 Mitchell et al.，1981）

弧前盆地也叫外弧盆地或外弧槽，位于外弧与岛弧或大陆边缘弧之间，以沉积作用为主。这里的沉积厚度巨大，可达十几千米。沉积物主要是陆缘碎屑或者是经过搬运的火山物质，有时也存在火山熔岩。弧前盆地沉积的另一特点是，自下而上经常从海相沉积过渡到陆相沉积。弧前盆地沉积与外弧岩系经常是不整合接触或由于构造作用形成断层接触——仰冲到外弧岩系之上。

岛弧是与大陆以边缘海盆（弧后盆地）相隔的、总体平行大陆延伸的弧状岛链，并以火山岩发育为特点，因此亦称火山弧或火山岛弧。

弧后盆地是岛弧与大陆之间的深海盆地，当这种盆地发育在岛弧与岛弧之间时，则称为弧间盆地。目前人们普遍接受的观点是弧后盆地是弧后扩张形成的。但是个别弧后盆地的成因（如白令海）可能是原来的洋盆被火山岛弧捕获的；而鄂霍次克海盆则原来就是大陆的一部分。弧后盆地的沉积作用在靠近大陆一侧和靠近岛弧一侧是不同的：在靠近岛弧一侧，是由火山碎屑组成的水下扇杂岩，向盆地中心过渡为含少量火山物质的褐色黏土乃至于深海钙质软泥；而在靠近大陆一侧，则以陆源碎屑沉积为主。

弧后引张克拉通盆地发育在大陆克拉通内部的大陆边缘区，轴线总体与大陆边缘平行；受正断层系统控制；充填陆相沉积岩、火山岩和火山碎屑岩。在太平洋西岸，发育在中国和俄罗斯东部盆岭系统中的盆地，如松嫩盆地、阿穆尔-结雅盆地等——至少在早白垩世时应该属于此类盆地。

当大洋板块直接俯冲到大陆岩石圈之下时，活动大陆边缘形成如下构造单元：外弧（前弧）、弧前盆地（外弧槽）、大陆边缘弧、弧后前陆盆地和（或）弧后挤压克拉通盆地（图 1-30）。有时在弧后区也可能形成弧后引张克拉通盆地。

这里的外弧和弧前盆地与具有弧-沟-盆体系的活动大陆边缘的外弧、弧前盆地特征相同。

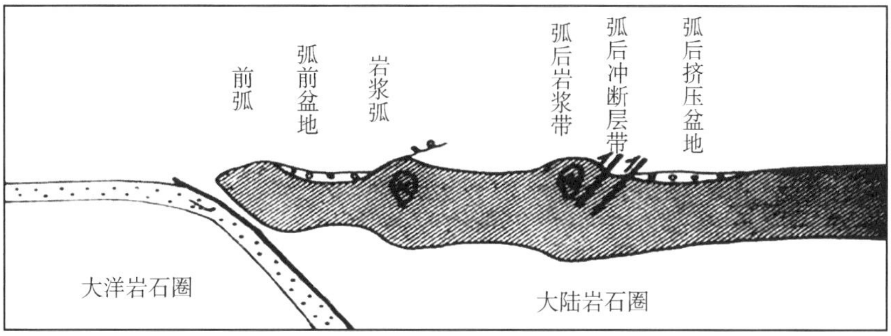

图 1-30　安第斯型活动大陆边缘分区示意图

（据 Mitchell et al.，1981）

大陆边缘弧是发育在大陆边缘的火山-深成岩带，沿着大陆边缘呈线性分布。典型代表是安第斯火山岩带，因此也称为安第斯型活动大陆边缘。

弧后前陆盆地经常与安第斯型活动大陆边缘相关，位于大陆边缘弧后侧的大陆内部，紧邻弧，轴线与大陆边缘弧平行。近弧一侧的盆地边缘发育逆冲断裂带。物源主要来自火山弧，其沉积作用以从海相过渡为陆相为特点。

弧后挤压克拉通盆地也被称之为破裂前陆盆地（刘和甫等，2004），发育在略远离陆缘弧的克拉通内部，与俯冲、增生造山或弧陆碰撞有关。当弧后前陆盆地与弧后挤压克拉通盆地共存时，后者位于前者的靠陆一侧。

并非大陆边缘弧的弧后区一定是挤压盆地，有时也可能形成弧后引张克拉通盆地。是挤压还是引张，可能与俯冲带的角度有关。

活动大陆边缘的矿床以发育在岛弧和大陆边缘弧的与火山和岩浆侵入作用有关的矿床为特点。主要矿床类型包括斑岩型矿床、黑矿型和别子型 VMS 矿床、浅成低温热液型金银矿床、与中-酸性侵入岩有关的钨锡矿和汞、锑矿以及脉状金矿等（图 1-31）。

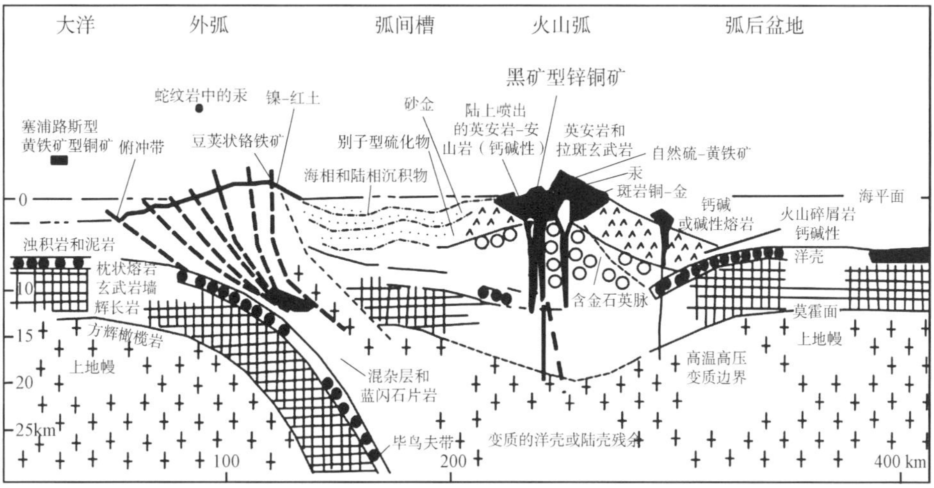

图 1-31　活动大陆边缘矿床

（据 Mitchell and Garson，1976）

一、斑岩型矿床

斑岩型矿床是产于中酸性小型斑岩体内或周边的、具有浸染状和细脉浸染状构造的矿床。斑岩型矿床曾被认为是活动大陆边缘具有标志性意义的矿床。尽管后来人们已经认识到，在大陆裂谷带和碰撞造山带等其他构造环境中也能形成该类矿床，但是它仍然是活动大陆边缘的岛弧或大陆边缘弧中主要的矿化形式之一。这是由于世界上一些规模巨大的斑岩铜矿主要产于活动大陆边缘的缘故。

活动大陆边缘的斑岩型矿床被认为与俯冲的大洋板块直接相关：无论是岩浆还是成矿金属，均来自俯冲板片的部分熔融。

斑岩型矿床主要产于环太平洋的活动大陆边缘，同时也在特提斯构造带和中亚构造带中广泛分布。

斑岩型矿床不仅形成于岛弧和大陆边缘弧，也可能形成于弧后引张克拉通盆地。

Mitchell 等（1981）认为，北美西科迪勒拉山脉斑岩钼矿并非如那里广泛发育的斑岩铜矿那样是板块俯冲时形成的，而是形成于俯冲结束后盆岭构造活动时期，受控于盆岭中的地堑构造。

二、浅成低温热液型金（银）矿

是一类产于岛弧、大陆边缘弧和弧后引张克拉通盆地中、形成于陆相火山岩中或火山建造影响范围之内、以大气降水为主的低温热液型金（银）矿床。矿床形成温度低（150~300℃）、压力低（10~50MPa）、深度浅（小于 1~2km，甚至形成于地表附近）、成矿流体低盐度，以大气降水为主，矿化作用发生在火山活动晚期，火山地热系统波及范围内。

人们从不同角度对浅成低温热液型金（银）矿床进行分类。我国学者普遍接受的是 Bonham（1986）和 Heald 等（1987）的分类：前者根据矿物组合将之分为低硫化型和高硫化型；后者则根据蚀变矿物组合分为冰长石-绢云母型和高岭石-明矾石型。事实上，两者是可以互相对应的（表 1-8）。

表 1-8　低硫化型与高硫化型浅成低温热液金矿床的主要特征

矿床类型	矿石类型	结构构造	矿石矿物	脉石矿物	金属元素组合	成矿流体特征
低硫化型（LS）（冰长石-绢云母）	脉型为主，网脉状常见，浸染状和交代状矿石少见	脉状，孔洞充填状（条带，胶状，晶簇状），角砾状	黄铁矿、银金矿、自然金、闪锌矿、方铅矿、毒砂	石英、玉髓、方解石、冰长石、伊利石、碳酸盐	以 Au、Ag、Zn、Pb 为主，Cu、Sb、As、Hg、Se 为辅	成矿流体以大气降水为主，含有来自岩浆的挥发分 S 和 C，流体的 pH 近中性，盐度 $w(NaCl)<3.5\%$
高硫化型(HS)（酸性硫酸盐，明矾石-高岭石）	浸染状矿石为主，脉状矿石为辅，交代状矿石常见，网脉状矿石少见	围岩交代状，角砾状，脉状	黄铁矿、硫砷铜矿、黄铜矿、砷黝铜矿、铜蓝、自然金、碲化物	石英、明矾石、重晶石、高岭石、叶蜡石	以 Cu、Au、Ag、As 为主，Pb、Hg、Sb、Te、Sn、Mo、Bi 为辅	成矿流体以岩浆水为主，流体的 pH<2，盐度 $w(NaCl)<5\%$

（据江思宏，2004）

浅成低温热液型金（银）矿床主要分布在环太平洋成矿带的岛弧、大陆边缘弧和弧后引张克拉通盆地内，在特提斯成矿带和中亚-蒙古成矿带也有发育。

大型和超大型浅成低温热液金（银）矿似乎主要产于岛弧和大陆边缘弧区。例如巴布亚新几内亚利希尔岛（Lihir）岛的拉多兰（Ladolam）金矿的金储量大于1300t；秘鲁的亚纳科查（Yanacocha）Au-Ag矿的金储量为1200t，银储量为10850t；日本的菱刈金矿金储量达200t。

弧后引张克拉通盆地中的浅成低温热液金（银）矿在太平洋东、西两侧均有发育。在美国内华达州盆岭区，形成了美国最重要的浅成低温热液型贵金属矿床——康斯塔克脉状矿床。矿床产于新近纪火山岩中，火山岩是双峰式火山岩的组成部分。

我国吉林省和黑龙江省东部，是太平洋西岸盆岭区的一部分。在小兴安岭北麓的孙吴-嘉荫盆地中，发育一套钙碱性火山岩系列，其中形成了东安金矿为代表的一系列浅成低温热液型金矿床。类似金矿床也发育在吉林省延边地区。在那里发育的一系列燕山期火山盆地中形成了闹枝、刺猬沟、五凤、五星等浅成低温热液型金矿床和热液脉状金矿床。

从成矿时期来看，太平洋成矿带和特提斯成矿带的浅成低温热液金矿主要形成于中生代和新生代，而中亚成矿带的个别矿床形成于晚古生代。

浅成低温热液型金矿经常与斑岩型矿床伴生。Gammons 和 Willlams（1997）认为，来自浅成斑岩体的岩浆流体的沸腾，使溶解的Au进入氯化物，形成含金的卤水。由于密度较高，导致其沉积于母岩附近，形成斑岩型富金铜矿床；在沸腾期间，大多数水和硫化氢进入气相，当其冷却时，重新冷凝形成低盐度、富含H_2S的具有岩浆和大气降水混合特征的流体，这种流体能够溶解和重新活化大量的Au形成$Au(HS)_2$，这种含金流体迁移到地表形成浅成低温热液型金矿。Hendenquist（1994）则图解诠释了高硫化型和低硫化型浅成低温热液型矿床与斑岩型矿床的成因机制（图1-32）。

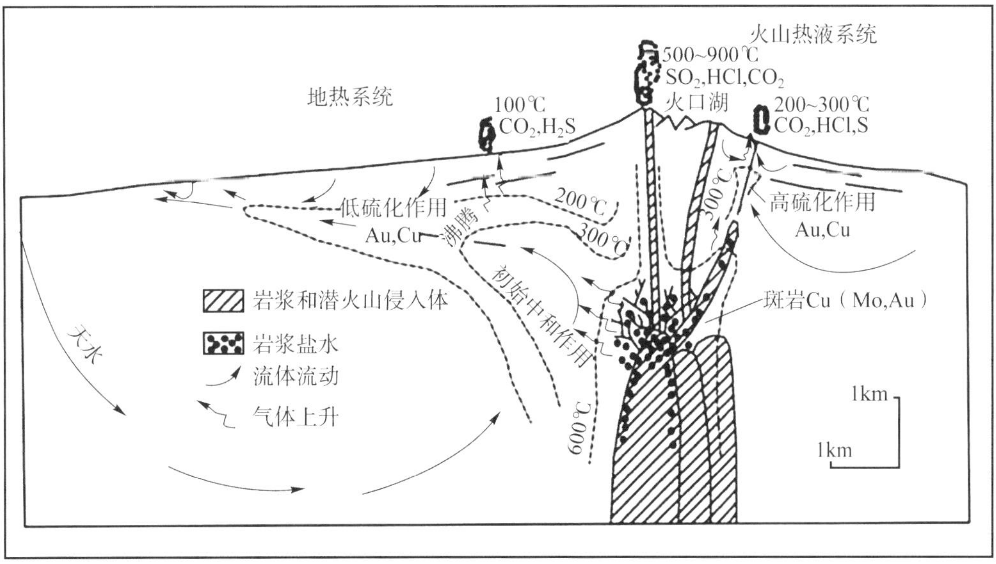

图1-32　斑岩铜矿、高硫化型、低硫化型浅成低温热液型矿床的成因机制

（据 Hendenquist，1994）

三、黑矿型 VMS 矿床

黑矿是岛弧和大陆边缘弧中又一种具有代表性的矿床。它除了具有前述一般 VMS 矿床的普遍特点之外，在矿石特征、矿物组合、金属组合、火山岩的特点和所形成的构造环境方面与其他 VMS 明显不同。

从形成的构造环境来看，黑矿主要形成于岛弧和大陆边缘弧，有时也形成于弧后盆地环境——如在澳大利亚东部。太平洋西岸的黑矿主要分布于岛弧区，以日本列岛黑矿为代表；太平洋东岸的黑矿则主要形成于大陆边缘弧环境。尽管如此，成矿的火山岩往往与岛弧或者大陆边缘弧内的引张环境有关：成矿火山岩带经常发育在线性分布的地堑或裂陷带内。地质历史时期中的黑矿多分布在造山带中，但是它们也是在造山作用之前的岛弧、大陆边缘弧或弧后盆地环境中形成的，只不过由于造山作用而被迁移到造山带当中。

黑矿经常形成于钙碱性火山岩或火山碎屑岩中，并经常与长英质火山岩伴生，有时也与安山质或英安质成分共生，但很少或没有与基性成分伴生的例子。

黑矿的矿体和矿石的分带现象在如日本的某些矿区发育得非常明显：矿体上部呈层状，下部为细脉状、网脉状和角砾状；矿石类型自下而上为硅质矿（是指强硅化岩石中发育的细脉状、网脉状和角砾状的黄铁矿和黄铜矿组成的矿石）、黄矿（是由黄铜矿和黄铁矿为主组成的矿石）和黑矿（主要由方铅矿和闪锌矿组成的矿石）。

黑矿的金属组合为铜-铅-锌多金属组合，有时可能含有不等量的金和银（图 1-33）。

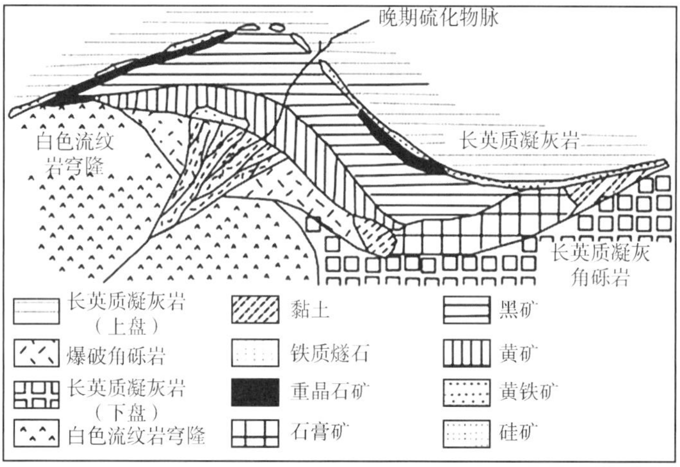

图 1-33　黑矿理想剖面示意图

（据 Sato，1977）

最典型的黑矿分布在日本本州和北海道。此外，在伊比利亚成矿带（葡萄牙和西班牙南部）、挪威的加里东造山带、斐济、纽芬兰、爱尔兰、埃及、澳大利亚东部、美国、加拿大、墨西哥和俄罗斯等国家和地区均有分布。

在我国北祁连造山带东段的白银厂矿田的折腰山矿、火焰山矿、小铁山矿、四个圈矿，辽宁的红透山矿、青海的拉脊山矿、广东的大宝山矿、四川呷村矿等都属于黑矿型 VMS 矿床。

四、别子型 VMS 矿床

别子型 VMS 矿床是以铜为主的 Cu-Zn 型块状硫化物矿床。矿床与玄武岩有关，而那些玄武岩通常与杂砂岩、硬砂岩或黏土质岩石（浊流沉积）共生。

矿体呈板状、似层状或透镜状，与围岩产状一致。矿石矿物主要是黄铁矿、黄铜矿和少量闪锌矿，在矿体下部有时会出现磁黄铁矿。矿石以致密块状为主，其次是浸染状。典型矿床是日本四国岛的别子矿。

别子矿是日本该类矿床中储量最大、特点最鲜明的矿床，产于三波川构造带中。容矿岩石是三绳组浊积岩和玄武岩，总厚度达 3000m，并经受区域变质作用的改造，构成三波川结晶片岩主体。岩石类型主要是角闪片岩、绿片岩、石墨片岩和石英片岩。其原岩的下部是泥岩和砂岩夹少量玄武岩，发育 9 个矿床；中部是玄武岩夹泥岩，有 73 个矿床；上部是泥岩和砂岩，夹较多玄武岩，有 7 个矿床。矿体厚 3～10m，延长达 1700m，延深达 3500m（图 1-34）。

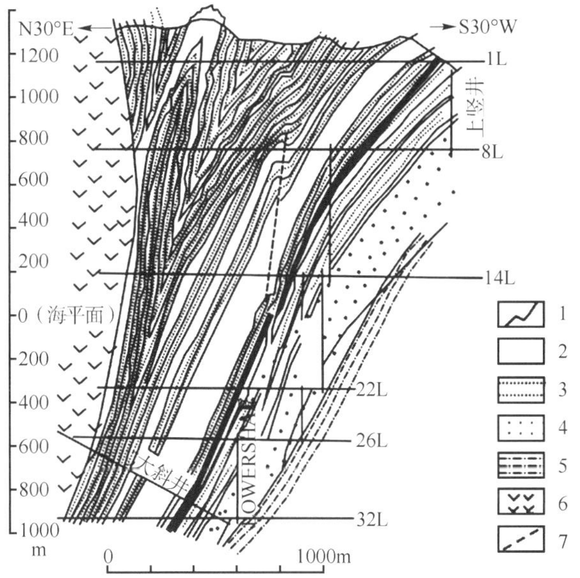

图 1-34　日本别子矿床横剖面图

（据 Sangster，1985）

1—矿体；2—片岩；3—无斑基性片岩；4—泥质片岩；5—千枚岩；6—斜长角闪岩；7—断层

日本列岛的别子型 VMS 矿床发育在活动大陆边缘的增生楔（三波川构造带和四万十构造带等）。块状硫化物矿体和与之有关的玄武岩形成于洋底——更有可能来自大洋中脊。它们是随俯冲的大洋板块加积到海沟浊积岩（三绳组）中，并最后增生到活动大陆边缘（Sato and Kase，1996；Okamoto et al.，2000；Nozaki et al.，2006，2010，2011，2015）。因此，浊积岩、洋壳玄武岩和块状硫化物矿石的三位一体构成别子型矿床的标型特征。

有许多关于别子型 VMS 矿床形成于其他构造环境的报道，如大陆裂谷环境（澳大利亚的布里亚裂谷盆地中的 VMS 矿床）、弧后盆地环境（伊朗的努德矿床）、弧前盆地环境（南非的博克布茨矿床）等。它们是否属于别子型 VMS 矿床，显然有待于讨论。

另外，典型的别子型 VMS 矿床是否就是被肢解的塞浦路斯型 VMS 矿床呢？也有待于深入研究。

五、火山–沉积型块状硫化物矿床（VSMS）

火山–沉积岩型块状硫化物矿床（VSMS）是一类以长英质火山岩、火山碎屑岩和沉积岩为容矿围岩的块状硫化物矿床。据 Goodfellow（2001）和 Bradshaw 等（2008）研究，矿床形成于弧内裂谷或弧后盆地的长英质火山岩和沉积岩中。矿床规模大、品位高、通常是大型或超大型的多金属矿或多金属+贵金属矿床。

加拿大育空区的芬利森湖矿集区的该类矿床形成于育空地体与北美克拉通之间的弧后洋盆的边缘（Bradshaw et al.，2008）。类似的是加拿大新不伦瑞克省北部的巴瑟斯特矿集区的矿床，据 Goodfellow（2001）研究，它们也形成于弧后裂谷盆地。

在我国，类似的矿床是锡铁山铅锌矿。矿床位于柴北缘构造带的中部，形成于中晚奥陶世弧后盆地裂馅初期。赋矿地层是一套海相火山岩、火山碎屑岩和正常沉积岩（滩间山群）。

六、与中、深成侵入体有关的脉状金矿和矽卡岩型金矿

在环太平洋成矿带，金矿床非常发育。伊齐克松（1985）在《太平洋区成矿分带》一书中甚至提出了环太平洋大金环的概念（徐光荣，1990）。而这个所谓的大金环中的一些主要的、大型和超大型金矿床多属于前述的浅成低温热液型金银矿床。这些浅成低温热液型金矿床或金银矿床主要产于环太平洋成矿带的内带以及外带的盆岭区的火山盆地中。而在外带盆岭区的作为“岭”的古老地块中，则形成与中、深成花岗岩类侵入体有关的脉状金矿和（或）矽卡岩型金矿；同时在内带的岛弧区或大陆边缘弧区也可能形成与中—深成侵入体有关的脉状金矿和（或）矽卡岩型金矿。

在俄罗斯远东地区的中–晚中生代俯冲杂岩带（萨马尔金带）南端的谢尔盖耶夫地块是寒武纪活动大陆边缘的一部分。在中—晚中生代伊泽那岐板块向北西西大路边缘俯冲过程中，它仰冲到俯冲带（萨马尔金带）之上。其后，谢尔盖耶夫地块被一系列晚白垩世中酸性岩侵入，形成许多中、小型石英脉型金矿。金矿主要集中在谢尔盖耶夫地块的西部，那里被看成是由原地寒武纪岩石构成的地质体。矿体由含黄铁矿和砷黄铁矿的含金石英脉组成，它们分布在侵入岩体之上，或者侵入岩体接触带中。

在中国东北部的辽东、吉南和黑龙江省东部，白垩纪时期属于古太平洋板块的弧后引张克拉通盆地范围，形成典型的盆岭构造。在火山盆地中形成前述典型的浅成低温热液型金银矿、金矿和斑岩型金矿，而在盆岭构造的“岭”的位置，则形成与中、深成花岗岩类侵入体有关的石英脉型金矿。后者的典型代表是发育在佳木斯地块中北部的平顶山金矿和老柞山金矿以及辽南丹东附近的五龙金矿等。当花岗岩侵入到碳酸盐岩或大理岩时，则形成矽卡岩型金矿，如大安河金矿。

对我国胶东地区的石英脉型和蚀变岩型金矿的矿化时期存在许多不同见解。杨立强等（2006）确认，胶东矿集区至少存在 130~110Ma 的金矿化和 90~80Ma 的金–银–多金属矿化。显然这些矿化时期与古太平洋板块活动时期是一致的。

在朝鲜半岛北部，类似的金矿床发育在狼林地块的西部。那里，在日本海扩张之前可能与我国胶东地区毗邻。在狼林地块的平安北道有大型、小型金矿床和矿点140余处，金储量400~450t。其中云山金矿储量达80t，造岳金矿储量达60t，九岩金矿储量达60t，天山金矿储量达40t。这些金矿主要为含金硫化物石英脉型，其次为破碎带蚀变岩型。

在太平洋成矿带东带的大陆边缘弧靠大陆一侧，发育一条弧后岩浆岩带，属于钙碱性岩浆侵入体。其中，美国蒙大拿州比尤特大型脉状铜-金-银矿与该类侵入体（博耳德岩基）有关。岩体形成于晚白垩世，主要由角闪黑云二长岩构成。矿脉位于岩基的西侧。

七、钨矿和锡矿

钨、锡矿床通常与花岗岩有关，但也可能与浅成侵入体甚至火山岩（主要是锡矿）有关。它们可能直接形成于岛弧或者大陆边缘弧，或者形成于弧后岩浆带。

俄罗斯远东东部近太平洋地区是古太平洋板块活动大陆边缘的一部分。那里广泛发育与火山-深成岩浆岩带有关的钨、锡矿床。在该带南东段的锡霍特—阿林山区，钨、锡矿床更是集中分布。

锡霍特-阿林地区以中央锡霍特-阿林断裂为界分为东部的古太平洋板块增生造山带和西部古大陆边缘区。那里分布100多个不同规模、不同类型的金属矿床，且绝大部分分布在古太平洋板块增生造山带内。

锡矿是锡霍特成矿带最主要的矿床类型。在滨海边疆区100多个小型以上规模的矿床中，锡矿和含锡的矿床占70个，是总数的60%。俄罗斯95%的锡矿产于远东地区，滨海边疆区则是主要产地之一。

锡矿主要形成于晚白垩世—古近纪（100~50Ma）。成矿作用可以分为5期：100~90Ma，形成与锂-氟花岗岩有关的深成云英岩型含钨的锡矿床；75~85Ma，形成与安山岩-二长闪长岩-花岗闪长岩有关的锡-多金属脉状矿床；70~60Ma，形成锡石-硅酸盐型脉状锡矿，矿石为锡-多金属矿石；65Ma，形成斑岩锡矿床；60~50Ma，锡矿化。

钨矿也是锡霍特成矿带主要金属矿床之一。尽管在滨海边疆区的100多个矿床中，钨矿所占比例不多，但是，在该区10个大型矿床中，钨矿就占有2个。

根据矿石建造，锡霍特成矿带的钨矿可以分为4个类型：①白钨矿矽卡岩矿床，其中可以分为钼-钨、钨-锡-多金属以及钨等三种矿石类型；②白钨矿-黄铁矿矿床，与含有少量氟和硫的花岗闪长岩有成因关系；③稀有金属-锡-钨型矿床，矿床与小型的、中酸性的、含锂和氟的侵入岩有关；④石英-硫化物脉型矿床，锡-钨-砷型。

钨矿主要沿着萨马尔金构造带以及其东侧分布，个别分布在沃慈涅先斯克地区，主要形成于早白垩世。可分为两个成矿期：早期的，135~125Ma和晚期的，115~105Ma 。

古太平洋板块西侧火山-岩浆弧中的锡矿和钨矿也发育于日本本州岛。在西南日本内带，发育一条晚白垩世—古新世的花岗岩带，形成与之有关的钨、钼和锡矿（图1-35）。当时日本与亚洲大陆并没有日本海等边缘海盆隔开，属于大陆边缘弧的位置。

类似的锡矿也产在阿留申弧的中新世花岗岩中和墨西哥西马德雷山脉渐新世流纹质熔岩中。在马来西亚东海岸的彭亨联合矿和印度尼西亚勿里洞岛的克拉帕坎皮特矿可能与前晚三叠世岩浆弧有关（Mitchell，1977 ）。

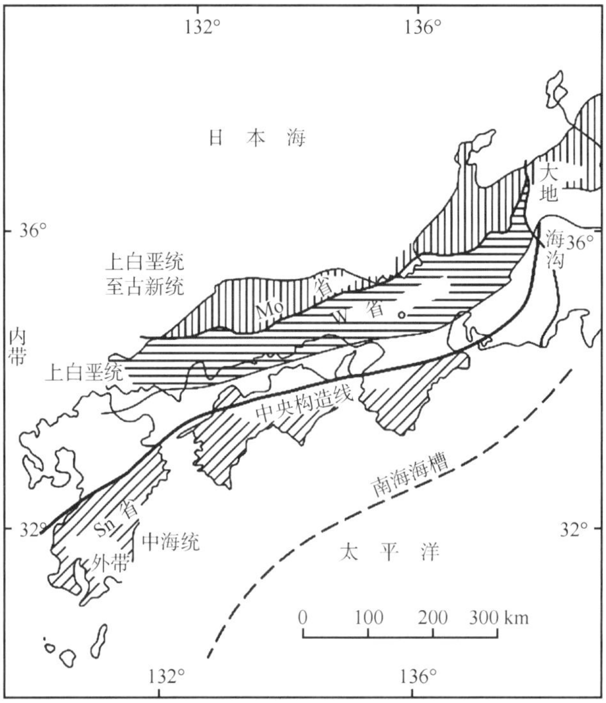

图 1-35 西南日本与俯冲有关的岩浆弧和外弧矿床
（据 Mitchell，1979）

人们在太平洋东岸的大陆边缘弧后方（靠陆一侧）鉴定出一些弧后岩浆岩带，其中盛产钨、锡矿床。

玻利维亚的古近纪—新近纪火山-岩浆弧的长度达 800km，宽度小于 50km，发育大量早中生代（岩浆弧北部）至早中新世（岩浆弧中部）和晚中新世（岩浆弧南部）的钨、锡矿。那里的古近纪—新近纪钨、锡矿产于中酸性火山岩中，并伴生有银和贱金属。

北美西部科迪勒拉冲断层带以西的白垩纪和古近纪花岗岩带中产有与内华达州东斯顿晚白垩世二云母花岗岩体有关的锡矿和爱达荷州晚白垩世爱达荷岩基内古新世和始新世石英二长岩和花岗岩有关的钼、钨和锡矿。

在太平洋南西侧的缅甸和泰国的白垩纪至始新世的花岗岩带，长度可达 1400km，宽度小于 50km，产有丰富的钨、锡矿床。矿床与黑云石英二长岩和二云母花岗岩有关。我国华南钨、锡成矿带有关的中国东南部中生代花岗岩侵入体可能与之相应。华南钨、锡成矿带位于华夏古陆与江南古陆之间，是太平洋活动大路边缘的一部分。这里的钨矿和锡矿的大部分形成于侏罗纪和白垩纪。矿化主要与 S 型花岗岩有关，形成许多重要的钨、锡矿床。这个时期也发育 I 型花岗岩，也有与之伴随的钨和锡的成矿作用。

在吉林省延边朝鲜族自治州东部与俄罗斯滨海边疆区接壤处的吉林省境内，最近发现了大型白钨矿矿床——杨金沟钨矿和一系列小型钨矿。成矿时期为早白垩世晚期，与俄罗斯滨海边疆区钨矿形成时期一致。它们可能形成于弧后岩浆岩带环境。

类似的钨矿发育于朝鲜半岛。在朝鲜半岛南部，有上东钨矿、双金钨矿、月岳钨钼矿、大华钨矿、三内钨矿、日光铜钨矿等。其中，分布于江原道境内的上东钨矿是世界最大的钨矿石产地之一。在朝鲜半岛北部，有万年钨矿和鲸水钨矿。

万年钨矿位于黄海北道新坪郡。矿石类型属于黑钨矿石英脉。主矿脉位于属于端川岩群的似斑状花岗岩与太古宙片岩、片麻岩及花岗岩的外接触带，与接触带平行，延长大于4000m，平均厚1m。一些小型陡倾斜的石英-黑钨矿脉则分布于内接触带。

鲸水钨矿位于咸镜南道大兴郡，亦属于石英脉-黑钨矿型矿床。矿区发育太古宙花岗片麻岩和属于端川岩群的黑云母花岗岩。端川岩群的黑云母花岗岩有两期：早期为规模较小的侵入体，晚期为岩株和岩脉。矿脉集中分布于花岗岩体的南部。最大黑钨矿石英脉沿走向延长数百米，个别大于1000m，倾斜延伸数百米，平均厚1m。

八、铅锌矿

铅锌矿是活动大陆边缘常见的金属矿化类型。在活动大陆边缘，铅锌资源可能来自前述的黑矿，但也可能与深成侵入岩、浅成侵入岩以及火山岩有关。

在西北太平洋活动大陆边缘的锡霍特成矿带，铅锌矿主要来源于4种类型的矿床：脉状铅锌矿、矽卡岩型铅锌矿、隐爆角砾岩型锡-多金属矿和脉状锡-多金属矿。矿床均形成于晚白垩世—古近纪，并且分布在古太平洋板块的增生造山带内。

儒拉夫列夫—阿穆尔成矿区是锡霍特成矿带最重要的金属矿矿产地。在75~85Ma，在该矿区的东部形成了锡-多金属脉状矿床。矿床与安山岩-二长闪长岩-花岗闪长岩有关。矿石除富含铅、锌和铜的硫化物外，还富含锡石和黄锡矿。

在纳霍德卡北东约300km的锡霍特山脉的东坡，分布着达利涅戈尔斯克矿田的矽卡岩型铅锌矿床。矿床产在早白垩世增生楔中的三叠纪灰岩（外来岩块）被交代而成的矽卡岩中。含铅锌的矽卡岩被认为形成于70~60Ma。成矿热液的来源是距矽卡岩300m外的花岗岩侵入体。

在同一矿区，分布着脉状铅-锌矿，它们几乎是与矽卡岩型矿床同时形成的。与矽卡岩型矿床不同的是，矿石中有大量锡石和黄锡矿。脉状矿床与K-Ar年龄为60~65Ma花岗闪长岩有关。

在该地区还发育有隐爆角砾岩型铅锌矿。方铅矿、闪锌矿、黄铁矿和锡石成浸染状分布在角砾岩中。这些火山岩也形成于60~65Ma。

第六节　与造山带有关的矿床

一、造山带的概念和基本类型

（一）造山带的概念

造山带有时与褶皱带、构造带具有相同或相近的含义，是指地壳上呈线性分布的、具有一定深度和宽度的强烈的线性的构造变形带。只不过从规模上人们倾向于把规模巨大者称为造山带，规模小者称为构造带或者褶皱带。但是褶皱带仅限于褶皱发育的构造带。

（二）造山带的基本特征

1）造山带有时会被描述为挤压造山带，强调造山带形成过程中挤压力的作用。这种挤压力的作用通常体现在垂直造山带方向地壳缩短和造山带地壳的加厚，其构造表现为轴向平行造山带的同斜倒转褶皱、逆冲推覆构造和轴面片理等。

2）造山带的一个显著标志是岩浆岩体和岩浆岩带的出现——特别是中酸性火山岩带和花岗岩带：有的花岗岩带与造山带平行，总体与造山带褶皱构造具有比较协调一致的关系，这种花岗岩往往是同造山（构造）期花岗岩；有的花岗岩体呈单独的岩基或岩株，与褶皱等构造具有明显的不协调关系，这种花岗岩可能为后造山期花岗岩。

3）造山带的另一个标志特征是变质作用。大型的碰撞造山带几乎均伴随区域变质作用，变质带的展布与造山带延展方向一致。通常情况下，在造山带核部或深部变质程度深，反之则变质程度浅。当然，也有的造山带几乎不发生变质，如英国中部、西部以及爱尔兰大部分地区的加里东褶皱带那样。

4）蛇绿混杂岩带是一些大型造山带的标志。它或者作为地缝合线存在，表示两个板块的结合部位；或者作为增生楔的一部分，代表洋壳俯冲和向大陆方向增生。但是有一些造山带并不发育蛇绿岩，如海西型造山带。

5）前陆盆地是造山过程的重要组成部分。尽管发育在造山带周边地区的克拉通范围内，但形成过程一直与造山过程密切相关：其沉积物主要源自造山带并向造山带加厚；形成典型的磨拉石建造；临近造山带的前陆盆地的沉积物通常被卷入沉积期后的造山带褶皱并向克拉通掩冲；从而导致构造缩短和先前的前陆盆地沉积物再次剥蚀和沉积（自源自生沉积）；前陆盆地可以形成于增生造山作用（弧后前陆盆地），也可以形成于碰撞造山作用（周缘前陆盆地）。

6）广泛分布的区域性角度不整合是鉴别造山带和确定造山作用时期的重要标志。因此有平行不整合代表造陆运动，角度不整合代表造山运动的说法。但是要区分局部角度不整合、超覆不整合和区域性角度不整合。

7）造山带可以有不同规模：大规模造山带可以延续几千千米，影响宽度达几百千米，如科迪勒拉褶皱山系沿着南北美洲海岸达15000km；规模小者可能只影响几十千米宽，如前述的弧后挤压冲断带。对于那些规模较小者以褶皱带（当然是在有褶皱的情况下）或构造带称之更合适。

8）造山带经常在地球物理场和地球化学场有所反映。对于地质历史时期中的造山带来说，这种现象往往是由于线状分布的构造以及造山带与两侧大陆板块、地块或克拉通在物质成分上的差别和分布上的差别造成的。仅仅对于晚近地质时期的造山带来说，岩石圈结构是重要的影响因素。

9）造山带与山脉走向的一致性不是造山带的标志。尽管最初的“造山”的含义来自“产生（gennao）山（oros）”的意思，并且造山作用过程中确实伴随山脉隆升。但是，①现代山脉与某些地质历史时期造山带走向的一致性完全是由于构造和物质成分分布的方向性对风化剥蚀作用的制约造成的；②造山作用的实质是构造作用和与构造作用伴生的一系列地质作用，包括岩浆活动、变质作用和成矿作用。因此将造山作用和造山带简单理解成构造作用和构造带或者褶皱作用和褶皱带更能体现其实质。

10）造山带经常是成矿带，但是矿床并不总是与造山作用有关。一个大型造山带中可能包括了造山前的沉积作用有关的矿床、俯冲作用有关的矿床，增生造山作用有关的矿床、碰撞造山作用有关的矿床、造山带垮塌过程产生的矿床以及后期叠加的矿床。应该正确予以区分。

（三）造山带类型

造山带可能形成于不同的环境，因此具有不同的造山带类型。主要的类型有三种：碰撞造山，增生造山和海西式造山。

1. 碰撞造山带

当大洋进入到威尔逊旋回的衰竭阶段时，最终的结果就是大洋闭合，原来大洋两侧的大陆块体发生碰撞——陆-陆碰撞，从而形成碰撞造山带。可以想象，在大洋最终闭合之前，洋底高原、海岭、岛弧等势必在陆-陆碰撞之前与大陆发生碰撞。这些就是所谓的弧-陆碰撞、微陆块-大陆碰撞以及弧-弧碰撞等。但是这里所说的碰撞造山带仅指一次威尔逊旋回的最终阶段——代表这次旋回的两个大陆之间的碰撞。其余均作为增生造山范畴。

碰撞造山带具有如下特点：

1）碰撞造山带可能发生于被动大陆边缘与活动大陆边缘之间（单向俯冲），也可能发生于两个活动大陆边缘之间（双向俯冲）。蛇绿岩带位于两者之间构成缝合带。

2）地壳厚度巨大，一般超过 50km，具明显的负布格重力异常。

3）两种不同大陆边缘碰撞都可能出现不同形式的逆冲构造型式：单冲型、背冲型和对冲型。但是两个活动大陆边缘碰撞时，背冲型更发育。

4）具有普遍区域变质作用的同时，超高压变质带是碰撞造山带的标志。

5）出现典型的 S 型花岗岩和后造山 A 型花岗岩，S 型花岗岩以高压型为主。

6）在造山带两侧都可能发育前陆盆地，当两个活动大陆边缘碰撞时更是如此。

7）矿床以高温矿床（钨、锡、铀、铌、钽等）为主，并发育金、银、铅锌等矿床。

2. 增生造山带

增生造山作用发生在活动大陆边缘大洋岩石圈俯冲的位置（Cawood et al.，2003），由岩浆弧体系和下行板块增生物质以及上部板块侵蚀物质组成。大陆岩石圈通过新生岩浆的增加而增生，同时也是陆壳消减和改造的主要场所。

增生型造山带具有如下基本特征：

1）具有很宽的增生楔，增生楔中的复理石基质向着海沟后退方向时代逐渐变新；增生楔中有多条蛇绿岩带，是海沟后退到适宜的构造位置时沿滑脱断层就位形成的（李继亮，2004）。

2）增生型造山带的岩浆活动以钙碱性火山岩和 I 型花岗岩为代表，其生成时代向着海沟后退方向变新。当发育弧陆碰撞时，也可能形成 S 型花岗岩。

3）增生造山带内含有海山、大洋岛、大洋台地以及微陆块的构造碎块。

4）增生造山带的变质作用以高压、低温变质作用为特点，向陆一侧可能发育高温低压变质带。

5）增生造山带的构造以发育浊积岩和蛇绿混杂岩构成的叠瓦状岩片为特点，同时发育韧性变形带；

6）增生型造山带含有大型和超大型钨、锡、铜、金和多金属矿床。

3. 海西型造山带

海西型造山带是大陆裂谷或陆缘裂谷（弧后盆地）造山作用产物。其特点是构造作用不强烈，变质程度低，没有或很少发育超基性侵入岩和很少发育蛇绿岩套，通常发育较宽的造山带等。

海西型造山带具有如下特征：

1）地壳厚度小于50km。

2）也发育造山带型褶皱以及逆冲推覆构造，但是相对碰撞造山带来说，褶皱较宽缓，变形相对较弱。

3）发育中温—低温区域变质作用，很少发育高压和超高压变质作用。

4）出现高温型S型花岗岩，往往是大岩基。

5）前陆盆地不发育，发育后造山伸展盆地。

6）矿床以高温矿床（钨、锡、铀、铌、钽等）为主，并发育金、银、铅锌等矿床。

二、碰撞造山带有关的矿床

我国发育许多大型造山带——新特提斯带、古特提斯带和古亚洲洋造山带等。在这些造山带中发育许多金属矿床。造山带中的矿床的一部分可能形成于造山作用之前的沉积和（或）俯冲作用以及增生造山作用，而部分则形成于碰撞造山及其后续作用。与碰撞造山带有关的矿床很多，典型者有斑岩铜矿、斑岩钼矿、钨矿和锡矿、脉状金矿和多金属矿等。

（一）斑岩铜矿

斑岩铜矿最早作为俯冲成矿作用的代表而广为人知。但是后来人们已经注意到，斑岩铜矿不仅仅形成于俯冲带前方的活动大陆边缘，也在陆内裂谷、陆缘裂谷以及造山带中发育。在我国的喜马拉雅造山带，发育两条斑岩铜矿带：玉龙斑岩铜矿带和冈底斯斑岩铜矿带（杨志明等，2009）。

玉龙斑岩铜矿带位于金沙江缝合带和班公湖-怒江缝合带之间，长度大于300km，宽15~30km。包括一个玉龙超大型铜矿，马拉松多铜矿和多霞松多铜矿两个大型斑岩铜矿，两个中小型矿床和20多个矿化斑岩体，总铜金属储量超过10Mt。其中，玉龙斑岩铜矿的铜金属储量达6.5Mt，钼金属储量0.15Mt，金的金属储量达100t（梁华英等，2008）。玉龙成矿带的斑岩体多为两期侵入体：早期一般为石英二长斑岩，晚期为石英正长斑岩和正长花岗斑岩。梁华英等（2008）测得玉龙铜矿早期石英二长斑岩和晚期正长花岗斑岩的LA-ICP-MS锆石U-Pb年龄分别为（41.3±0.3）Ma和（41.3±0.2）Ma。而班公湖-怒江缝合带的拼合发生在中白垩世结束之前（潘桂堂等，2004），因此玉龙斑岩铜矿应该是碰撞造山作用之后续作用的产物。

冈底斯斑岩铜矿带位于班公湖-怒江缝合带与雅鲁藏布江缝合带之间，总体上呈近东西向展布。东起工布江达县，西至昂仁县，东西长达600km，南北宽近120km。其中发现了1个超大型斑岩铜矿（驱龙斑岩铜（钼）矿），3个大型斑岩铜矿（冲江斑岩铜矿、吉如斑岩铜矿和朱诺斑岩铜矿），若干中小型矿和一系列矿化斑岩体。矿化与中酸性斑岩体有关。斑岩体多小于1km^2，东西成带、南北成串。主要含矿斑岩体为花岗闪长斑岩、二长花岗斑岩和石英二长斑岩。莫济海等（2006）对冈底斯斑岩铜矿带冲江及驱龙含矿斑岩体进行 LA-ICP-MS 锆石 U-Pb 定年，其年龄分别为（14.0±0.2）Ma 和（17.0±0.2）Ma。印度板块与欧亚板块碰撞始于 60Ma，大规模碰撞发生于 40～50Ma（侯增谦等，2003），因此这些斑岩体无疑形成于碰撞的后续作用。

（二）金矿

自从 Groves（1998）提出造山带型金矿以来，我国地质工作者陆续报道了许多该类金矿床。事实上，在造山带中可能有部分金矿符合 Groves（1998）所定义的造山型金矿的特征，但是更多的是与造山期岩浆活动以及后造山岩浆活动有关的热液金矿和矽卡岩型金矿等。因此，这里只强调那些产于造山带中、与造山作用和造山带有一定时空关系的金矿床，而不一定是上述的造山带型金矿。

张德全等（2007）报道了柴达木北缘东昆仑造山带中金矿的例子（图 1-36）。柴北缘-东昆仑造山带发育加里东旋回和晚海西—印支旋回，将该区自北向南划分为 10 个次级构造单元：南祁连、柴北缘、昆北、昆南为加里东和晚海西—印支复合造山带；欧龙布鲁克、柴达木、昆中是柴北缘、昆北、昆南早古生代洋盆之间的前寒武纪古陆块；宗务隆山-青海湖南山、阿尼玛卿和巴颜喀拉是与古特斯洋盆开合有关的晚海西—印支期造山带。柴北缘-东昆仑造山带发育 13 处金矿。这些金矿都集中分布在汇聚板片的边缘、靠近深断裂的部位，与晚加里东或晚海西—印支造山过程有关。其中，野骆驼泉、千枚岭、红柳沟、青龙沟、滩间山、赛坝沟等金矿床位于该构造带之北侧边缘，沿柴北缘深断裂的南侧分布；东大滩、西藏大沟和大场金矿位于巴颜喀拉造山带北侧边缘，沿北巴颜喀拉大断裂由西向东依次展布。

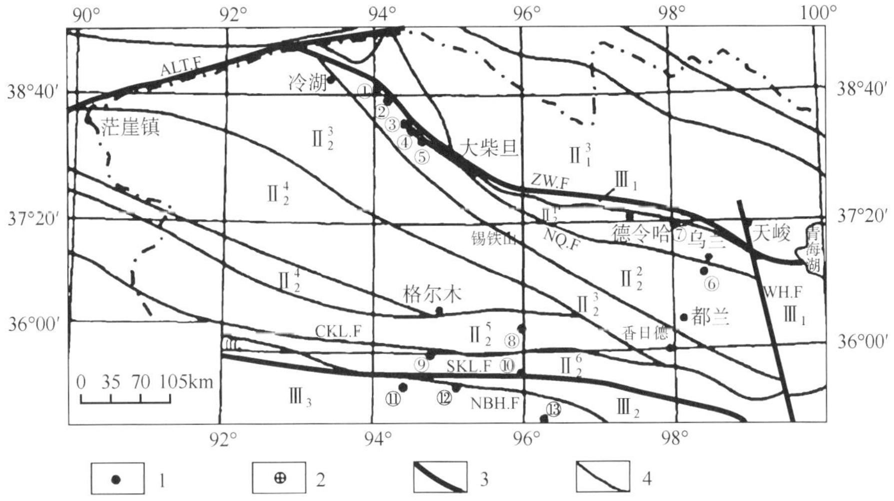

图 1-36 柴北缘—东昆仑地区构造分区及金矿分布图

（据张德全等，2007）

1—蚀变岩亚型金矿床；2—石英脉亚型金矿床；3—深大断裂；4—区域断裂。构造分区：Ⅱ$_1^3$—南祁连；Ⅱ$_2^1$—欧龙布鲁克；Ⅱ$_2^2$—柴北缘；Ⅱ$_2^3$—柴达木；Ⅱ$_2^4$—昆北；Ⅱ$_2^5$—昆中；Ⅱ$_2^6$—昆南；Ⅲ$_1$—宗务隆山-青海湖南山；Ⅲ$_2$—阿尼玛卿；Ⅲ$_3$—巴颜喀拉。深大断裂：ALT. F—阿尔金；WH. F—哇洪山；ZW. F—宗务隆山；NQ. F—柴北缘；CKL. F—昆中；SKL. F—昆南；NBH. F—北巴颜喀拉。矿产地序号及名称：①野骆驼泉；②千枚岭；③红柳沟；④青龙沟；⑤滩间山；⑥赛坝沟；⑦求律特；⑧五龙沟；⑨小干沟；⑩开荒北；⑪东大滩；⑫西藏大沟；⑬大场造山带构造边界、深大断裂、大型剪切带、大型剪切带派生的褶皱和断裂系统，构成了柴北缘–东昆仑造山带金矿床的3级控矿构造系统（张德全等，2007），也体现了造山带有关金矿床构造控制特点。

类似的矿床也出现在雅鲁藏布江缝合带，那里的大型金矿床（邦布金矿）受大型脆–韧性剪切带及次级构造控制。流体包裹体的中温、低盐度和富CO_2的特点，具有前述造山型金矿的某些特征（孙晓明等，2010）。

（三）钨、锡矿

造山带中与花岗岩有关的钨、锡矿床是造山带成矿作用的最具有代表性矿床。这是由于钨、锡矿床经常与壳源花岗岩有关的缘故。

钨、锡矿床历来以沿着环太平洋成矿带发育而著称，形成所谓的环太平洋钨、锡成矿带。事实上，在那里的钨、锡矿床，很大一部分是形成于环太平洋成矿带的外带。Mitchell（1981）认为，大部分外带中的钨、锡矿床是形成于弧后岩浆岩带或弧后冲断带。事实上，弧后冲断带或弧后岩浆岩带也可以被看作是小型造山带。即使是形成于岛弧或者大陆边缘弧中的钨、锡矿床也并非全部与岛弧或者大陆边缘弧岩浆活动直接相关，而是与增生造山作用有关。

例如，在俄罗斯远东地区锡霍特–阿林山脉的大型钨矿几乎都位于中侏罗世的蛇绿混杂岩带内（萨马尔金带——当时的海沟和前弧），而成矿有关的花岗岩以及钨矿床形成于早白垩世晚期（135~125Ma和115~105Ma），古太平洋板块的一次增生造山期。而锡矿形成的时期更晚（100~50Ma）。这个时期是新库拉板块向北北西向俯冲，原来的俯冲带成为转换断层，使得锡霍特山脉的大部分成为转换大陆边缘，锡矿就是在这样条件下形成的。因此，锡霍特山脉的钨矿形成增生造山带内的增生造山时期，而锡矿则是形成于增生造山作用之后。

在我国新疆东准噶尔造山带发育的贝勒库都克锡矿带也是与造山作用有关的锡矿（图1–37）。

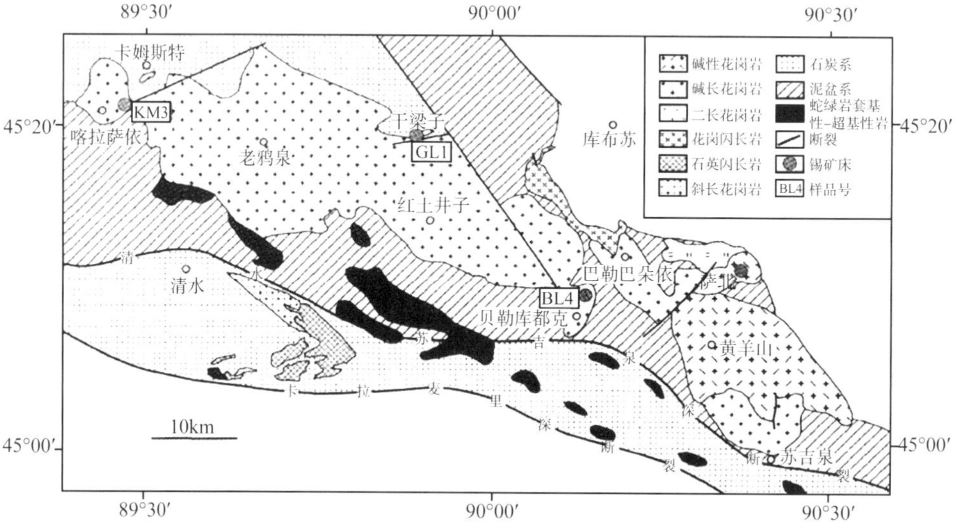

图1–37 新疆东准噶尔贝勒库都克锡矿带地质图

（据唐红峰等，2009）

贝勒库都克锡矿带位于西伯利亚板块与哈萨克斯坦—准格尔板块碰撞造山带的东段——东准噶尔造山带。这里发育有泥盆纪和石炭纪地层、著名的卡拉麦里蛇绿岩和晚古生代花岗岩。

贝勒库都克锡矿带主要有4个矿床：萨惹什克锡矿、贝勒库都克锡矿、干梁子锡矿和卡姆斯特锡矿。有3种矿石类型：蚀变花岗岩型，富石英云英岩型和石英脉型。所有矿石类型中主要矿石矿物都是锡石，次要矿石矿物以铁氧化物为主，另外也含少量黄铜矿、黄铁矿、闪锌矿等。

锡矿与碱性花岗岩和碱长花岗岩有关，与萨惹什克锡矿、贝勒库都克锡矿、干梁子锡矿、卡姆斯特锡矿对应的花岗岩体是萨北岩体、贝勒库都克岩体、干梁子岩体和喀拉萨依岩体。岩体侵入于泥盆纪和石炭纪地层中，年龄主要集中于300Ma左右（表1-9）。

表1-9　贝勒库都克成矿带与锡矿有关的花岗岩年龄

岩体	主要岩性	年龄/Ma	测试方法	引用
萨北	钠闪石花岗岩	306±3	LA-ICP-MS	唐红峰等，2007
贝勒库都克	正长花岗岩	306±5	SHRIMP	李月臣等，2007
干梁子	钠铁闪石花岗岩	305±25	全岩 Rb-Sr	陈富文等，1999
喀拉萨依	黑云钾长花岗岩	300±	K-Ar	高纪璞等，1992
老鸭泉	黑云钾长花岗岩	（301±2）和（300±5）	LA-ICP-MS	韩宇捷等，2012

一般认为，东准噶尔造山带是晚泥盆世—早石炭世的碰撞造山带，在晚石炭世进入后碰撞阶段（李锦轶等，1990，2004）。上述花岗岩年代显然晚于碰撞造山作用，并且岩石学和岩石化学特点也显示出后造山A型花岗岩的特点（苏玉平等，2006）。

与后造山A型花岗岩有关的（钨）锡矿床也发育在位于东昆仑造山带西段的祁漫塔格成矿带（图1-38）。

有三种类型矿体：矽卡岩型、云英岩型和石英脉型。矽卡岩型矿体主要矿石矿物是白钨矿，含少量锡石、黄铁矿和黄铜矿；云英岩型矿体的矿石矿物主要是黑钨矿、白钨矿和锡石，也含有铁、铜和锌的硫化物；石英脉型矿体的主要矿石矿物是锡石和黑钨矿，含有少量其他金属硫化物和白钨矿。

与成矿有关的花岗岩主要为石英闪长岩、更长花岗岩、二长花岗岩、似斑状二长花岗岩和钾长花岗岩。其中，更长花岗岩和二长花岗岩LA-ICP-MS锆石U-Pb加权平均年龄分别是（429.5±3.2）Ma和（430.5±1.2）Ma，是早志留世末期的花岗岩，形成于早志留世造山后局部拉张环境下地幔底侵重熔古老长英质地壳（高永宝等，2011）。

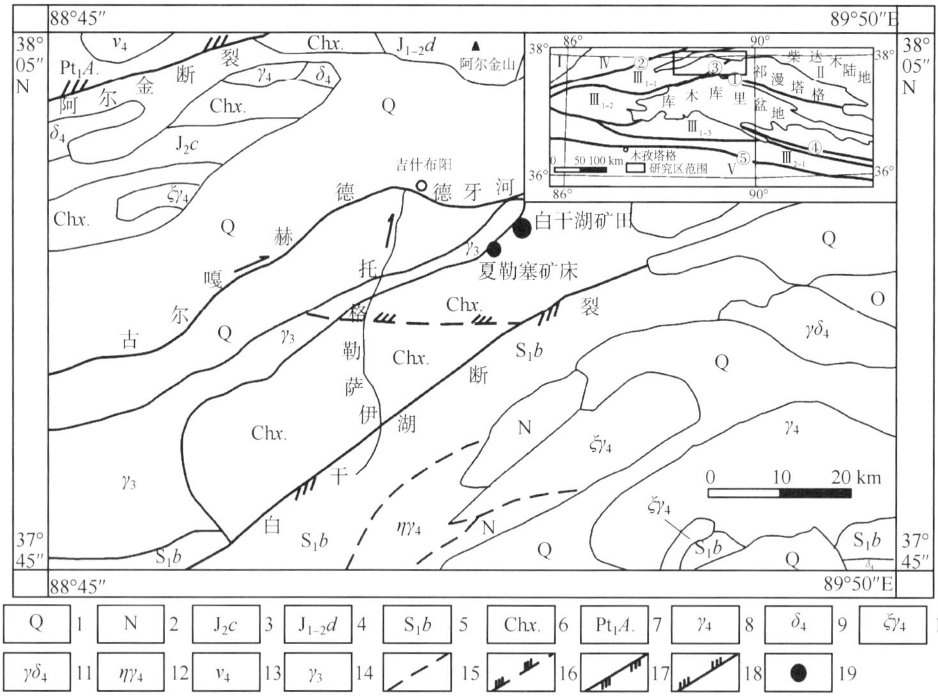

图 1-38 白干湖钨锡矿床区域地质简图

（据高永宝等，2011）

Ⅰ—塔里木陆块；Ⅱ—柴达木陆块；Ⅲ—昆仑造山带；$Ⅲ_{1-1}$—北祁漫塔格早古生代岩浆弧；$Ⅲ_{1-2}$—中昆仑微陆块（早古生代、晚古生代复合岩浆弧）；$Ⅲ_{1-3}$—昆南早古生代增生楔；$Ⅲ_{2-1}$—南昆仑晚古生代残留弧；Ⅳ—阿尔金早古生代造山带；Ⅴ—巴颜喀拉晚古生代—中生代浊积盆地褶断带。①祁漫塔格南缘早古生代构造混杂岩带；②阿尔金南缘断裂；③白干湖断裂；④昆中蛇绿构造混杂岩带；⑤康西瓦-木孜塔格-阿尼玛卿断裂带。1—第四系；2—新近系；3—侏罗系叶尔羌群；4—侏罗系大煤沟组；5—志留系白干湖组；6—长城系小庙岩组；7—古元古代阿尔金岩群；8—海西期花岗岩；9—海西期闪长岩；10—海西期碱长花岗岩；11—海西期花岗闪长岩；12—海西期二长花岗岩；13—海西期辉长岩；14—加里东期花岗杂岩；15—未确定性质的构造形迹；16—左行扭动构造形迹；17—左行岩石圈断裂；18—左行超岩石圈断裂；19—钨锡矿床

第二章　矿床构造环境的判别

地质工作者经常需要综合许多地质要素确定矿床形成的构造环境。这些地质要素包括矿床本身的标型特征、成矿或容矿地质体形成的构造环境、控矿构造特征和控矿构造的形成环境等。人们很难根据其中的某一项指标获得正确的结果。

第一节　矿床的标型特征反映的构造环境

许多矿床的矿床地质特征本身并不能直接反映任何构造环境信息。例如，我们很难从一个含金石英脉中获取任何构造环境的信息。但是也有一些矿床，其本身就是构造环境的直接或者间接的指示。这些矿床包括：阿尔卑斯型铬铁矿，VMS，Sedex，密西西比河谷型铅锌矿（MVT），浅成低温热液金（银）矿以及斑岩铜（钼、金）矿等。

关于阿尔卑斯型铬铁矿和塞浦路斯型 VMS 矿床形成于扩张脊环境这一点，很少有异议。但是，对于具体扩张脊的性质往往存在争论，即便是已经很成熟的位于塞浦路斯的那些矿床也还存在大洋中脊与弧后扩张脊的不同认识。因此，即便对于那些标型特征非常明显的矿床，也必须有其他标志来作为旁证。

无论是地质历史时期中的黑矿型 VMS 矿床还是现代海洋中正在形成的黑矿型 VMS 矿化，似乎都与岛弧或者大陆边缘弧的中、酸性火山活动有关。研究表明，那些火山岩往往产于岛弧发生裂陷、裂谷或者在弧后盆地中，火山岩是双峰式火山岩的酸性端员组分（侯增谦等，1996）。因此，我们似乎并不应该排除在大陆裂谷或类似环境中发现黑矿的可能性，也应该谨慎地对待黑矿的构造环境。

发育在日本列岛的别子型 VMS 矿床位于增生杂岩中。块状硫化物矿体、洋壳玄武岩和海沟浊积岩的三位一体是其标型特征。矿体和洋壳玄武岩形成于洋底——更有可能来自大洋中脊（Nozaki et al.，2006，2010，2011，2015），他们是随着洋壳俯冲而加积到海沟浊积岩中。三者产状上的一致是构造所致（日本地学团体研究会，1984）。

如前所述，有许多关于别子型 VMS 矿床形成于其他构造环境的报道，如大陆裂谷环境（澳大利亚的布里亚裂谷盆地中的 VMS 矿床）、弧后盆地环境（伊朗的努德矿床）、弧前盆地环境（南非的博克布茨矿床）等（图 2-1）。这些矿床几乎都不是在增生楔，并且也没有三位一体的组合特点——它们可能更类似于火山-沉积型 VSMS 矿床。

硫化铜镍矿床本身并不具备反映构造环境的标型特征。但是当其出现在缝合带或者增生造山带的增生楔中时，可能代表其形成于蛇绿岩套的辉长岩系中。此时，正确判断与“围岩”的关系，是鉴别形成环境的关键所在。

密西西比河谷型铅锌矿的标型特征明显，多形成于被动大陆边缘和（或）陆表海环境。但是 Guid（1972）和 Olabe（1976）认为非洲大西洋海岸贝努埃坳拉槽中的铅锌矿与密西西比河谷型铅锌矿在成因上是一致的。而我国辽宁省铁岭市凡河凹陷中的关门山

MVT 型铅锌矿产于长城系高于庄组白云岩中。凡河凹陷是燕辽中元古代裂谷带的一部分，因此人们也将凡河凹陷称为凡河坳拉槽（方如恒，1991；张国武，1993）。

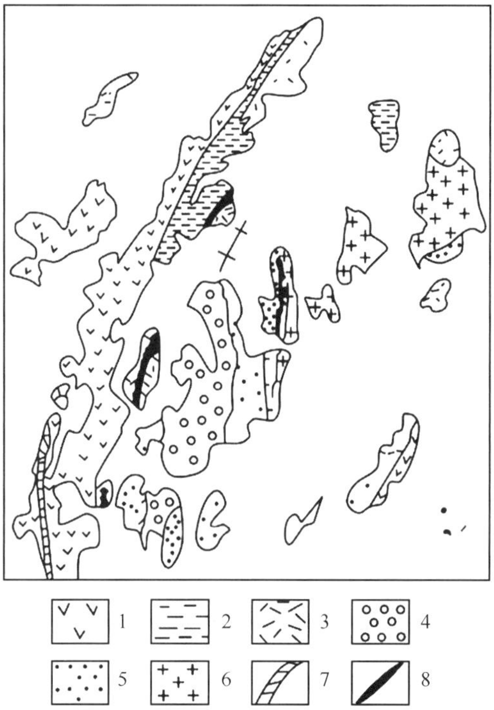

图 2-1　南非博克布茨 VMS 矿床地质图

（据王广文，1990）

1—辉石角闪岩；2—长石片麻岩；3—块状角闪岩；4—长英质片麻岩；5—白云母片岩；6—侵入体；7—磁铁石英岩；8—铁帽

与 MVT 型铅锌矿形成环境有关的另一个问题是，尽管人们曾经普遍认为 MVT 矿床形成于稳定的环境——如被动大陆边缘或陆表海。但是，目前有许多证据表明其成矿作用、成矿流体的迁移往往与后期的造山作用有关（周朝宪等，1997；刘英超等，2008；匡文龙等，2003）。这样一来，早期在稳定环境下形成的碳酸盐岩似乎只为后期造山作用时期的成矿作用提供了一个平台。因此，当我们判断密西西比河谷型铅锌矿的形成环境时，其矿床形成时期的鉴别是非常关键的。

由于 Sedex 型块状硫化物矿床的围岩中没有或很少有火山岩，因此它的形成需要一个必要条件——高热流值环境。大陆裂谷、陆间裂谷、弧间裂谷和弧后盆地均符合这一个条件。因此，即便已经判明矿床类型属于 Sedex 型块状硫化物矿床，对其形成的具体环境仍然需要借助其他条件判别。

如前所述，斑岩型矿床最早曾经作为俯冲带成矿的典型代表。但是，后来人们陆续发现，在裂谷带和造山带都有斑岩型矿床产出。这似乎使得斑岩型矿床不能再作为一种矿床构造环境的标志。但是，不同构造环境的斑岩却是有区别的：俯冲带的斑岩多是钙碱性的；造山带的斑岩多属于 S 型（造山期）或 A_2型（后造山期）；而裂谷带的斑岩应该是双峰式岩浆组合的酸性端员并经常与碱性酸性岩共生或者它们本身就是碱性组分

（A_1型），与大陆隆起区的斑岩矿床有关的花岗岩类似。因此，尽管斑岩型矿床本身不能作为环境标志，但是其容矿花岗岩可以。

因此，具有一定标型特征的那些矿床可以在一定程度上为我们提供矿床形成的构造环境信息。

第二节　不同构造环境的典型构造样式

成矿时的构造样式、构造组合、构造单元的组合和构造性质可为确定矿床形成的构造环境提供一定信息。

一、地幔柱构造

在大陆地区发育的有一定规模的穹状隆起应该是地幔柱构造活动早期、大陆裂谷开始出现之前的构造表象。

这种穹状隆起在当时可能会形成高原，伴随高原玄武岩，并伴随环状和（或）放射状的断裂构造。那些环状或放射状构造往往是在几十千米、几百千米甚至更广阔的尺度上表现出来，可能由岩体的环状或者放射状排列、构造线的断续接续等表现出来。因此，多数在遥感影像上具有“环状构造”的明显表现。

我们很难鉴别出在地质历史时期中曾经出现的高原。但是，在陆表海发育地区出现广泛的、具有明显时间间隔的平行不整合，有时可能是由区域地表隆升引起的。如果这种平行不整合伴随基性岩墙、岩席或者甚至有金伯利岩的话，应该是地幔柱作用的结果。

在真正的裂谷出现之前，由于地表的穹起，会伴随不同规模的浅表的张性构造，包括正断层、阶梯状断层、地垒和地堑构造等。

二、大陆裂谷构造

大陆裂谷构造的标准构造样式就是正断层系统组成的地垒、地堑和阶梯状断层组合。但是一些大型裂谷平面上表现为张性断层的特点，而那些张性断层又是一节一节追踪平面共轭走滑断层发育的，东非裂谷就是一个典型的例子（图 2-2）。

大陆裂谷的内部以及边界经常发育生长断层。不同级别的生长断层可以控制裂谷盆地不同级别的构造单元，控制沉积或喷流沉积矿床的位置。同时，这些生长断层也经常是热水循环的垂向通道。

变质核杂岩和拆离断层经常与裂谷盆地伴生。在盆岭构造发育地区，这种组合体现在变质核杂岩与沉积盆地的相间出现。变质核杂岩也可能出现在一个大型盆地内部甚至是中间，这时盆地的裂陷和沉积与变质核杂岩的隆升是同时的（图 2-3）。

变质核杂岩与盆地之间的界线就是拆离断层，而盆地中的地垒、地堑、阶梯状断层等正断层系统往往只是铲式拆离断层上盘的低序次构造。拆离断层的另一个明显作用就是把深部层次的构造岩——糜棱岩与浅部层次的构造岩——碎裂岩叠加在一起。这时，碎裂岩总是位于糜棱岩上方。

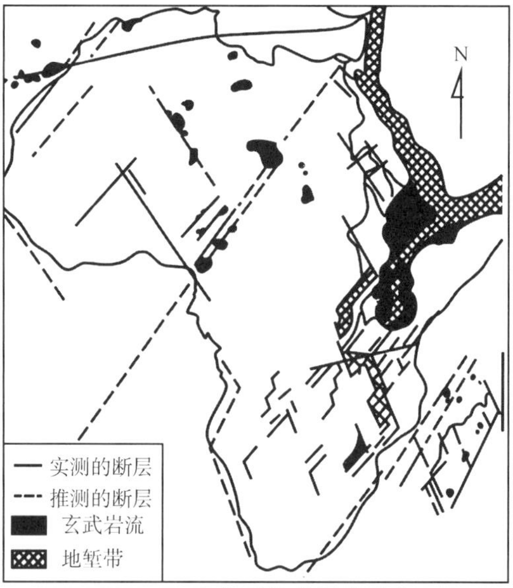

图 2-2　东非裂谷的断裂系统

（据王成金等，2005）

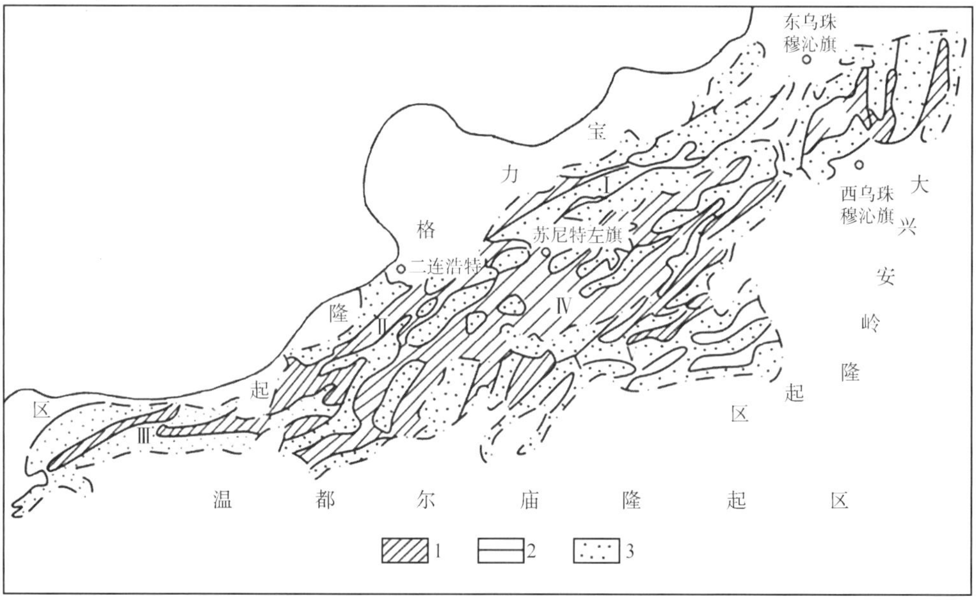

图 2-3　二连盆地和苏尼特隆起

（据焦贵浩等，2003）

1—隆起；2—构造单元边界；3—坳陷；

Ⅰ—马尼特坳陷；Ⅱ—乌兰察布坳陷；Ⅲ—川井坳陷；Ⅳ—苏尼特隆起；Ⅴ—乌尼特坳陷；Ⅵ—腾格尔坳陷

三、活动大陆边缘

活动大陆边缘最主要的构造标志是构造单元的组合形式：对于弧—沟—盆体系的活

动大陆边缘来说，从海沟向弧后盆地的排列顺序是，海沟—前弧—弧前盆地—岛弧和弧后盆地；海沟—大陆边缘弧体系的排列顺序是，海沟—前弧—弧前盆地—大陆边缘弧。无论是哪一种体系，在大陆边缘的后方可能会形成弧后引张克拉通盆地或弧后挤压克拉通盆地。伴随前者会出现类似裂谷构造的断裂系统组合，而后者则往往发育逆冲断裂带和褶皱带。

在前弧区的构造样式也是活动大陆边缘具有标志性的构造。在那里经常发育的构造是由浊积岩、深海硅质岩、深海泥岩、外来岩块和洋壳组成的逆冲岩片。这些物质来自海沟处的沉积、洋壳俯冲的不断加积物质以及还可能有大陆地壳在海沟处的构造剥蚀的产物。

弧前盆地的构造特征主要表现在如下几个方面：其一，弧前盆地的沉积地层角度不整合于前弧增生岩系之上，但是这种现象往往被后期的构造作用所破坏；其二，越靠近前弧，逆冲构造越发育，这也是破坏弧前盆地地层与前弧接触关系的主要构造型式；其三，形成向陆方向的单斜或者形成一些宽缓褶皱。

弧后引张克拉通盆地的典型构造特征是盆岭构造组合。与之相应的是地垒、地堑、变质核杂岩和拆离断层组合。

弧后挤压克拉通盆地经常是褶皱与冲断层伴生。

无论是弧后引张克拉通盆地还是弧后挤压克拉通盆地，强调“克拉通”一词是强调它们形成于克拉通内部，陆缘区附近。

在活动大陆边缘，有时会发育弧后前陆盆地。它位于B型俯冲带的仰冲板块之上，岛弧或陆缘弧后面濒临大陆板块地带（陈发景等，2007）。它与弧后挤压克拉通盆地不同之处在于其临近岛弧或大陆边缘弧，并且后者作为主要盆地物源区。

四、碰撞造山带

碰撞造山带位于两个大陆板块之间，是一个狭长的、具有较大影响宽度的、线性的复杂构造带。通常将活动大陆边缘和被动大陆边缘（单向俯冲的情况）或两个活动大陆边缘（双向俯冲的情况）卷入到造山带中，它们成为造山带与大陆板块的边界。

碰撞造山带具有复杂的构造单元组成，可能包括缝合线、被动大陆边缘盆地、增生楔、弧前盆地、岛弧、大陆边缘弧等。

一个大型的由陆陆碰撞过程产生的造山带中可能会发育许多条蛇绿岩带或蛇绿混杂岩带。其中可能只有一条具有最终缝合线的性质，其他应该代表在大洋闭合之前的增生造山过程。因此，准确鉴别代表缝合线的蛇绿岩或者蛇绿混杂岩是确定造山带构造及其演化过程的关键所在。

碰撞造山带的褶皱构造以线性、同斜紧闭甚至倒转褶皱为代表，并且经常是背、向斜相间出现，即所谓阿尔卑斯式褶皱。褶皱类型从造山带核部到边部往往从柔流褶皱到弯流褶皱到弯滑褶皱。轴面叶理也从片理到板劈理。破劈理出现于弯滑褶皱发育部位，并不平行褶皱轴面，而是对称于轴面呈扇形分布。褶皱经常与逆冲推覆构造伴生，或在逆冲推覆构造的上盘形成褶皱推覆体。韧性剪切带发育于造山带的核部，向边部过度为脆-韧性剪切带和韧-脆性剪切带。

周缘前陆盆地是碰撞造山带重要组成部分。其特点是：①位于 B 型俯冲带的俯冲板块之上，紧靠大陆与大陆碰撞形成的造山带，并平行造山带延伸（陈发景等，2007）；②盆地沉积物主要源自造山带并向造山带方向加厚；③形成典型的磨拉石建造；④临近造山带的前陆盆地沉积物通常被卷入沉积期后的造山带褶皱，并向克拉通掩冲；⑤从而导致构造缩短和先前的前陆盆地沉积物再次剥蚀和沉积（自源自生沉积）。

第三节　与成矿有关的岩石类型和岩石组合

矿床总是与某一种或某一组岩石有成因或者密切的时空关系。单一的岩石类型很难确定其形成环境，但是特定的岩石组合往往可以给出构造环境或者指示可能的构造环境信息。

伴随地幔柱的大陆隆升经常产生高原玄武岩和碱性花岗岩（板内 A 型花岗岩），后者是岩浆热液型钨、锡、铀矿的成矿母岩，也可能形成斑岩铜矿。

与地幔柱成矿有关的最典型的岩石组合是碳酸岩-碱性岩组合，它们经常是烧绿石矿、蛭石矿、磷灰石矿和金刚石矿（金伯利岩）的成矿母岩。

阿尔卑斯式铬铁矿（豆荚状铬铁矿）和塞浦路斯式 VMS 矿床都与蛇绿岩套岩石组合有关。前者形成于蛇绿岩套下部超镁铁质岩石的纯橄榄岩或方辉橄榄岩中；后者则与上部的枕状玄武岩共生。我们不能根据这种岩石组合就确定这些矿床形成于大洋中脊环境，但是我们可以据此知道它们形成于扩张脊环境。可以结合其他标志确定它们代表的是弧后盆地、弧间盆地、陆间裂谷还是大洋中脊。

黑矿型 VMS 矿床总是与流纹岩、英安岩或安山岩以及相关的火山碎屑岩共生。那些岩石可能属于以安山岩为主的玄武岩-安山岩-英安岩-流纹岩火山系列，或者属于玄武岩-流纹岩火山系列。前者属于岛弧或者大陆边缘弧火山岩组合，后者也与岛弧或者大陆边缘弧有关，但是往往形成于弧后盆地、弧间裂谷、岛弧或大陆边缘弧内的裂陷火山盆地。

别子型 VMS 矿床总是与玄武岩和浊积岩组合有关。多数情况下，矿床与玄武岩的关系似乎更密切。

斑岩型矿床可以形成于不同的构造环境。但是不同构造环境中的成矿斑岩以及岩石组合有一定差异。与俯冲作用有关的斑岩经常是闪长玢岩、花岗闪长斑岩、石英二长斑岩和花岗斑岩，这些岩石可能存在于同一个矿区或矿带，构成连续的中酸性岩浆系列；与造山作用有关的斑岩经常含有过铝矿物，如白云母、堇青石和石榴子石；而后造山的斑岩以钾长石增加为特点；在大陆裂谷区的斑岩经常与碱性岩共生，或者本身就是碱性花岗斑岩。

不同的 Sedex 型矿床，围岩组合具有明显差别，典型者是碳酸盐岩、细碎屑岩和黑色页岩。所有矿床围岩中可能发育重晶石岩、硅质岩等喷流沉积岩，是鉴别喷流沉积矿床的重要标志之一（图 2-4）。

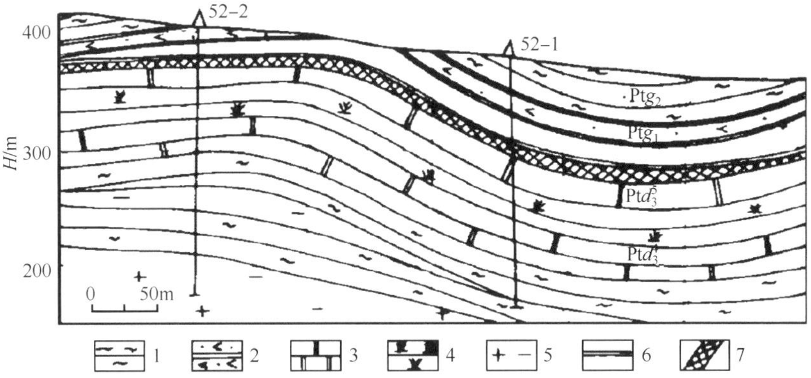

图 2-4 辽宁小佟家堡子金矿 52 线剖面的硅质岩和矿体关系

（据姜英等，1997）

1—云母片岩；2—透闪变粒岩；3—大理岩；4—透闪片岩；5—石榴子石云母片岩；6—斜长花岗岩；7—硅质岩

Ptg_2—辽河群盖县组 2 段；Ptg_1—辽河群盖县组 1 段；Ptd_3^4—辽河群大石桥组 3 段 4 层；Ptd_3^5—辽河群大石桥组 3 段 5 层

第四节 与成矿有关的火成岩的形成环境分析

一、火成岩系列

在板块构造被普遍接受之前，人们已经认识到构造环境与岩石化学特征具有一定的对应关系。事实上，岩石化学特征主要与原岩成分、岩浆形成时的物理化学条件（主要是温度、围压和流体）以及熔融和结晶作用有关。但是，构造环境在一定程度上对上述条件的制约是岩石化学特征与构造环境对应的根本原因。因此，有了碱性橄榄玄武岩系列、拉斑玄武岩系列和钙碱性火成岩系列与构造环境的对应。当明确了矿床与某一系列的岩石具有成因关系时，成矿岩石形成的构造环境也就是矿床形成的构造环境。

碱性橄榄玄武岩又称大西洋岩套，以大西洋周边及其洋岛产出的橄榄玄武岩、霞石岩和碧玄岩组合为代表；钙碱性火山岩系列以环太平洋的玄武岩、安山岩、英安岩、流纹岩为代表（邓晋福等，2004）。所以两个系列的岩石所代表的构造环境是显而易见的：前者可能代表大陆裂谷、陆间裂谷和大洋裂谷环境，后者则代表俯冲带环境。

拉斑玄武岩系列是从亚碱性火山岩系列区分出来的。与碱性玄武岩相比，富含 SiO_2（49%～51%）或饱和 SiO_2，贫碱（K_2O 和 Na_2O 含量较低）。长石主要为拉长石-钙长石，辉石成分贫钙，无橄榄石或很少（只见于斑晶）。

人们用 TAS 图解区分碱性系列和亚碱性系列（钙碱性系列+拉斑玄武岩系列）岩石（图 2-5 左），再用 AFM 图解区分钙碱性系列和拉斑玄武岩系列（图 2-5 中）。

在利用 TAS 图解进行岩石系列划分时，对于 $w(SiO_2)>67\%\sim68\%$ 的花岗岩和流纹岩，图解是无效的。这是由于划分碱性区和亚碱性区的边界线终止于 $w(SiO_2)=67\%$ 处。

如果利用 TAS 图解，则所有含碱性暗色矿物的过碱性花岗岩和流纹岩会投影到亚碱性区（邓晋福等，2004）。此时，最好采用 Wringt 的碱度率图划分岩系（图 2-5右）。

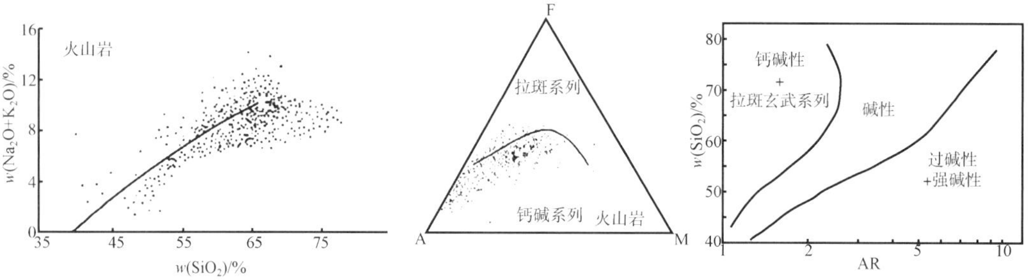

图 2-5　TAS 图（左）、AFM 图（中）和碱度率图（右）

（据邓晋福等，2004）

拉斑玄武岩有更广阔的产出环境。除在大洋中脊、洋岛、洋底高原发育外，在岛弧以及大陆板块内部都可以发现拉斑玄武岩存在。不同环境玄武岩在化学成分——特别是在微量元素组成上具有一定差异，因此有了洋脊玄武岩（MORB）、洋岛玄武岩（OIB）、岛弧玄武岩（ITH）和大陆玄武岩（FFB）的区分（图 2-6）。

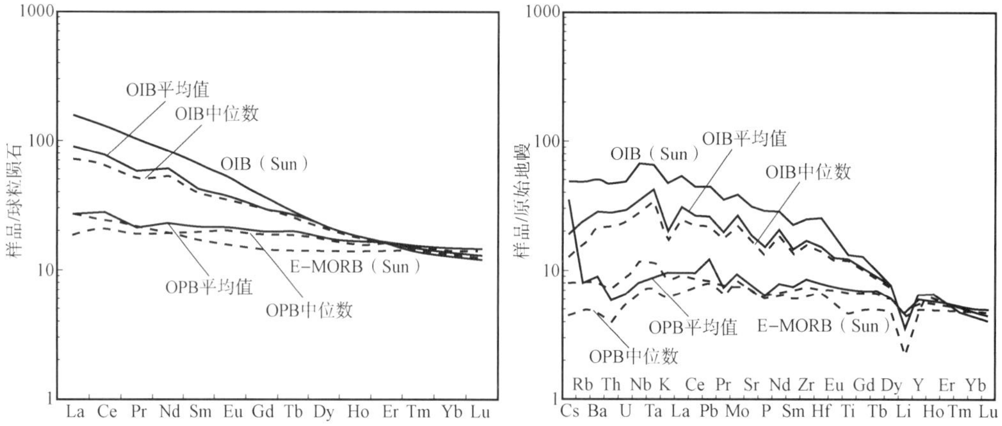

图 2-6　大洋玄武岩稀土配分形式（左）和微量元素蛛网图（右）

（据陈万峰等，2017）

OIB—洋岛玄武岩；OPB—洋底高原玄武岩；E-MORB—异常大洋中脊玄武岩；Sun—Sun et al.（1989）数据

二、玄武岩-安山岩的构造环境判别图

自 20 世纪 70 年代以来，利用统计学原理的判别分析，通过高场强元素（Ti、Zr、Y、Nb 和 Sr 等）关系图解确定玄武岩-安山岩的构造环境。

Ti-Zr-Y 图解（Pearce and Cann，1973）被认为可以有效区分不同类型玄武岩（图 2-7）。

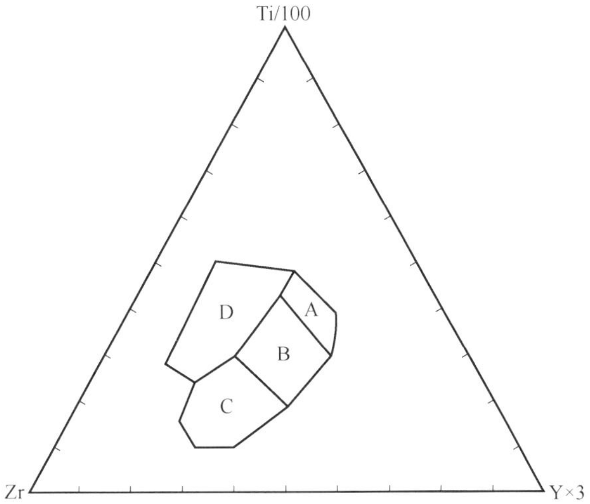

图 2-7 Ti-Zr-Y 图解

（据 Pearce and Cann，1973）

A—岛弧拉斑玄武岩；B—MORB、岛弧拉斑玄武岩、钙碱性玄武岩；C—钙碱性玄武岩；D—板内玄武岩

对于图 2-7 之 B 区中的 MORB、岛弧拉斑玄武岩和钙碱性玄武岩，可以在 Ti-Zr 图解（图 2-8）或 Ti-Zr-Sr 图解（图 2-9）上进一步区分。其中，Ti-Zr-Sr 图解要求岩石新鲜且没有蚀变，因为 Sr 在热液流体中是相对活动的。

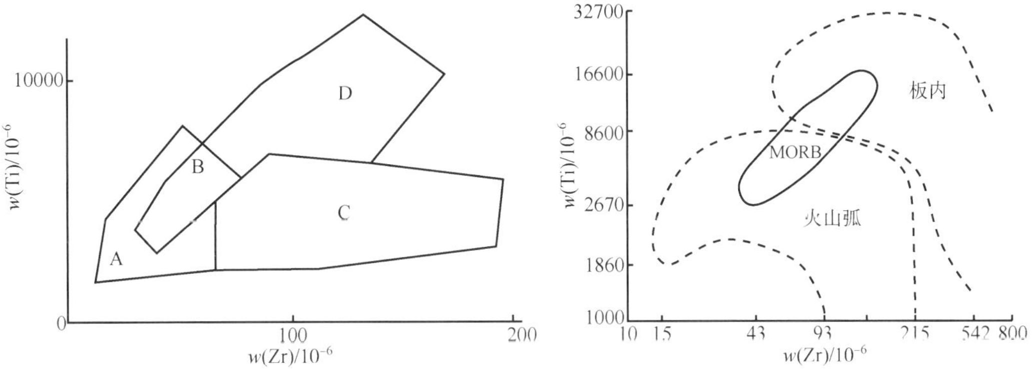

图 2-8 Ti-Zr 图解

（据 Pearce and Cann，1973）

A—岛弧拉斑玄武岩；B—MORB、钙碱性玄武岩和岛弧拉斑玄武岩重叠区；C—钙碱性玄武岩；D—MORB

还有许多类似的其他图解，如 Zr/Y-Zr 图解（Pearce and Norry，1979），Zr-Nb-Y 图解（Meschede，1986），Ti/Y-Nb/Y 图解（Pearce，1982），Zr/Y-Ti/Y 图解（Pearce et al.，1977），Ti-V 图解（Shervais，1982）等，都是利用微量元素从不同角度通过图解方法区别中性-基性火山岩的构造环境。

也有使用主量元素的判别图解，如 F_1-F_2-F_3图解（图 2-10）和 MgO-FeO-Al_2O_3图解等（图 2-11）。

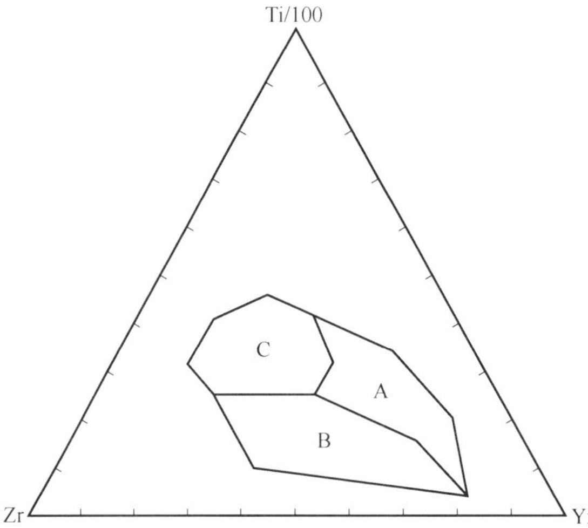

图 2-9　Ti-Zr-Sr 图解

（据 Pearce and Cann，1973）

A—岛弧拉斑玄武岩；B—钙碱性玄武岩；C—MORB

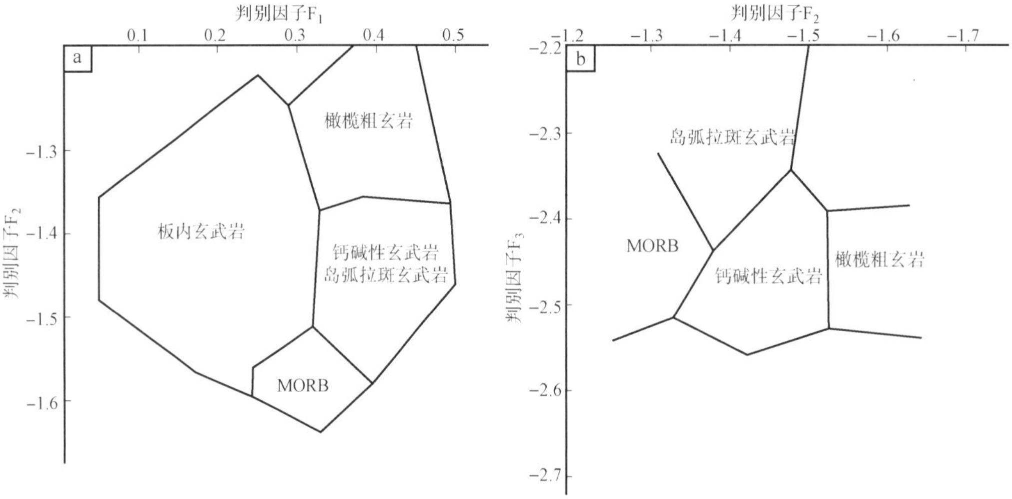

图 2-10　F_1-F_2-F_3图解

（据 Pearce，1976）

在工作中人们发现，野外地质工作的结论并不总是与图解的结果一致，从而使得许多人对图解的可靠性产生怀疑。因此产生了两个倾向：其一是不用这些图解或者只用那些与自己观点一致的图解结果；其二是有人完全依靠图解的结果得出结论。

多数判别图解并不是基于岩石地球化学理论，而是基于统计学的判别分析，因此有许多局限性。其中最重要的一点是，这些图解的原创者在首次创立图解时，其样品数量是否已经达到统计学的要求？事实上，几乎所有的文章都没有该方面的论述。而地质样

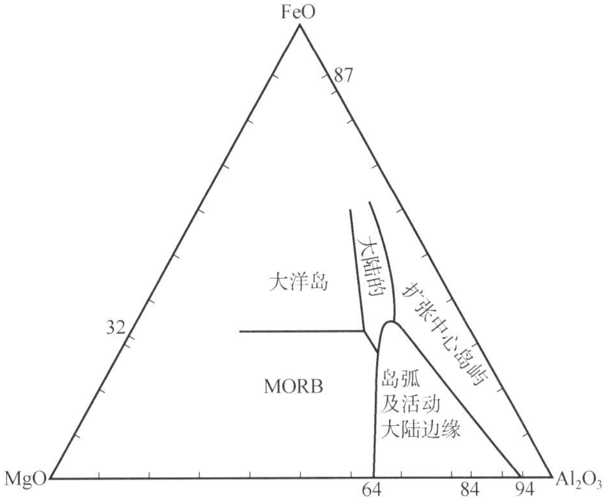

图 2-11　MgO-FeO-Al_2O_3图解

（据 Pearce et al.，1977）

品变量的复杂性使得该方面的讨论几乎是不可能的。所以，判别图解只可以作为参考，绝不可以仅仅据此得出是与否的结论。

三、花岗岩的构造环境

花岗岩类经常是岩浆热液矿床的成矿母岩，其形成环境在一定程度上可以代表或者帮助确定相关矿床的形成环境。而对于斑岩型矿床来说，岩体的构造环境就是矿床的构造环境。

1. 花岗岩类型

我国学者较早划分了重熔型花岗岩和同熔型花岗岩；日本学者则划分出磁铁矿系列花岗岩和钛铁矿系列花岗岩；这些与 S 型花岗岩和 I 型花岗岩在一定程度上不谋而合。目前，人们较多使用 I 型花岗岩、S 型花岗岩、A 型花岗岩和 M 型花岗岩的分类方案。

I 型花岗岩是没有经过表生循环的火成岩经部分熔融而形成的花岗岩浆的产物。岩石主要由石英、数量不等的斜长石和碱性长石、普通角闪石和黑云母所组成，不含白云母以及其他富铝矿物。主要岩石类型有闪长岩、石英闪长岩、英云闪长岩和花岗闪长岩到二长花岗岩等。在化学成分上属于准铝质钙碱性花岗岩系列，A/CNK<1.1，一般 CaO 和 Na_2O 含量高（当 SiO_2含量>66%时，CaO>3.7%；镁铁质岩石中 Na_2O 为2.2%，长英质岩石中 Na_2O 含量>3.2%），$(^{87}Sr/^{86}Sr)_i<0.705$，$\delta^{18}O<9‰$。主要发育于岛弧和大陆边缘弧环境。形成斑岩型、矽卡岩型、热液脉状矿床。

S 型花岗岩浆来自至少经历过一次表生循环的岩石的部分熔融，因此其原岩属于沉积岩。岩石除花岗岩类常见造岩矿物（石英、长石、黑云母等）外，以含白云母、堇青石、矽线石、石榴子石等富铝矿物为特点。主要岩石类型有白云母花岗岩、二云母花岗岩、堇青石花岗岩、石榴子石花岗岩等。在化学成分上属于强过铝花岗岩，A/CNK>1.1，刚玉标准分子>1，一般 CaO 和 Na_2O 含量低，$(^{87}Sr/^{86}Sr)_i>0.706$，$\delta^{18}O>+9.5‰$。一般认为，强过铝花岗岩是造山带中出现的典型花岗岩。可能存在两种类型——高温型和高压型（图 2-12）。前者地壳厚度小于 50km，来自软流圈上涌的热量为熔融过程提供热动力，如海西造山带；后者的热动力可能来自放射性矿物的蜕变和减压熔融，如高喜马拉雅带。

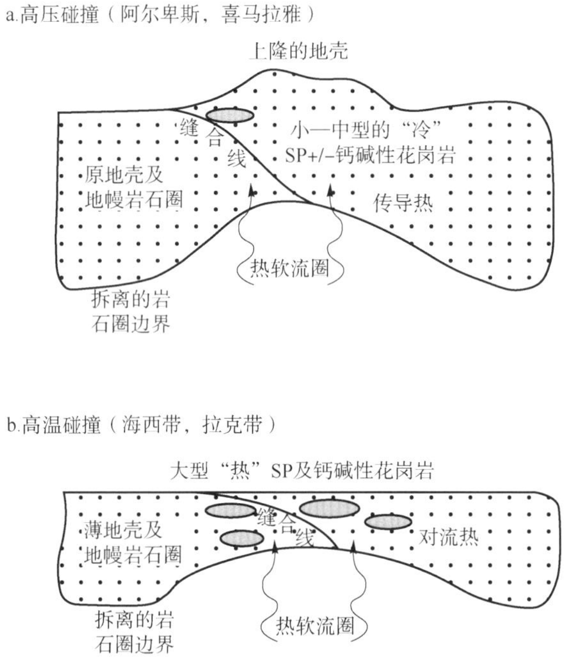

图 2-12 强过铝花岗岩的形成机制

（据邓晋福等，2004）

S 型花岗岩中 W、Sn、Nb、Ta、Bi、REE、Be、U 等丰度较高，形成蚀变花岗岩型、云英岩型、矽卡岩型、热液脉型 W、Sn、U 矿并伴生 Nb、Ta、Bi、REE、Be 等。矿床一般产出在大岩基浅部、顶缘或边缘的小岩体内、外接触带。

A 型花岗岩最初是指富含钾长石的花岗岩（邓晋福等，2004），具有碱性、贫水和非造山环境特征。但是人们逐渐认识到，A 型花岗岩也产生于造山带的后碰撞环境。岩石的组成矿物主要是石英、钾长石（可达 60%~70%）、少量斜长石（或无斜长石）和富铁黑云母。过碱性的 A 型花岗岩中会有碱性铁镁矿物，如钠闪石、钠铁闪石、霓石等。岩石类型包括碱性花岗岩、英碱正长岩、二长岩等。在化学成分上包括了碱性和过碱性系列，以低 Al_2O_3 和 CaO，高 w（FeO）/w（MgO）、NK/A、w（TiO_2）/w（MgO）、w（Ga）/w（Al）和 w（HFSE），具有明显负铕异常为特征。A 型花岗岩形成于地幔柱、大陆裂谷或后造山的伸展环境。与 A 型花岗岩有关的矿产主要是高温钨、锡、铀以及伴生的铌、钽等。

M 型花岗岩即幔源型花岗岩，是基性岩浆房分异的产物。产于不成熟岛弧、蛇绿岩套和洋岛。经常是偏铝质的斜长花岗岩。

2. 花岗岩的构造环境分类和判别

有许多基于构造环境对花岗岩的分类。这些分类都从不同角度体现了花岗岩类与板块构造环境的依存关系。

（1）Barbarin 的花岗岩分类

Barbarin（1999）根据花岗岩类的矿物组合、岩石学特征、定位特点以及地球化学和同位素特征，将花岗岩类划分为七种类型（表 2-1）。

表 2-1　花岗岩类型与构造环境

花岗岩类型	来源	地球动力学环境
含白云母过铝花岗岩（MPG）	壳源过铝质岩石	大陆碰撞
含堇青石过铝花岗岩（CPG）		
富钾的钙碱性花岗岩类（KCG）	混合源（壳 + 地幔）偏铝质或钙碱性岩石	构造体制转换
含角闪石的钙碱性花岗岩类（ACG）		俯冲作用
岛弧拉斑玄武质花岗岩类（ATG）	幔源拉斑玄武岩，碱性或过碱性岩石	
洋脊花岗岩类（RTG）		大洋扩张或大陆隆升和裂谷作用
过碱性及碱性花岗岩类（PAG）		

（据邓晋福等，2004）

含白云母过铝花岗岩（CPG）：分散在造山带核心地带；

含堇青石过铝花岗岩（CPG）：定位在横切厚地壳的横推剪切逆冲带上；

含角闪石的钙碱性花岗岩类（ACG）和岛弧拉斑玄武质花岗岩类（ATG）：定位在俯冲带上；

洋脊花岗岩类（RTG）：定位在洋中脊；

过碱性及碱性花岗岩类（PAG）：定位在大陆地壳隆起区和裂谷带；

富钾的钙碱性花岗岩类（KCG）：指示一个构造体制转换，如从挤压碰撞体制转换成拉张体制的过程中，与 PAG 和 ACG 伴生。

不同类型的花岗岩具有特征的矿物组合（表 2-2）。

表 2-2　不同类型花岗岩的矿物组合

矿物	类型					
	MPG	CPG	KCG	ACG	RTG	PAG
黑云母	+	+++	+++	++	+	++
白云母	+++	+	+	0	0	+
堇青石	0	++	0	0	0	0
矽线石-红柱石	0	+	0	0	0	0
角闪石	0	0	+	+++	+++	碱性角闪石
辉石	0	0	0	++	++	碱性辉石

续表

矿物	类型					
	MPG	CPG	KCG	ACG	RTG	PAG
磷灰石	+++	+++	++	++	++	++
锆石	+	++	+++	+++	+++	+++
独居石	+	+	0	0	0	0
石榴子石	++	+	0	0	0	+
电气石	+++	++	0	0	0	0
褐帘石	0	+	++	++	+	++
榍石	0	0	++	+++	+	+
钛铁矿	+	+	+	+	+	++
磁铁矿	0	0	+	++	++	++
斜长石（An）/%	0~20	15~40	15~30	20~50	20~50	0~10

注：0：缺失；+：稀少；++：一般；+++：丰富。（据肖庆辉等，2002）

基于不同类型花岗岩的岩石组合和地质特征的鉴别标志如表2-3。

表2-3 不同类型花岗岩的岩石组合和地质特征

	岩石类型	相关伴生岩石	包体	分异作用过程
含白云母过铝花岗岩（MPG）	淡色花岗岩 （花岗岩）	变质岩（0） 火山岩（0） 铁镁质岩（0）	捕虏体（+） 残留体（+） 长英质微晶（粒）包体（+） 镁铁质微晶（粒）包体（0）	分离结晶作用
含堇青石过铝花岗岩类（CPG）	（淡色花岗岩） 花岗岩 花岗闪长岩 （石英闪长岩）	混合岩、深熔岩 火山岩（0） 石英闪长岩 （暗色花岗闪长岩）	捕虏体（0或+） 残留体（+++） 长英质微晶（粒）包体（0或+） 镁铁质微晶（粒）包体（+）	分离结晶作用或残留体的非混合作用
富钾钙碱性花岗岩类（KCG）	（淡色花岗岩） 花岗岩 花岗闪长岩 石英闪长岩	变质岩（0） 酸性熔岩 （凝灰岩） 石英闪长岩、辉长岩（appinites）	捕虏体（+） 残留体（+） 长英质微晶（粒）包体（+） 镁铁质微晶（粒）包体（++）	分离结晶作用和岩浆混合作用
含角闪石钙碱性花岗岩类（ACG）	（花岗岩） 花岗闪长岩 英闪岩 辉长岩	变质岩（0） 安山岩和英安岩 大量辉长岩	捕虏体（+） 残留体（0） 长英质微晶（粒）包体（+） 镁铁质微晶（粒）包体（+++）	强烈的分离结晶作用和岩浆混合作用
洋中脊拉斑质花岗岩类（KTG）	斜长花岗岩 奥长花岗岩 英闪岩 辉长岩	含橄榄石的拉斑玄武岩 （大量的）辉长岩	捕虏体（+） 残留体（0） 长英质微晶（粒）包体（+） 镁铁质微晶（粒）包体（+++）	极端的分离结晶作用
过碱性和碱性花岗岩类（PAG）	碱性花岗岩 碱性正长岩 正长岩 花岗岩 （辉长岩） （斜长岩）	变质岩（0） 碱性熔岩 （大量的）辉长岩	捕虏体（+） 残留体（0） 长英质微晶（粒）包体（+） 镁铁质微晶（粒）包体（+）	分离结晶作用和低固相线的相互作用

注：0：缺失；+：稀少；++：一般；+++：丰富。（据肖庆辉等，2002）

不同类型花岗岩岩石地球化学参数如表 2-4。

表 2-4　不同类型花岗岩地球化学参数

岩石化学参数	含白云母过铝花岗岩类（MPG）	含堇青石过铝花岗岩类（CPG）	富钾钙-碱性花岗岩类（KCG）	含角闪石钙-碱性花岗岩类（ACG）	洋中脊拉斑质花岗岩（RTG）	过碱和碱性花岗岩（PAG）
铝饱和指数 A/KCN	A≥CNK≥1		CNK>A>NK<1			A≤NK 碱性
Al_2O_3	⧻	⧻	⧺	⧺	⧺	+
CaO	+	+	⧺	⧻	⧺	+
Na_2O	⧺	⧺	⧺	⧺	⧻	⧻
K_2O	⧺	⧻	⧻	⧺	+	⧻
TFeO+MgO+MnO	+	⧺	⧺	⧻	⧺	⧺
Fe^{3+}/（Fe^{3+}+Fe^{2+}）	+	+	⧺	⧻	⧻	⧺
TFeO/（FeOt+MgO）	<0.8	<0.8	0.8−1.0	<0.8	>0.8	>0.8
$^{87}Sr/^{86}Sr$	0.706～0.760	0.706～0.760	0.706～0.712	0.706～0.708	≤0.704	0.704～0.712
ε_{Nd}	−4～−17	−4～−17	−4～−9		—	—
$\delta^{18}O$/‰	+10～+14	+10～+14	+5～+10		—	—
$\delta^{34}S$/‰	−12～+2		+5～+20		—	—

注：0：缺失；+：稀少；⧺：一般；⧻：丰富。　　（据肖庆辉等，2002）

（2）Maniar 和 Piccoli 花岗岩构造环境分类和判别

Maniar 和 Piccoli（1989）将花岗岩类首先分成造山型和非造山型，进一步分为 7 类（表 2-5）。

表 2-5　Maniar 和 Piccoli 的花岗岩分类表

分类	构造环境	实　例
造山型	1. 岛弧花岗岩类（IAG）	巴布亚新几内亚至所罗门群岛
	2. 大陆边缘弧花岗岩类（CAG）	内华达塞拉岩基，爱达荷岩基
	3. 大陆碰撞花岗岩类（CCG）	北喜马拉雅，美洲布里塔尼南部的阿金莫里坎
	4. 后造山花岗岩类（POG）	埃及
非造山型	1. 与裂谷有关的花岗岩类（RRG）	奥斯陆裂谷，俄克拉荷马州南部 Wichita 山
	2. 大陆造陆抬升有关的花岗岩类（CEUG）	空中高地岩体、尼日利亚北部和中部岩体
	3. 大洋斜长花岗岩（OP）	印度洋的卡莫伊蛇绿岩俄勒冈峡谷山

（据肖庆辉等，2002）

不同类型花岗岩的岩石组合不同（图 2-13）。

岛弧花岗岩类（IAG）：包括石英闪长岩、石英二长闪长岩、英云闪长岩及花岗闪长岩。

大陆边缘弧花岗岩类（CAG）：包括英云闪长岩、花岗闪长岩和花岗岩类（A/P<2.0）。

大陆碰撞花岗岩类（CCG）：主要是花岗岩（A/P<2.0）。

后造山花岗岩类（POG）：主要是花岗岩。

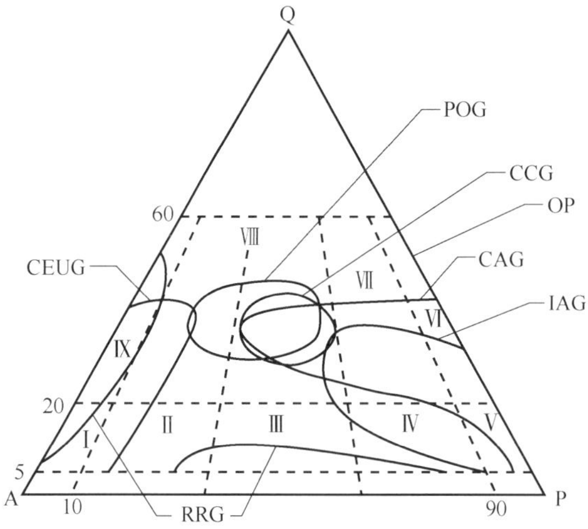

图 2-13　不同类型花岗岩在 QAP 图中的位置

（据 Maniar and Piccoli，1989）

Q—石英；A—碱性长石；P—斜长石；IAG—岛弧花岗岩类；CAG—大陆边缘弧花岗岩类；CCG—大陆碰撞花岗岩类；POG—后造山花岗岩类；RRG—与裂谷有关的花岗岩类；CEUG—与大陆抬升有关的花岗岩类；OP—大洋斜长花岗岩；Ⅰ—石英碱性正长岩；Ⅱ—石英正长岩；Ⅲ—石英二长岩；Ⅳ—石英二长闪长岩；Ⅴ—石英闪长岩；Ⅵ—英云闪长岩、奥长花岗岩；Ⅶ—花岗闪长岩；Ⅷ—花岗岩；Ⅸ—碱性花岗岩

与裂谷有关的花岗岩类（RRG）：包括碱性花岗岩、石英碱性正长岩及石英二长岩，呈双峰式分布。

大陆造陆抬升有关的花岗岩类（CEUG）：为花岗岩（A/P<2.0）、碱性花岗岩、石英碱性正长岩及石英正长岩。

大洋斜长花岗岩（OP）：主要为英云闪长岩类。

Maniar 和 Piccoli（1989）总结了不同类型花岗岩矿物组合。

在 IAG、CAG、CCG 及 POG 中，碱性长石的正长石（Or）比例一般大于 50%，而在 RRG 和 CEUG 中，Or 小于 50%。

所有花岗岩类中斜长石成分从钠长石到奥长石均有。

黑云母是最常见的铁镁矿物。一般钙质角闪石的出现总是与黑云母共生的，但在 OP 中（有时也在 IAG 中）例外——无黑云母时，钙质角闪石也可出现。碱性角闪石仅出现于 RRG 和 CEUG 中，并不一定总与黑云母共生。

白云母在 CCG、CAG 和 POG 中出现，其他铝过饱和矿物只出现于 CCG 中（表 2-6）。

表 2-6 不同构造环境花岗岩矿物学特征

矿物	造山的				非造山的		
	IAG	CAG	CCG	POG	RRG	CEUG	OP
长石类型	两种长石： 条纹长石 <斜长石	两种长石： 条纹长石 <斜长石	两种长石： 条纹长石~ 斜长石	两种长石： 条纹长石 ≥斜长石	一种长石： 条纹长石±Ab（原生?）		一种长石： 斜长石
条纹长石成分（Or 分子）	>Or 75	>Or 75	>Or 75	>Or 75	~<Or 50		
斜长石成分	奥长石- 中长石	奥长石	奥长石	奥长石	钠长石		奥长石- 中长石
铁镁矿物	黑云母 ±普通角 闪石 ±辉石	黑云母 ±普通角 闪石 ±绿帘石	黑云母 白云母 ±电气石 ±堇青石 ±矽线石 ±石榴子石	黑云母 ±普通角 闪石 或 黑云母 ±白云母	黑云母 ±普通角闪石 ±辉石或碱性角闪石 ±黑云母 ±普通角闪石±辉石		普通角闪 石±辉石

（据 Maniar and Piccoli，1989）

Maniar 和 Piccoli（1989）总结不同类型花岗岩岩石化学特征如表 2-7：

1）在 RRG 和 CEUG 中，SiO_2呈双峰态分布，在其余岩类中呈单峰态；

2）根据碱性指数的平均值，IAG、CAG、CCG、POG 以及 OP 属于钙碱性系列，而 RRG 和 CEUG 属碱性系列；

3）只有 CCG 包含强过铝质的（A/CNK>1.15），也只有 IAG、CAG 及 OP 包含强偏铝质的（A/NK>1.4），仅 RRG 和 CEUG 包含过碱性的。

表 2-7 不同构造环境花岗岩化学成分特征

岩石化学参数	造山有关的花岗岩				非造山的花岗岩		
	IAG	CAG	CCG	POG	RRG	CEUG	OP
$w(SiO_2)/\%$	60~68 单峰	62~76 单峰	70~76 单峰	70~78 单峰	72~78 60~63 双峰	71~77 60~62 双峰	61~78 单峰
碱钙指数	钙性-钙碱性	钙碱性	钙碱性- 碱钙性	碱钙性	碱性	碱性	钙性
铝指数	偏铝质为主	偏铝质、 过铝质	过铝质	过铝质、偏铝质、少数过碱性	少数过铝质、偏铝质、过碱性	少数过铝质、偏铝质、过碱性	过铝质、 偏铝质
NC	1.0	<4.0	2.0~10.0	2.0~18.0	2.0~25.0	1.0~12.0	<4.0
NK	0.4~3.0	0.4~2.0	0.4~1.5	0.6~1.2	0.7~1.0	0.6~1.0	0.0~50.0
MF	0.3~0.86	0.1~0.5	0.05~0.6	0.02~0.30	0.0~0.20	0.0~0.12	0.0~0.70
MM	12.0~28.0	2.0~38.0	2.0~45.0	2.0~18.0	0.0~7.5	0.0~7.5	0.0~50.0
ANK	>1.5	>1.1	>1.1	0.9~1.4	<1.15	<1.15	>1.1

注：NC = Na_2O/CaO；NK = Na_2O/K_2O；MF = $MgO/TFeO$；MM = MgO/MnO；以上为质量百分比；ANK = $Al_2O_3/(Na_2O+K_2O)$。

（据 Maniar and Piccoli，1989）

Maniar 和 Piccoli（1989）提出了判别花岗岩构造环境的三个步骤（图 2-14）和相应的图解（图 2-15）。

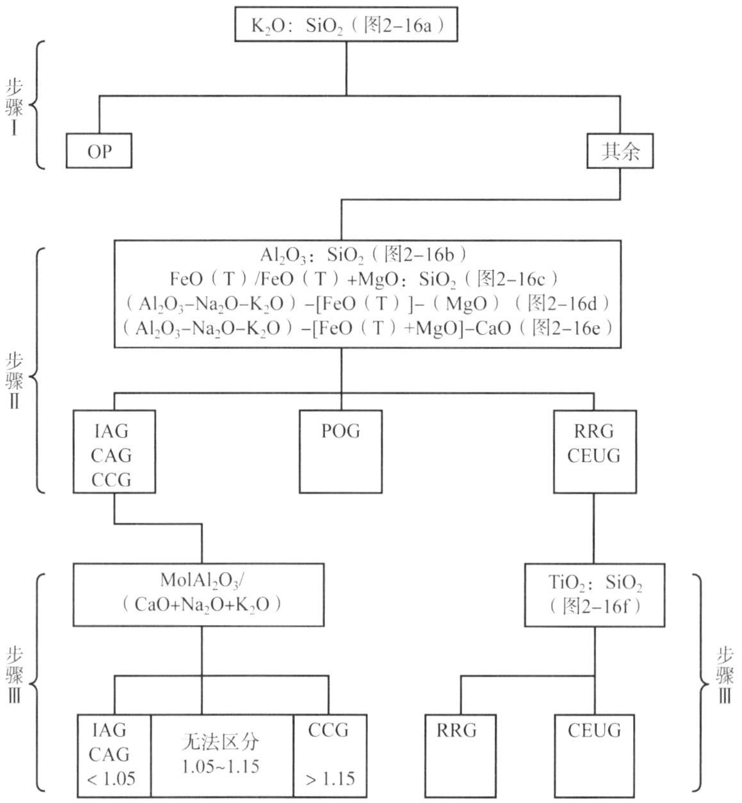

图 2-14 花岗岩类构造环境判别流程图

（据 Maniar et al.，1989）

步骤Ⅰ：用 K_2O-SiO_2图将 OP 与其他类型区分（图 2-15a）；

步骤Ⅱ：用 $Al_2O_3-SiO_2$图、TFeO/（TFeO+MgO）$-SiO_2$图、($A1_2O_3-N_2O-K_2O$)-TFeO-MgO 图和（$A1_2O_3-Na_2O-K_2O$)-(TFeO+MgO）-CaO 图（ACF 图）区分第 1 组（IAG、CAG 和 CCG)、第 2 组（RRG 和 CEUG）和第 3 组（POG）花岗岩。

a. 当 SiO_2质量分数大于 70%时，用 $Al_2O_3-SiO_2$图区分第 1 组、第 2 组和第 3 组（图 2-15b）。

b. 当 SiO_2含量较低时，用 TFeO/（TFeO+MgO）$-SiO_2$图（图 2-15c）区分第 1 组和第 2 组；也可以用（$A1_2O_3-N_2O-K_2O$)-TFeO-MgO 图（AFM 图，图 2-15d）和（$A1_2O_3-Na_2O-K_2O$)-(TFeO+MgO)-CaO 图（ACF 图，图 2-15e）区分第 1 组和第 2 组。

c. 第 3 组（POG）经常具有第 1 组（IAG、CAG 和 CCG）和第 2 组（RRG 和 CEUG）的特征，在图 2-15b~图 2-15e 中总是投影在第 1 组和第 2 组两个区域，构成第 3 组本身的判别标志。

步骤Ⅲa：用 Al_2O_3/（$CaO+K_2O+Na_2O$)(A/CNK）判别 CCG 和（IAG+CAG)。CCG 的 A/CNK 值总是大于 1.15，而 IAG+CAG 的总值小于 1.05。当 A/CNK 处于 1.05~1.15 之间时，则不能区分。

步骤Ⅲb：用 TiO_2-SiO_2图（图 2-15f）区分 RRG 和 CEUG。RRG 的 TiO_2总是大于 CEUG，两者存在部分重叠区。

该方法不能区分 IAG 和 CAG。

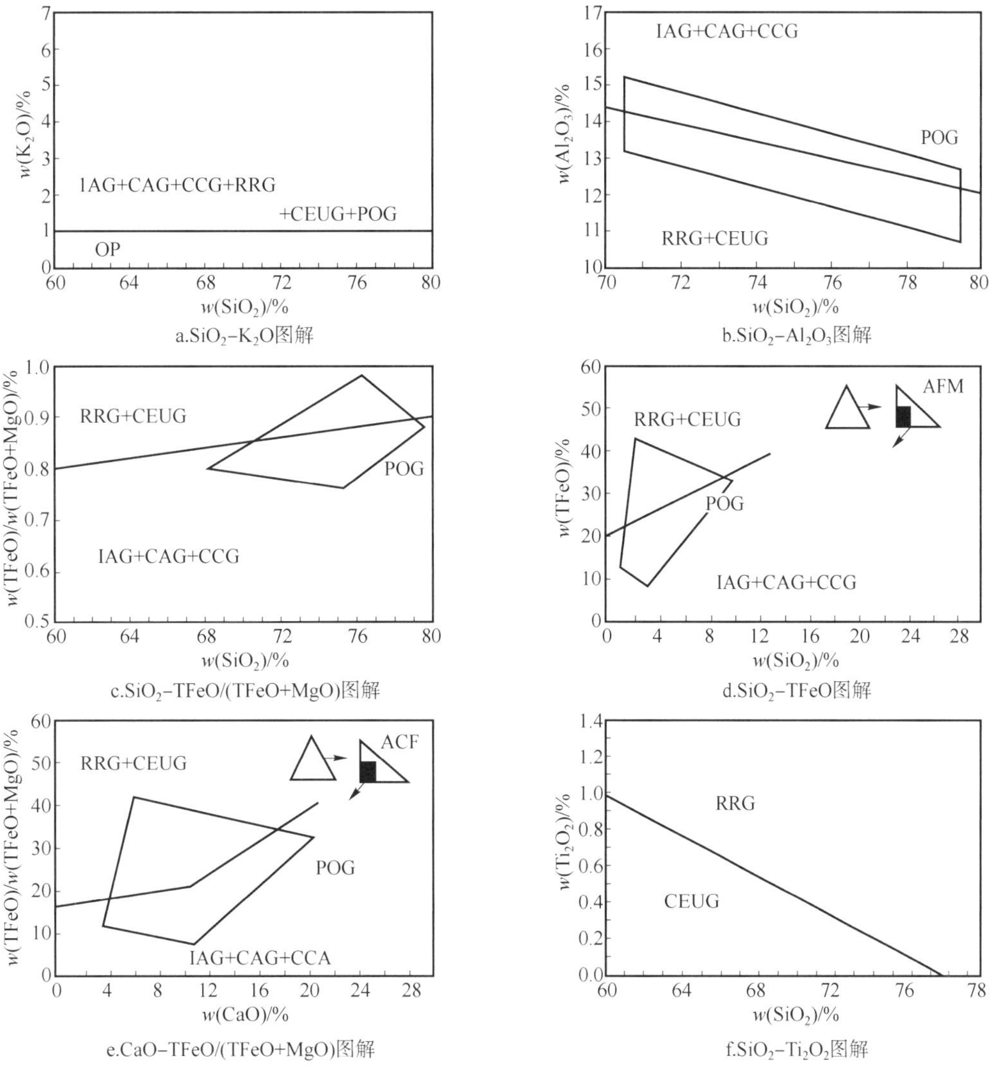

图 2-15 花岗岩类构造环境判别图解

（据 Maniar et al.，1989）

（3）花岗岩构造环境的其他判别图解

Pearce 等（1984）将石英含量大于5%的岩石统称为花岗岩类，并将之分成洋脊花岗岩（ORG）、火山弧花岗岩（VAG）、板内花岗岩（WPG）和碰撞花岗岩（COLG）（表2-8）。

表 2-8 花岗岩构造环境分类

花岗岩类型	大地构造环境分类
洋脊花岗岩（ORG）	与正常洋脊有关的花岗岩
	与异常洋脊有关的花岗岩
	与弧后盆地隆起有关的花岗岩
	与弧前盆地隆起有关的花岗岩

花岗岩类型	大地构造环境分类
火山弧花岗岩（VAG）	以拉斑玄武岩为主的大洋弧中的花岗岩
	以钙碱性玄武岩为主的大洋弧中的玄武岩
	活动大陆边缘上的花岗岩
板内花岗岩（WPG）	陆内环状杂岩中的花岗岩
	变薄的地壳中的花岗岩
	大洋岛屿花岗岩
碰撞花岗岩（COLG）	与陆-陆碰撞有关的同构造花岗岩
	与陆-陆碰撞有关的碰撞后花岗岩
	与弧-陆碰撞有关的同构造花岗岩

（据 Pearce et al.，1984）

根据 600 个样品的岩石微量元素数据绘制了一套判别图解（图 2-16）。

首先根据 Nb-Y 图解区分 OPG、ORG 和 VAG+Syn-COLG 花岗岩（图 2-16a），再根据 Ta-Yb 图解区分 VAG+Syn-COLG 花岗岩（图 2-16b）。Rb-（Y+Nb）图解和 Rb-（Yb+Ta）图解在于更有效地区分板内花岗岩和大洋花岗岩（图 2-16c 和图 2-16d）。

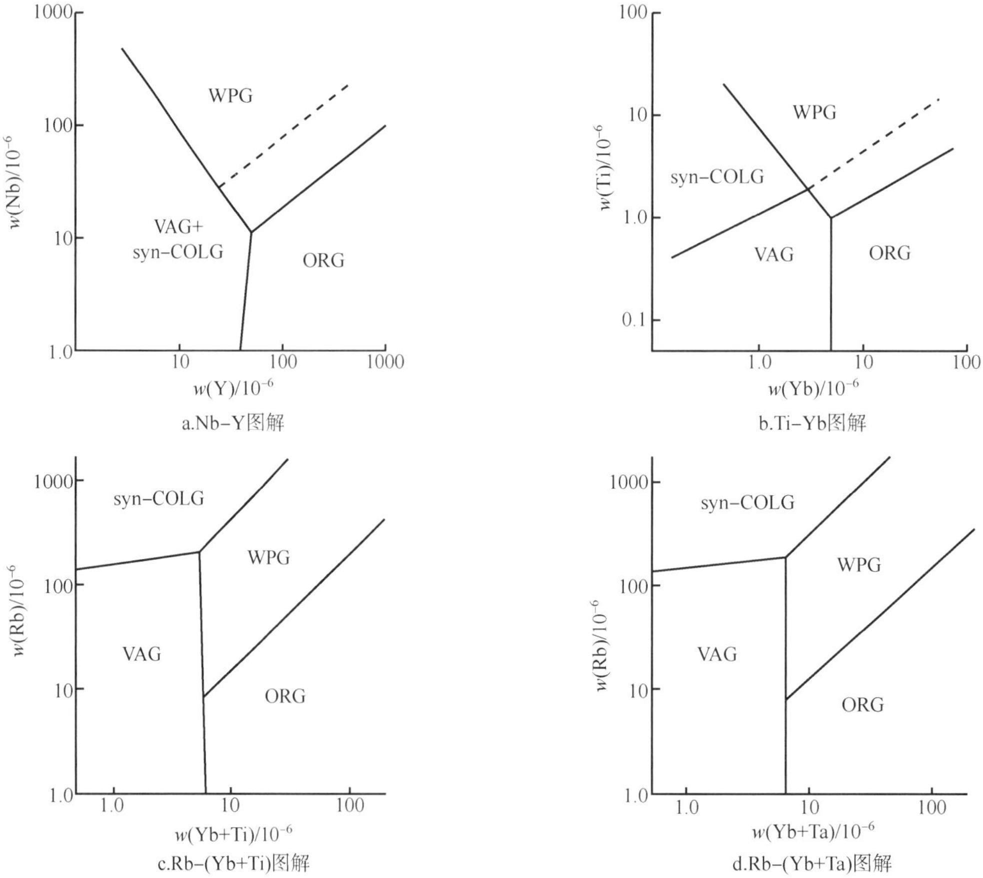

图 2-16　花岗岩构造环境判别图解

（据 Pearce et al.，1984）

目前较多地质工作者都在使用 Pearce 图解作为花岗岩构造环境的判别依据，但其结果经常与地质结论有较大差异甚至得出相悖的结论。

与之类似的是 R_1-R_2 因子判别图解（图 2-17），通过主量元素的因子分析确定花岗岩形成的构造环境。

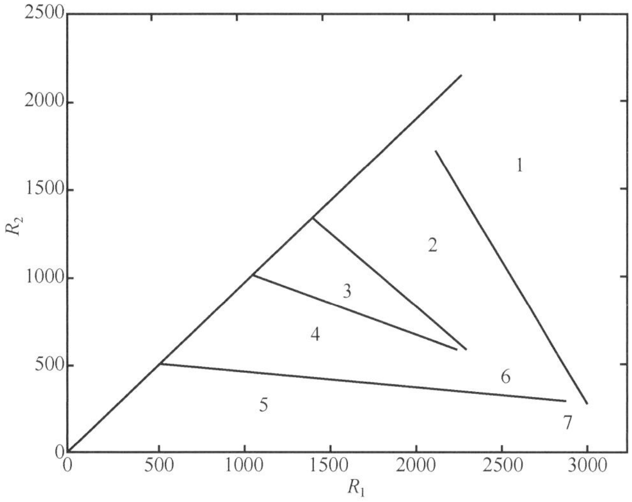

图 2-17　R_1-R_2 图解

（据 Batchelor et al.，1985）

1—地幔分异产物；2—板块碰撞前；3—碰撞后隆起；4—造山晚期；5—非造山；6—同碰撞；7—造山后；

R_1 = 4Si-11(Na+K)-2(Fe+Ti)；R_2 = 6Ca+2Mg+Al

肖庆辉等（2002）客观地对 Pearce 图解做出如下评论：

1）花岗岩的微量元素成分在很大程度上与构造环境相关，但这种方法不是十分可靠的，而且只能作为解释火成岩成因的、众多方法中的一种；

2）Pearce 花岗岩鉴别方法，有很多不足之处，一般不适合大陆花岗岩构造环境的判别，特别是火山弧和大陆碰撞花岗岩；

3）影响因素：复杂的或多阶段的造山运动使不同构造源区的源岩发生混合，特别是 COLG 和 VAG；分异作用可以产生跨越边界的趋势，特别是 VAG 到 LOPG 的边界；

4）前景：单独使用用途不大。结合其他方法，如测年、地质评价等方法仍有一定价值。

因此建议读者要非常谨慎地使用上述图解。

第三章 成矿（区）带分析

很早以前，人们已经注意到具有一定成因联系的矿床往往呈现集中分布的现象，从而把矿床集中分布的区域冠以成矿域、成矿带、成矿区、成矿省、矿田等名称。

成矿省（成矿区）通常是指由一组具有一定内在联系的矿床发育的区域。它们可能形成于一种或多种成矿作用的不同成矿幕（Margaret Gary et al.，1973）。而矿田则是指由两个或两个以上具有成因联系的矿床分布的区域。显然，成矿域、成矿带、成矿区、成矿省和矿田等均强调了矿产集中分布的属性，并没有规模上的限制。

2000—2004年，我国开展了全国成矿区带划分和研究工作，从而赋予了“成矿域、成矿带、成矿区、成矿省和矿田”等以相对规模和更多的地质内涵。

第一节 我国成矿（区）带研究现状

在2000—2004年开展的全国成矿（区）带划分和研究工作中，遵循分级划分的原则，将全国成矿区带划分为Ⅴ级（陈毓川等，2006a；朱裕生等，2007）。

Ⅰ级为成矿域，与全球性巨型构造相对应。

Ⅱ级为成矿省，受大地构造旋回控制，与大地构造一级单元或跨越不同大地构造单元的地区相对应。

Ⅲ级为成矿带，是在成矿省范围内划分的次一级成矿单元。

Ⅳ级为成矿亚带，受同一构造-岩浆旋回控制的、矿床成因上有联系的、一类或几类矿床组合一体的成矿富集区。

Ⅴ级为矿田，受有利成矿地质因素中同类成矿因素控制，在相似地质环境支配下赋存有某几个矿种、某类或某几类成因相似或空间上密切联系、分布集中的一组矿床分布区。

在此前提下，朱裕生等（2007）在全国范围内划分出5个成矿域（Ⅰ级成矿带），16个成矿省（Ⅱ级成矿带）和81个成矿带（Ⅲ级成矿带）。

一、成矿域（Ⅰ级成矿带）

$Ⅰ_1$：古亚洲成矿域；

$Ⅰ_2$：秦-祁-昆成矿域；

$Ⅰ_3$：特提斯-喜马拉雅成矿域；

$Ⅰ_4$：滨西太平洋成矿域；

$Ⅰ_5$：前寒武纪地块成矿域。

二、成矿省（Ⅱ级成矿带）

Ⅱ-1：吉-黑成矿省；

Ⅱ-2：大兴安岭成矿省；

Ⅱ-3：华北陆块北缘成矿省；
Ⅱ-4：华北陆块成矿省；
Ⅱ-5：阿尔泰-准噶尔成矿省；
Ⅱ-6：天山-北山成矿省；
Ⅱ-7：塔里木陆块成矿省；
Ⅱ-8：秦岭-大别成矿省；
Ⅱ-9：祁连成矿省；
Ⅱ-10：昆仑成矿省；
Ⅱ-11：下扬子成矿省；
Ⅱ-12：华南成矿省（含台湾省和海南省）；
Ⅱ-13：上扬子成矿省；
Ⅱ-14：松潘-甘孜成矿省；
Ⅱ-15：西南三江成矿省；
Ⅱ-16：雅鲁藏布江成矿省（简称“西藏成矿省”）。

三、成矿带（Ⅲ级成矿带）

（一）吉-黑成矿省（Ⅱ-1）

Ⅲ-1：完达山中生代有色金属、贵金属成矿区；
Ⅲ-2：太平岭-老爷岭古生代、中生代金铜镍铅锌银铁成矿区；
Ⅲ-3：佳木斯-兴凯新太古代、元古宙、晚古生代、中生代铁多金属非金属成矿区；
Ⅲ-4：小兴安岭-张广才岭-吉林哈达岭太古宙、晚古生代、中生代铁金铜镍银铅锌成矿带；
Ⅲ-5：松辽盆地新生代油气铀成矿区。

（二）大兴安岭成矿省（Ⅱ-2）

Ⅲ-6：额尔古纳中生代铜钼铅锌银金成矿带；
Ⅲ-7：大兴安岭北段晚古生代、中生代铁锡铜铅锌银金成矿带；
Ⅲ-8：大兴安岭南段晚古生代、中生代金铁锡铜铅锌银铍铌钽矿床成矿带；
Ⅲ-9：二连-东乌珠穆沁旗晚古生代、中生代、新生代铜铁铬铅锌银成矿带；
Ⅲ-10：锡林浩特-索伦山元古宙、晚古生代、中生代铜铁铬金钨锗萤石天然碱成矿带。

（三）华北陆块北缘成矿省（Ⅱ-3）

Ⅲ-11：华北陆块北缘东段太古宙、元古宙、中生代金铜银铅锌镍钴硫成矿带；
Ⅲ-12：华北陆块北缘中段太古宙、元古宙、中生代金银铅锌铁硫铁矿成矿带；
Ⅲ-13：华北陆块北缘西段太古宙、元古宙、中生代铁铌稀土金铜铅锌硫成矿带。

（四）华北陆块成矿省（Ⅱ-4）

Ⅲ-14：胶-辽太古宙、元古宙、中生代金铜铅锌银菱镁矿滑石石墨成矿带；
Ⅲ-15：鲁西中生代金铜铁成矿区；
Ⅲ-16：华北盆地新太古代、中新生代铁煤油气成矿区；
Ⅲ-17：小秦岭-豫西太古宙、元古宙、古生代、中生代金钼铝土矿铅锌成矿带；
Ⅲ-18：五台-太行太古宙、元古宙、古生代、中生代金铁铜钼钴银锰成矿区；

Ⅲ-19：晋西-陕东黄河两侧元古宙、晚古生代铝土矿稀土铜铁金煤盐类成矿带；
Ⅲ-20：鄂尔多斯盆地中生代、新生代油气煤盐类成矿区；
Ⅲ-21：阿拉善元古宙、新生代铜镍铂萤石成矿区。

（五）阿尔泰-准噶尔成矿省（Ⅱ-5）

Ⅲ-22：哈龙-诺尔特晚古生代、中生代金铅锌铁稀有宝玉石云母成矿带；
Ⅲ-23：克兰晚古生代铁铜锌金银铅成矿带；
Ⅲ-24：准噶尔北缘晚古生代、新生代铜镍钼金沸石膨润土成矿带；
Ⅲ-25：准噶尔西缘晚古生代金铬成矿区；
Ⅲ-26：准噶尔盆地晚古生代、中生代油气铀煤盐类成矿区。

（六）天山-北山成矿省（Ⅱ-6）

Ⅲ-27：博格达晚古生代铜锌石墨盐类成矿区；
Ⅲ-28：阿拉套-赛里木晚古生代锡钨铅锌成矿区；
Ⅲ-29：土哈盆地中、新生代油气煤铀沸石膨润土盐类成矿区；
Ⅲ-30：西天山前寒武纪、晚古生代、中生代、新生代铀煤铜（钼）锰铁镍钴金银稀有金属云母盐类矿床成矿区；
Ⅲ-31：觉罗塔格-星星峡晚古生代铜钼金银镍成矿带；
Ⅲ-32：南天山马鬃山晚古生代铁金铅锌银钒铀稀有稀土磷灰石蛭石菱镁矿滑石矿床成矿带；
Ⅲ-33：额齐纳旗晚古生代铜铁（萤石）成矿区；
Ⅲ-34：北山前寒武纪、晚古生代多金属铁铜镍金铅锌银磷稀有金属矿床成矿带；
Ⅲ-35：萨阿尔明晚古生代、中生代、金铁锰铅锌稀有金属盐类成矿带；
Ⅲ-36：西南天山晚古生代金铜铅锌银锑铀锡成矿带。

（七）塔里木陆块成矿省（Ⅱ-7）

Ⅲ-37：塔里木中、新生代油气煤铀盐类矿产成矿区；
Ⅲ-37-1：库车新生代油气铀成矿带；
Ⅲ-37-2：阿瓦提-沙雅中、新生代油气煤成矿带；
Ⅲ-37-3：柯坪晚古生代铅锌铁钒钛成矿区；
Ⅲ-37-4：卡塔克-满加尔新生代油气成矿区；
Ⅲ-37-5：塔里木南缘盐类矿产成矿带。

（八）秦岭-大别成矿省（Ⅱ-8）

Ⅲ-38：北秦岭早古生代、中生代金铜银锑钼成矿带；
Ⅲ-39：桐柏-大别元古宙、中生代金铅锌银非金属成矿带；
Ⅲ-40：南秦岭晚古生代、中生代铅锌银铜铁汞锑重晶石成矿带。

（九）祁连成矿省（Ⅱ-9）

Ⅲ-41：走廊古生代新生代铁锰萤石盐类成矿带；
Ⅲ-42：北祁连元古宙、早古生代金铜铁铬钨铅锌成矿带；
Ⅲ-43：南祁连古生代铜锌铅银镍磷成矿带；
Ⅲ-44：拉鸡山早古生代铜镍金成矿带。

（十）昆仑成矿省（Ⅱ-10）

Ⅲ-45：柴达木新生代锂硼钾盐钠盐镁盐芒硝石膏天然碱卤盐（水）矿床成矿区；
Ⅲ-46：阿尔金早古生代铜金石棉成矿带；
Ⅲ-47：东昆仑前寒武纪、晚古生代、中生代金铜铅锌铁成矿带；
Ⅲ-48：公格尔前寒武纪、晚古生代金铜铅锌宝玉石成矿带；
Ⅲ-49：塔什库尔干前寒武纪、晚古生代金铜成矿带；
Ⅲ-50：喀喇昆仑中生代铜铅锌金成矿带。

（十一）下扬子成矿省（Ⅱ-11）

Ⅲ-51：苏北坳陷新生代油气盐类成矿区；
Ⅲ-52：长江中下游中生代铜金铁铅锌硫成矿带；
Ⅲ-53：江南地块中生代铜钼金银铅锌成矿带；
Ⅲ-54：江汉坳陷中生代、新生代金稀土盐类成矿区。

（十二）华南成矿省（含台湾省和海南省，Ⅱ-12）

Ⅲ-55：浙闽沿海中生代非金属铅锌银成矿带；
Ⅲ-56：闽粤沿海中生代锡钨铅锌银非金属成矿带；
Ⅲ-57：台湾金铜非金属成矿带；
Ⅲ-58：杭州湾-武夷山北段古生代、中生代铅锌银钨锡稀土稀有矿床成矿带；
Ⅲ-59：湘中-赣中元古宙、古生代、中生代、新生代铁钨锡锑铅锌稀有成矿区；
Ⅲ-60：南岭中段中生代锡银铅锌稀有稀土成矿区；
Ⅲ-61：粤中元古宙、古生代、中生代银铁金钨锡稀有成矿区；
Ⅲ-62：粤西-大明山中生代钨锡铅锌金银成矿区；
Ⅲ-63：海南元古宙、中生代、新生代铁铜钴金银铝土矿水晶高岭土成矿区。

（十三）上扬子成矿省（Ⅱ-13）

Ⅲ-64：龙门山-神农架早古生代、新生代铁金、铅、锌、磷成矿带；
Ⅲ-65：湘西-黔东中生代锑汞金、铅、锌、磷、滑石成矿区；
Ⅲ-66：渝南-黔中古生代、中生代铁汞锰铝成矿带；
Ⅲ-67：四川盆地新生代铁铜油气盐类矿产成矿区；
Ⅲ-68：川滇黔晚古生代、中生代铅锌银磷成矿区；
Ⅲ-69：右江中生代金铅锌锑铜锰铝磷成矿区；
Ⅲ-70：扬子地台西缘元古宙、晚古生代、中生代铁钛钒铜铅锌铂银金稀土成矿带。

（十四）松潘-甘孜成矿省（Ⅱ-14）

Ⅲ-71：松潘-玛多晚古生代金银铅锌稀有金属成矿区；
Ⅲ-72：可可西里-盐源中生代、新生代金铜锌稀有稀土成矿带；
Ⅲ-73：藏东-拉竹龙新生代铜钼金铁盐类成矿带。

（十五）西南三江成矿省（Ⅱ-15）

Ⅲ-74：白玉-中甸印支、燕山、喜马拉雅期银铅锌铜金锡成矿带；
Ⅲ-75：三江北段中生代、新生代铜钼银金铅锌成矿带；
Ⅲ-76：大理-景谷中生代、新生代铜锌钼金铅锌成矿带；

Ⅲ-77：保山-澜沧晚古生代、中生代、新生代铅锌银铜金铁成矿带；
Ⅲ-78：腾冲中生代、新生代锡钨稀土成矿区。

（十六）雅鲁藏布江成矿省（Ⅱ-16）

Ⅲ-79：羌塘-昌都新生代铜钼金银盐类成矿带；
Ⅲ-80：冈底斯-念青唐古拉中生代、新生代铜钼金铁盐类成矿带；
Ⅲ-81：藏南新生代汞锑金银成矿带。

第二节　成矿带的构造属性分析

一、成矿域

成矿域是Ⅰ级成矿带。根据朱裕生等（2007）对成矿域的定义，“成矿域与全球性巨型构造相对应”。

有三种不同属性的全球性巨型构造：其一是全球性巨型造山带；其二是夹持巨型造山带的大陆板块；其三是目前正在发育的大洋及其陆缘区。

因此，Ⅰ级成矿带（成矿域）的构造属性或者是全球性造山带，或者是大陆板块，或者是现代大洋+陆缘区。

古亚洲成矿域的主体是巨型的古亚洲造山带，它是位于西伯利亚板块和塔里木-华北板块之间的巨型造山带。

秦-祁-昆成矿域的主体是秦-祁-昆造山带，位于塔里木-华北板块与扬子板块之间。

特提斯-喜马拉雅成矿域的主体是特提斯-喜马拉雅造山带，它是印度板块和欧亚大陆之间的造山带。

滨西太平洋成矿域是太平洋西缘。在我国境内，除台湾省和黑龙江省东北部的那丹哈达岭之外，大部分叠加在其他成矿域之上。

前寒武纪地块成矿域主要包括扬子板块和塔里木-华北板块两个古大陆。

对于现代大洋而言，成矿域直接以大洋命名。如太平洋成矿域、大西洋成矿域和印度洋成矿域。它们的构造性质与所处的威尔逊旋回的阶段相对应：大西洋为威尔逊旋回的成熟阶段大洋，两侧为被动大陆边缘；太平洋处于衰退阶段，两侧为活动大陆边缘，两者均没有达到造山带阶段。

活动大陆边缘是指大洋板块对大陆板块有作用的大陆边缘。大洋板块对那里的大陆边缘一侧有一定的影响范围，造成了对之前成矿域的叠加（如我国东部）。叠加的成矿域的构造属性因其具体构造样式而不同：我国东部至少在白垩纪应该属于西太平洋活动大陆边缘的陆内引张克拉通盆地（盆岭构造）性质，但是在新生代已经演变为大陆裂谷。

二、成矿省

成矿省为Ⅱ级成矿带。“成矿省受大地构造旋回控制，与大地构造一级单元或跨越不同大地构造单元的地区相对应”（朱裕生等，2007）。

这里强调了构造旋回对成矿省的制约，它是在成矿域内鉴别和划分成矿省的主要依据。

对于造山带型成矿域而言，构造旋回与大洋旋回（威尔逊旋回）对应。大洋旋回是一个长期、复杂的演化过程。从萌芽期的大陆裂谷到初始期的大洋裂谷，从成熟期的大西洋型到衰退期的太平洋型最后到残迹的碰撞造山带，在不同发展演化时期，形成不同构造-岩石组合和相应的构造单元。

以古亚洲成矿域为例：在西伯利亚板块南缘和塔里木-华北板块北缘，断续分布贝加尔褶皱带（兴凯旋回）、阿尔泰-蒙古-额尔古纳褶皱带（加里东旋回）、斋桑-额尔齐斯-天山-兴安褶皱带（海西旋回）等，代表不同旋回期的构造带和与之对应的成矿省。

鉴别构造旋回的一个重要标志是区域性角度不整合。并非所有角度不整合都具有划分构造旋回的意义，它们需要符合如下特点：

1）具有区域性、广泛分布的特点；

2）角度不整合面之上发育后造山磨拉石建造，不整合面之下发育同造山复理石-磨拉石建造（任纪舜等，2016）；

3）不整合面之下发育特定时期和特定类型的岩浆建造、沉积建造、变质建造和构造变形。

对于前寒武纪成矿域（大陆板块），其成矿省与前寒武纪造山带和陆块对应，即分别对应于前寒武纪的线形构造区和卵形构造区。由于前寒武纪还处于大陆成长期，前寒武纪的线性构造与古生代以来的造山带以及前寒武纪的卵形构造和陆块与古生代以来的板块在规模上相差较大。因此，前寒武纪成矿域中的Ⅱ级成矿带与造山带中的Ⅱ级成矿带在规模上也有较大差别，往往没有对应和可比性。

三、Ⅲ级成矿带

Ⅲ级成矿带“是在成矿省范围内划分的次一级成矿单元”（朱裕生等，2007），其本身多与成矿省之下的构造单元对应。通常情况下，Ⅲ级成矿带与大地构造相的分布单元是一致的。

（一）大地构造相的概念

大地构造相是反映陆块区和造山系（带）形成演变过程中，在特定演化阶段、特定构造部位的大地构造环境中形成的一套岩石-构造组合（潘桂堂等，2008）。

许靖华在详细研究阿尔卑斯造山带的构造组成和构造变形的基础上，提出碰撞造山带主要由仰冲陆块（雷特相）、俯冲陆块（凯尔特相）和一个位于其间的大洋岩石圈的残余遗迹（日耳曼相）三种大地构造相叠加而成（图 3-1）。

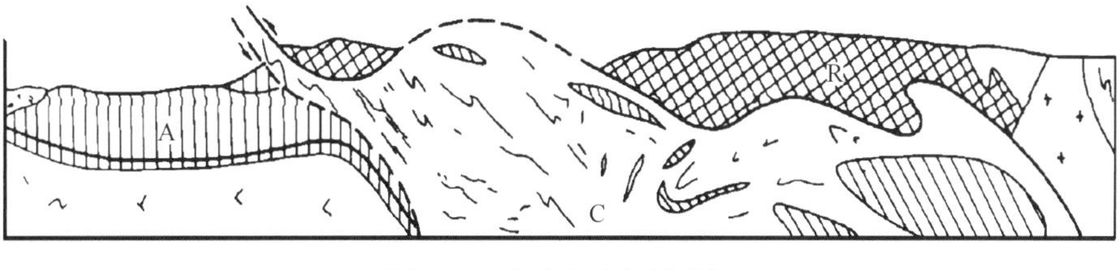

图 3-1　大地构造相模式图

（据许靖华等，1994；）

A—日耳曼相；C—凯尔特相；R—雷特相

（二）大地构造相的划分

李继亮（1992）划分了造山带的6个相类和15种大地构造相：

1）仰冲基底相类：刚性基底相、活化基底相；

2）混杂相类：弧前混杂带相、弧后坍塌混杂带相；

3）前陆褶皱冲断带相类：前陆褶冲带相、前陆褶皱带相、活化盖层带相；

4）主剪切带相类：前陆主剪切带相、剪切穹隆带相；

5）岩浆弧相类：前缘弧相、残留弧相、增生弧相；

6）磨拉石盆地相类：前陆磨拉石盆地相、核心磨拉石盆地相、后陆磨拉石盆地相。

李继亮（2009）根据地球动力学机制和大地构造环境及亚环境进一步划分出31类全球大地构造相（表3-1）。

表3-1 李继亮（2009）大地构造相划分方案

动力学范畴	大地构造环境	大地构造亚环境	大地构造相	实 例
水平动力学范畴	板块边缘	离散边缘	超慢速扩张脊相	北冰洋加克尔
			慢速扩张脊相	大西洋中脊
			中速扩张脊相	太平洋-印度洋脊
			快速扩张脊相	东太平洋隆S25°~35°段
		转换边缘	转换断层带相	布兰科断裂带
		会聚边缘	海沟相	秘鲁海沟
			增生楔相	四万十增生楔
			弧前盆地相	巽他弧前盆地
			残留弧相	帕劳-九州
			前缘弧相	马里亚纳弧
			增生弧相	智利增生弧
			岩板窗相	北美彭蒂克顿
			弧背前陆盆地相	美国塞维尔盆地
			弧间盆地相	马里亚纳海沟
			弧后盆地相	劳海盆地
			碰撞造山带相	五台山造山带
		克拉通	地盾相	西格陵兰
			地台相	北美地台
	板块内部	伸展区	被动大陆边缘相	南美坎颇斯边缘
			坳拉槽相	第聂泊—顿涅茨
			大陆裂谷相	东非裂谷
			核心变质杂岩相	落基山核心杂岩
			深海平原相	太平洋深海平原
		走滑区	拉分盆地相	死海
			走滑挤压山脉相	美国西部横断山
			走滑断裂带相	土耳其安那托利亚
		挤压区	造山远程效应挤压带相	昆仑山脉
垂向动力学范畴	地幔柱垂向动力区		无震脊相	皇帝岛链-夏威夷
			大火成岩省相	蛇河平原-黄石区
			大洋台地相	加勒比
	地外体冲击区		冲击坑相	墨西哥希克苏鲁伯

潘桂堂等（2008）则将大地构造相按照相系、大相、相和亚相 4 个级别划分出 3 个相系、4 个大相、28 个构造相和 46 个亚相（表 3-2）。

表 3-2　大地构造相划分方案

相系	大相	相	亚相
多岛弧盆相系	结合带大相	（1）蛇绿混杂岩相	1）蛇绿岩亚相 2）远洋沉积亚相 3）洋内弧亚相 4）洋岛-海山亚相
		（2）陆壳残片相	5）基底残块亚相 6）外来岩块亚相
		（3）俯冲增生杂岩相	7）无蛇绿岩碎片的浊积岩亚相 8）含有蛇绿岩碎片的浊积岩亚相 9）洋岛海山增生亚相
		（4）残余盆地相	
		（5）高压-超高压变质相	10）高压变质亚相 11）超高压变质亚相
	弧盆系大相	（6）弧前盆地相	12）弧前陆坡盆地亚相 13）弧前构造高地亚相 14）弧前增生楔亚相
		（7）岩浆弧（岛弧、陆缘弧、洋内弧）相	15）火山弧亚相 16）弧间裂谷盆地亚相 17）弧背盆地亚相
		（8）深成岩浆岩相	18）同碰撞岩浆杂岩亚相 19）后碰撞岩浆杂岩亚相 20）后造山岩浆杂岩亚相
		（9）弧后盆地相	21）近陆弧后盆地亚相 22）弧后裂谷盆地亚相 23）近弧弧后盆地亚相
		（10）弧后前陆盆地相	24）楔顶盆地亚相 25）前渊盆地亚相 26）前陆隆起亚相 27）隆后盆地亚相
		（11）弧弧或弧陆碰撞带相	亚相划分参考结合带划分
		（12）碰撞后裂谷相	
	地块大相	相与亚相划分参照陆块大相划分	

续表

相系	大相	相	亚相
陆块区相系	陆块大相	(13) 基底杂岩相	28) 陆核亚相 29) 基底杂岩残块亚相
		(14) 古岩浆弧相	30) 岩浆内弧亚相 31) 岩浆外弧亚相
		(15) 古弧盆相	32) 岩浆弧亚相 33) 岛弧亚相 34) 弧后盆地亚相 35) 弧间盆地亚相
		(16) 古裂谷相	36) 古裂谷边缘亚相 37) 古裂谷中心亚相
		(17) 被动陆缘相	38) 陆棚碎屑岩亚相 39) 外陆棚亚相 40) 陆缘斜坡亚相
		(18) 陆表海盆地相	41) 碳酸盐岩陆表海亚相 42) 碎屑岩陆表海亚相
		(19) 碳酸盐岩台地相	43) 台地亚相 44) 台地斜坡亚相
		(20) 周缘(B型)前陆盆地相	亚相划分参照(10)
		(21) A型前陆盆地相	亚相划分参照(10)
		(22) 陆内裂谷(初始裂谷)相	45) 裂谷边缘亚相 46) 裂谷斜坡亚相
		(23) 陆缘裂谷相	亚相划分参照(22)
		(24) 夭折裂谷(坳拉谷)相	亚相划分参照(23)
		(25) 压陷盆地相	
		(26) 断陷盆地相	
		(27) 坳陷(凹陷)盆地相	
		(28) 走滑盆地相	
叠加造山带相系	另文表述		

(据潘桂堂等,2008)

本书在大地构造相划分时:首先广泛参考前人大地构造相划分方案;其次根据本书对矿床构造环境的分类,并考虑如下因素:

1) 威尔逊旋回的不同阶段、在不同的构造环境中产生的构造-岩石组合;

2) 构造变形——韧性剪切带、逆冲推覆构造、褶皱等仅作为划分构造相的参考依据,没有据此划分大地构造相或亚相;

3) 沉积相和变质相仅作为划分大地构造相的参考依据,没有据此划分大地构造相或亚相;

4) 根据成矿区(带)分析的特点,主要考虑大陆板块内部、陆缘区和造山带。因为大洋中的产物最后归为海沟杂岩相、前弧相、增生造山带相或者缝合带相等。

综合上述，划分出与不同构造环境对应的23个大地构造相（表3-3）。

表3-3 建议的大地构造相划分方案

构造环境	大地构造相	岩石组合
大陆板块内部	（1）大陆隆起相	体积巨大的以大陆拉斑玄武岩为主的镁铁质火山岩系列或环状杂岩（碳酸岩-碱性杂岩-超基性岩以及（碱性）花岗岩）
	（2）大陆裂谷相	在陆壳基底上发育双峰式火山岩和代表裂陷期和凹陷期的双重沉积建造
	（3）基底杂岩相	前寒武纪变质结晶基底杂岩
	（4）陆表海相	稳定的海相碳酸岩、碎屑岩、泥质岩沉积于结晶基底之上，经常缺少火山建造
	（5）拉分盆地相	大型走滑断裂叠加区、转折区或其一侧，拉伸环境
	（6）走滑挤压脊相	大型走滑断裂叠加区、转折区，挤压环境
大陆边缘	（7）被动大陆边缘相	裂陷系和移离系二元沉积结构，移离系为缺少火山建造的巨厚且稳定的海相沉积建造
	（8）海沟相	海沟杂岩：浊积岩、等深流沉积、深海远洋沉积岩中包含外来岩块和洋壳残片
	（9）前弧（外弧）相	构造混杂岩：由海沟杂岩的岩片组成，有时发育陆壳（过渡壳）岩片
	（10）弧前盆地相	由海相沉积过渡到陆相沉积，近弧一侧的沉积岩中经常发育火山碎屑物质
	（11）火山弧相	安山岩-玄武安山岩-流纹岩组成的钙碱性火山岩系列
	（12）弧间盆地相	发育于火山弧内部的裂谷盆地，发育单峰式或双峰式火山岩和裂谷型沉积岩
	（13）增生造山带相	发育增生杂岩、造山型火山岩和花岗岩，广泛发育区域变质作用
	（14）弧后盆地相	伸展盆地：位于岛弧与大陆之间，常有大陆裂谷的沉积和火山建造特征，但经常发育于过渡壳或洋壳之上
	（15）弧后引张克拉通盆地相	伸展盆地，剖面上盆地相间出现则为盆岭构造：位于大陆内部陆缘区，具有裂谷盆地的沉积特征，但火山岩经常属于钙碱性系列
	（16）弧后前陆盆地相	挤压盆地，发育于陆缘与增生造山带相邻处，发育磨拉石建造
	（17）弧后挤压克拉通盆地相	挤压盆地：发育于陆内的陆缘区，与增生造山带略有距离，发育磨拉石建造
造山带	（18）残留盆地相	位于岩浆弧与前陆之间，发育深海相到浅海相到陆相的巨厚沉积，基底为洋壳
	（19）俯冲相	俯冲陆块
	（20）仰冲相	仰冲陆块
	（21）缝合带相	以位于两侧陆缘沉积建造之间的蛇绿混杂岩为特点
	（22）陆缘前陆盆地相	挤压盆地：位于陆缘与造山带相邻处，发育巨的厚磨拉石建造
	（23）后造山伸展盆地相	伸展盆地：角度不整合于造山带之上，发育磨拉石建造和（或）后造山火山岩

第三节 成矿带中矿产集中分布的属性分析

成矿带的一个最本质的要素是矿产集中且规律性分布。而这种属性在低级别成矿带——Ⅲ级成矿带和成矿亚带（Ⅳ级成矿带）表现得最明显。这是由于成矿域和成矿省是可以跨越构造单元的，而Ⅲ级成矿带与大地构造单元（构造相的分布单元）相对应，它们刚好构成了完整的构造-岩石-成矿作用组合。

在特定的构造单元中，具有一定成生联系的矿床的集中分布，是构造作用对成矿作用制约的体现。而矿床形成的地球动力学模型和建立成矿系列，可以很好揭示其规律性。

一、矿床地球动力学模型

矿床模型是通过抽象、简化和类比概括全球或某一成矿区带中矿床成因、规模、产出概率和分布规律的方法（张贻侠，1993）。由于目的不同，矿床模型种类不同：有矿床成因模型、品味-吨位模型、产出概率模型、找矿模型等针对不同用途的不同种类的矿床模型。

矿床地球动力学模型是矿床成因模型的一种。它以文字、表格、图示的方法概括板块构造与矿床形成之间的内在联系，阐述构造演化与成矿作用演化的时空关系。

（一）矿床地球动力学模型实例

1. 活动大陆边缘斑岩铜矿模型

地质学家最早将板块构造与矿床建立成因联系就是通过斑岩铜矿。这种关系首先体现在地理位置的统一性——南北美洲西海岸的斑岩铜矿总是分布在仰冲板块边界的岩浆弧中。

接下来人们发现，与成矿有关的岩浆岩的$^{87}Sr/^{86}Sr$初始值很低，为0.703~0.704，可与非矿化的岛弧火山岩和岛弧侵入岩对比，表明岩浆或来自俯冲的洋壳或地幔楔。

南美洲和北美洲西海岸斑岩铜矿成矿岩浆岩的差异，也为斑岩铜矿板块成因提供了线索：在北美洲西科迪勒拉山脉中的斑岩铜矿有关的侵入岩具有较高的钾含量和$^{87}Sr/^{86}Sr$初始值（0.704~0.709）。前者被认为与西科迪勒拉山脉较安第斯山脉有更厚的陆壳的缘故——因为科迪勒拉山脉是一个半固化的中-新生代的岩浆弧，而安第斯山是一个还在俯冲的岩浆弧，而后者则被认为是在同样加厚陆壳的基础上的陆壳物质的加入有关。

成矿金属可能一部分来自深海沉积物，而另一部分不排除地壳来源。

Cox（1986）总结斑岩铜矿地球动力学模型如图3-2。

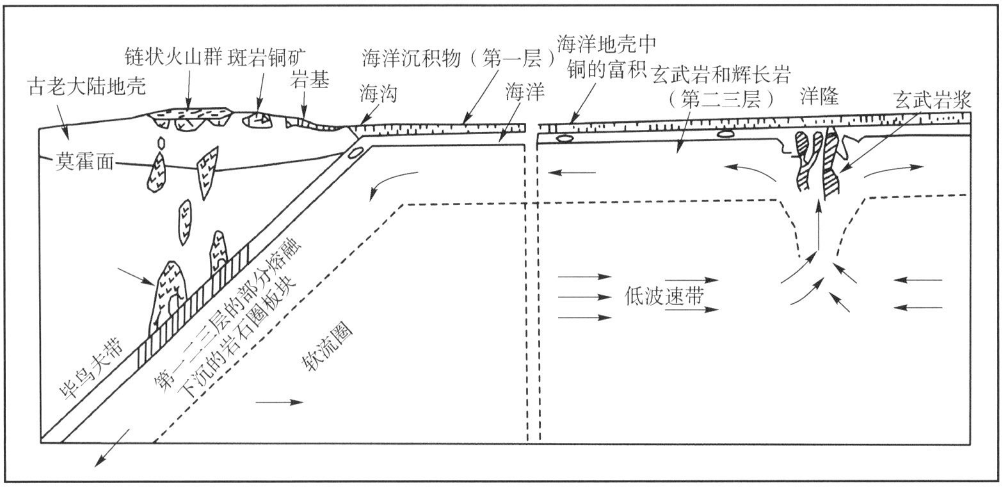

图3-2 斑岩铜矿模型

（据Cox，1986）

2. 浅成低温热液金矿模型

浅成低温热液型金矿床以浅成、低温、以火山岩或与之相关岩石为围岩、形成于活动大陆边缘的岛弧（和大陆边缘弧）和弧后引张克拉通盆地两种环境为特点。我国东北东部地区发育的大部分白垩纪浅成低温热液金矿属于后者（表3-4）。

表3-4　活动大陆边缘浅成低温热液型矿床主要特征

<table>
<tr><th>二级分类</th><th>构造环境</th><th>三级分类</th><th>矿物组合</th><th>围岩蚀变</th><th>形成机理</th></tr>
<tr><td rowspan="5">低硫化型</td><td rowspan="4">岩浆弧型</td><td>石英-硫化物Au±Cu型</td><td>主要是铁硫化物和石英组成</td><td>从深部的以绢云母为主到浅部以伊利石为主到更浅部以伊利石-蒙脱石为主。在碱性系统中，常见冰长石</td><td>流体包裹体的高盐度反应以岩浆水为主，金属沉淀源于流体冷却</td></tr>
<tr><td>多金属Au±Ag型</td><td>石英、黄铁矿、方铅矿、闪锌矿</td><td rowspan="2">从深部以绿泥石和绢云母为主到浅部的以伊利石为主，到更浅部以伊利石-蒙脱石为主</td><td>冷却和少量循环的地下水混入有利于多金属沉淀</td></tr>
<tr><td>碳酸盐-贱金属Au型</td><td>碳酸盐、石英、黄铁矿、方铅矿、闪锌矿、黄铜矿</td><td>金与碳酸盐、闪锌矿、方铅矿共生源于成矿流体与含碳酸氢盐的水混合</td></tr>
<tr><td>浅成低温热液石英Au-Ag型</td><td>石英、绿泥石、伊利石-蒙脱石</td><td>以绿泥石和伊利石-蒙脱石为主，在碱性围岩中含冰长石</td><td>上升的含矿流体与富氧的大气降水（或强酸性的硫酸盐）混合</td></tr>
<tr><td>裂谷型</td><td>冰长石-绢云母型浅成低温热液Au-Ag型</td><td>玉髓、冰长石、碳酸盐、硫化物</td><td>从围绕矿脉的绢云母（伊利石）向边缘的蒙脱石，再向外过渡为绿泥石-碳酸盐（青磐岩化）蚀变</td><td>冷却和沸腾模式以及上升的含矿流体与富氧的大气降水（或强酸性的硫酸盐）混合</td></tr>
<tr><td>高硫化型</td><td></td><td></td><td>黄铁矿和硫砷铜矿和少量铜蓝（下部）</td><td>从蚀变带核心向外依次是：残余的石英或孔洞状石英、明矾石、叶蜡石、高岭石、伊利石和绿泥石</td><td>当迅速上升的岩浆流体（含少量地下水）由于压力降低导致岩浆挥发分（主要是SO_2）从溶液中分离出来，并与水（岩浆水和地下水）和氧气反应生成高浓度的硫酸，在地壳浅部和低温条件下（< 300°）分解产生热的酸性流体，形成高硫化型蚀变</td></tr>
</table>

（据江思宏等，2004）

Corbett（2004）认为，岩浆弧区的浅成低温热液矿床形成于埋藏于深处的大型岩浆房隆起处上方。不同类型的浅成低温热液金矿床的金属也来自这个岩浆房。

低硫化型浅成低温热液型金矿形成于被循环的大气降水稀释的含矿流体。越接近地表，被稀释得越强烈。从而区分出较接近源区的硫化物含量较高的（通常情况下仍然低于10%）石英硫化物脉型Au矿（或Au-Cu矿）、碳酸盐贱金属型Au矿（包括多金属Au-Ag矿）、浅成低温热液石英脉型Au-Ag矿。以沉积岩为围岩的金矿则与石英-硫化物型的流体与碳酸盐岩围岩的反应有关。

高硫化型浅成低温热液型金矿形成于岩浆源演化的强酸性流体，具有特征的蚀变分带和黄铁矿-闪锌矿矿化。

而在引张区，则形成冰长石-绢云母型浅成低温热液Au-Ag矿（图3-3）。

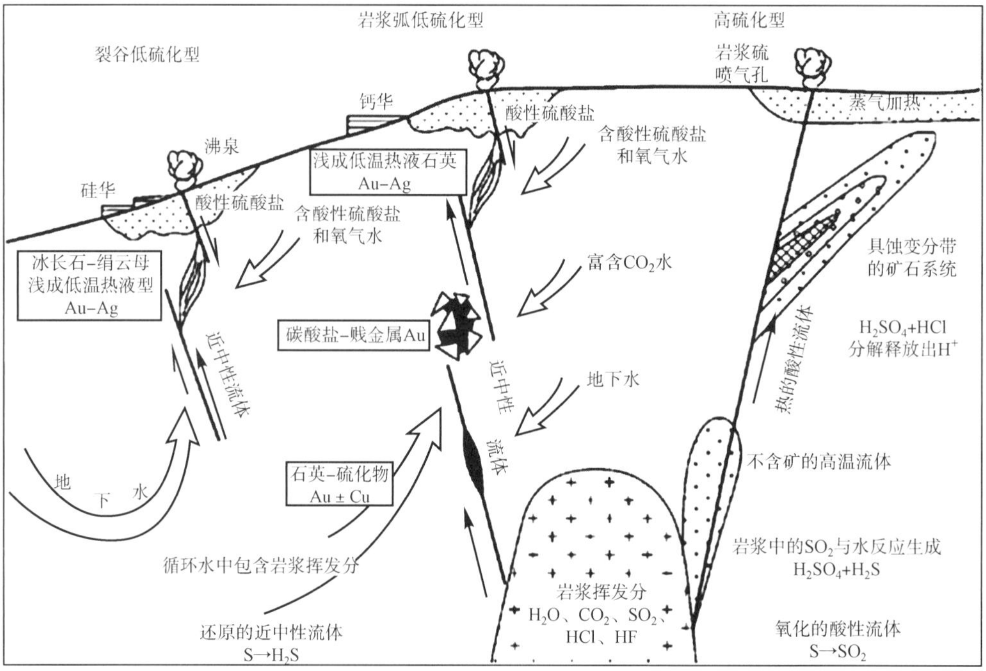

图3-3　浅成低温热液型金矿床形成环境和流体演化

（据江思宏等，2004）

3. 黑矿的形成与日本海扩张关系模型

黑矿是以火山岩为容矿围岩的块状硫化物矿床（VMS）。产于岛弧区的弧内裂谷、具有脉状和层状两套矿体系统、Cu-Pb-Zn成矿元素组合、黑矿和黄矿共存、与双峰式火山岩的英安质端员共生等为其主要特征。

日本的黑矿形成于日本海扩张时期。但是，日本海扩张开始于21Ma。黑矿具体形成于何时？黑矿形成时具体的应力条件如何？当时日本海和日本岛弧发展的状态以及对黑矿形成具有怎样的意义？

针对上述问题，Horikoshi（1990）进行了地质学、古生物学和古地磁学等方面的综合研究，确立了黑矿形成与日本海扩张之间的时间和成因关系。结论认为，黑矿形成于15.4~15.2Ma，是在日本海开裂衰减阶段的弱扩张环境中形成的（图3-4）。

4. 内华达州卡林型金矿模型

卡林型金矿是指以沉积岩为容矿围岩的、受构造控制的、以热液成矿作用为主的微细浸染型金矿。

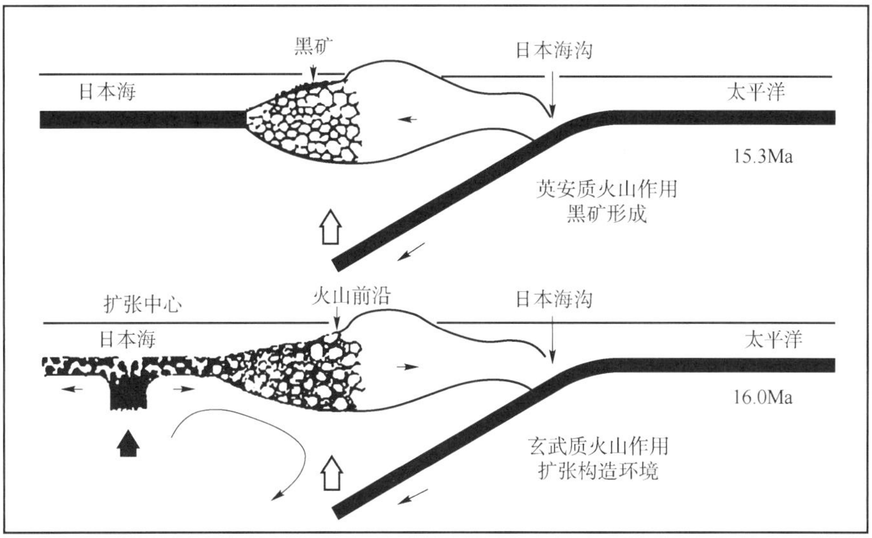

图 3-4　黑矿成矿作用模式

热水溶液在与日本海开裂相关的张性地壳中对流，于构造应力从张性转变为压性时，富含金属溶液被挤压出来形成黑矿（据 Horikoshi，1990）

Muntean 等（2011）认为，内华达州数量众多规模巨大的卡林型金矿是一个特殊的地质背景与构造驱动异常汇聚的结果。其构造驱动体现在为含金流体的运移和沉淀提供了非常有效的通道和场所。

过程模型为：

俯冲的法拉隆板片导致软流圈上涌，作用于强烈改造的陆下大陆岩石圈地幔，产生岩浆。上升的岩浆在 10~12km 的深度释放含金流体。随着含金流体上升，硫化氢浓度和金/铜比值升高，经历相变并与大气水混合。在距地表几千米处，流体溶解和硫化碳酸盐岩围岩，导致含金黄铁矿沉淀（图 3-5）。

（二）矿床地球动力学模型的类型

矿床地球动力学模型是要建立某一类矿床与特定板块构造环境之间的内在联系：或者是时间上的联系，或者是成因上的联系。

前述浅成低温热液型金矿床模型，强调了含矿热液在不同构造环境中的演化而导致最终热液性质的差异从而产生了不同种类的浅成低温热液型金矿；活动大陆边缘斑岩铜矿模型则概括了成矿岩浆的板块构造起源和金属来源；卡林型金矿模型则模拟了在构造控制下的含矿热液起源、运移和沉淀过程。只有详细的地质、地球化学研究，才可能建立与地球动力学有关的矿床成因模型。

前述的黑矿与日本海扩张关系模型确立了在日本海扩张由强变弱的时点在黑矿形成中的重要意义。板块构造的活动往往是一个长期的过程，而不同类型的矿床只形成于某一个具体时间点或者很短的时间间隔范围内。在那个时间节点，矿床可能与当时形成的特定的岩性有关，或者直接与当时的构造环境有关，或者与当时构造环境下的特定的地质构造有关，也或者是与前述各种因素的结合有关。建立矿床与特定板块构造之间的时间联系就在于揭示这个时间点以及矿床与各种与成矿有关的要素之间的关系。当不同时间点联系起来后，就会获得一个板块构造演化与成矿作用演化之间的关系，这也是矿床地球动力学模型的重要内容。

卫万顺等（2008）在系统研究了西藏班公湖-怒江成矿带中段的地质特征、构造演化以及与不同类型金矿成矿关系的基础上，提出构造演化的六个阶段。金矿形成于其中的三个阶段：第三阶段——金矿化；第四阶段——变质热液金矿和与花岗岩有关的金矿；第六阶段——砂金矿（图 3-6）。

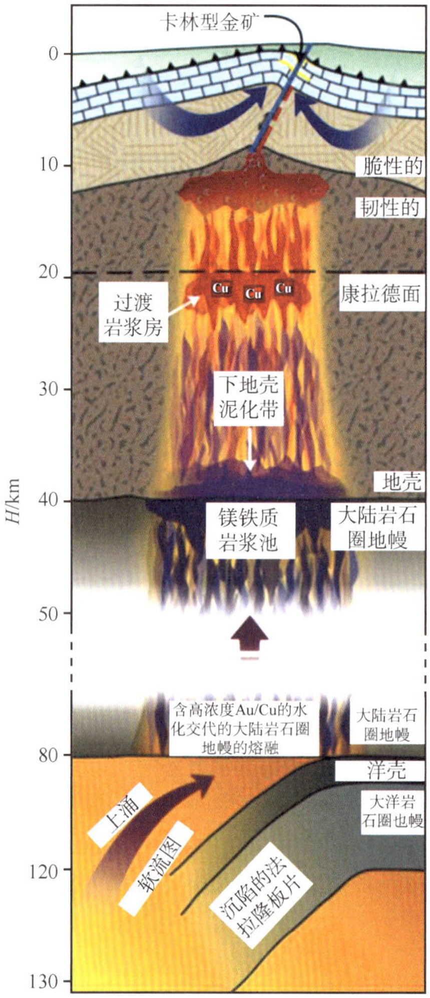

图 3-5　卡林型金矿模型

（据 Muntean et al.，2011）

（三）建立板块构造与矿床之间内在联系的要点

矿床地球动力学模型，是概括板块构造与成矿作用之间内在联系的方法。在具体的成矿构造分析中，可以从如下几个方面确定构造环境与某一类矿床之间的内在联系：

1）空间上的一致性：一类矿床总是在特定的板块构造的特定的构造单元内或附近出现。例如，浅成低温热液型金矿与火山弧或弧后引张克拉通盆地分布一致；喷流沉积成因的铅锌矿总是与大陆裂谷或类似的引张构造环境分布一致；黑矿分布与火山弧或大陆边缘弧一致。

2）时间上的一致性：成矿作用发生于板块活动的特定时期或特定阶段。Wilson（1966）认为，大洋的构造旋回起始于一个大陆裂谷，终结于造山带。并将其总结为六个阶段：萌芽阶段（东非裂谷），初始阶段（红海），成熟阶段（大西洋），衰退阶段（太平洋），残余阶段（地中海），消亡阶段（阿尔卑斯-喜马拉雅）。在不同阶段产生不同的构造环境，在不同构造环境中形成了各种相应的矿产。

3）矿床与特定的地质体相关，而那些特定的地质体与特定的构造环境联系紧密：活动大陆边缘的斑岩铜矿经常产于钙碱性系列的中酸性小型侵入体（I 型花岗岩）内；裂谷带、大陆隆起有关的斑岩铜矿经常与 A_1 型花岗岩（板内花岗岩）伴生；同造山的斑岩铜矿经常与 S 型花岗岩伴生，有时也与 I 型花岗岩伴生；后造山的斑岩铜矿则经常与 A_2 型花岗岩伴生。

二、建立矿床成矿系列

矿床成矿系列是指在一定的地质阶段所形成的地质构造单元内，与一定的成矿作用有关且在一定的地质构造部位形成的不同矿种、不同类型而且有成因联系的矿床组合，称为矿床成矿系列。矿床成矿系列是具有内在联系的矿床自然组合——成矿整体或成矿体系。

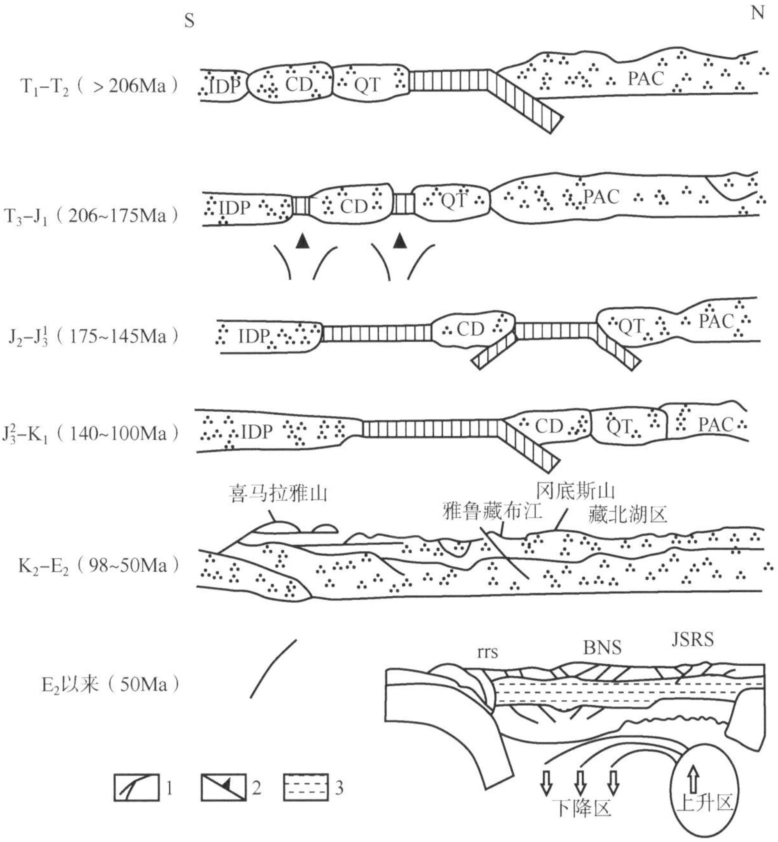

图 3-6　班公湖-怒江成矿带构造演化与金的成矿作用

（据卫万顺等，2008）

1—地壳内逆冲断层；2—地壳内岩浆房；3—中、下地壳；IDP-印度板块；CD—冈底斯地体；QT—羌塘地体；PAC—古亚洲地体；rrs—雅鲁藏布江缝合带；BNS—班公湖-怒江缝合带；JSRS—金沙江缝合带

矿床成矿系列概念是我国地质工作者在长期找矿、勘探和成矿规律和成矿条件研究过程中总结出来的成矿作用的时空组合规律，从而提高了对成矿规律的认识，并更有效地指导成矿预测工作，促进矿产资源的勘查（程裕淇等，1979，1983；陈毓川等，1993，1998，2006b；翟裕生等，1987，1996，2000）。

成矿系列的划分遵循以下原则：构造单元一致和构造部位一致，构造时期或构造阶段一致，成矿作用一致。

1. 构造单元和构造部位一致

一般来说，构造单元是指在板块或造山带中具有独立构造性质或属性并具有一定分布范围的构造单位。构造单元通常表现为在一定范围分布的一套或几套岩石组合，并以区域性大断裂作为与相邻单元的边界。

构造单元的规模有大有小，从而可以划分出构造单元的级别。

从全球构造来看，Ⅰ级构造单元对应的是板块和全球性造山带；

对于造山带来说，Ⅱ级构造单元是以构造旋回划分的、不同构造时期形成的构造带（通常是增生造山带）；

对于大陆板块来说，Ⅱ级构造单元通常是前寒武纪造山带和期间所夹的陆块；

Ⅲ级构造单元通常与构造相的分布相对应。对于活动大陆边缘，它们可能是海沟、前弧、弧前盆地、岛弧、大陆边缘弧等。

与成矿系列对应的构造单元通常是指Ⅲ级构造单元（图3-7），有时是Ⅳ级构造单元。后者体现了构造部位的一致性。

2. 构造时期或构造阶段一致

一个成矿系列中的矿床，形成于同一个构造活动时期或阶段内。这个时期或者阶段，即包含了具体的地质时期和阶段的含义，更包含了构造活动的时期、阶段以及该当时期和阶段的构造活动性质。

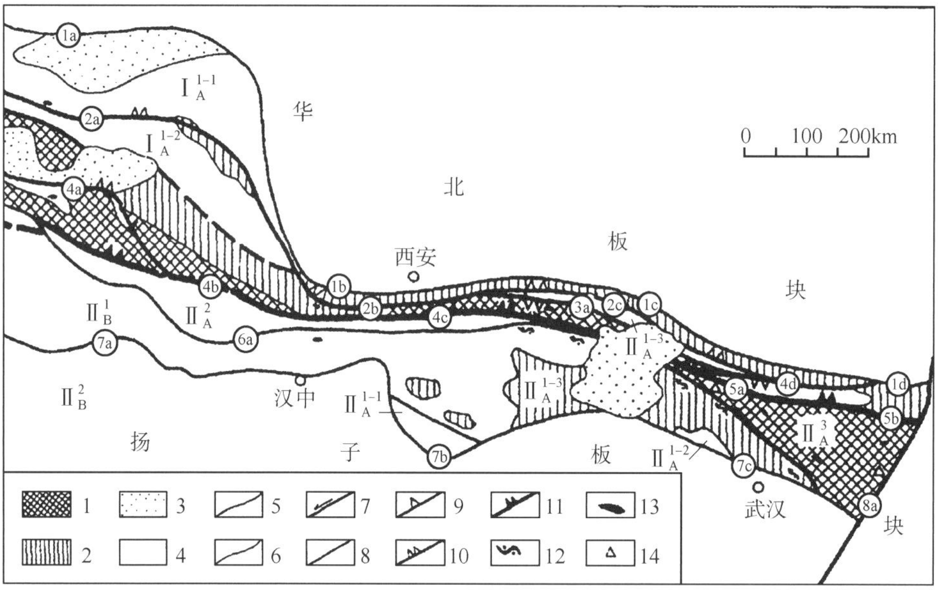

图3-7　秦岭造山带构造分区图

（据王平安等，1998）

1—前长城系；2—长城系—青白口系；3—新生界；4—古生界、下中生界褶皱区；5—构造单元界线；6—地质界线；7—走滑断层；8—断裂；9—海西-印支期俯冲断裂；10—加里东期俯冲断裂；11—晋宁期板块接合带；12—蓝闪石片岩；13—超镁铁岩、蛇绿岩；14—榴辉岩；1a—龙首山断裂；1b—八渡-洛南断裂；1c—栾川-明港断裂；1d—六安断裂；2a—北祁连北缘断裂；2b—油坊沟-皇台断裂；2c—瓦穴子-鸭河口断裂；3a—朱阳关-夏馆-大河口断裂；4a—中祁连南缘断裂；4b—武山-天水断裂；4c—唐藏-商南-镇平断裂；4d—信阳-梅山断裂；5a—内乡-桐柏-商城断裂；5b—磨子潭断裂；6a—临潭-山阳断裂；7a—玛沁-略阳断裂；7b—洋县-成口-房县断裂；7c—襄樊-广济断裂；8a—郯城-庐江断裂；I_A^{1-1}—走廊过渡带；I_A^{1-2}—北祁连加里东褶皱带；I_A^{1-3}—北秦岭加里东褶皱带；II_A^{1-1}—北大巴山加里东褶皱带；II_A^{1-2}—随县-应山加里东褶皱带；II_A^{1-3}—武当山隆起；II_A^2— 礼县-柞水海西期前陆褶皱带；II_A^3—桐柏-大别地块；II_B^1—东昆仑-南秦岭褶皱系；II_B^2—松潘-甘孜褶皱系

例如，从理想的大陆地幔柱构造的发育到大洋扩张乃至大洋裂谷的形成，是一个漫长的演化过程。经历了大陆隆起期、大陆裂谷期、陆间裂谷期和大洋裂谷期等不同构造活动期。如果能够将这些构造活动期给以精确的时间限定，就构成了所说的构造时期（图3-8）。

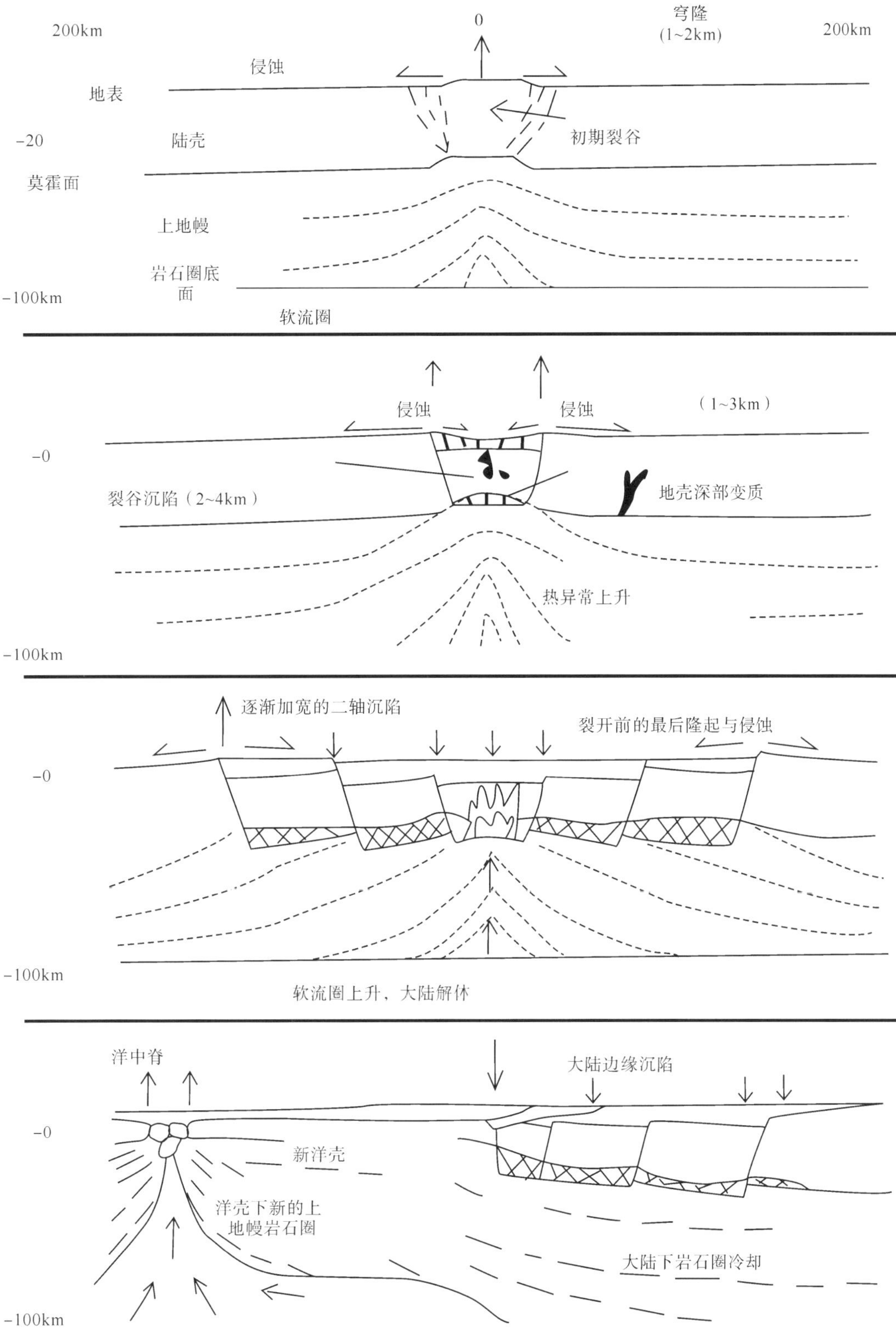

图 3-8　从热点上升到大洋扩张

（据 Mitchell et al.，1981）

每一个构造活动时期可以划分不同的构造阶段。例如，大陆隆升期可以分为隆起阶段和初期裂陷阶段。前者形成与花岗岩或 A 型花岗岩有关的 W、Sn 等高温热液矿床成矿系列；后者则形成与碳酸岩、碱性杂岩有关的稀土矿的成矿系列。

大陆裂谷期通常可以分为裂陷阶段和坳陷阶段。前者形成与裂陷期火山沉积作用伴生的硼、钴、铜等成矿系列；后者则形成铜、铅、锌喷流沉积成因的矿床成矿系列。

3. 成矿作用一致

可以简单地理解为，一个矿床成矿系列是成矿作用相同的不同类型的矿床组合。

在成矿系列分析中，通常采用传统的三大类成矿作用：内生成矿作用、外生成矿作用和变质成矿作用或者岩浆成矿作用、沉积成矿作用和变质成矿作用（陈毓川等，2015，2016）。每一种成矿作用具有若干成矿方式，形成不同成因类型的矿床（表 3–5）。

表 3–5　成矿作用和矿床成因类型

成矿作用	矿床成因类型	矿床成因亚类	矿床实例
内生成矿作用	岩浆矿床	岩浆分结矿床	层状和豆荚状铬铁矿
		残浆灌入矿床	脉状钒钛磁铁矿
		岩浆熔离矿床	铜镍硫化物矿床
		岩浆爆发矿床	金刚石矿床
		岩浆喷溢矿床	安山岩中的磷灰石-磁铁矿（赤铁矿）
	伟晶岩矿床	伟晶岩矿床	稀有金属伟晶岩矿床、白云母矿床、水晶矿和长石矿等
	热液矿床	矽卡岩型矿床	矽卡岩型铁、铜、钨、钼、铅锌矿床
		斑（玢）岩型矿床	斑岩铜、金、钨、钼、锡、铅锌矿床
		高温热液脉型矿床	云英岩型钨、锡矿，钠长岩型稀有、稀土元素矿
		中温热液脉型矿床	中温热液脉型金矿，中温热液脉型铅锌多金属矿
		低温热液矿床	浅成低温热液型贵金属矿，卡林型金矿，密西西比河谷型铅锌矿，似层状汞、锑矿
	热水喷流沉积矿床	Sedex	沙利文型、朝鲜型铅锌矿
		VMS	黑矿型、别子型、塞浦路斯型、诺兰达型
外生成矿作用	风化矿床	残积和坡积矿床	砂金矿、锡矿、铌钽矿
		残余矿床	黏土矿、红土型铁、铝矿
		淋积矿床	硅酸镍矿
	沉积矿床	机械沉积矿床	冲积和洪积砂矿、海滨砂矿、湖泊砂矿
		蒸发沉积矿床	盐矿、石膏矿
		胶体化学沉积矿床	沉积铁矿（宣龙式和宁乡式）和锰矿，沉积铝矿，现代深海沉积锰结核矿
		生物化学沉积矿床	沉积磷块岩矿床，黑色页岩系中的金属硫化物矿床，砂页岩型铜矿
	可燃性有机岩矿床	可燃性有机岩矿床	煤矿和油页岩矿
变质成矿作用	变质矿床	受变质矿床	变质铁矿、变质磷矿、变质金-铀砾岩矿
		变成矿床	变成刚玉矿、变成硼矿、石墨矿

第四章　矿　　田

矿田是指两个或两个以上有一定成因联系的矿床集中分布的区域。矿田与矿田之间往往存在无矿地带将毗邻矿田分割开来。

一个矿田往往以某一种成因类型的矿床为主，但是也发育与之有关的其他成因类型的矿床。这里包含了两个方面的含义：其一是说矿田范围内往往发育相同成因的不同金属（或非金属）类型的矿床。例如，喷流沉积成因的金（银）矿、铅锌矿和钴铜矿等的共生组合；其二是指不同成因的具有一定内在联系的矿床组合。

矿田是受建造和构造双重因素控制的，并且绝大多数情况下是以前者为主。一些以韧性剪切带型金矿为主的矿田，其构造因素起到了主导作用。也就是说，绝大多数情况下，建造决定了矿田的存在和矿田内矿床的主要类型。

在以建造为主导因素的矿田中，构造对矿田来说主要有三方面的制约意义：其一是提供一种不可或缺的构造背景或构造环境；其二是控制矿田分布的位置；其三是控制矿田内矿床和矿体的分布、矿体的形状和产状等。本章主要介绍几种主要矿田类型。

第一节　密西西比河谷型铅锌矿田

密西西比河谷型铅锌矿（MVT）是指赋存于稳定碳酸盐岩发育区、受层位和层间构造控制的以盆地热卤水型铅锌矿床为主的矿床。以与岩浆作用无关、成矿温度低（50～250℃）、成矿深度浅、矿物组合简单、产于稳定区碳酸盐岩中（主要是白云岩）为特点。因最初发现于密西西比河流域而得名（Leach et al.，2001，2005，2010）。密西西比河谷型铅锌矿（MVT）提供了世界上约25%～27%的铅锌资源。

密西西比河谷型铅锌矿田和矿集区具有如下典型特征。

一、发育于碳酸盐岩广阔发育的地区，可能为陆表海或者是被动大陆边缘环境，极个别可能如坎宁盆地中的那样产于裂谷环境

碳酸盐岩可能发育在从几十平方千米到几千平方千米，甚至近万平方千米的范围。在这一广阔的范围内，分布许多矿田以及由矿田组成的矿集区（张长青等，2009；图4-1）。例如密苏里南东部矿集区面积为3000km^2、三州矿集区为1800km^2、派恩波因特矿集区为1600km^2、阿尔卑斯山地区为10000km^2、上西里西亚矿集区为2800km^2、爱尔兰米德兰矿集区为8000km^{2}和上密西西比河谷矿集区为7800km^2。每个矿集区中又包含有几十至数百个矿床，如派恩波因特矿集区包括80多个矿床，单个矿床储量大多变化于(20～200)×10^{4}t，最大的矿床储量为1800×10^{4}t；上密西西比河谷矿集区包括将近400个矿床，单个矿床储量变化于（10～50）×10^{4}t，最大矿床储量可高达300×10^{4}t（Leach et al.，2005）。在英格兰，彭奈恩山脉的MVT矿床，其分布面积超过10000km^2。

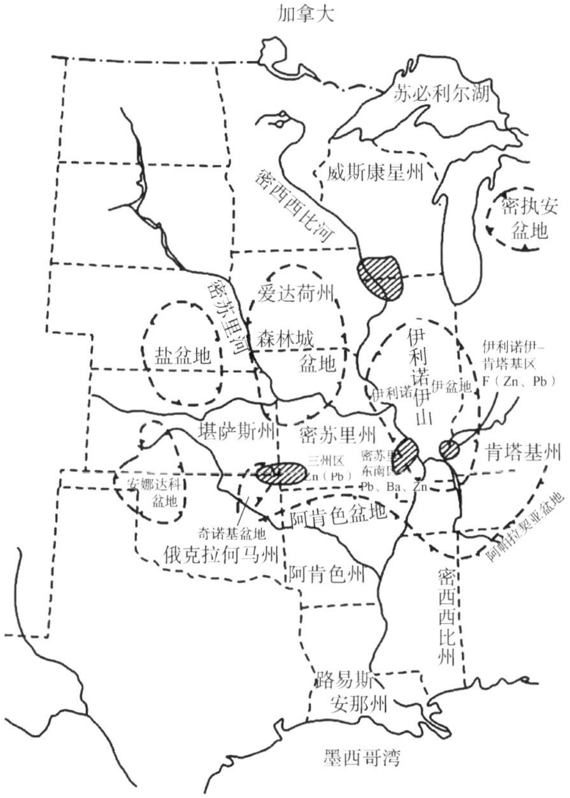

图 4-1　密西西比河谷的铅锌矿集区

（据戴问天，1977）

中国现已发现的 MVT 矿床主要集中在扬子克拉通及其周缘地区，包括西缘的川滇黔交界地区（云南会泽、茂租，四川大梁子、天宝山、赤普等）、扬子克拉通北缘的秦岭南部地区（陕西马元，湖北竹溪古城、神农架等矿区）、扬子克拉通中部的湘鄂地区（湖南李梅、董家河、白云铺等）、扬子克拉通南缘的桂粤地区（广东凡口，广西泗顶、后江桥、北山等）。另外，塔里木盆地西南边缘发育有塔木-古兰卡铅锌矿带等（张长青等，2009）。其中，在我国川滇（黔）交界一带，在北起四川汉源，向南经会东，到云南禄劝，西起四川会理天宝山，向东经云南巧家，到贵州威宁，分布着大、中型矿床十余处，小型矿床百余处，其面积远远超过 10000km^2。

二、围岩组合

从含矿岩系的岩性来看，MVT 铅锌矿的含矿岩系主要为白云岩、交代灰岩或白云岩的白色亮晶白云岩，极少数完全产于灰岩中。

矿床多分布于固定层位：在美国三州地区的矿化几乎全部在密西西比系碳酸盐岩中；波兰上西里西亚矿集区主要含矿层位为泥盆纪和三叠纪的碳酸盐岩；中国川滇黔地区则以震旦系灯影组和石炭系为主。

在含矿建造组合中，下部透水层和上部隔挡层（页岩或灰岩）对矿床的形成起着重要作用。例如，如在中国塔木-卡兰古矿带，3 个含矿层均是由下部含（透）水的碎屑岩或白云岩与上部的灰岩构成；川滇黔矿集区中的茂租、大梁子、赤普矿床均由下部的含（透）水的白云岩与上部的页岩构成；爱尔兰利舍恩矿床的矿体产于瓦尔索坦白云岩化灰岩中，其上则为不透水的克罗斯帕特里克暗色燧石泥质灰岩地层；美国维伯纳姆矿带中的矿体产于博纳泰尔组白云岩中，其上则为戴维斯组页岩地层。

三、成矿时代

全球 MVT 矿床的容矿地层的时代范围从元古宙到白垩纪，主要形成于古生代的寒武纪、奥陶纪、泥盆纪、石炭纪，少数形成于志留纪和二叠纪。在世界范围内，元古宙地层中很少发育 MVT 矿床，但是在中国，晚震旦世地层则是 MVT 矿床较为发育的地层之一。

很长时期以来，人们一直认为密西西比河谷型铅锌矿是伴随成岩作用或稍晚形成的。但是，目前对其形成时期有了新的认识。研究表明，矿床形成于围岩成岩作用之后，在成矿时期与地层形成时期之间可能存在较长的时间间隔。据王奖臻等（2001）研究，我国川滇地区的 MVT 铅锌矿床的容矿围岩形成于震旦纪至晚古生代，但是成矿作用与燕山期—喜马拉雅期的造山作用有关。

Leach 等（2001）总结对比了世界主要 MVT 矿床的形成年代，发现全球 MVT 矿床主要形成于显生宙的泥盆纪—三叠纪早期和白垩纪—新近纪两个时期（图 4-2），从而提出 MVT 铅锌矿床和全球大尺度收缩汇聚构造之间存在着直接联系。前者与潘吉亚大陆汇聚相关，后者与阿尔卑斯-拉腊米造山汇聚运动（Alpine-Laramide Assimilation）影响的微板块聚合相关。其中，泥盆纪—三叠纪早期的 MVT 铅锌矿床规模更为宏大，矿床总数大约占全球 MVT 铅锌矿床的 75%（刘英超等，2008）。

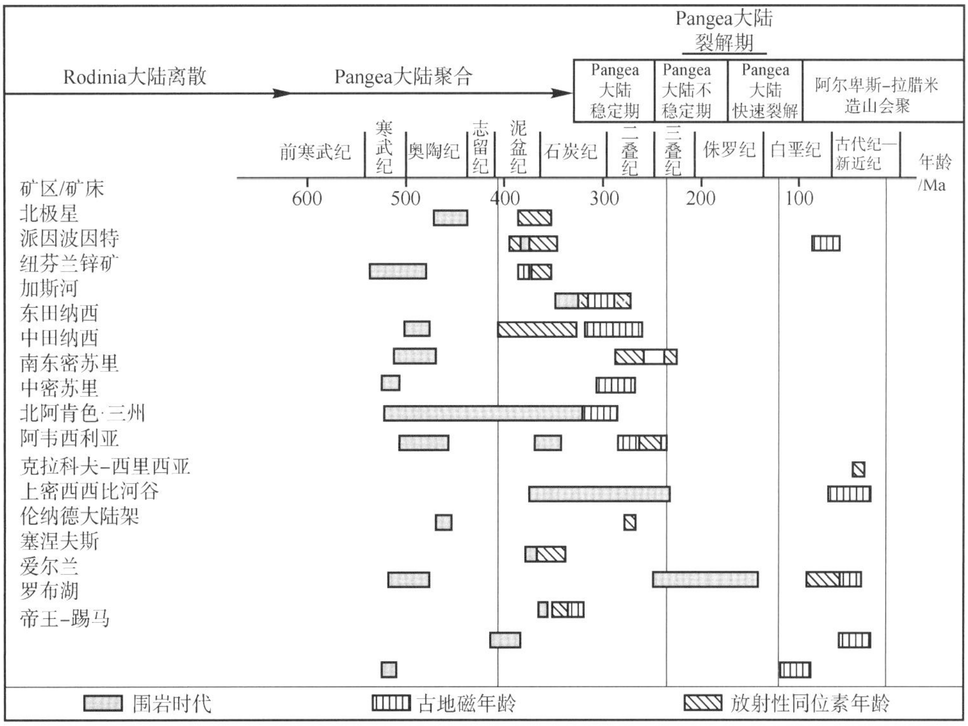

图 4-2　世界主要 MVT 矿床及其围岩的放射性同位素年龄和古地磁年龄时代分布
（据刘英超等，2008）

四、矿物组合和矿体形态

矿石矿物和脉石矿物组合简单，主要矿石矿物为闪锌矿、方铅矿、黄铁矿、白铁矿；主要脉石矿物为方解石、白云石等。

矿石构造以块状、浸染状、角砾状、网脉状为主；矿石结构以粒状、胶状、交代等为主。

在不同矿集区之间矿石矿物组合多存在差异性：美国的老铅矿带、维伯纳姆矿带的矿石矿物以方铅矿为主，铅含量远大于锌；三州区、北阿肯色州区、密苏里中部地区则以闪锌矿为主，同时发育方铅矿和重晶石；而在密苏里南东部地区则以重晶石和铁硫化物为主（Leach et al., 2005）。

矿体形态通常具有顺层产出的层状、似层状、平行层的透镜状、板状等，同时发育穿切层的筒状、柱状、团块状、脉状、透镜状、不规则状等。前者多受顺层裂隙、顺层滑动面、平行不整合面控制，延伸几十米到几百米，厚度最大可达几十米；后者受断裂构造、喀斯特构造、褶皱构造等控制。

五、成矿流体性质和运移模式

密西西比河谷型铅锌矿流体包裹体均一温度变化于50~250℃，但大多数温度介于75~150℃（Basuki et al., 2004）。在爱尔兰地区和赖斯河地区的该类矿床，均一温度超过200℃；在中国川滇黔交界地区，流体包裹体的均一温度范围为170~270℃（张长青等，2008，2009）。

矿床流体盐度高，可达15%~30%（Basuki et al., 2004），流体包裹体成分与油田卤水相似，故人们普遍认为MVT矿床的流体与盆地热卤水有关。许多MVT矿床中存在烃类包裹体和固体沥青，说明有机质可能参与了成矿作用（张长青等，2009）。

涉及大规模流体运移的驱动机制有以下3种模式：重力驱动模式，沉积和压实作用模式和热-盐对流循环模式（图4-3）。

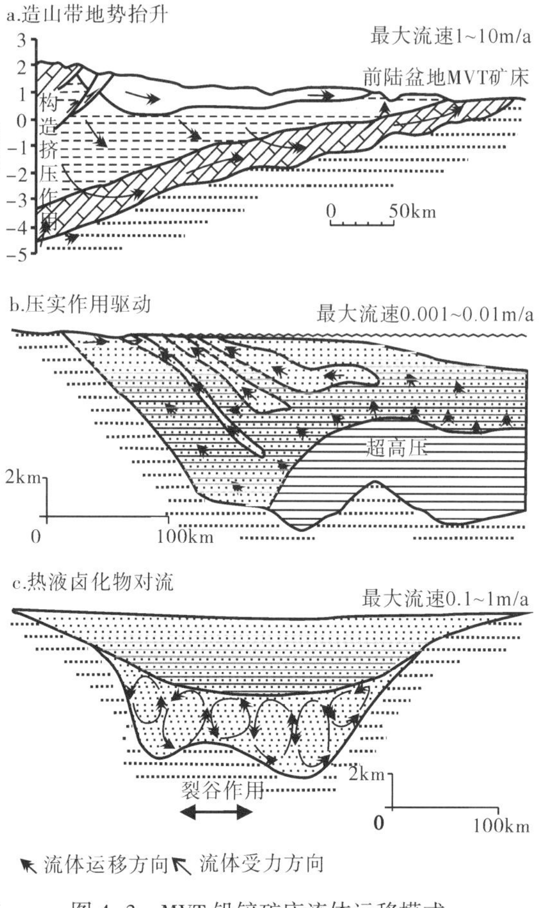

图4-3 MVT铅锌矿床流体运移模式

（转引自张长青，2009）

第二节　Sedex 型铅锌矿田

Sedex 型铅锌矿和密西西比河谷型铅锌矿是世界上最重要的铅锌矿类型。戴自希（2005）的统计结果表明，在世界超巨型铅锌矿（铅+锌金属储量>500×10^4t）中，Sedex 型铅锌矿的数量占 36%，储量则占 42%。这类矿床是以细碎屑岩或碳酸盐岩为容矿围岩、受层位控制、多数情况下以层状矿体为主的喷流沉积成因的铅锌矿床。矿床容矿围岩为细碎屑岩或碳酸盐岩；矿石矿物组合以闪锌矿和方铅矿为主，伴生黄铁矿等金属硫化物；矿石发育层状、层纹状、块状、角砾状等构造；常与喷流沉积岩伴生。以碳酸盐岩为容矿围岩者常称为朝鲜型铅锌矿或检德型铅锌矿，在我国称为银矿山型铅锌矿；而以细碎屑岩为容矿围岩者常被称为沙利文型铅锌矿。

该类铅锌矿田和矿集区具有如下典型特征。

一、矿床或矿田规模

该类矿床规模从小型到超巨型，尤以大型和超巨型为特点。澳大利亚的布罗肯希尔矿床（铅+锌储量大于 5500×10^4t）、芒特艾萨矿床（铅+锌储量 1169×10^4t）、希尔顿矿床（铅+锌储量 643×10^4t）、杜加尔德河矿床（铅+锌储量 542×10^4t）、坎宁顿矿床（铅+锌储量 718×10^4t）、麦克阿瑟河矿床（铅+锌储量 2580×10^4t）、世纪矿床（铅+锌储量 1610×10^4t）、乔治菲什矿床（铅+锌储量 1718×10^4t）；加拿大的沙利文矿床（铅+锌储量 2083×10^4t）、霍华兹山口矿床（铅+锌储量 850×10^4t）、美国红狗矿田（铅+锌储量 3162×10^4t）、德国的腊梅斯伯格矿床（铅+锌储量 840×10^4t）、麦根矿床（铅+锌储量 678×10^4t）、爱尔兰的纳凡矿床（铅+锌储量 994×10^4t）、朝鲜检德铅锌矿（铅+锌储量 7000×10^4t）等均属于超巨型铅锌矿（戴自希，2005）。

我国该类矿床资源丰富，超巨型矿床或矿田有甘肃场坝矿田（铅+锌储量 792×10^4t）、云南金顶矿床（铅+锌储量 1610×10^4t）、广东凡口矿床（铅+锌储量 829×10^4t）、内蒙古东升庙矿床（铅+锌储量 626×10^4t）、广西大厂矿田（铅+锌储量 579×10^4t）（戴自希，2005）。

二、构造背景

大陆裂谷或类似的强引张环境（如弧后盆地、弧间裂谷等）是该类矿床形成的有利的构造条件。这是由于该种构造背景为喷流沉积成因的矿床提供了两个必不可少的环境：较高的大地热流值和促进海水不断循环和加热的张性构造。

通常把单位时间内由地球内部以传导方式通过单位地球表面散失的热量称之为大地热流。热流值等于岩石热导率与地温梯度的乘积，即：

$$q=\kappa\times(\mathrm{d}T/\mathrm{d}z)$$

式中：q 是热流量；κ 是岩石热导率；$\mathrm{d}T/\mathrm{d}z$ 是地温梯度。

热流单位为 μcal/(cm·s)，缩写为 HFU（Heat flow unit）。现在通用国际热流单位为 $\mathrm{mW/m^2}$。二者的关系为：1HFU = 1μcal/(cm·s) = $41.868\mathrm{mW/m^2}$。

现代大地热流高值区与现代地震带、火山岩带的分布一致，主要发育于大洋中脊、环太平洋活动大陆边缘和阿尔卑斯-喜马拉雅造山带。那里的热流值通常大于 70mW/m²；而稳定的大陆板块内部，热流值低，通常小于 40mW/m²（姜光政等，2016）。但是在大陆板块内部的大陆裂谷区却给出了异常高的热流值——通常大于 80mW/m²（表 4-1）。正是这种高的热流值为海水的循环加热提供了不间断的热源。

表 4-1　部分裂谷盆地热流值　　单位：mW/m²

盆地名称	平均值	变化范围	测点数	参考文献
莱茵地堑（德国）	112.2	69.1~139	8	匡耀求等，2002
布勒斯地堑（法国）		100~110		匡耀求等，2002
里奥格兰裂谷（美国）	108.4	82.1~152.4	10	匡耀求等，2002
贝加尔裂谷（俄罗斯）	96.7	45~141.9	52	匡耀求等，2002
汾渭地堑		67~96	2	汪集旸等，1990
下辽河凹陷		43.5~93.8	45	汪集旸等，1990
松辽盆地	70.9	51.5~90	13	姜光政等，2016
伊通盆地		64.6~85.1	2	姜光政等，2016

张性构造为海水循环创造了有利空间：高角度正断层、张性断层和由于水平引张产生的近水平的“顺层”滑脱带构成完整的热水循环控制系统（图 4-4）。

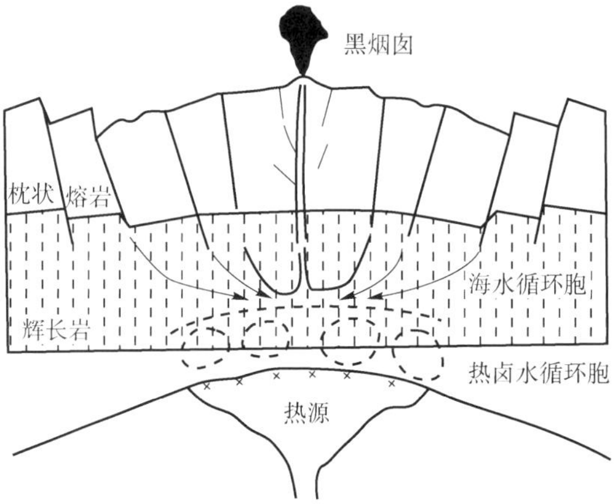

图 4-4　喷流沉积矿床的热水双扩散循环模式
（据付伟等，2005）

三、构造控制

区域引张力不仅为喷流沉积矿床的形成提供了不可或缺的背景，也直接产生了控制矿床的构造盆地。通常情况下，一级盆地控制成矿带；二级盆地控制矿集区或矿田（图 4-5）。

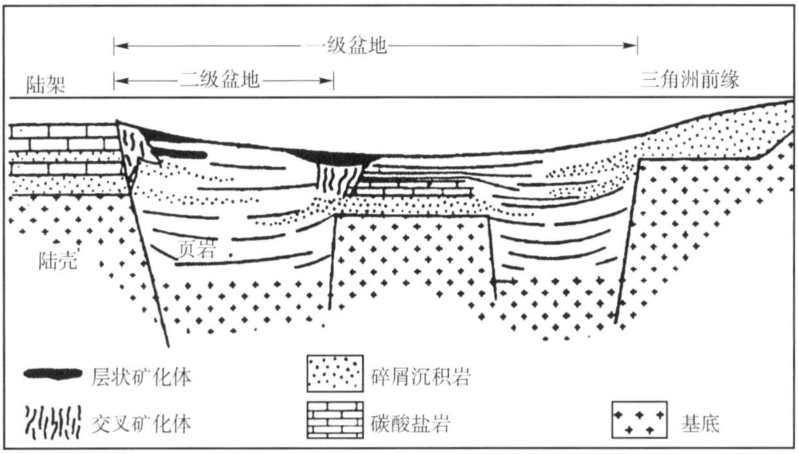

图 4-5　喷流沉积矿床构造控制模型
（据薛春纪，2007）

四、角砾状矿体和脉状矿体

1. 角砾状矿体

在 Sedex 型铅锌矿床中，角砾状矿石十分发育。这些角砾状矿石的存在，有时会成为后生成因观点的依据。

辽-吉古元古代裂谷带的北瓦沟铅锌矿，角砾状铅锌矿构成矿区主要的工业矿体。角砾成分主要为闪锌矿，其次为其他成分的矿石和硅质岩等不同岩石。胶结物为方铅矿、黄铁矿和少量黄铜矿等金属硫化物。角砾状矿体呈层状、似层状和透镜状产于条带状大理岩中。

辽宁营口地区的玉隆铅锌矿，赋存在大石桥组三段的角砾岩带中。其中一部分角砾状铅锌矿构成该带主体，也是玉隆铅锌矿的主要工业矿体。矿石角砾的成分主要是方铅矿、闪锌矿或其他金属硫化物的集合体，呈棱角状，有时被钙质胶结，亦有被矿石胶结。这种角砾状矿石曾被认为是准同生的或是后生矿石（图 4-6）。

东胜铅锌矿中发育脉状矿体、巢状矿体和似层状矿体。巢状矿体一部分发育在角砾岩体内。巢状矿体的矿石中发育草莓状结构，角砾状、晶洞状、晶簇状构造。

另外还存在非矿石的角砾岩体。如上述东胜矿区的角砾岩体；玉隆铅锌矿角砾岩带的大部分属非矿角砾岩体；小孤山矿角砾岩带的大部分属非矿角砾岩体。在小孤山矿区，部分硅质岩形成角砾岩，在大部分硅质岩与地层整合的同时，角砾状硅质岩则与层斜交，形成长 20~25m，宽 1~5m 的硅质角砾岩带。而与层整合者也局部发育角砾状硅质岩。

现代喷流沉积成矿理论认为：喷流沉积成因的矿床是由一系列“烟囱”堆积而成的。最初，喷流形成硬石膏“烟囱”，每天可生长几厘米。这种硬石膏可以作为后期硫化物沉淀的基底，当足够厚的时候，会阻止周围冷的海水进入“烟囱”，更热的流体就会充填在喷口中心。随后，老的“烟囱”会不断被沉淀的矿物填满，老“烟囱”的喷流作用会停止。随后温度就会降低，由于硬石膏在冷水里比在热水里的溶解度要大，它会溶解并使“烟囱”弱化而引起坍塌。这个坍塌的过程就是矿石角砾、喷流沉积岩角砾的形成过程。

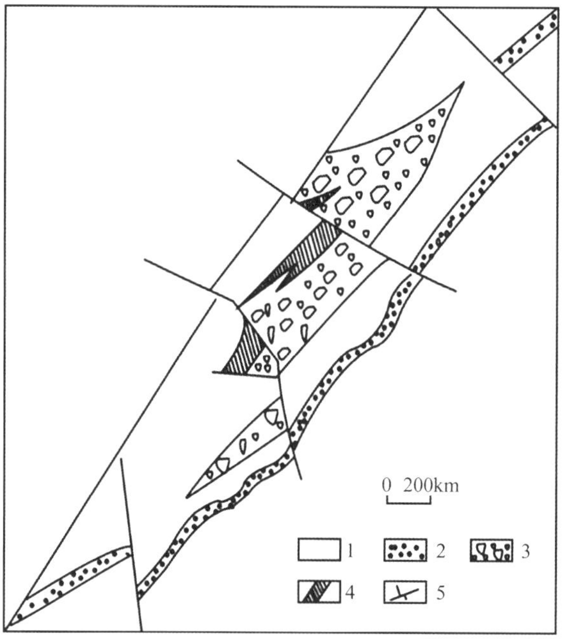

图 4-6 角砾岩体中的矿体

1—碳酸盐岩；2—云母片岩；3—角砾岩体；4—矿体；5—断层

喷流沉积成因的角砾岩有时可能会与构造角砾岩和滑塌角砾岩混淆。特别是当两者或三者同时存在时，需要予以鉴别（表 4-2）。

表 4-2 喷流沉积角砾岩、构造角砾岩和滑塌角砾岩的区别

项目 类型	喷流沉积角砾岩	滑塌角砾岩	构造角砾岩
产状	角砾岩体	角砾岩层	角砾岩带
分布	有一定层位但局部切层	顺层	沿断层带
成分	喷流沉积岩、矿石	单一的沉积岩	附近地层的岩石
胶结物	硅质、钙质、金属硫化物	泥、砂质、钙质	硅质、钙质、铁质、泥质
共生组合	喷流沉积岩和矿床	沉积岩层	其他构造岩

2. 脉状矿体

喷流沉积成因的矿床，几乎都存在与层状或似层状矿体大角度相交的脉状矿体。大部分对该类矿床热水沉积成因观点的反对意见来自这些脉状矿体的存在。

在辽-吉古元古代裂谷系中的铅锌矿，几乎都存在脉状矿体。对某些矿床来说，脉状矿体占次要地位，对另一些矿床——如东胜铅锌矿，脉状矿体构成矿床的主要铅锌来源。

对于辽-吉古元古代裂谷带中的该类矿床，脉状矿体可能有三种情况：

1）产于层状矿体的边部或附近；规模很小；有变质重结晶；有物理迁移或化学迁移现象；与岩浆岩无明显时空关系。是变质热液改造的结果。

2）明显受后期断裂控制；有较强的矿化蚀变；与岩体或脉岩伴生，甚至有的产于岩体内。是岩浆热液成矿或改造的结果。

3）受断裂或裂隙控制；穿切围岩；有矿化蚀变；经常产于层状矿体的下盘；与层状矿体大角度相交。

第一种明显是热水沉积的主矿体在变质变形过程中被改造和局部迁移的结果，即前人所说的沉积-变质热液改造型矿床，对矿床成因的认识没有很大影响。

第二种情总况并不普遍。在北瓦沟铅锌矿区，少数矿脉产于花岗岩中，但它不是主要工业矿体，主要工业矿体是呈层状和似层状以及透镜状的角砾状铅锌矿。陈江峰等（2004）在对北瓦沟角砾状矿石进行 Pb 同位素研究时发现，矿石中的 Pb 是在古元古代就从源区分离出来。因此花岗岩中的脉状矿体只是在中生代叠加成矿的结果。

对于喷流沉积成因的矿床，多数属于第三种情况。

事实上，所有喷流沉积成因的矿床都具有两套成矿系统：即喷口以下的成矿流体补给系统（热流通道）和其上的海底热流化学沉积系统（池三川，1994）。上部系统形成层状、似层状、平行层的透镜状矿体，没有矿化蚀变或只在下盘发育弱的矿化蚀变，是矿石从含矿热卤水中直接沉积的产物；下部系统形成与层状矿体大角度相交的脉状矿体，有明显的矿化蚀变，是在控制热水循环的裂隙系统中充填成矿的。

在有些矿区，这种脉状矿体构成主要矿化。在甘肃白银厂折腰山矿，在古海底上形成的层状块状硫化物矿体规模很小，而补给带及蚀变岩筒内的不整合硫化物矿体规模很大（侯增谦，2003），构成典型的筒状矿床（图 4-7）。

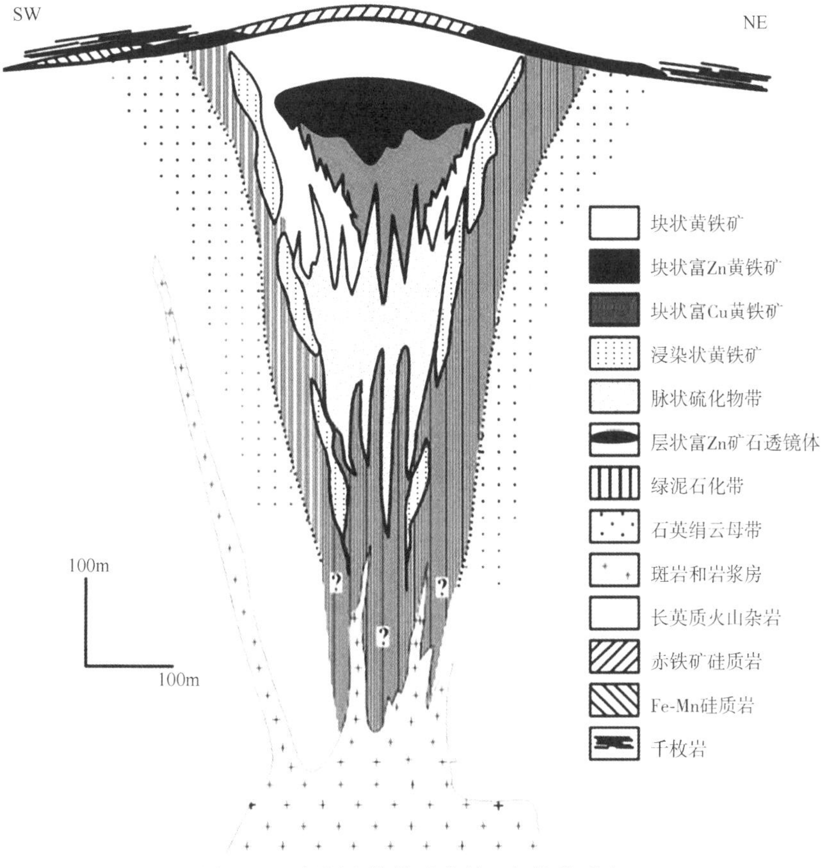

图 4-7　折腰山筒状矿床的理想结构形态
（据侯增谦，2003）

五、喷流沉积岩

喷气热水沉积岩或喷流沉积岩是指与海底热水活动有关的喷溢物质以热水沉积方式形成的沉积岩（侯增谦，2003）。根据现代海底热水系统的观察研究，喷气热水沉积岩有三种：非晶质硅—重晶石或非晶质硅—重晶石—硬石膏组合；含硫化物碳酸盐组合和铁锰氧化物—氢氧化物组合。构成硅质岩、条带状含电气石岩、电气石岩、条带状含长石岩或富长石岩、透辉岩与透闪岩（或双透岩）、重晶石岩、石膏层等。

在辽-吉古元古代裂谷带，由于后期各种地质作用的改造，原始喷气热水沉积岩矿物组合已被改造，但还是保留了部分硅质岩和重晶石岩。

在青城子矿田的小石门沟、小佟家堡子、朱家堡子、桃源等地，硅质岩零星分布，最大厚度达10m。硅质岩主要由石英、玉髓组成，成层状、透镜状产于大石桥组顶部，有时硅质岩的下部即为矿体（参见图2-4）。硅质岩中的石英常有次生增大现象，是变质作用（或岩浆作用）改造的结果。硅质岩富含Ag、Mo、As、S等元素。与附近地层中同类元素的含量有巨大差别，是与成矿作用相同的元素组合，因此为非正常沉积。稀土配分曲线与下伏火山岩相近，亦表明喷气热水沉积的特点。硅质岩的主体成分隐晶质玉髓呈纤维状集合体，呈放射状排列构成球粒状结构，说明曾处于相对高温且速冷条件，具喷气热水沉积的特点（姜瑛等，1997）。

在辽宁海城小孤山铅锌矿区，硅质岩发育在大石桥组的一段和三段，部分直接产于铅锌矿体上部。由于变质作用改造，硅质岩主要呈细粒变晶结构，主要成分为细粒石英。该处硅质岩本身的分布特征和构造特征，显示其喷气热水沉积的特点。从分布上看，硅质岩是出现在园家-何家岭同沉积断裂和板屯-偏岭同沉积断裂交汇处附近的大石桥组中；硅质岩的核心部位是角砾状硅质岩，边缘为纹层状和条带状构造，边缘与核心之间为块状构造，显示了喷溢—沉积的特点。该区的硅质岩Ag品位最高达1021×10^{-6}，同时Pb、Zn、Cu含量也很高，也表明与成矿作用关系密切。

重晶石岩是喷气热水沉积岩的直接标志。在辽-吉古元古代裂谷带张家堡子铅锌矿床，层状矿体分带明显，自下而上为条带状含硫化物白云石大理岩层、条带状闪锌矿白云石大理岩层、方铅矿-闪锌矿层和重晶石层。重晶石层在矿体顶部断续分布，最大厚度达2m 。

辽-吉裂谷带大栗子铅锌矿赋存于古元古代老岭群大理岩中。与铅锌矿共存的是大栗子铁矿。铁矿为菱铁矿、赤铁矿和磁铁矿。菱铁矿体主要呈透镜状和层状夹于正常沉积的碳酸盐岩地层中。除赤铁矿和磁铁矿外亦有金属硫化物如黄铁矿、黄铜矿、方铅矿、闪锌矿等伴生，同时锰的含量亦很高，在下部层位广泛出现含锰磁铁矿。透镜状、层状的含锰的磁铁矿、菱铁矿、赤铁矿并有金属硫化物矿体这一组合与现代海底热水沉积区喷气热水沉积岩中的“含硫化物的碳酸盐岩”组合十分相似。在现代海底喷气热水沉积岩的含硫化物的碳酸盐岩组合中，无论是碳酸盐“烟囱”还是热水沉积物中，其碳酸盐主要是Ca-Mn碳酸盐系列矿物：方解石、锰方解石、菱锰矿、白云石、菱铁矿及少量的镁锰方解石。考虑到大栗子矿区围岩层铁丰度高的因素，其矿石矿物组合几乎与现代海底喷气热水沉积岩是一致的。也就是说大栗子铁矿石本身就是喷气热水沉积岩。

六、沉积结构和构造

在层状、似层状和平行层的透镜状矿体中，矿石矿物和脉石矿物呈层理、微细层理以及层纹状和条带状构造；发生软沉积变形；出现球粒状、鲕状、胶状结构以及草莓状结构等，表明其沉积成因的特征（图4-8）。

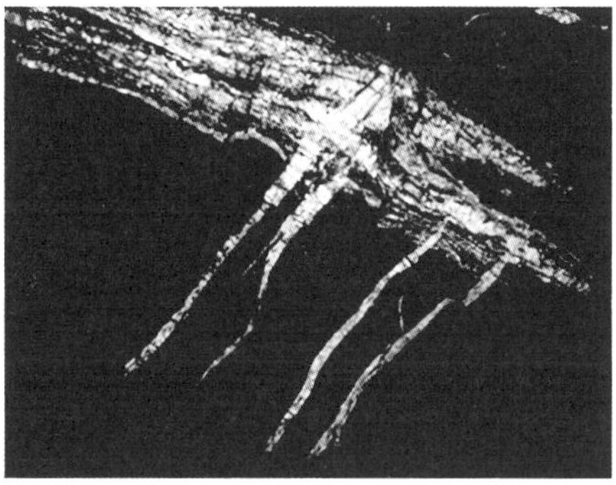

图4-8 喷流沉积成因的层纹状矿体、软沉积变形（左）和层状和脉状矿体的关系（右）
（据百度文库）

七、与同成因的其他金属矿床形成成矿系列

前述的MVT型铅锌矿的主要成矿金属为铅锌，部分矿田可能伴生重晶石矿。但是Sedex型铅锌矿却经常与其他同成因的金属矿床——如铜矿、钴铜矿、金矿、金银矿等伴生，构成完整的成矿系列。

第三节 浅成低温热液型金银矿田

如前所述，浅成低温热液型金（银）矿田或银（金）矿田是一类产于陆相火山岩中或火山建造影响范围之内、以大气降水为主或有较多大气降水参与的低温热液型金（银）矿床。矿床形成温度低（150~300℃）、压力低（10~50MPa）、深度浅（小于1~2km），甚至形成于地表附近，成矿流体低盐度，矿化作用发生在火山活动晚期，火山地热系统波及范围内。

一、分布和规模

浅成低温热液型金矿床主要分布在环太平洋成矿带的北美洲西部的科迪勒拉山系（墨西哥、美国和加拿大的西部地区）和太平洋西部的日本、菲律宾、印度尼西亚、巴布亚新几内亚、中国台湾省、中国东部等。在特提斯成矿带的罗马尼亚和土耳其以及中亚—蒙古成矿带也有发育。

该类矿床规模从小型到超大型矿床不等，但是引起人们广泛重视的是一系列大型、超大型矿床。例如，巴布亚新几内亚的波尔格拉金矿床的金储量达387t，利希尔岛金矿床的金储量达500t（卓维荣，1990）；日本鹿儿岛菱刈金矿床金储量大于100t，品位达80g/t；美国加州麦克劳林金矿床金储量达100t；秘鲁的亚纳科查Au-Ag矿的金储量为1200 t，银储量为10850t；我国台湾省金瓜石金矿据台湾大学林朝棨和谭立平教授估计其黄金产量可达500~600t，仅1907~1961年开采有记录的金矿矿石产量为87513t，铜10×10^4t，金平均品位达9.59g/t，Cu平均品位为1%（陶奎元，1997）。

近年来在我国东部火山岩分布地区内也发现了一系列浅成低温热液型金矿，例如黑龙江省三道湾子、东安、高松山金矿床，山东省五莲七宝山金矿床，安徽省极阳天头山金矿和江苏省金驹山金矿床等。

二、构造背景和构造控制

该类矿床总体与板块俯冲作用有关。但是却形成于两种不同构造条件下：岛弧和大陆边缘弧环境以及弧后盆地和弧后引张克拉通盆地环境。

Ivosevic（1986a）报道了太平洋东岸大陆边缘火山弧中浅成低温热液金（银）矿和银（金）矿的地质特征（图4-9）。这些矿床或以金为主，或以银为主，有的伴生部分贱金属。在报道的9个此类矿床中有六个是银矿，银的平均品位为90g/t；其余三个是金矿，金的平均品位接近4g/t。

图4-9　北美弧火山成因金银矿床矿区分布及特征

（据Ivosevic，1986a）

在太平洋西岸，浅成低温热液矿床发育在岛弧火山岩中，以巴布亚新几内亚的岛弧火山岩中浅成低温热液金矿和日本岛弧发育的浅成低温热液金矿床为代表。在日本北萨地区的菱刈金矿则给出了一个浅成低温热液金矿床中端元组分的例子——热泉型金矿。

弧后引张克拉通盆地中的浅成低温热液金（银）矿在太平洋东、西两侧均有发育。

Ivosevic（1986）也论述了科迪勒拉山系弧后裂陷区浅成低温热液矿床的特点。在那里，俯冲带上方地壳扩张的大陆弧后区，例如圣胡安区和里约葛兰德裂谷西部的火山岩区及盆岭省内的一些火山岩区广泛发育浅成低温热液金矿床（图 4-10）。那里，贵金属矿床中金的平均品位约为 2g/t，银约为 92g/t。

我国吉林省和黑龙江省东部，是太平洋西岸盆岭区的一部分。在小兴安岭北麓的孙吴-嘉荫盆地中，发育一套钙碱性火山岩系列，其中形成了三道湾子金矿、东安金矿、高松山金矿等一系列浅成低温热液型金矿床。类似金矿床也发育在吉林省延边地区。在那里发育的一系列燕山期火山盆地中形成了闹枝、刺猬沟、五凤、五星、农坪等斑岩型、热液脉型和浅成低温热液型金矿床。

无论是发育在岛弧或大陆边缘弧区或弧后盆地和弧后引张克拉通盆地内，容矿火山岩和矿床似乎都与张性构造有直接关系。

图 4-10 北美弧后火山成因金银矿床矿分布图

（据 Ivosevic，1986b）

在科迪勒拉大陆边缘弧区，弧火山成因金银矿的含矿岩石就位于早期张性断块或断槽中，岩石分布局限于长约 90km 的狭长带内（Ivosevic，1986b）。这些张性断块外侧含有蛇绿岩的一套下部地层中，赋存有同生的黑矿型矿床、岛弧成因的海底块状硫化物矿床、洋内海底硫化物矿床。而在洋内绿岩中则赋存有脉状矿以及相应的喷气成因矿床（图 4-11）。

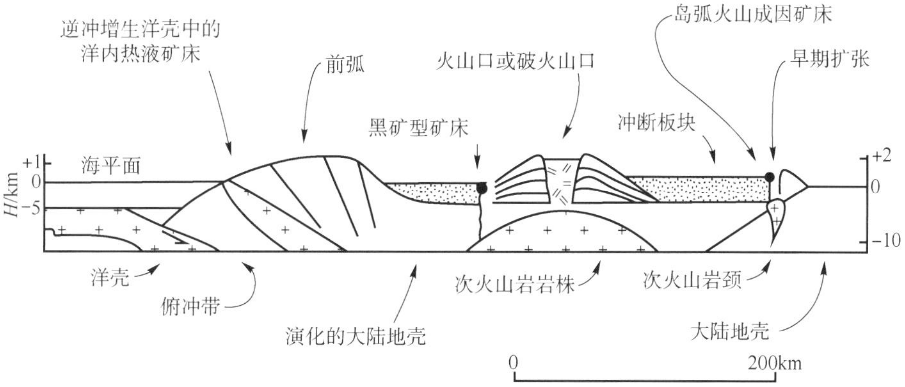

图 4-11 大陆边缘弧横剖面和典型矿床分布示意图

（据 Ivosevic，1986）

弧后盆地或弧后引张克拉通盆地中的容矿火山岩受控于次级断陷盆地；矿床则受控于控盆断裂或火山构造。

在该类矿床的控矿构造中，横切岛弧、大陆边缘弧、弧后盆地或弧后引张克拉通盆地的线性断裂构造对矿田和矿床分布起着至关重要的作用：矿田和矿床沿着横向线性构造与前者交叉节点处或附近分布。

Ivosevic（1986b）指出：“在北美科迪勒拉地区的浅成低温热液型金银矿床的分布，在区域上明显受北西向构造和重要的横向性质的线性构造控制，这些构造不仅造成地质和地理上的水平错断，如在坎德拉里亚地区附近的沃克尔小河（得克萨斯线性构造形成的河道）处所见，而且还成为区分铁、镍、铬和银分布的界线”。而在“北美科迪勒拉西部的许多弧后银矿床同样也分布在线性构造交叉点附近的火山—构造沉陷区”。

在我国黑龙江省小兴安岭北麓的孙吴—嘉荫早白垩世火山盆地中，发育一系列北北东—近南北向次级断陷盆地，自西向东发育孙吴断陷、茅栏河隆起、沾河断陷、富饶隆起和嘉荫断陷（图4-12）。自西向东，三道湾子金矿、东安金矿、高松山金矿（富强金矿）、乌拉嘎金矿等浅成低温热液金矿床和斑岩金矿床分布于断陷与隆起交汇处，受控盆（断陷）断裂控制。

同时，在小兴安岭主峰北侧，发育若干条与小兴安岭平行的北西西向大型走滑断层，前述矿床位于北西西向走滑断层与北北东—近南北向控盆构造交会处附近。在乌拉嘎金矿，北西西向走滑断裂直接构成金矿床南部边界；在高松山金矿（富强金矿），控矿断裂是北西西向走滑断裂的派生构造。

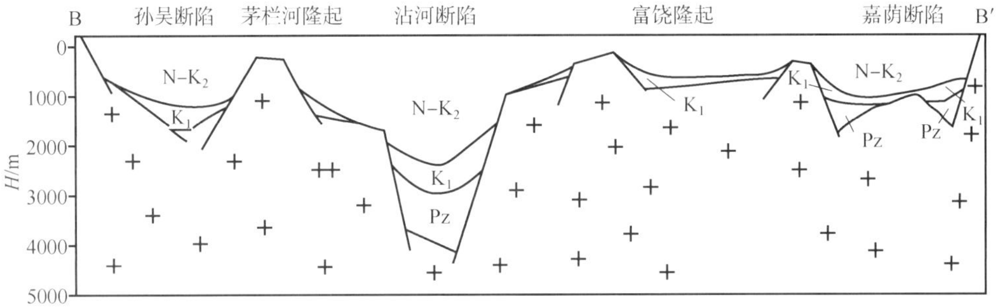

图4-12　孙吴-嘉荫盆地剖面示意图

（据张兴洲等，2008）

三、容矿火山岩

无论发育在岛弧区还是大陆边缘弧区，与成矿同时的或直接容矿的火山岩均以钙碱性安山岩至流纹岩火山岩组合为主，为典型的弧火山岩。即便在弧后引张克拉通盆地中的该类矿床有关的火山岩组合也以钙碱性中-酸性火山岩为主。暗示板块俯冲作用在火山岩成因中的意义。

在北美的科迪勒拉与大陆边缘弧火山有关的金银矿中，代表性的含矿岩石属于中生代初期的安山质到流纹质的火山岩系列，局部包含早中新世的火山灰流凝灰岩。而弧后区矿床也与钙碱性系列火山岩有关。典型的是这些地层自下而上分别由安山岩过渡到英安岩或由英安岩过渡到流纹岩。而经济价值最大的矿化产在靠近接触带上部的长英质岩石中（Ivosevic，1986b）。

在日本的北萨地区，菱刈矿区内的第四纪火山岩由底部安山岩、黑真山英安岩、中部安山岩、狮子间野英安岩及上部安山岩组成。

在巴布亚-新几内亚，浅成低温热液金矿床大多数与钙碱性火山岩及有关的浅成岩有关（李文光等，2014）。

我国台湾省金瓜石金矿与基隆火山群有关。基隆火山群由以下火山组成：①基隆火山，为一东西长约1.9km，南北宽约1.6km的椭圆形火山体，其中心为含普通辉石、黑云母、角闪石的英安岩，外围为火山碎屑岩；②本山英安岩体，位于基隆火山群中心，主要为英安岩体；③九份英安岩体，为一倾向东的席状体，已控制厚度为500m，潜伏于地下并可能与本山英安岩相连；④武丹山英安岩，呈北倾席状或脉状体，地表形态为椭圆形；⑤草山，地表出露南北排列的两个丘状英安岩体；⑥鸡姆岭火山，由火山碎屑岩及英安岩流构成，其厚度大于1500m；⑦新山英安岩，为一小岩体（陶奎元，1997）。

我国小兴安岭北麓孙吴-嘉荫盆地浅成低温热液矿床的容矿火山岩也以钙碱性火山岩为主。以高松山金矿为例，容矿火山岩岩性主要为玄武岩、玄武粗安岩、安山岩、粗面英安岩，属于高钾钙碱性系列（李敏等，2012）。

除钙碱性系列火山岩外，少数地区发育碱性火山岩。在巴布亚新几内亚的波尔盖拉金银矿床和利希尔岛拉多拉木金矿床都属于与碱性火成岩有关的浅成低温热液型金银矿床。前述高松山金矿区上白垩统福民河组中出现含霓辉石的碱性流纹岩，代表裂陷作用对晚期岩浆成因的影响（李敏等，2012）。

四、矿床组合

在弧后裂陷区，矿床组合比较简单，主要以金矿或金（银）矿为主。但是在岛弧区和大陆边缘弧区，浅成低温热液矿床可以是金（银）矿、银（金）矿，并与黑矿、斑岩铜矿、热液脉状及矽卡岩等金属矿共生。

Ivosevic（1986）指出："岛弧金银矿床是在洋内—岛弧连续矿化模式的最后阶段形成的：先是外侧的铁镁质或超铁镁质岩石中的矿床；然后是内侧的安山岩—英安岩中的富锌海底块状硫化物矿床；再是含硅稍高的英安岩至石英闪长岩中的斑岩矿床；最后是流纹英安质凝灰岩中的黑矿型块状铅锌矿床。因此，推测岛弧火山岩中的金银矿床或者属于典型的黑矿型矿床类型，或者是在黑矿型矿床成矿作用之后的最终阶段，与出现碱性岩的时期有关"。

巴布亚新几内亚岛弧区，充分体现了上述成矿组合。

Williamson等（2005）总结巴布亚新几内亚的矿床类型为：斑岩铜金矿床、矽卡岩矿床、浅成低温热液金矿床。其中，浅成低温热液型金矿包括：①低硫化型浅成低温热液（LSE）金矿床，包括石英-硫化物金铜矿床、碳酸盐-贱金属-金矿床、浅成低温热液石英-金-银矿床、冰长石-绢云母浅成低温热液金-银条带状石英脉矿床、沉积岩为主岩交代金矿床；②高硫化型浅成低温热液（HSE）金矿床；火山成因块状硫化物（VMS）矿床；砂金矿床。

第四节 VMS矿田

VMS是以火山岩为容矿围岩的块状硫化物矿床（Volcanic-Hosted Massive Sulfide Deposits）英文的缩写。以火山岩作为容矿围岩，含大量黄铁矿及一定数量 Cu、Pb、Zn 硫化物的矿床。一般情况下，硫化物含量>60%者称为块状，30%~60%之间称半块状，10%~30%之间称浸染状矿。矿床品位较富，Cu：0.8%~2.2%，高者可达 10%。该类矿床通常产于大洋中脊（塞浦路斯型）、活动大路边缘（别子型、黑矿型、诺兰达型、火山沉积型等）以及裂谷带等构造环境。

一、塞浦路斯型 VMS 矿田

塞浦路斯型 VMS 矿床是产于蛇绿岩套枕状玄武岩中的 Cu-Zn 矿床。它在构造上的最大特点是与蛇绿岩套伴生：产于蛇绿岩套上部的枕状玄武岩中。

在塞浦路斯，VMS 矿床位于特罗多斯山脉东北侧，特罗多斯晚白垩世蛇绿岩套上部的枕状熔岩中。那里发育大约 90 个 VMS 矿床和矿点（图 4-13）。

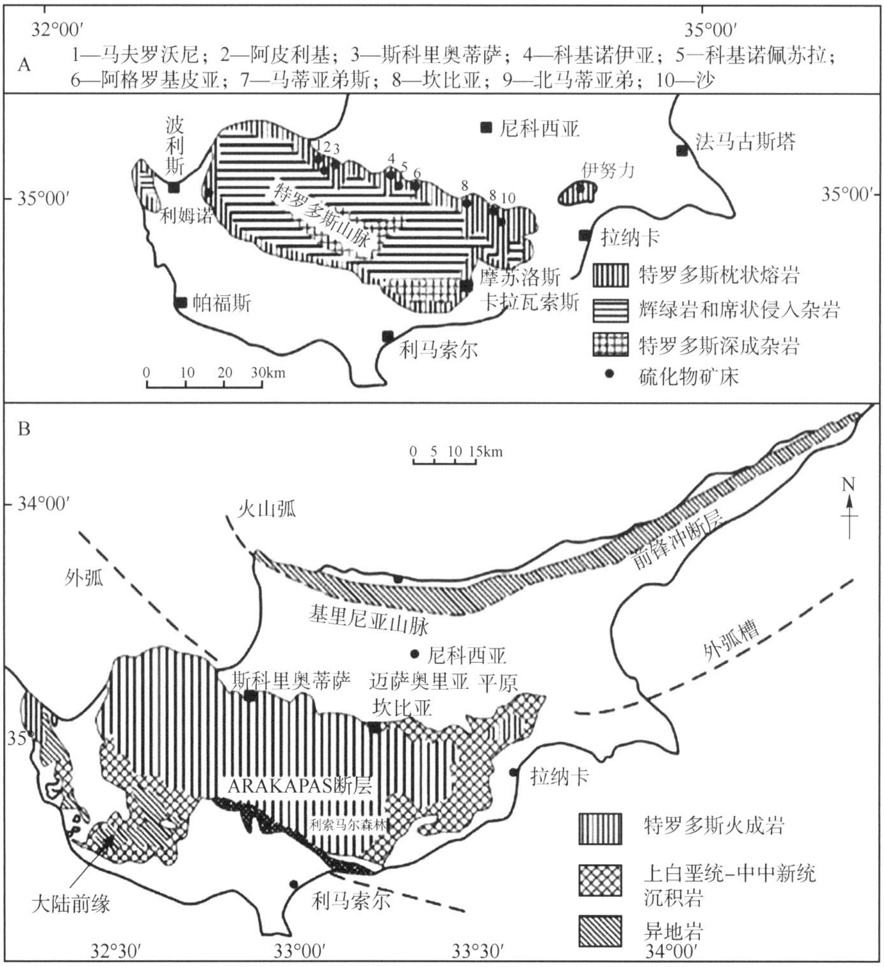

图 4-13　塞浦路斯 VMS 矿床分布（A）和构造位置（B）

（据 Mitchell et al.，1981）

塞浦路斯型 VMS 矿床的另一特点是矿体产在上部枕状熔岩和下部枕状熔岩接触面上，少数产在枕状熔岩中。具有明显垂向分带，自上而下是：块状矿石带，黄铁矿-石英带，脉状和网脉状矿石带（图4-14）。

塞浦路斯型VMS矿田的另一个鉴别标志是典型的矿床组合特点：在蛇绿岩剖面下部纯橄榄岩中发育阿尔卑斯型铬铁矿，在剖面顶部（枕状玄武岩顶部或达沉积岩底部）发育喷流沉积作用有关的铁锰氧化物矿床，在剖面中部（辉长岩系）发育硫化铜镍矿。

在塞浦路斯的特罗多斯山脉东北侧，在VMS型Cu-Zn矿之上，整合覆盖富铁沉积建造（赭石），再上部是富含锰的沉积物（赭土）和海洋沉积物。

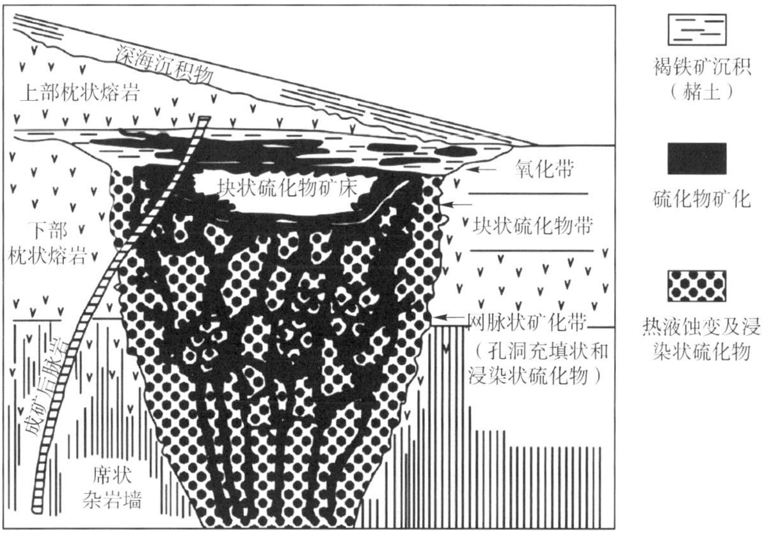

图4-14　塞浦路斯VMS矿床剖面示意图

（转引自姚凤良等，2006）

二、黑矿型VMS矿田

黑矿是岛弧和大陆边缘弧中具有代表性的VMS矿床。

鉴别黑矿型矿田主要依据以下特征：

1）金属组合：黑矿的金属组合为铜-铅-锌多金属组合，有时可能含有不等量的金和银。

2）金属硫化物组合：其矿石成分是由不同数量的黄铜矿、闪锌矿、方铅矿以及大量的黄铁矿和磁黄铁矿组成的。

3）矿石组合：典型的黑矿，从下向上依次沉积的矿物是：石膏，含石英、黄铁矿和黄铜矿的硅质矿石，由黄铜矿和黄铁矿组成的黄矿，以及以闪锌矿、方铅矿和重晶石为主要成分的黑矿。

4）产状：主矿体往往和火山岩层的层理平行，构成层状矿体；在层状矿体之下经常发育网脉状矿体和脉状硫化物矿体。

5）容矿岩石：岛弧火山岩或者是弧内裂陷或弧后裂陷有关的双峰式火山岩的酸性端员有关（姜福芝，2001；侯增谦等，2001）。另外，几乎所有黑矿及容矿火山岩下部均存在白色流纹岩穹隆，穹隆的分布在一定程度上控制了矿体的分布。

6）构造环境和构造控制：从形成的构造环境来看，黑矿主要形成于岛弧和大陆边缘弧，有时也形成于弧后盆地环境——如在澳大利亚东部的情况。太平洋西岸的黑矿主要分布于岛弧区，以日本列岛黑矿为代表；太平洋东岸的黑矿则主要形成于大陆边缘弧环境。尽管如此，成矿的火山岩往往与岛弧或者大陆边缘弧内的引张环境有关，成矿火山岩带经常发育在线性分布的地堑或裂陷带内。

控制黑矿型矿田分布的是岛弧火山岩的断陷盆地。这些断陷盆地与弧内裂陷或弧后裂陷有关。

日本的黑矿主要分布在日本本州北部秋田县的北鹿盆地（图 4-15）。北鹿盆地中分布有中新世流纹岩和英安岩以及与之有关的火山凝灰岩。这些火山岩是伴随日本海裂解形成的绿色凝灰岩建造的一部分。据 Horikoshi（1990）研究，日本海的开裂并伴随着亚洲大陆边缘的扩张起始于 21Ma。黑矿形成之前的地壳沉降和玄武岩喷发代表开裂事件，东北日本发生逆时针旋转的时间最可能是 16.5～15.2Ma。黑矿是在 16.5～15.2Ma 期间形成的，形成于日本海开裂衰减阶段的弱扩张环境。

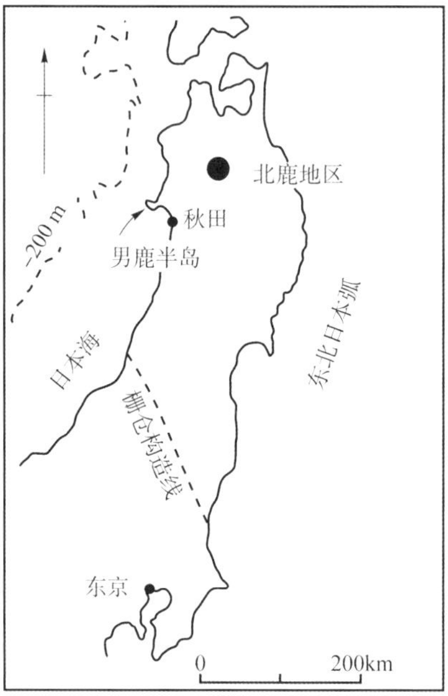

图 4-15　北鹿地区在东北日本的位置
（据 Horikoshi，1990）

侯增谦等（2003）研究了我国三江地区义敦岛弧的弧间裂谷带块状硫化物矿床。该弧间裂谷带中发育一条长达 60km 的 VMS 成矿带（图 4-16）。其中，在呷村盆地海相火山岩区发育呷村特大型含金富银多金属块状硫化物矿床；在赠村盆地海相火山岩区，发育中型规模的嘎衣穷矿床为代表的 3 个中小型矿床。矿床产于双峰式火山岩之长英质火山岩顶部，被黑色板岩或千枚岩整合覆盖。矿床具有类似的“三位一体”结构：下部为长英质火山岩，中部为硫化物矿体，上部为喷气沉积岩和黑色板岩。喷气沉积岩为重晶石岩（呷村矿床）或菱铁矿（嘎衣穷矿床）。矿石金属组合为 Zn-Pb-Cu 型（呷村矿）和 Cu-Zn-Pb 型。是晚三叠世矿床。

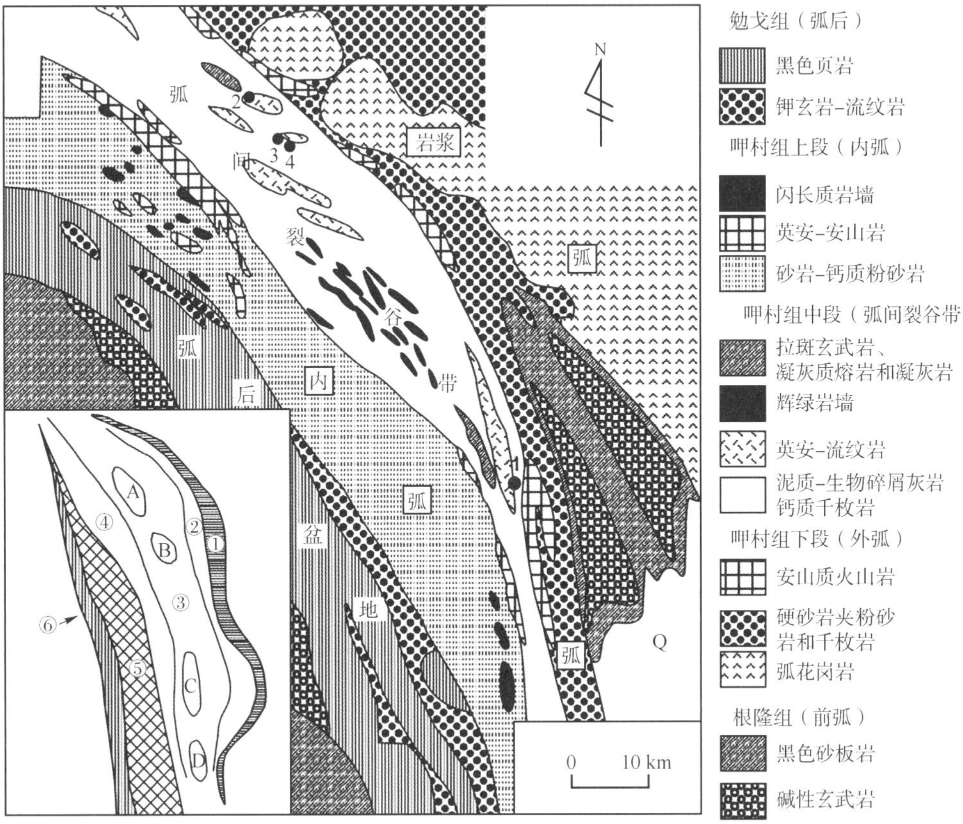

图 4-16　义敦岛弧碰撞造山带沟-弧-盆系统与 VMS 矿床分布

（据侯增谦等，2003）

①甘孜-理塘缝合带；②新龙-稻城弧前区；③义敦火山弧；④白玉弧后区；⑤中咱地块；⑥金沙江缝合带；A—赠科盆地；B—昌台呷村盆地；C—乡城盆地；D—中甸盆地；1—呷村矿床；2—嘎衣穷矿床；3—绒公矿床；4—开公矿床

三、别子型 VMS 矿田

别子型 VMS 矿床是赋存于增生楔中的以铜为主的 Cu-Zn 型块状硫化物矿床。以广泛发育于西南日本的三波川构造带和四万十构造带中的矿床为典型（图 4-17），特别以别子矿为其代表。

别子型 VMS 矿床有如下特点：

1）金属组合：别子型矿床的金属组合为铜-锌组合，有时可能含有不等量的金和银。

2）金属硫化物组合：主要是黄铜矿和黄铁矿，少量闪锌矿。

3）矿石构造：致密块状硫化物矿石和玄武岩中的浸染状矿石。

4）产状：似层状、平行层的板状和平行层的透镜状。矿体、玄武岩、沉积岩围岩产状一致，但是这种一致性往往是构造强化所致（日本地学团体研究会，1984）。

5）与成矿有关的火成岩：玄武岩。Watanabe 等（1998）研究表明，那些玄武岩是洋壳的组成部分，而源区为强烈亏损的海洋地幔，即 N-MORB 玄武岩。

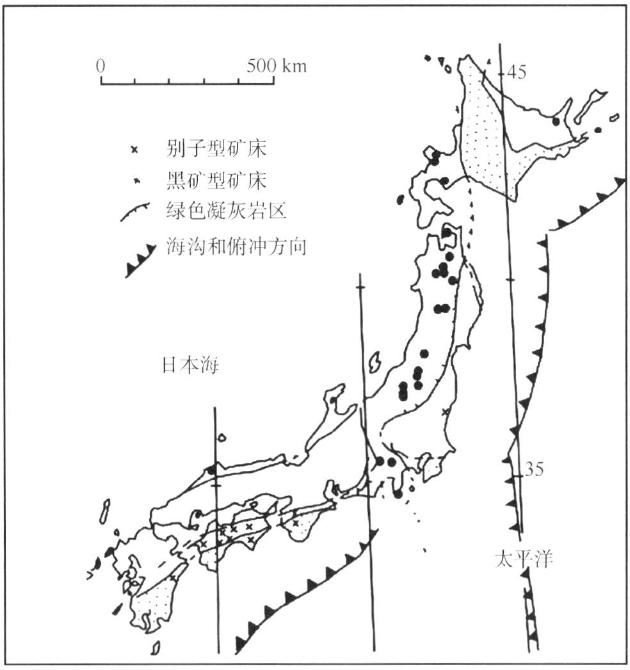

图 4-17　日本黑矿型和别子型 VMS 矿床分布图
（据 Tatsumi et al.，1972）

6）构造背景：增生楔。

日本的别子型 VMS 矿床赋存于三波川构造带和四万十构造带中，并且主要为前者。两者均为增生杂岩，但是前者经历了高压-低温变质作用（主体为蓝片岩相+绿片岩相）而后者只是经历了较轻微变质作用（主体为葡萄石-绿纤石相）（Hashimoto et al.，1970；Miyashiro，1972）。

在很长的一段时间里，人们一直认为构成三波川构造带主体的三绳组是古生代地层，在侏罗纪—早白垩世发生变质作用（Hashimoto et al.，1970；Miyashiro A，1972；日本地学团体研究会，1984）。但是近年大量的年代学研究表明，三波川构造带的变质浊积岩的原岩形成于晚白垩世（Monika et al.，2017；Yoshiki et al.，2018）。

与成矿有关的火成岩是似层状的玄武岩。矿体和玄武岩均赋存于三绳组浊积岩中，与后者产状一致。在三绳组中还发育大量的超基性岩块。矿体和玄武岩以及超基性岩块形成于大洋中脊，是蛇绿岩套的组成部分，与三绳组共同构成蛇绿混杂岩。

近年也有许多关于日本的别子型 VMS 矿床成矿年代的研究。Nozaki 等（2011）获得了槙峰矿和下川矿两个别子型 VMS 矿床的 Re-Os 年龄分别为 89Ma 和 48Ma，代表成矿年龄。89Ma 和 48Ma 的年龄差，与库拉洋脊的形成和消亡过程对应。Nozaki（2015）在三波川构造带的 11 个典型的别子型 VMS 矿床中获得了（148.1±1.4）Ma 的 Re-Os 等时年龄，说明那里的成矿作用远远早于三绳组的堆积。

因此，位于增生楔中的别子型矿床形成于大洋中脊、就位于海沟杂岩、增生于活动大陆边缘。从矿石的矿物组合、构造特征以及成矿元素特征来看，它更有可能是被肢解的塞浦路斯型 VMS 矿床。同样形成于大洋中脊的还有豆荚状铬铁矿和与辉长岩墙有关的硫化铜镍矿，它们也有可能被肢解并形成蛇绿混杂岩中的外来“矿块”。因此，将别子型 VMS 矿床理解为“就位于海沟浊积岩中的形成于大洋中脊的 VMS 矿床”更能体现其本质。

如前所述，有许多关于别子型 VMS 矿床形成于其他构造环境的报道，如大陆裂谷环境（澳大利亚的布里亚裂谷盆地中的 VMS 矿床）、弧后盆地环境（伊朗的努德矿床）、弧前盆地环境（南非的博克布茨矿床）等。这些矿床中的大部分并不一定符合上述的别子型 VMS 矿床的标型特征，其中的大部分更符合下述的火山-沉积型块状硫化物矿床（VSMS）。

四、火山-沉积型块状硫化物矿田（VSMS）

火山-沉积岩型块状硫化物矿床（volcanic sediment-hosted massive sulfide deposits）是 Goodfellow（2001）在研究加拿大新不伦瑞克省北部的巴瑟斯特矿集区时提出的，是指以长英质火山岩、火山碎屑岩和沉积岩为容矿围岩的块状硫化物矿床，当时以 VSHMS 作为缩写。由于人们普遍接受了火山型块状硫化物矿床的缩写为 VMS，则火山沉积型以 VSMS 作为缩写更合适。

该类矿床同时具有黑矿型 VMS 矿床和 Sedex 矿床的一些特点，例如：

矿体或产于火山岩中，或产于沉积岩层中。

主矿体呈层状、似层状、透镜状，与地层产状一致，同时发育与地层产状不一致的脉状和网脉状矿体。后者经常位于前者下部——与黑矿具有相似的矿体产状特点。

成矿元素主要为 Cu、Pb、Zn，有时伴生银、金等贵金属。对于不同矿床或者同一矿床的不同矿体，可能以铜为主或发育单一铜矿体；可能以铅锌为主，铜只作为伴生元素或发育单一的铅锌矿体；有时可能是铜-铅-锌多金属矿体。

矿石矿物主要为黄铁矿、黄铜矿、方铅矿、闪锌矿等金属硫化物。矿石构造以块状、条带状、层纹状、浸染状等为特点。

除此之外，Bradshaw 等（2008）还总结出该类矿床如下关键属性：

1）形成于大陆弧内裂谷区或弧后区；

2）矿体围岩是大概相同比例的火山岩、硅质碎屑岩和泥质沉积岩；

3）主要形成于显生宙，特别是奥陶纪至密西西比世；

4）矿床规模大，一个矿集区的矿石总储量平均可达 32.7Mt；

5）金属品位（Zn+Pb+Cu+Ag）较其他 VMS 矿床高。

在加拿大育空区的芬利森湖区发育 5 个该类矿床（法伊尔湖矿，冰场矿，GP4F 矿，库兹泽·卡亚矿和金刚狼矿），构成芬利森湖矿集区，总矿石量达 32Mt。其中，金刚狼矿的地质资源量大于 6.2Mt，平均品位：Zn 为 12.7%；Cu 为 1.3%；Pb 为 1.6%；Ag 为 370.9 g/t；Au 为 1.8 g/t（Bradshaw et al.，2008）。

第五节　与中-酸性小岩体（群）有关的矿田

一、小岩体概述

小岩体是指岩株及其以下规模的岩体。汤中立等（2015）给小岩体的定义为：“岩体的最大变化截面积（或体积）可以大到 n（$n<10$）km^2/km^3，小到 $0.00n km^2/km^3$，一般会在 $1km^2/km^3$左右或更小”。

一部分小岩体是大岩体派生物——分支；另外一些小岩体与大岩体无关，却与火山岩紧密伴生，它们是次火山侵入体。

也有一些小型侵入体，与火山岩以及大岩体没有任何联系。罗照华（2012）基于岩浆系统时空结构的分析，将这种小岩体划分为无根小岩体和有根小岩体，并将后者进一步划分为头部小岩体和通道小岩体（图 4-18）。并认为：由于流体中成矿金属的溶解度与温度和压力呈正相关，大型—超大型矿床主要与无根小岩体有关。在小体积岩浆成矿系统中，透岩浆流体起了关键作用。透岩浆流体不仅向岩浆体注入了大量成矿金属，也是岩浆快速上升的触发机制和多源区近同时部分熔融的根本原因。这种特征决定了小岩体往往呈岩体群产出，而不是孤立的单个岩浆侵入体。岩浆快速上升造就了成矿期的近场应力场以主压应力分布在竖直方向为特征，后者进一步决定了小岩体群的空间展布形式。

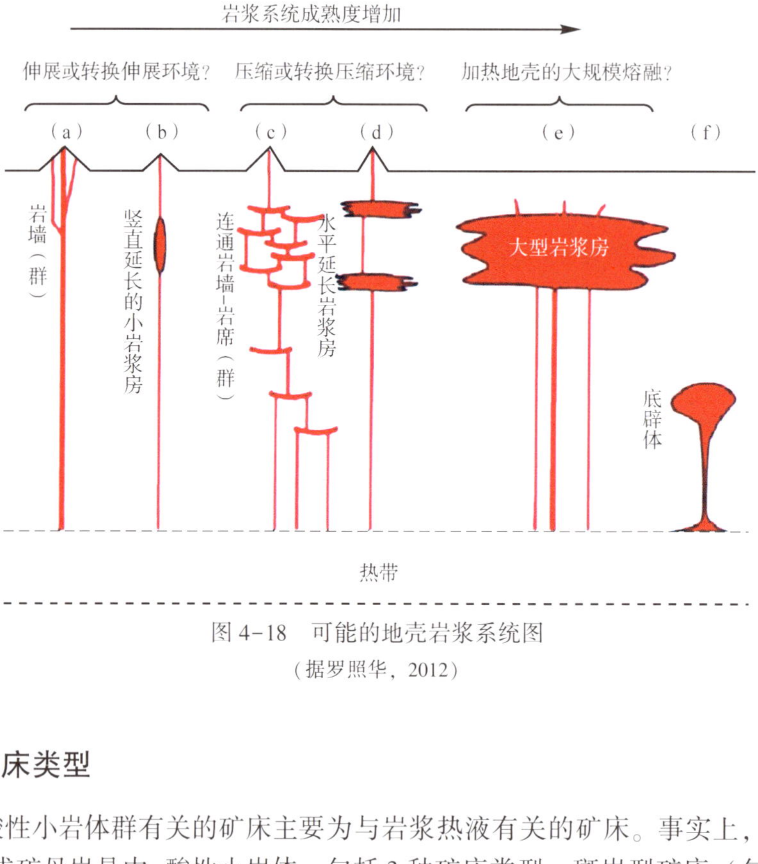

图 4-18　可能的地壳岩浆系统图

（据罗照华，2012）

二、矿床类型

与中-酸性小岩体群有关的矿床主要为与岩浆热液有关的矿床。事实上，大部分岩浆热液矿床的成矿母岩是中-酸性小岩体。包括 3 种矿床类型：斑岩型矿床（包括隐爆角砾岩型矿床）、热液脉型矿床（交代的和充填的）和矽卡岩型矿床。在一个矿田或矿集区，往往以其中一种矿床类型为主，另外一种或两种为伴生成矿作用或仅为矿化。也有的矿田，同时发育三种类型矿化，如长江中下游成矿带铜陵矿集区那样，构成所谓“三位一体”成矿。

铜陵矿集区的矿床发育在长江中下游成矿带铜陵市以东。已发现矿产地300多处，集中分布于铜官山、狮子山、新桥、凤凰山、姚家岭等5个矿田（图4-19）。大、中型矿床数十个，探明铜金属资源量大于4Mt，金大于100t，还有大量的银、铅、锌、钼、铁等金属资源（吴才来等，2010）。

矿床赋存在中-上志留统坟头组和茅山组至中三叠统东马鞍山组及其附近岩体中，其中最主要赋矿层位是中上石炭统黄龙组和船山组白云岩和灰岩（楼金伟，2012）。

铜陵地区小型岩浆岩体出露有74个（毛景文等，2009）。主要有三种岩石组合：辉石闪长岩—辉石二长闪长岩组合，石英闪长岩—石英二长闪长岩组合和花岗闪长岩组合（谢建成等，2012）。侵入岩结晶年龄集中在147~135Ma，是晚侏罗世末期—早白垩世的产物（吴淦国等，2008；楼金伟，2012；谢建成等，2012；郭维民等，2013）。

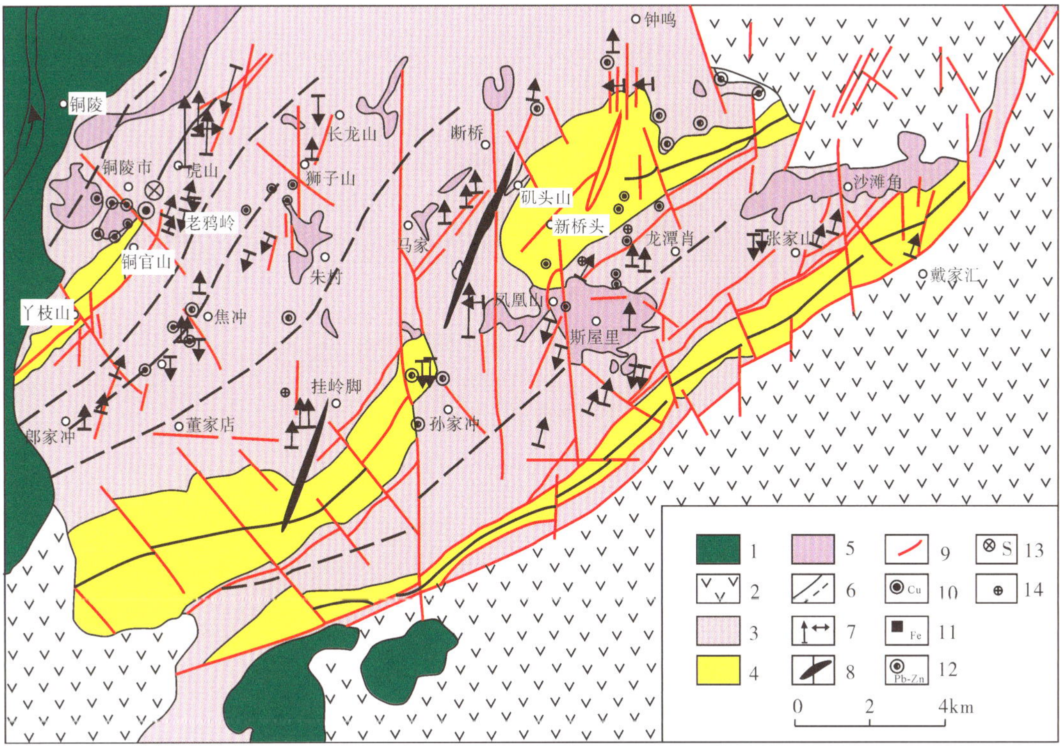

图4-19 铜陵矿集区地质和矿产分布略图

（据毛景文等，2009）

1—古近系—新近系泥岩、砾岩夹玄武岩；2—侏罗系—白垩系凝灰质砂砾岩、英安质火山岩；3—泥盆系—三叠系碳酸盐岩；4—志留系砂岩、粉砂岩；5—中生代石英二长闪长岩、花岗闪长岩；6—印支期复式向斜、复式背斜；7—燕山早期中小型褶皱；8—燕山晚期复式褶皱；9—断裂；10—铜矿；11—铁矿；12—铅锌矿；13—黄铁矿；14—多金属矿

铜陵矿集区发育在南北宽不到10km的区域内，集中了铜官山、狮子山、新桥、凤凰山、沙滩脚等几近等距分布的矿田，矿田中产出有铜官山、金口岭、卿子山、冬瓜山、新桥、凤凰山、姚家岭等铜金（硫）矿床和铅锌多金属矿床，并伴有银、铁和钼的矿化（楼金伟，2012；表4-3）。

表 4-3 铜陵矿集区铜多金属矿床类型划分表

矿床类型		控矿构造	赋矿层位	矿化组合	矿床实例	矿体产状
热液脉型		断裂 接触带 层间裂隙 捕虏体	T_2d 白云质大理岩 T_1n 薄层—中厚层灰岩（大理岩） T_1h 条带状灰岩及薄层大理岩与角岩互层 P_1q（$C_{2+3}h+c$）大理岩	Au-S Au（Fe） Ag-Au-多金属-S Pb-Zn-多金属-S	鸡冠石 包村、朝山 天马山 姚家岭	不整合型
矽卡岩型	裂隙式	裂 隙	侵入岩体 T_1n 薄层—中厚层灰岩（大理岩） T_1h 条带状灰岩	Au Cu（Au）	朝山 东狮子山	不整合型
矽卡岩型	接触式	接触带 断裂	T_1n 薄层灰岩 T_1h 条带状灰岩及薄层大理岩与角岩互层	Au、Cu（Au-Ag） Cu-Au	包村 胡村	不整合型
矽卡岩型	层间式	层间滑动 层间裂隙	T_1h 条带状泥质灰岩 T_1y 钙质页岩夹灰岩 P_2d 白云质灰岩、硅质灰岩、硅质页岩 P_2q 灰岩、含硅质层灰岩	Cu、Cu-Au、Cu-Mo Cu（Au）、Au（Cu） Cu-Fe（Au） Cu-Au（Mo）	西狮子山 大团山 老鸦岭 花树坡	整合型
矽卡岩型	层控式	层间滑动 层间裂隙	$C_{2+3}h+c$（P_1q）白云岩、白云质灰岩、石灰岩、胶黄铁矿层、菱铁矿层 D_3w 砂页岩	Cu、Cu-Au、Cu（Au） Cu（Mo）、Mo（Cu） Cu-S-Fe（Au）	老山、小铜官山 老庙基山 天马山、冬瓜山 新桥	整合型
矽卡岩型	角砾岩筒式	隐爆角砾岩筒	T_1n 薄层—中厚层灰岩夹泥质条带状灰岩（矽卡岩-大理岩-角岩）	Cu	东狮子山	不规则型
斑岩型		裂 隙	侵入岩体 P_1g 硅质岩 D_3w 砂页岩 S_2f 砂质页岩、细砂岩、粉砂岩及页岩	Cu Cu-Au Cu-Mo	胡村 舒家店 冬瓜山	不规则型

（据楼金伟，2012）

三、成矿元素

与中酸性小岩体（群）成矿有关的元素几乎涵盖了贵金属元素、贱金属元素、黑色金属元素、稀有元素以及一些非金属元素（如萤石矿）等。但是对具体的成矿区或成矿带或矿田来说，总是以一种或有限的几种元素为主要成矿元素，而其他元素几乎是不成矿的。例如，锡矿床主要分布在我国南方，在北方几乎寥寥无几。类似的现象比比皆是，充分体现了元素在地壳分布的不均一性。这种不均一性可能是由于原始地球元素分布的不均一（?），也可能是伴随板块构造演化、成矿作用演化过程的最终产物。

俄罗斯滨海边疆区的锡霍特-阿林山脉，是中侏罗世以来（古）西北太平洋活动大陆边缘的一部分。那里，矿产资源丰富。有 116 处小型以上规模的金属和非金属矿床。其中，大型矿床 10 余处，中型矿床 20 余处，小型矿床 80 余处。主要矿床类型是锡矿、钨矿、铅锌矿和金（银）矿，并且以锡矿为主。

锡矿是滨海边疆区最主要的矿床类型。在上述116个小型以上规模的矿床中，锡矿和锡可以作为副产品的矿床有70个，占统计矿床总数的60%，且不乏大型矿床。

Rodionov（1999）通过对包括滨海边疆区在内的俄罗斯远东地区的锡矿床、成矿母岩和围岩的研究发现：在主要的锡矿爆发性成矿作用以前（>100Ma?）的地质体，锡的背景值并不高；而在深海泥岩、深海硅质岩、现代深海泥和大洋锰结核中，锡的含量很高。另外，在锡霍特成矿带，锡矿成矿作用之前的花岗岩（早白垩世末期）属于S型花岗岩，是壳源的，锡含量不高；而与锡矿有关的花岗岩（I型花岗岩）锡含量高并成矿。因此推断，那里的锡可能来自深海沉积物伴随大洋板片俯冲后的部分熔融。

四、构造环境

中酸性小侵入体可能形成于岛弧或大陆边缘弧环境，弧内裂陷或弧后裂陷环境，弧后盆地、弧后引张克拉通盆地、前陆褶皱冲断带环境，碰撞造山带、增生造山带、海西型造山带以及相应的后造山环境，大陆隆起（地幔柱）环境，大陆裂谷环境等。

在活动大陆边缘环境，小岩体群通常与弧火山岩共生，共同组成火山-侵入岩带（图4-20）。

碰撞造山带可以囊括板块俯冲时在活动大陆边缘形成的岩体、同造山岩体和后造山岩体，是中酸性小岩体群广泛发育地区。

在大陆裂谷环境，发育裂陷期、同造山期和后造山期岩体。对于花岗岩类来说，往往对应A_1型花岗岩、S型花岗岩和A_2型花岗岩。

海沟环境和前弧环境不会发育中-酸性侵入体，因为那里还远远没有达到岩浆形成的条件——与板块俯冲有关的岩浆活动发生在距海沟大约150km（?）的岛弧或者大陆岩浆弧区。如果在海沟浊积岩中或前弧地质体中发现中酸性岩体，最有可能的成因是产于洋脊或海山的斜长花岗岩类的外来岩块，或者是后期侵入体。

另外一个没有或很少可能形成中酸性小侵入体的构造环境是弧前盆地。那里也没有达到岩浆形成条件。但是在海沟转枢后退的过程中，近弧一侧的弧前盆地中可能会有中酸性侵入体。

五、矿带的构造控制

与中-酸性小侵入体有关的成矿带，经常沿着构造带展布。它们在构造带中的具体位置与构造带的性质不同而不同。

碰撞造山带和增生造山带，成矿带通常受大地构造相和（或）深大断裂以及构造旋回制约。在图4-20中，阿尔谢尼耶夫断裂和中央锡霍特断裂及附近控制的是以矽卡岩钨矿为主的钨-锡矿带。它们形成于早白垩世末期，成矿的花岗岩小岩体是洪嘉利岩群的S型花岗岩，形成于科玛岛弧对兴凯地块的弧-陆碰撞造山事件。

而在中央锡霍特断裂以东至海滨地区，是东锡霍特-阿林火山-侵入岩带。在那里，赋存着以锡矿为主、多金属矿床为副的锡-钨-多金属成矿带（参见图4-20）。那里的火山岩和侵入岩属于钙碱性系列，与成矿有关的花岗岩属于I型花岗岩，形成于晚白垩世—古近纪的活动大陆边缘。

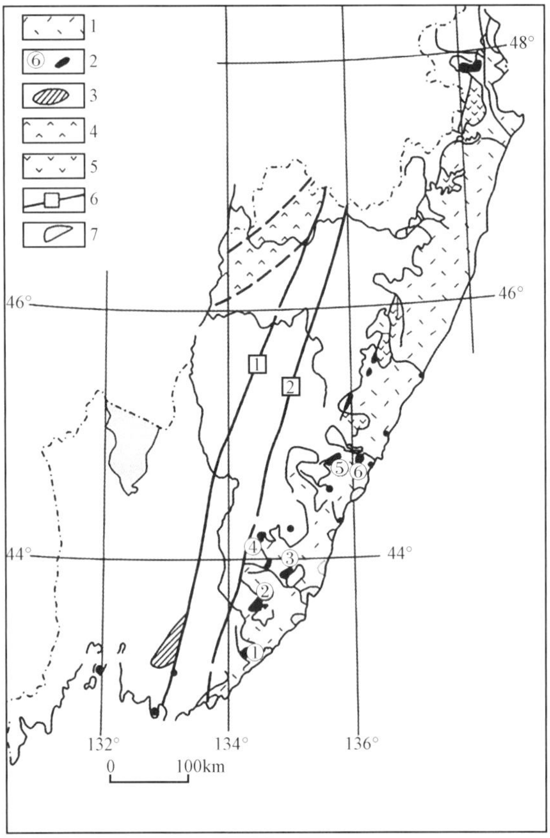

图 4-20　俄罗斯东锡霍特-阿林地区火山-侵入岩带略图

（据 Popov et al.，2006）

1—东锡霍特火山-侵入岩带；2—赛诺曼期火山岩发育的主要地区和研究过的区域：①黑河流域，②西纳钦火山构造；③阿瓦库莫夫卡河左岸卡斯塔夫诺夫火山构造；④西纳钦建造的乌格洛夫火山构造；⑤达利涅戈尔斯克火山构造；⑥普拉斯图火山构造；3 和 4—阿尔布-赛诺曼期发育转换型大陆边缘火山岩的区域；4—阿尔昌湾；5—发育阿普特-阿尔布火山期莫涅罗诺-萨马尔金火山岩的科玛岛弧；6—主要断层（1—阿尔谢尼耶夫断裂；2—中央锡霍特断裂）；7—沿岸侵入岩

在大陆裂谷环境，同裂谷期的矿带和矿田与裂谷盆地级别对应。

当发生构造体制叠加时，矿带并不总是沿着成矿期构造带展布。这时，成矿前的构造带、深大断裂带、隐伏大断裂带等构造薄弱带通常成为控制矿带的构造。

我国长江中下游 Cu、Fe、Au、多金属成矿带就是最好的实例。该成矿带由 7 个大型矿集区、200 多个大中型矿床组成，从北东向南西依次为宁镇矿集区、宁芜矿集区、铜陵繁昌矿集区、庐枞矿集区、贵池矿集区、九瑞矿集区和鄂东南矿集区（图 4-21）。成矿带位于华北板块与华南板块碰撞造山带东段的扬子板块的前陆区，但成矿期的大地构造环境是古太平洋板块对欧亚大陆东侧的俯冲。很显然，新的成矿体系利用了早期构造带（长江构造带）和早期断裂带（长江大断裂）。早期构造带在新的构造体制下复活，制约了成矿带的展布。

新构造体制在“老”构造带中也留下明显烙印。沿着长江中下游成矿带，发育一系

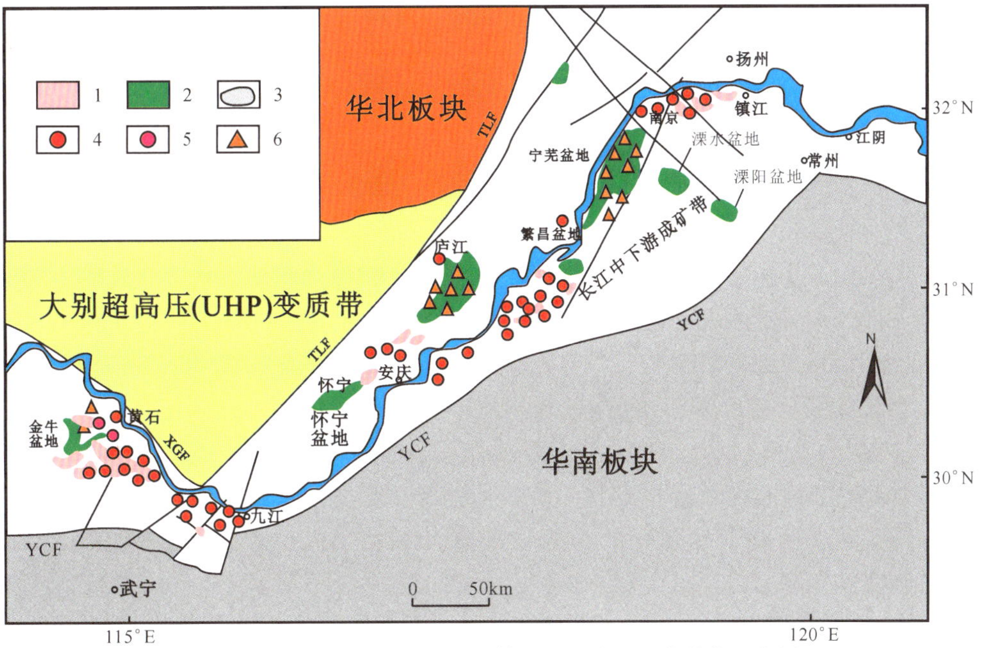

图 4-21 长江中下游成矿带岩体、火山岩和矿床分布示意图

（据吕庆田等，2014）

1—晚侏罗世—早白垩世花岗岩（156~137Ma）；2—白垩纪火山岩和次火山岩（< 135Ma）；3—A 型花岗岩带；4—斑岩-矽卡岩-层控复合型 Cu-Au-Mo 矿床（>135Ma）；5—矽卡岩型 Fe-Cu 矿床（>135Ma）；6—玢岩型 Fe 矿床（<135Ma）。XGF—襄樊-广济断裂；TLF—郯庐断裂；YCF—阳新-常州断裂

列隆起和凹陷。在隆起区，形成了宁镇、铜陵、安庆-贵池、九瑞和鄂东南等矿集区；在凹陷区，形成溧水、溧阳、宁芜、繁昌、庐枞、怀宁和金牛盆地等火山岩盆地（图 4-22）及有关的“玢岩铁矿”（周涛发等，2011；常印佛等，2012）。

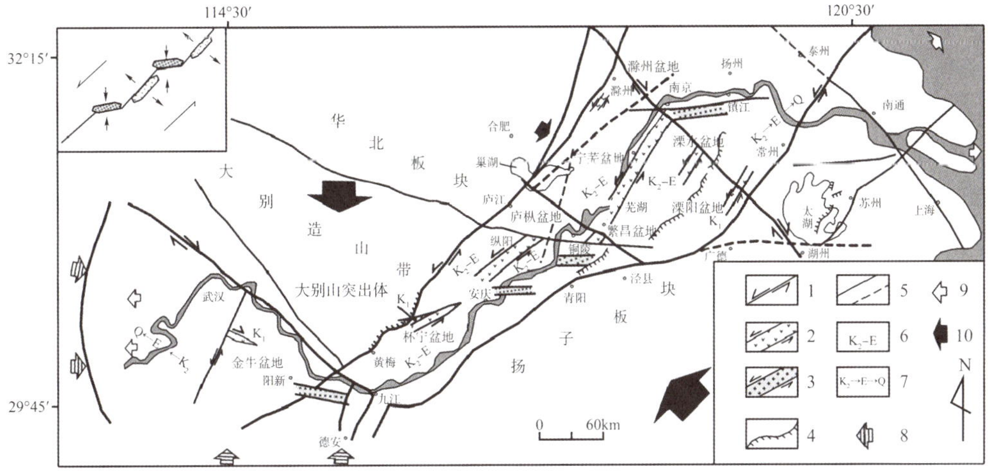

图 4-22 长江中下游中生代隆坳格局示意图

（据常印佛等，2012）

1—平移断层；2—火山盆地；3—隆起区；4—逆掩断层及推覆方向；5—断层及推测断层；6—上白垩统—新近系盆地；7—盆地迁移方向；8—阻力方向；9—伸展方向；10—T_2-K 期间挤压应力方向

显然，隆起与凹陷的相间排列，与当时中国东部所处的构造体制——太平洋西侧弧后引张克拉通盆地——是一致的。

第六节　卡林型金矿田

卡林型金矿是指一类以沉积岩为容矿围岩的、受构造控制的、以热液成矿作用为主的微细浸染型金矿。由于最早发现于美国内华达州卡林镇而得名。世界上的卡林型金矿主要分布于美国内华达州和爱达荷州，中国的滇黔桂、陕甘川（西秦岭造山带）和长江中下游以及印度尼西亚的梅塞尔。

此类金矿的品位通常在1~14g/t，规模从十几吨到上千吨，伴生Hg、Sb、Ag等矿化或矿床。

在卡林型金矿发育区，经常发现一些与标准卡林型金矿类似、但局部特征有一些差异的金矿床，被称为类卡林型金矿（胡受奚等，1988；Li et al.，1998；Kerrich et al.，2000；陈衍景等，2004）。

一、美国大盆地地区

"大盆地"是美国西部盆岭构造的一部分。美国盆岭区的卡林型金矿分为北西向的卡林带和巴特尔芒廷-尤里卡带，北北东向的杰里特峡谷带和盖切尔带，南北向的鳄鱼岭带（图4-23）。其中最为著名的是卡林带，它包括资源/储量最大的贝茨-泊恩特矿床和品位最富的Meikle矿床。各矿带的展布主要受"大盆地"裂谷阶段基底断裂系统控制。

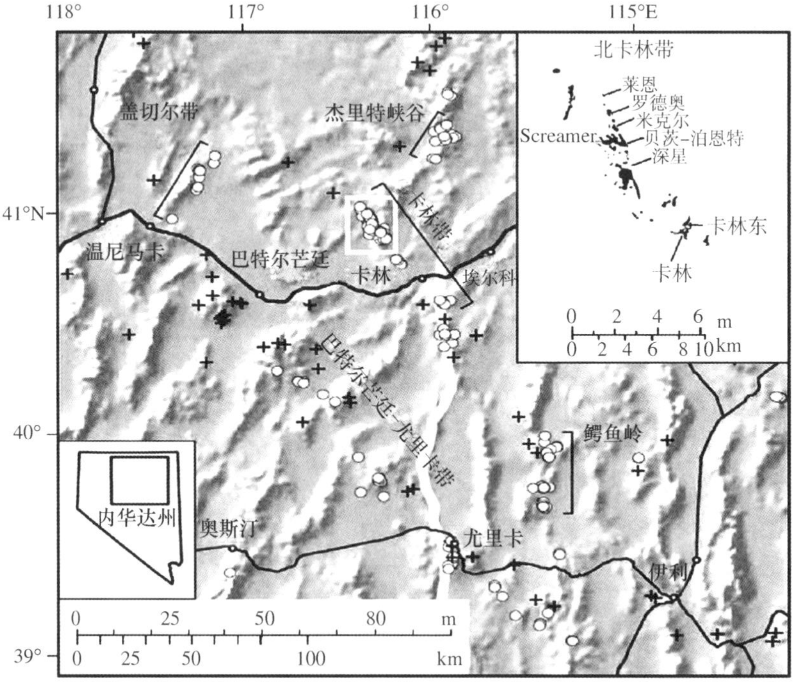

图4-23　美国"大盆地"卡林型金矿分布图
（据张斌等，2014）

该区在中-新元古代发生壳内裂解，形成一个向西逐渐变薄的陆壳边缘，并形成不同的地层序列：裂谷东部为冒地槽性质的台地相碳酸盐岩夹页岩地层序列，往西过渡为斜坡相粉砂质碳酸盐岩或钙质陆源碎屑岩，西部则为广阔的优地槽性质的盆地相硅质碎屑岩地层序列。

晚泥盆世—早密西西比世的安特勒造山运动使裂谷盆地回返造山，导致罗伯茨山推覆构造形成，使西部优地槽硅质碎屑岩和基性岩向东逆冲推覆到台地-斜坡相冒地槽地层之上。宾夕法尼亚纪至二叠纪期间主要是一些间歇性的挤压缩短和伸展。

法拉隆（farallon）板块朝东部的北美克拉通低角度俯冲，导致位于大陆岩浆弧东部的“大盆地”地区中侏罗世岩浆活动频繁，以弧后火山-侵入杂岩为主。从晚白垩世到中始新世，北内华达高钾钙碱性岩浆岩活动频繁，并逐渐向南推移，至渐新世-中新世，火山活动达到高峰。中始新世，“大盆地”地区开始经历从挤压会聚到伸展变形的转换期，同时伴有钙碱性岩浆活动。

简而言之，“大盆地”地区是一个早古生代的裂谷盆地，晚泥盆世的安特勒造山运动形成了本区的基本构造格架，随后的几次小规模挤压和伸展都未能改变整个地区的基本构造格架。直到晚始新世的地壳伸展才是成矿的主要动力学背景。

美国“大盆地”内主要矿床均赋存于罗伯茨山逆冲推覆构造下盘的志留系-泥盆系中。主要容矿岩石为富含黄铁矿和碳质的碳酸盐岩和钙质粉砂岩。

矿化蚀变以去碳酸盐化、硅化、黏土化为主，有明显的石英脉和方解石脉细脉充填。主要矿化为黄铁矿化、毒砂化，晚期有辉锑矿、雌黄、雄黄和辰砂等低温矿物组合。

尽管近年偶有发现次显微-显微自然金颗粒的报道，但大量的仍为“不可见金”。环带状含砷黄铁矿是主要的载金矿物，金主要以显微-次显微状态赋存于黄铁矿富砷环带中，这是卡林型金矿共有的基本特征。

美国“大盆地”和我国右江盆地卡林型金矿的成矿流体特征十分相似，表现为均具中低温（180～320℃），低盐度（2%～3%），偏还原（$E_h \approx -0.21 \sim 0.68$），弱酸性（pH≈4.2～5.2），中低密度（0.79～0.94 g/cm^3）的特点。流体含 CO_2，贫 CH_4，富含 H_2S。

成矿深度一般为1.7～6.5km，成矿时代大致为42～36Ma。

二、西秦岭地区

西秦岭的卡林—类卡林型金矿集中于商丹断裂与龙门山-大巴山断裂之间（图4-24）。秦岭造山带是华北克拉通和扬子克拉通之间的造山带。以三宝断裂、栗川断裂、商丹断裂、勉略断裂和龙门山—大巴山断裂为界划分为华北克拉通南缘、北秦岭造山带、南秦岭造山带和扬子克拉通北缘共4个构造单元。

含矿地层从震旦系至三叠系。其中，前泥盆纪地层有9个，泥盆系28个，石炭系1个，三叠系14个。54%的矿床产于泥盆系，27%的矿床产于三叠系，泥盆系和三叠系是主要含矿建造（陈衍景等，2004）。主要岩性为潟湖—浅海相的含碳细碎屑岩—碳酸盐岩建造，即碳硅泥岩系；成矿元素为Au-As-Sb-Hg-Ag，缺乏Tl；共生矿种为Sb、Hg、Ag、U和重晶石等；成矿温度为160～300℃；流体盐度$w(NaCl)$为4%～10%；压力为5～50MPa，深度约0.5～5km；属于中低温中浅成热液矿床。

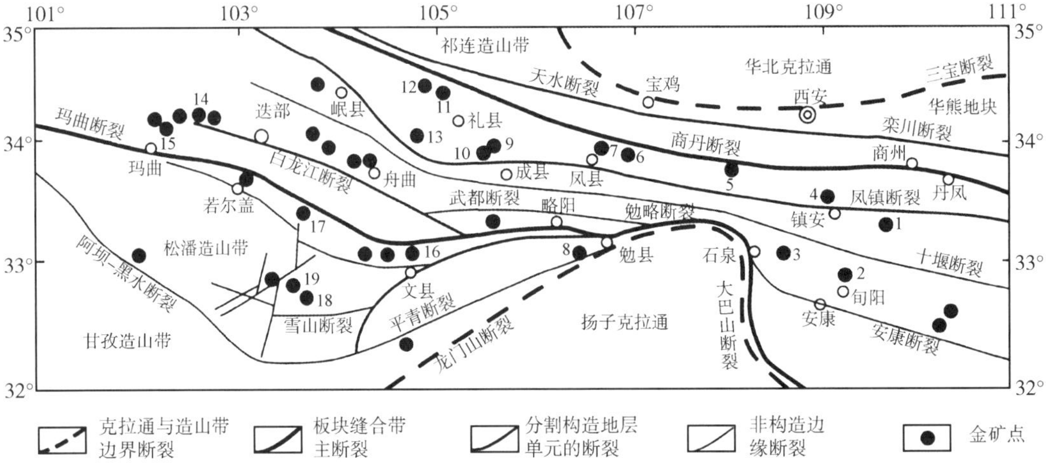

图4-24　西秦岭地区卡林-类卡林型金矿分布图

（据陈衍景等，2004）

西秦岭的金矿床无例外地产于区域性逆冲断裂带上盘，容矿断裂往往是区域性控矿断裂上盘的次级或派生断裂以及背斜核部走向断裂、层间破碎带（沿热水沉积层或碳质岩层等层位发育）以及挤压揉皱密集的裂隙带中；赋矿断裂往往控制着矿床的定位和矿体的形态、产状等，使这些矿床具有断控系列矿床的特点，并显示“背斜加一刀”的产出规律。

陈衍景等（2004）总结了西秦岭成矿带卡林—类卡林型金矿的有关的同位素年代学数据，认为200～100Ma尤其是170Ma的峰值年龄应该代表西秦岭地区成矿的年龄范围。但是值得注意的是，大水金矿个别矿体切入侏罗纪河湖相含煤建造；贡北金矿和附近的格尔托金矿点的矿脉切穿三叠系碳酸盐岩—细碎屑岩建造与白垩纪红色砾岩的不整合，而进入白垩纪磨拉石建造（杜子图等，1998）。因此真正的卡林型金矿可能形成于古近纪—新近纪的伸展作用时期。这与滇-黔-桂金三角地区以及美国盆岭区的卡林型金矿的情况类似。

三、滇-黔-桂地区

滇-黔-桂交界处的卡林型金矿主要发育在右江盆地。已发现有大小矿床（点）上百个，探明金资源量超过600余吨（王成辉等，2012）。以烂泥沟、水银洞、紫木凼、戈塘、丫他、板其、高龙、金牙等矿床为代表（图4-25）。

右江盆地曾经被认为是一个泥盆纪—三叠纪的断陷盆地。但是，也有许多学者对右江盆地性质和盆地演化过程提出不同见解（夏邦栋等，1992；曾允孚等，1995；秦建华等，1996；张锦泉等，1994；吕洪波等，2003；刘寅等，2015）。例如，杜远生等（2009）

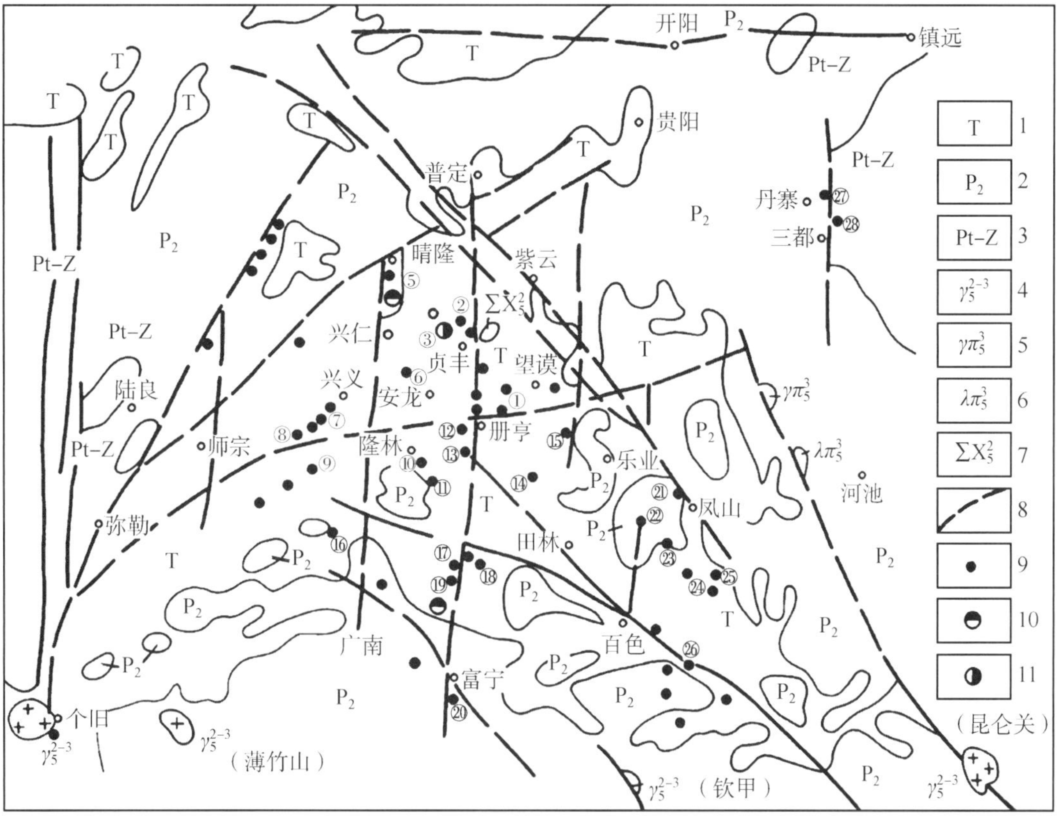

图 4-25　滇-黔-桂地区卡林型金矿分布图

（据李朝阳，1995）

1—三叠系；2—古生界；3—元古宇—震旦系；4—花岗岩；5—花岗斑岩；6—石英斑岩；7—偏碱性超基性岩；8—断裂；9—金矿床（点）；10—锑矿床；11—汞铊矿；矿床（矿点）编号：①烂泥沟；②三岔河；③烂木厂；④紫木凼；⑤大厂；⑥戈塘；⑦雄武；⑧鲁布格；⑨陇纳；⑩者隘；⑪雄武；⑫丫他；⑬板其；⑭百地；⑮浪全；⑯赛鸭；⑰高龙；⑱八渡；⑲木利；⑳革档；㉑金牙；㉒逻楼；㉓明山；㉔六午；㉕林布；㉖叫曼；㉗丹寨；㉘苗龙

指出，右江盆地的演化先后经历了大陆边缘裂谷盆地（早泥盆世晚期—石炭纪）、弧后盆地（二叠纪—早三叠世早期）及弧后前陆盆地（早三叠世晚期—中三叠世）三个阶段（图 4-26）。各种观点的一个共性是自泥盆纪—三叠纪（中期?），右江盆地处于拉张环境，而早白垩世晚期—古近纪亦为伸展环境（刘寅等，2015）。并且，裂陷期间存在若干期玄武岩，包括峨眉山玄武岩。

赋矿地层主要为二叠系或三叠系。容矿岩石为砂岩、粉砂岩、黏土岩、生物碎屑灰岩、泥灰岩、构造角砾岩等。

陈懋弘等（2006）总结了滇黔桂矿集区卡林型金矿的成矿年代，获得了 276~259Ma、206Ma 和 157~82Ma 等 3 组数据。并认为，110~80Ma 华南岩石圈大规模伸展及相关岩浆活动可能是该区大规模成矿的动力学背景。

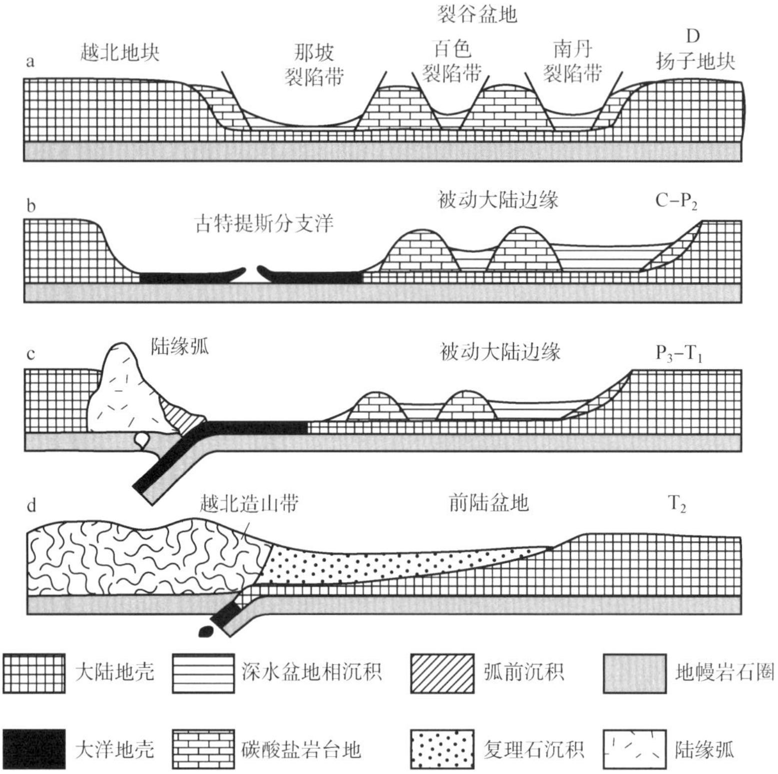

图 4-26　右江盆地晚古生代—中三叠世构造演化模式图

（据杜远生等，2009）

第五章　褶皱构造控矿作用分析

褶皱是各种面状构造在力的作用下发生弯曲的构造形态。褶皱构造对于矿床和矿体的制约体现在以下 3 个方面：①使变形前的矿体发生褶皱变形的同时，使之变薄、增厚、拉断、石香肠化，甚至使组分在一定程度上发生变化；②当成矿作用与褶皱作用同时发生时，褶皱构造在制造良好的容矿空间的同时，褶皱构造应力场制约矿液运移的趋势；③如果成矿作用明显晚于褶皱作用，则褶皱及其相关构造仅为成矿提供空间。

第一节　褶皱构造的容矿空间和矿体形态

一、背斜核部的鞍状矿体

无论是成矿前的褶皱控矿还是成矿时的褶皱控矿，矿体总是与背斜构造有关。矿体产于背斜构造的核部，在横断面上形成不同形态的鞍状矿体。

由于褶皱作用方式、岩性、岩石组合、褶皱层厚度等影响，褶皱剖面形态不同，鞍状矿体则具有不同形态特点（图 5-1）。

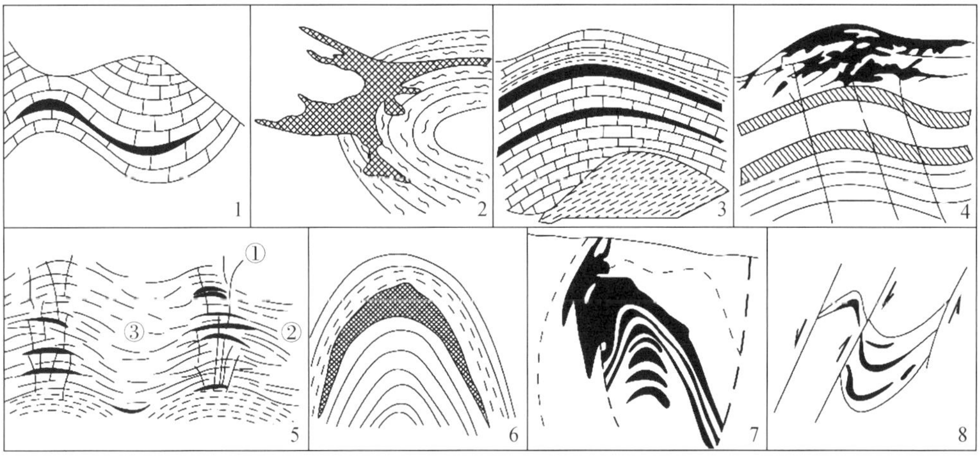

图 5-1　鞍状矿体的形态

（据翟裕生等，1993）

1—背斜核部及向斜核部的鞍状矿体，后者可称为“倒鞍状矿体”（湖南某钨锡矿）；2—平卧背斜核部沿裂隙和片理发育的复杂鞍状矿体（辽宁某铜矿）；3—页岩作为屏蔽层，含矿溶液沿硅质灰岩层理交代而形成的鞍状矿体（山西繁峙钼矿）；4—细脉浸染型矿化富集于背斜核部形成的鞍状矿体，见切层理的细矿脉（赣南某钨矿）；5—白云岩及白云质灰岩：①密集的方铅矿、闪锌矿条带；②组成鞍状矿体，并见有后期方铅矿脉；③细脉（贵州西部铅锌矿）；6—鞍状矿体，核部加厚，翼部逐渐尖灭；7—多层鞍状矿体，上部矿体厚大，向下逐渐变小（云南某铁矿）；8—断层拖曳褶皱形成的鞍状和倒鞍状矿体当厚度适中的能干层互层时，岩层以弯滑褶皱作用的方式弯曲，形成圆滑、开阔的虚脱空间，控制宽缓、开阔的鞍状矿体。

如果能干层与非能干层相间，则能干层形成波长较大的宽缓、圆滑褶皱；非能干层形成波长较小的一系列小褶皱。鞍状矿体总体与能干层的弯曲一致，局部形态因非能干层小褶皱而复杂化。

当褶皱层以非能干层为主时，褶皱弯曲以弯流作用完成，岩层向褶皱核部流动。核部变厚，翼部变薄，不易形成虚脱空间。即使形成虚脱空间，规模也较小，亦控制小型矿体。

虽然鞍状矿体只形成于背斜核部，但是如果一个大的背斜的核部由次一级的背斜和向斜组成时，次级背斜和向斜的核部都可以形成矿体。两者分别呈背形和向形，或者连续成正弦曲线状。

鞍状矿体的规模与成矿物质的供给能力以及褶皱核部虚脱空间的大小有关。而影响褶皱核部虚脱空间规模的主要是褶皱的波长（w_i）和波幅。理论上，褶皱波长与能干层的厚度（d）以及能干层和相邻非能干层的黏度（μ_1和μ_2）有关，即：

$$w_i = 2\pi d\ (\mu_1/6\mu_2)^{1/3}$$

据此可以概略地估算矿体的规模。

鞍状矿体可以在剖面上重复出现，构成堆垛式鞍状矿体（图5-2）。

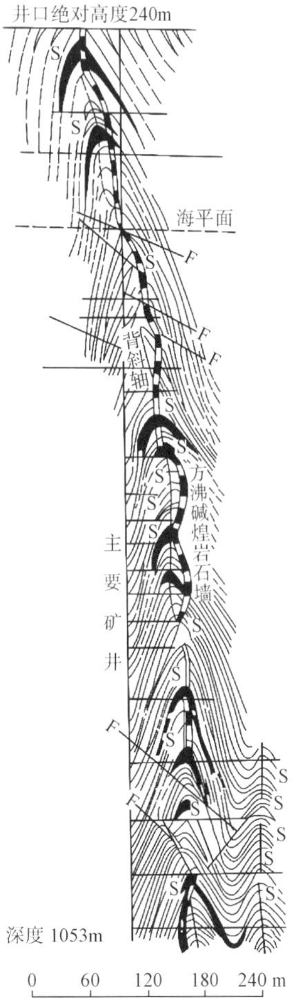

图5-2　澳大利亚本迪戈金矿床多层鞍状矿体（转引自翟裕生等，1993）

如果褶皱转折端产生垂向节理、裂隙或小断层，则鞍状矿体在顶部发生穿刺，形成冠状矿体。赵永鑫（1994）将因背斜顶部的张裂系统或断层、岩体穿破背斜核部的构造称为“破背斜构造”。分为四个类型：①既存式：指在成矿前已经存在的破背斜，在背斜发育的晚期阶段产生的纵张裂隙系统以及更晚序次或再一次的断裂叠加作用形成；②侵入切破式：背斜被成矿侵入体从近核部切破，形成半背斜，它与侵入体接触带构造联合控矿；③继破式：早期形成的背斜构造控制了早期或早阶段的矿化，后期断裂将已经矿化的背斜切破，产生了相对开放性的控矿构造，从而有利于充填型富矿石的形成；④次火山-破穹隆式：构造的形成与次火山岩的侵入作用有关：构造由围岩中形成的弯隆构造和次火山岩顶部的钟状原生裂隙系统组成。

二、层间滑动带和层间破碎带控制的矿体

层间滑动带是弯滑褶皱作用过程中能干层之间滑动产生的具有一定自由空间的裂隙带。在成矿作用过程中，它可以作为矿液向背斜核部运移的通道，同时也是控制矿体的空间。矿体通常呈顺层薄板状，或在局部空间呈透镜状或巢状。成矿作用方式通常是以充填式为主（图5-3）。

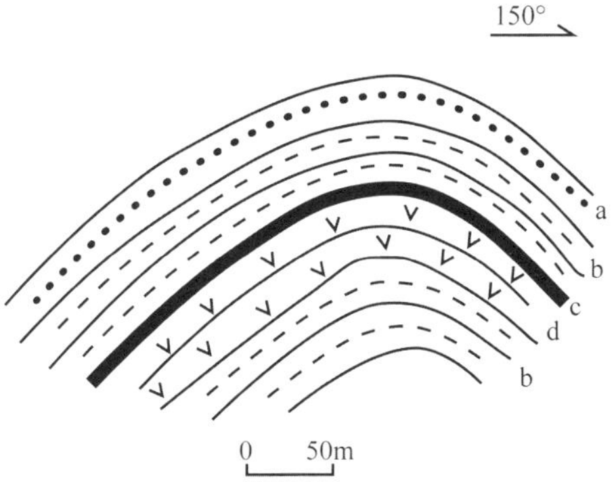

图 5-3　黔东南地区平秋金矿含金石英脉剖面示意图
（据卢焕章等，2006）
a—变余砂岩；b—板岩；c—含金石英脉；d—变余凝灰岩

层间破碎带可能形成于成岩或半成岩状态的顺层滑动或滑塌，产生软沉积变形和顺层角砾岩带。这些成岩或半成岩期构造会在褶皱时得到加强。弯滑褶皱作用也可以直接产生顺层破碎带和顺层角砾岩带：能干层之间的薄层脆性岩石在弯滑褶皱作用下破碎成层间破碎带。

层间破碎带是矿液运移的通道，也是储矿的有利场所。在这里可以形成板状、透镜状、巢状矿体。与层间滑动带不同，层间破碎带控制的矿体多具有角砾状构造；成矿作用方式也多以交代作用为主。

三、褶皱派生的断裂系统

在弯滑褶皱过程中，由于层间滑动，首先产生顺层破碎带和顺层滑动带；在背斜转折端产生垂直层的张裂；因顺层滑动产生旋转节理和顺层节理。因此形成绕褶皱核部不同产状的脉状矿体（图 5-4）。

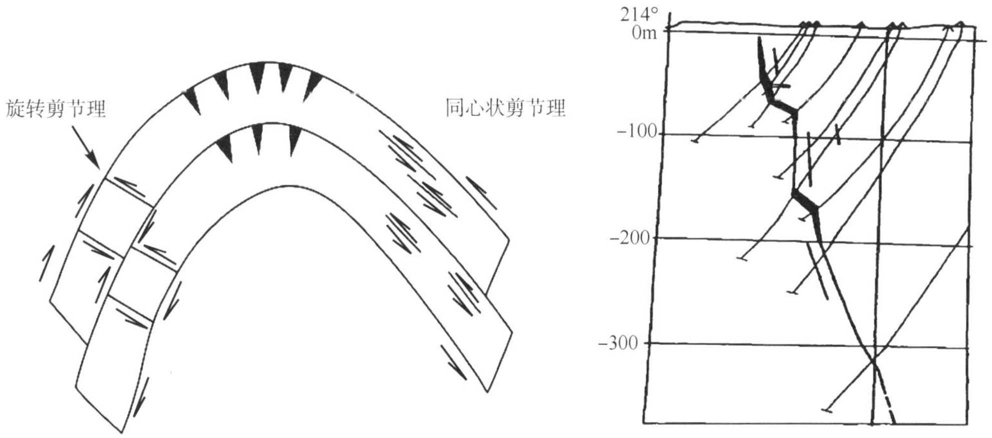

图 5-4　弯滑褶皱中的节理裂隙（左）和广东厚婆坳银多金属矿床容矿裂隙（右）
（矿体受控于褶皱层的滑动产生的剪切裂隙）
（据郑庆年，1993）

横弯褶皱作用可能起因于基底隆起、基底断块隆起或岩浆底辟作用。由于上覆岩层的拱曲，褶皱是产生于自下而上的挤压作用。所以横弯褶皱本身在弯曲时并不能直接控矿。但是岩层的拱曲伴随拉伸作用，形成环状或（和）放射状裂隙，也是容矿的良好空间。当岩体冷凝结晶时，岩体收缩，上部背斜岩层中可能出现因松弛产生的顺层的膨胀空间或裂隙，控制成矿晚期阶段的平行层的似层状或透镜状矿体（图 5-5）。

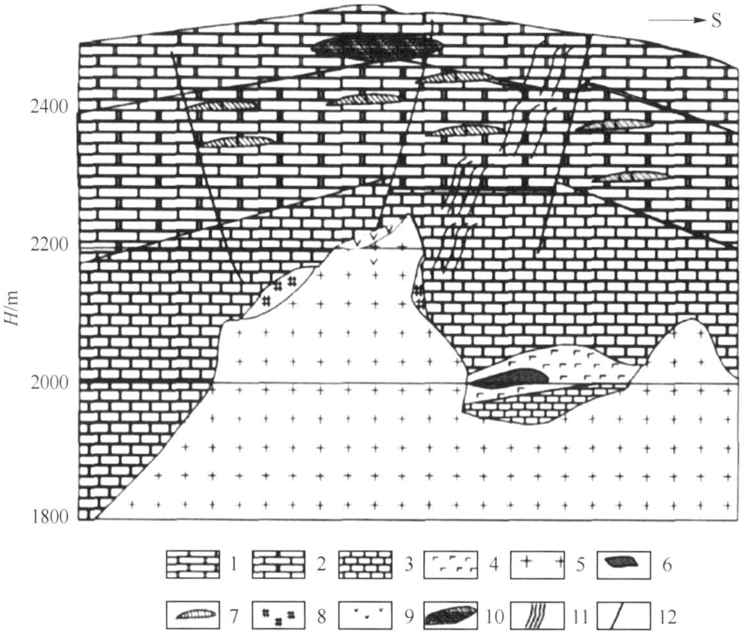

图 5-5　云南个旧老厂锡矿田褶皱构造控矿示意图

（据高阳等，2007）

1—个旧组马拉格段白云岩；2—个旧组卡房段白云岩与灰岩互层；3—个旧组卡房段灰岩；4—玄武岩；5—燕山中后期花岗岩体；6—玄武岩中的铜矿体；7—层间破碎带内氧化矿；8—接触带锡石硫化物矿；9—矿化花岗岩；10—矿化白云岩；11—裂隙带中细脉带矿；12—断裂

四、褶皱组合和排列方式

褶皱组合和排列方式控制矿体在平面和剖面上的组合和排列形式。由于外力作用方式、构造环境和基底构造等的影响，褶皱往往具有不同的排列方式和形态特点。

1. 平行的线状褶皱（阿尔卑斯式褶皱）

在造山带，通常发育线状的背斜和向斜相间且平行排列的紧闭褶皱，称阿尔卑斯式褶皱或全形褶皱。所有褶皱的延展方向与构造带的延伸方向基本一致；在剖面上背斜和向斜呈连续波状，同等发育，布满全区；不同级别的褶皱往往组合成巨大的复背斜和复向斜，构成褶皱系。

如果是早期沉积或喷流沉积形成的层状矿体被褶皱，则背、向斜均可以发育矿体甚至形成剖面上正弦波状的连续矿体。通常情况下，翼部矿体被拉薄甚至拉断，核部矿体加厚（图 5-6）。在平面图上，向斜核部是深埋地下的，可以作为成矿预测的条件之一。

如果是同成矿期褶皱控矿或成矿作用发生于褶皱作用之后，则通常只有背斜构造控矿。

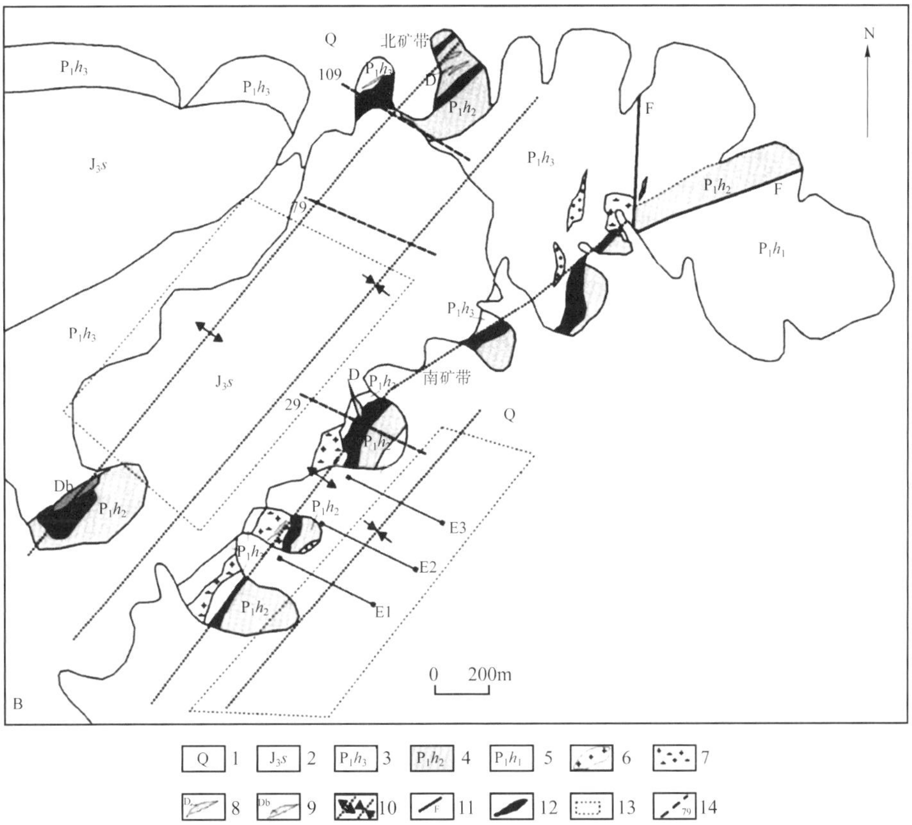

图 5-6 白音诺尔铅锌矿地质略图

（据曾庆栋等，2007）

1—第四系；2—晚侏罗世火山熔岩；3—下二叠统黄梁组板岩；4—下二叠统黄梁组灰岩、大理岩；5—下二叠统黄梁组板岩、粉砂岩；6—燕山期石英斑岩脉；7—燕山期花岗闪长岩；8—燕山期闪长（玢）岩；9—燕山期辉绿岩；10—背斜/向斜轴迹；11—断层；12—矿带；13—找矿靶区；14—勘探线及编号；E1、E2、E3 为 EH4 电磁测深测线

2. 断续褶皱（日耳曼式褶皱）

稳定地区，如克拉通盖层或盆地盖层，则形成日耳曼式褶皱或断续褶皱。以卵形的穹隆或长圆形的短轴背斜为主。褶皱翼部倾角极缓，甚至近于水平，但规模可以很大，延长可达数十千米。它们可以孤立地产出于近水平的岩层中，这种情况通常与基底断块活动或岩浆侵入体有关；也可以成群出现，并有规律排列。

夏雄刚等（2007）认为，锡矿山锑矿田是受“断褶窿曲构造”控制的。这个“断褶窿曲构造”受东西两侧边界断层制约：两侧下降、中间抬升的地垒构造造成上覆地层的中间抬升、两侧下降的“断褶窿曲构造”，并控制锡矿山的锑矿田（图 5-7）。

3. 过渡型褶皱（侏罗山式褶皱）

过渡型褶皱又称侏罗山式褶皱。是指一系列平行排列的背、向斜，在剖面上呈现背斜紧闭、向斜宽缓（隔挡式褶皱）或向斜紧闭背斜宽缓（隔槽式褶皱）的组合形态。由于在同一组合中同时出现变形程度不同的褶皱并且两者并列出现，因此称其为过渡型褶皱。该类褶皱起名于欧洲侏罗山，因此也称为侏罗山式褶皱。侏罗山式褶皱在我国南方广泛发育，尤其以川东-湘西及黔北地区最为典型（图 5-8）。

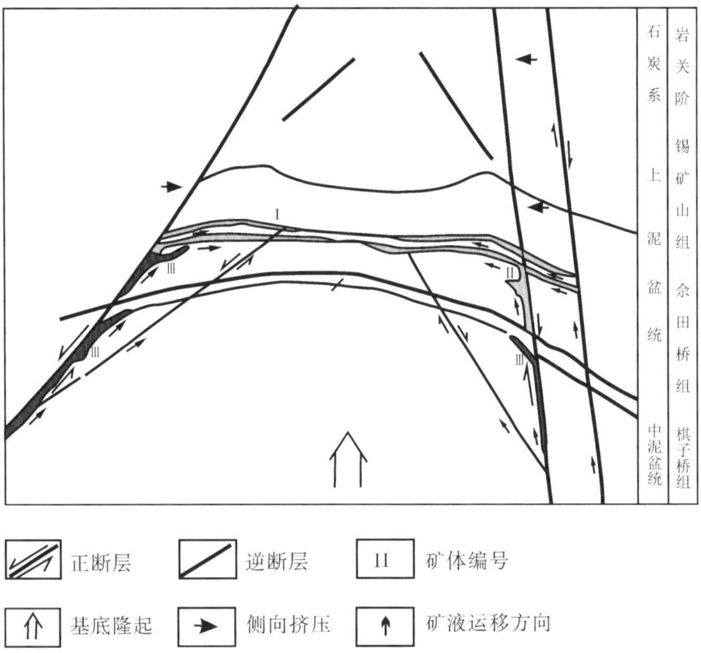

图 5-7　锡矿山锑矿田“断褶窿曲构造”控矿模式

（据夏雄刚等，2007）

Ⅰ、Ⅱ、Ⅲ表示第 1、2、3 层矿体的空间位置

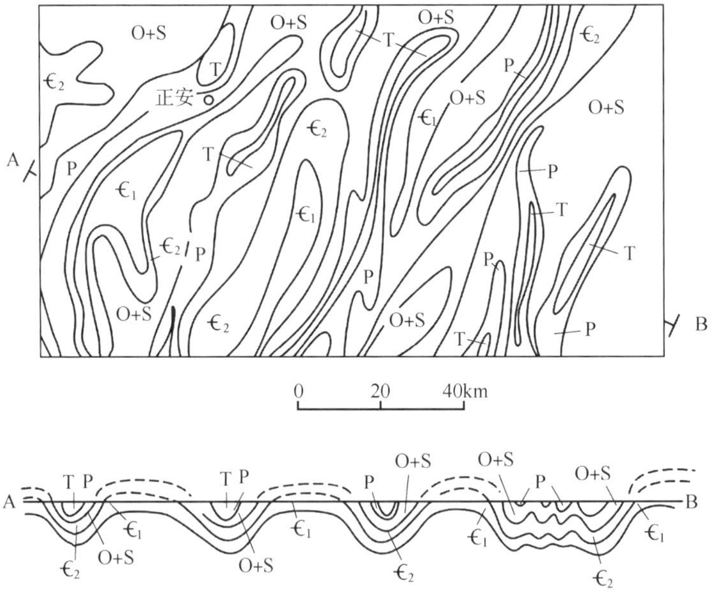

图 5-8　贵州正安及以东地区隔槽式褶皱

（据朱志澄等，1990）

黔北的务川汞矿带就位于正安东部隔槽式褶皱中的宽缓、开阔背斜的核部（图 5-9）。

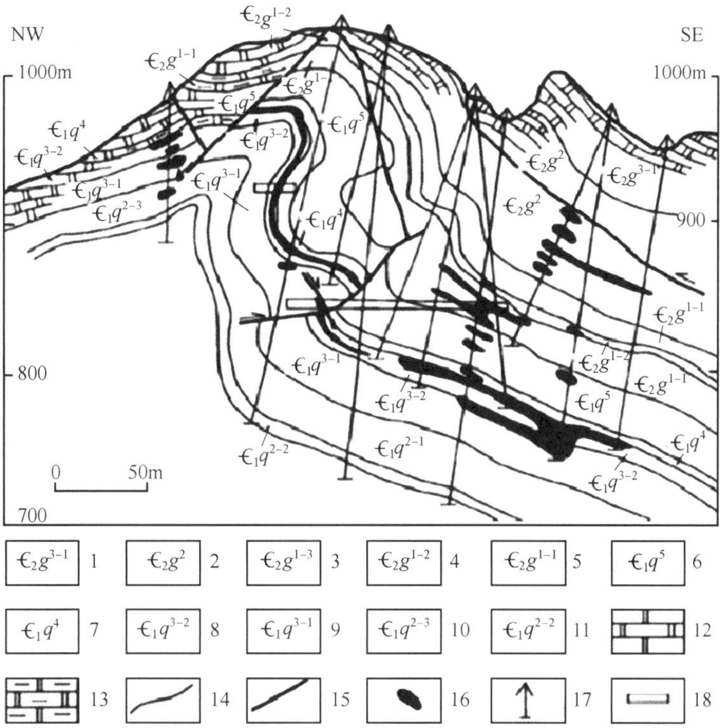

图 5-9　木油厂矿田北段 33 勘探线剖面图

（据朱永红等，2012）

1—高台组第三段第一亚段；2—高台组第二段；3—高台组第一段第三亚段；4—高台组第一段第二亚段；5—高台组第一段第一亚段；6—清虚洞组第五段；7—清虚洞组第四段；8—清虚洞组第三段第二亚段；9—清虚洞组第三段第一亚段；10—清虚洞组第二段第三亚段；11—清虚洞组第二段第二亚段；12—白云岩；13—泥质白云岩；14—地层界线；15—断层；16—矿体；17—钻孔；18—坑道

务川汞矿带是我国著名的汞矿带之一，呈北东至北北东向展布，全长 80km。由北向南依次由板场—董家坝矿田、木油厂矿田、断山矿田和官坝矿田所组成。包括特大型汞矿床 1 处（木油厂矿田）、大型汞矿床 1 处（板场—董家坝矿田）、中型汞矿床 2 处（后硐矿床和泥塘山矿床）、小型汞矿床 3 处（断山矿床、田家坪矿床、坑场坝矿床）和汞矿点 22 处，共计 29 个矿床（点）。除个别矿床受断裂控制外，主要受褶皱构造控制（朱永红等，2012）。

务川汞矿地处扬子克拉通内部。主要发育古生界的以碳酸盐岩为主、以碎屑岩和黏土岩为次组成的沉积盖层，厚度大于 5km。燕山运动使盖层发生强烈褶皱，形成了一系列北东—北北东向褶皱和断裂构造。它们是川东-湘西-黔北地区侏罗山式褶皱的一部分。控制务川汞矿的是金鸡岭复背斜。金鸡岭复背斜是由寒武系组成的背、向斜群，包括木油厂背斜、板场向斜、董家坝向斜、金鸡山背斜、黄泥堡背斜、茅坝背斜等以及次级褶皱，如龙塘坝背斜、板场背斜等。

区域一级的 NE 向银钱沟断裂（F_1）在矿田北缘斜切而过，全长 30km，是务川汞矿带中最大的一条断裂。该断裂有时变为走向大致平行的断裂组，并伴有次级羽裂。在切过木油厂背斜及金鸡山背斜轴部时，破碎带内或其旁侧羽裂中有汞矿富集。朱永红等

（2012）认为，F_1断层不仅是本区的导矿构造，而且也是木油厂矿田北段篷岩矿床（断裂控矿型）次要的储矿构造（5-10）。

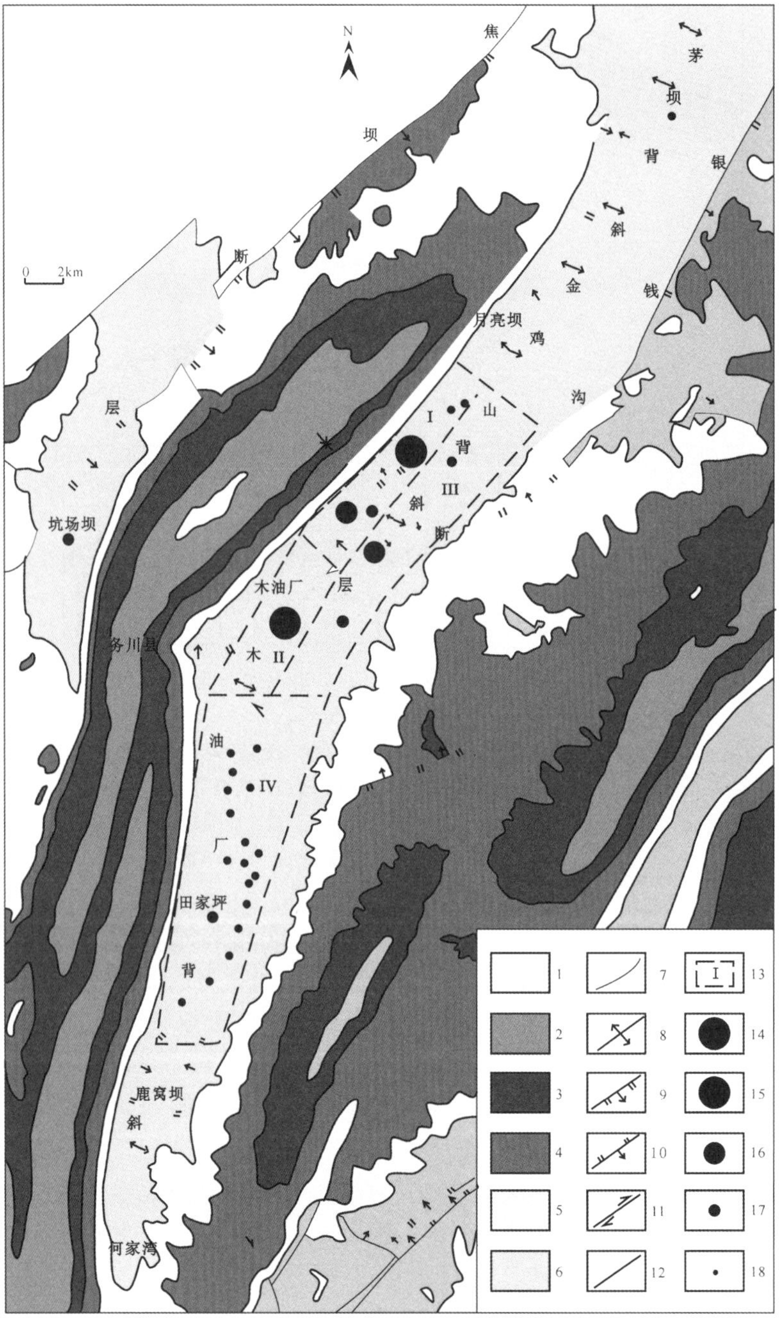

图 5-10　务川汞矿带区域地质略图

（据朱永红等，2012）

1—古近系—新近系；2—三叠系；3—二叠系；4—志留系；5—奥陶系；6—寒武系；7—地层界线；8—背斜轴迹；9—正断层；10—逆断层；11—平移断层；12—性质不明断层；13—矿田界线及编号（Ⅰ—板场—董家坝矿田；Ⅱ—木油厂矿田；Ⅲ—断山矿田；Ⅳ—官坝矿田）；14—特大型汞矿床；15—大型汞矿床；16—中型汞矿床；17—小型汞矿床；18—汞矿点

4. 雁列式褶皱

在平面力偶的作用下，褶皱在平面上通常呈平行斜列的方式产出，称为雁列式褶皱（图5-11）。

这种受力方式往往出现在走滑断层的一侧，构成平面雁行排列的褶皱系统；对于逆断层，由于两盘相互运动，可以在剖面上产生雁列的小型褶皱系；对于正断层来说，虽然两盘的相互运动也产生力偶效应，张应力场不易产生派生褶皱系。

湖南锡矿山的锑矿田为雁列式褶皱控矿的典型实例。在锡矿山的锑矿田，一条北北东走向的大断裂（F_{75}）通过矿田西侧。在其东侧，派生一系列北东向的雁行排列的短轴背、向斜构造，包括白云岩背斜、老矿山背斜、童家院—飞水岩背斜、仙人界—常子岩向斜、物华背斜和常子岩东倒转背、向斜等（图5-12）。飞水岩、老矿山、童家院、物华等矿床均受同名背斜控制。

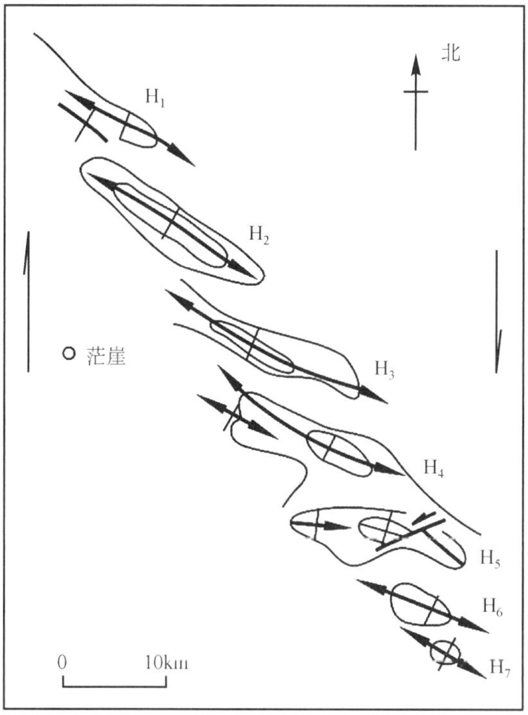

图5-11 柴达木盆地雁行排列的褶皱

（据孙殿卿等，1958）

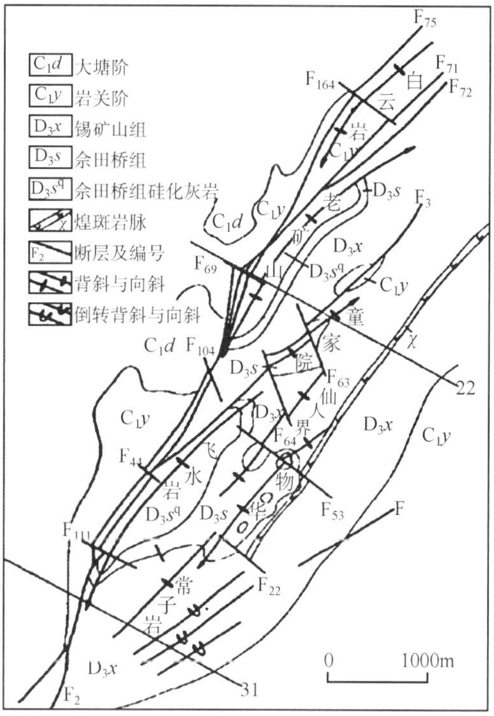

图5-12 锡矿山锑矿田构造纲要图

（据刘光模等，1983）

5. 帚状排列的褶皱

是指一系列背、向斜的枢纽向一端收敛，向另一端撒开，形似扫帚的褶皱群。在平面上发育时，通常位于大型走滑断裂的一侧，是走滑断裂的派生构造。

帚状排列的褶皱，经常环绕着一个圆筒状岩块（砥柱）发生，砥柱一般位于帚状构造的内旋方面。它的旋回面，有的由褶皱或压扭性断裂构成，有的是张扭性破裂面。根据不同力学性质结构面的收敛、撒开方向，可判断帚状构造的扭动方向：张扭性帚状构造的内旋方面，向撒开方向相对扭动；压扭性帚状构造的相对扭动方向，恰好相反。中型和小型者很多，平面和剖面上（尤小型）皆有发育，大型的较少见。迄今已知最大的是大洋洲帚状构造；中国陇西帚状构造和鲁西帚状构造，也具相当规模，它们的旋扭轴都是近于直立的。

第二节 断层相关褶皱的控矿作用分析

断层相关褶皱是指在断层发育、扩展和两盘岩层运动过程中以断层为主导的、与断层伴生的褶皱。以逆冲推覆构造伴生的褶皱研究得最为详细。

一、逆冲推覆构造有关的断层相关褶皱

在逆冲推覆构造的断层演化和推覆体前移过程中，往往在推覆体和主断层的不同部位产生褶皱。主要有三种褶皱形式：断弯褶皱、断展褶皱和断滑褶皱（图 5-13）。

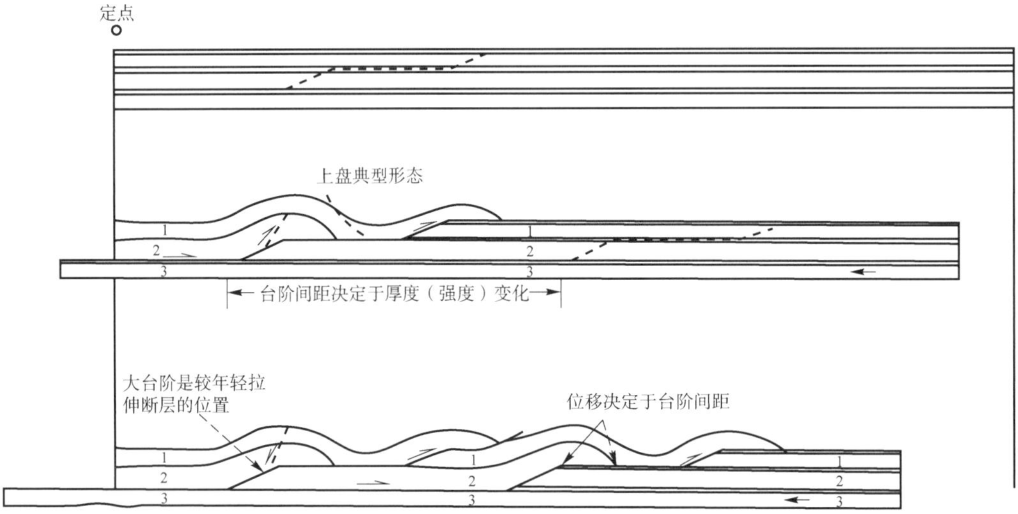

图 5-13　逆冲推覆过程及伴生的褶皱
（据 Lowell，1985）

断弯褶皱又称断层转折褶皱，是上盘岩石在下伏断层转折部位形成的。上凹式断层转折，形成向形断层转折褶皱；上凸式断层转折，形成背形断层转折褶皱；在冲断层断坡与断坪转折处，形成断坡背斜（图 5-14a）。

断展褶皱又称断层传播褶皱。是发育在断层端点处的褶皱。通常形成前翼陡而窄，后翼宽且缓的褶皱；向斜“固定”在断层端点处；随深度加大褶皱越来越紧闭；背斜轴面的分叉点与断层端点在同一地层面上；背斜轴面在断面上的终止点和断层转折点之间的距离即是断层的倾向滑动量（何登发等，2005；图 5-14b）。

断滑褶皱起因于推覆体沿下伏断层的滑动（图 5-14c）。通常情况下，存在一个软弱层。

二、断层相关褶皱的识别

在许多情况下，是否属于断层相关褶皱需要予以判别，以确定控矿构造的性质。主要从以下几个方面判断。

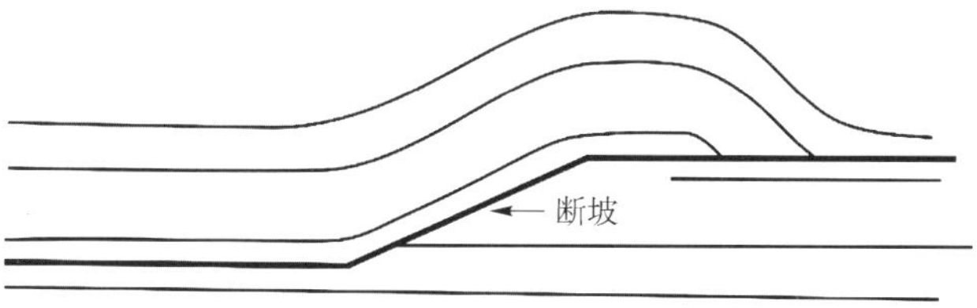

a.断弯褶皱作用

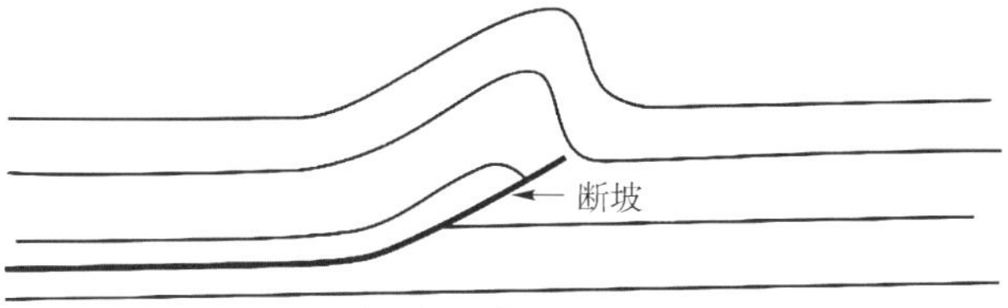

b.断展褶皱作用

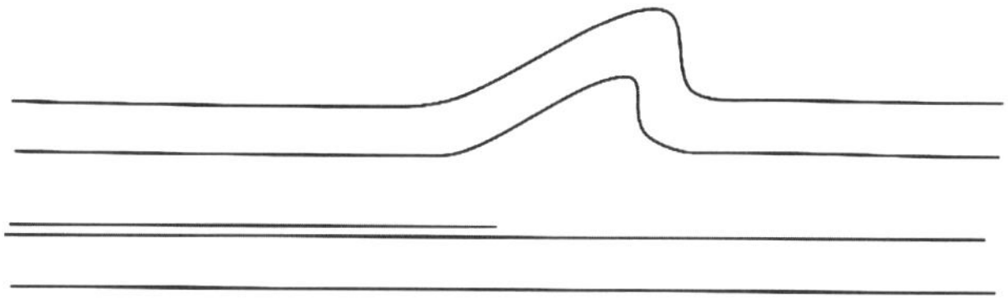

c.断滑褶皱作用

图 5-14　三种与逆冲推覆构造有关的断层相关褶皱
（据 Jamison，1987）

1. 组合特点

断层相关褶皱一定与逆冲断层伴生，并且位于断层上盘或扩展方向的前缘，远离断层逐渐消失。

断层相关褶皱与区域构造力产生的褶皱的最大区别在于前者在剖面上不具有连续性，经常是背斜（形）和向斜（形）之后就不再出现。而后者通常是背斜（形）和向斜（形）呈连续波状。

断层相关褶皱经常是孤立的，特别是断层传播褶皱，体现为不协调的、孤立的背斜（形）和向斜（形）。

对于变形较弱的沉积盆地来说，通常仅根据以上特点就能够判别。但是在变形强烈的造山带情况下，区域构造力产生的褶皱与断层相关褶皱连续、同时出现，会掩盖断层相关褶皱的存在。

2. 形态特点

由于断层相关褶皱成因上的特殊性，通常具有特殊的形态。

根据断层面的产状，可将断层转折褶皱分为断层向下凹曲处（向形断层）产生的断层转折褶皱和断层向上拱曲处（背形断层）产生的断层转折褶皱（图 5-15）。

向形断层转折褶皱形成于向形断层之上，其活动轴面位于褶皱向形区（断层的拐点

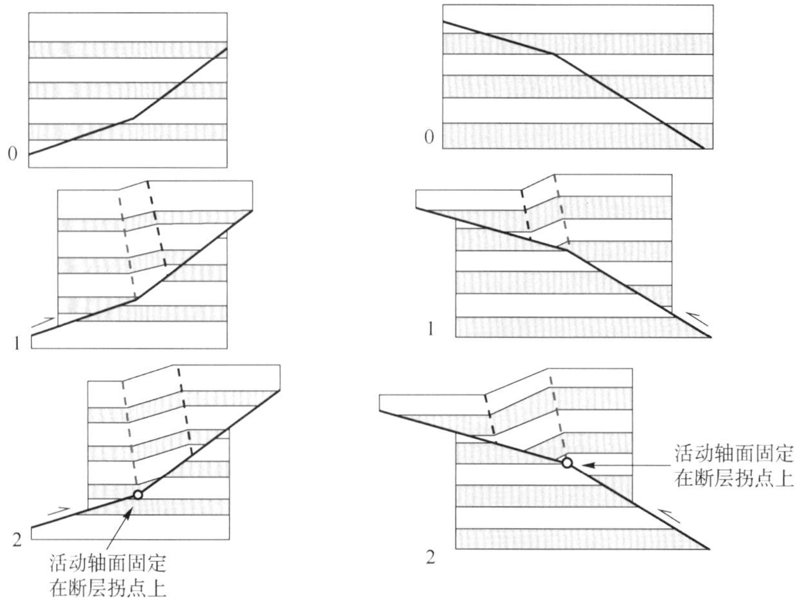

a.向形断层转折褶皱运动学模型　　b.背形断层转折褶皱运动学模型

图 5-15　两类断层转折褶皱模型

（据 Suppe，1983）

上）；不活动轴面位于褶皱背形区，随断层的滑移而迁移。

背形断层转折褶皱形成于向上拱曲的背形断层之上；活动轴面固定在断层拐点上，通常位于褶皱背形区；不活动轴面则位于向形区，并随断层上盘一起运动。

一般情况下，断层传播褶皱前后翼不对称：前翼陡，后翼宽缓；上盘在固定的下盘上运动，下盘岩石不变形；在端点处形成向斜（形）；断坡上的位移向上逐渐减小；断坡可以切穿向斜（形）褶皱向上发育（图 5-16）。

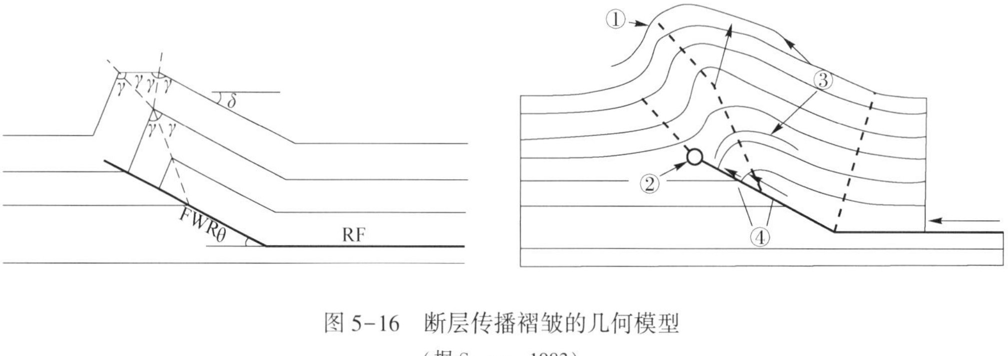

图 5-16　断层传播褶皱的几何模型

（据 Suppe，1983）

FWR—下盘段坡；RF—后断坪；θ—断坡与岩层的夹角；δ—断坡角；γ—翼间角；

①前翼；②断坡终点；③后翼；④断坡

当断坡向上切穿时，原来的断层传播褶皱位于断坡一侧，需要谨慎地与区域构造产生的褶皱区别（图 5-17）。

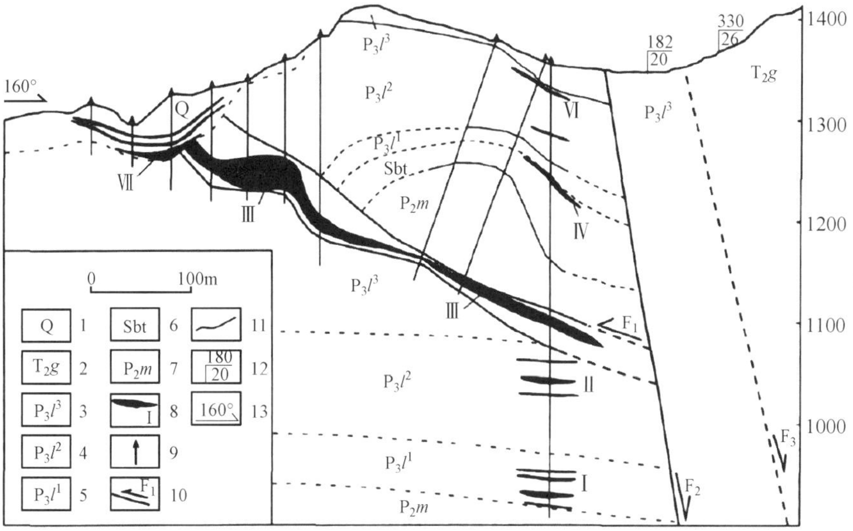

图 5-17　广西泥堡金矿 9460 线剖面图

（据郑禄林等，2014）

1—第四系；2—关岭组；3—龙潭组第三段；4—龙潭组第二段；5—龙潭组第一段；6—构造蚀变体；7—茅口组；8—矿体及编号；9—钻孔；10—断层及编号；11—地层界线；12—地层产状；13—剖面方位

滑脱褶皱经常以滑脱面上的背斜（形）的形式出现（图 5-18）。它有 4 个基本特征：底部软弱层在褶皱核部发生加厚；发育底部滑脱断层；褶皱发生前的能干层，在变形过程中厚度、长度不变；同生长地层向褶皱顶部厚度减薄，褶皱翼呈扇状旋转。通常情况下，当底部软弱层厚度较大时，滑脱断层之上形成的对称或不对称褶皱称为滑脱褶皱；当底部软弱层厚度很薄时，滑脱断层之上形成的具陡翼的对称褶皱被称为突发褶皱或抬离褶皱，是在背斜核部滑脱层发生等斜式褶皱而形成的，当其具有平的脊部时也称为箱状褶皱（何登发等，2005）。

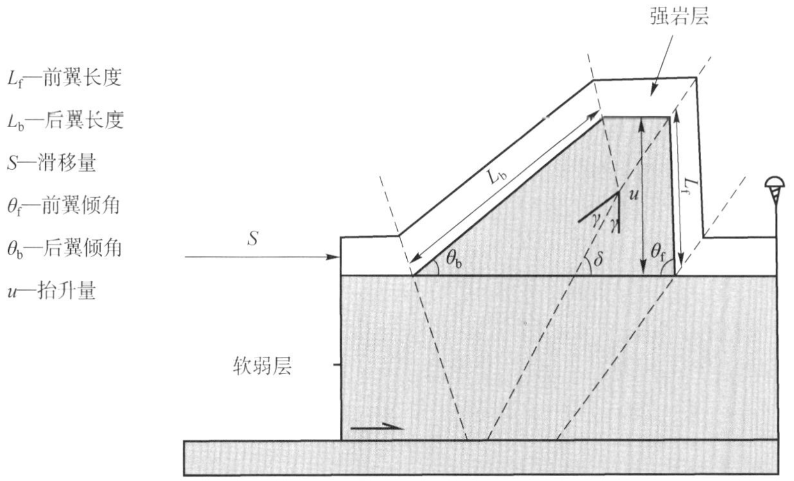

图 5-18　滑脱褶皱的几何模型

（据 Suppe，1983）

3. 与断层的成因关系

断层相关褶皱是在断层扩展和上盘岩层位移过程中形成的，两者之间具有成因关系。这种成因关系可以从断层扩展和岩盘位移中得到合理解释。

第三节　膝折构造的控矿作用分析

膝折构造是指具有平直的翼部和尖棱状转折端的褶皱。在两个相邻的尖棱状转折端之间平直的翼部称为膝折带。如果膝折带是向同一个方向倾斜的，称为单斜膝折；如果膝折带是相对或相向倾斜的，称为共轭膝折。在共轭膝折中，如果膝折带是对称的称为对称共轭膝折，否则称为不对称共轭膝折（图 5-19）。

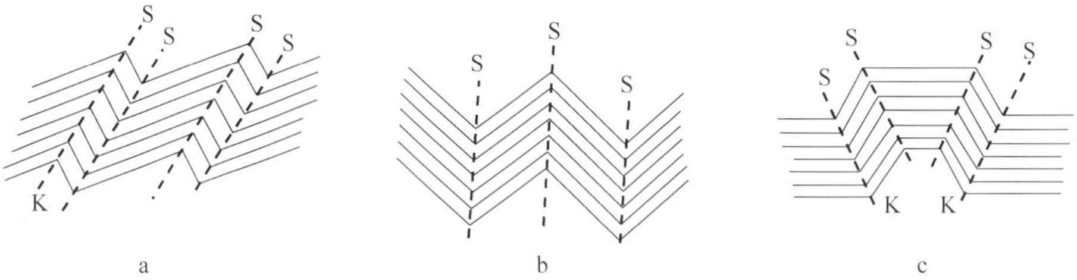

图 5-19　膝折构造类型

a—不对称膝折；b—对称膝折；c—共轭膝折；K—膝折带；S—膝折面

一、膝折构造的成因

研究表明，膝折构造是在平行层或近于平行层的挤压作用下由于层间滑动（平行层挤压的情况）或层间滑动伴随挤压作用（斜交层的挤压作用）下形成的。

Paterson 和 Weiss（1966）通过大量多层材料实验之后提出，叶理化的标本在受到平行于叶理方向压缩时，当标本缩短 5%～50%时，产生与缩短轴夹角为 55°～65°的对称共轭膝折（即朝向缩短轴的夹角为钝角，大致在 120°左右，而朝向拉伸轴的夹角为 60°左右）。当标本缩短超过 50%时，膝折变得不明显，为紧密的尖棱状褶皱所代替。

单斜膝折形成的应力状态是由于最大压缩方向斜交层理或片理方向，在压缩轴与层面或片里面夹角大约为 30°左右时形成。

左侧单斜膝折是由于受到平行层的右行剪切滑动产生的（图 5-20a）；而右侧单斜膝折是因为平行层的左行剪切滑动产生的（图 5-20b）。

不对称共轭膝折可以在最大压缩方向斜交层的情况下产生，它类似于单斜膝折的产生，或者在平行于层的压缩和平行层剪切的联合作用下产生。并且，不对称共轭膝折带中倾斜缓的单斜膝折，符合单斜膝折的滑动规则（即左侧膝折是右行剪切作用形成，右侧膝折是左行剪切作用形成），而在共轭膝折带中倾斜较陡的单斜膝折，它符合构造地质学的一般规则——膝折面与层所夹锐角方向指示层的邻侧滑向。

二、平面膝折构造的容矿空间

平面膝折构造有固定的容矿空间，这是由于其形成的应力场所决定的。Ramsay（1967）根据应变分析厘定了膝折构造的容矿空间如下（图 5-21）。

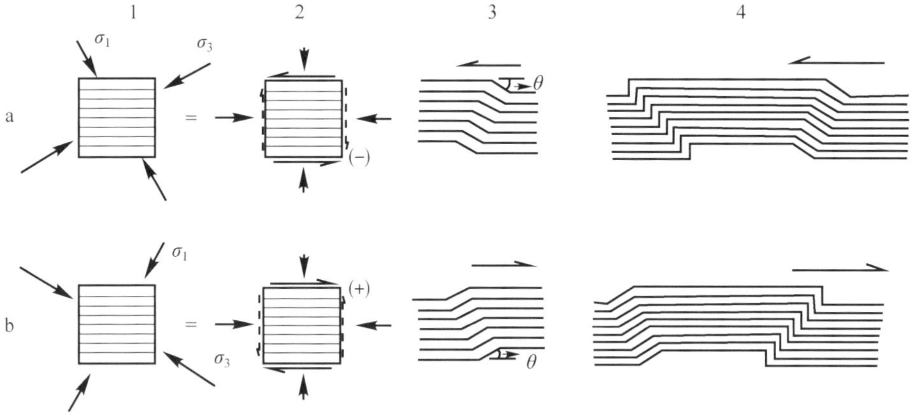

图 5-20　单料膝折和不对称共轭膝折与最大压应力方向的关系

（据 Johnson，1977）

a—右侧单斜膝折、不对称共轭膝折与应力关系；b—左侧单斜膝折、不对称共轭膝折与应力关系；σ_1—最大主应力；σ_3—最小主应力；θ—旋转角

1）平面膝折带的变形机制多以层理的弯滑作用来解释。因此常可导致交叉层理的雁行式张裂。当图 5-21 所示的 $\beta_1 < \beta_2$ 时，平面膝折带处的岩层遭受纵向拉伸，从而使交叉层理处的雁行式张裂强化，造成良好的容矿空间。这组张裂总体延伸不超出平面膝折带的影响宽度，因此控制在该组裂隙中的矿脉往往沿走向突然尖灭。

2）平面膝折带内层理面间的张开形成平行层理的膨胀裂隙，从而控制平面膝折带处平行层理的矿脉。这组矿脉与前述交叉层理的矿脉近直交，并严格地被限制在平面膝折构造的两个枢纽之间。平面展布呈长透镜状，向枢纽方向尖灭。

3）由于平面膝折构造形成时顺层滑动从而导致枢纽处膨胀，在枢纽处形成虚脱空间。当成矿物质充填时形成平面鞍状脉。

4）当上述第二组和第三组裂隙同时发育并被成矿物质充填时，两个枢纽处的鞍状矿脉与平行层理的透镜状矿脉联合起来构成 S 型或反 S 型矿脉。在大型平面膝折构造内的低级别平面膝折构造中经常可见此种矿脉。

三、平面膝折构造控矿实例

内蒙古十五号村金矿位于该村附近一条北东向平面膝折带上。该平面膝折带是区域上北东向和北西向平面共轭膝折带北东向一支。是近东西向韧性剪切带（武川—固阳—大佘太韧性剪切带）发生平面膝折。因此该平面膝折带的宽度就是该韧性剪切带的宽度。

矿脉主要为含金石英脉。但石英脉两侧的糜棱岩蚀变矿化强烈，有时可构成工业矿体。含金石英脉主要有两组（图 5-22）。一组走向北东东，由一系列北东东向延伸的平行斜列的透镜状含金石英脉组成。石英脉交叉叶理。最大单脉长 100m，宽 2m。这组石英脉是受前述第一种裂隙控制的。另一组走向北北西或近南北，与糜棱岩剪切叶理走向基本平行，但局部切割叶理。单一石英脉长几米至近百米不等，呈长短不一的透镜状。该组石英脉受控于前述第二组裂隙。另外，据内蒙古冶金 502 队勘查结果，在平面膝折构造枢纽部位发现了随叶理转折的平面鞍状脉。显然，这与前述第三种容矿裂隙相吻合。

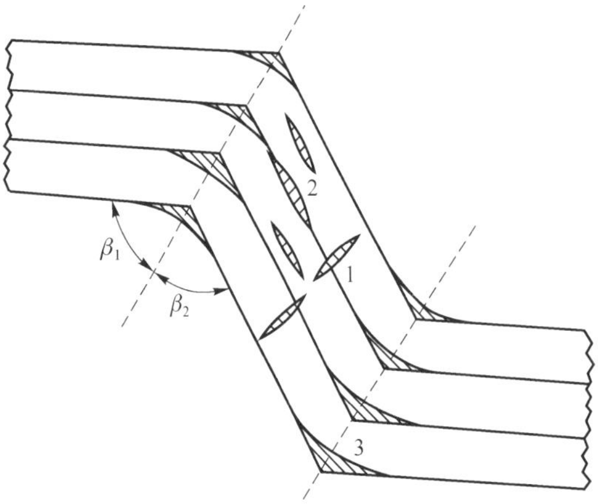

图 5-21　平面膝折构造的容矿空间

1—交叉叶理的雁行张裂；2—平行叶理的膨胀裂隙；3—虚脱空间

图 5-22　内蒙古十五号村金矿含金石英脉平面分布图

第四节　叠加褶皱的控矿作用

叠加褶皱，又称重褶，是指已经形成的褶皱被再度弯曲的现象。早期褶皱的枢纽、轴面以及其他面理和线理在第二期褶皱作用过程中发生重新定位，早期被第一期褶皱控制的矿体或者被第一期褶皱弯曲的先存的层状矿体被重新褶皱。

一、叠加褶皱的基本类型

Ramsay（1967）描述了三种基本叠加褶皱形式：横跨叠加、新月形叠加和共轴叠加。在 Ramsay 的描述中，第二期褶皱被定义为滑褶皱。

横跨褶皱（第Ⅰ型）：是指第二期滑褶皱横跨叠加于第一期直立水平褶皱之上，其差异滑动方向（a_2）平行于第一期褶皱轴面。第二期褶皱轴向（b_2）与第一期褶皱轴向（b_1）大角度相交甚至垂直，使第一期褶皱面再次褶皱形成穹盆构造（图 5-23）。

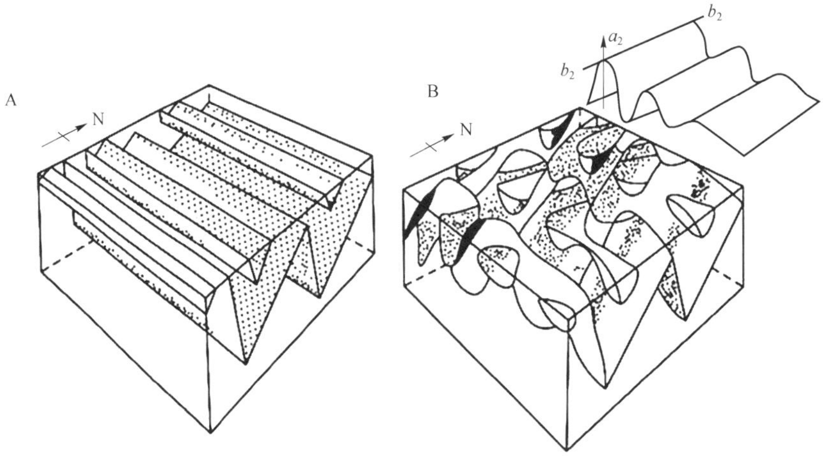

图 5-23　第Ⅰ型叠加褶皱

（据 Ramsay，1967）

A—叠加前的褶皱；B—叠加后的样式

新月形叠加（第Ⅱ型）：是指在第一期平卧褶皱之上，第二期褶皱轴（b_2）与第一期褶皱轴（b_1）大角度相交或垂直，第二期滑动方向（a_2）与第一期轴面垂直或大角度相交，剥蚀后在平面上呈现蘑菇形或新月形（图 5-24）。

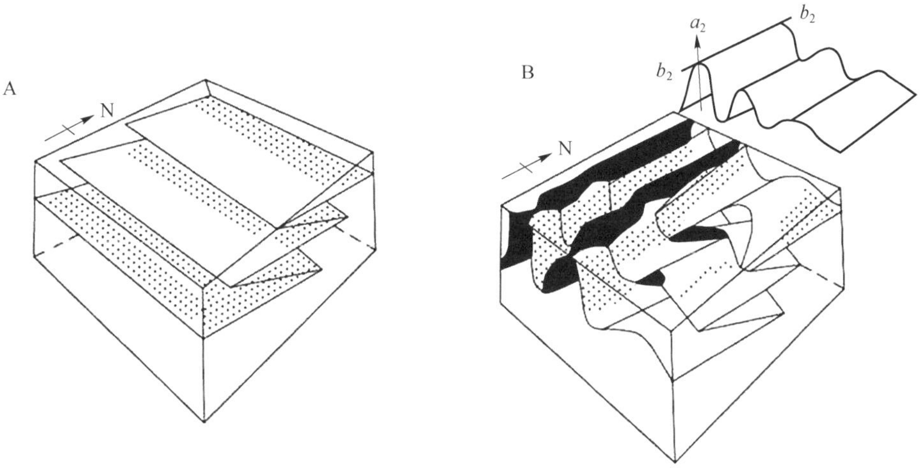

图 5-24　第Ⅱ型叠加褶皱

（据 Ramsay，1967）

A—叠加前的褶皱；B—叠加后的样式；a_2—第二期滑动方向；b_2—第二期褶皱轴向

共轴叠加（第Ⅲ型）：第一期为斜卧褶皱，第二期滑褶皱皱轴向与第一期褶皱轴平行（共轴），第一期褶皱轴面被再次弯曲的同时第一期轴面也发生褶皱（图 5-25）。

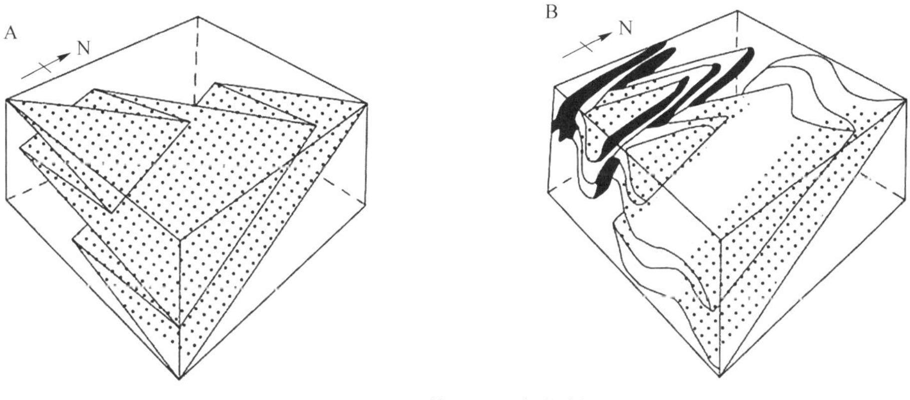

图 5-25　第Ⅲ型叠加褶皱

（据 Ramsay，1967）

A—叠加前的褶皱；B—叠加后的样式

二、叠加褶皱的识别

可以将识别叠加褶皱的方法归结为直接观测法、读图法和赤平投影法。

1. 直接观测法

在露头甚至手标本上可以直接观测到褶皱的叠加。例如重褶或者大褶皱转折端出现的褶皱轴面被褶皱现象（图 5-26）。如果一个地区广泛出现直立岩层，则可能是叠加褶皱所致。

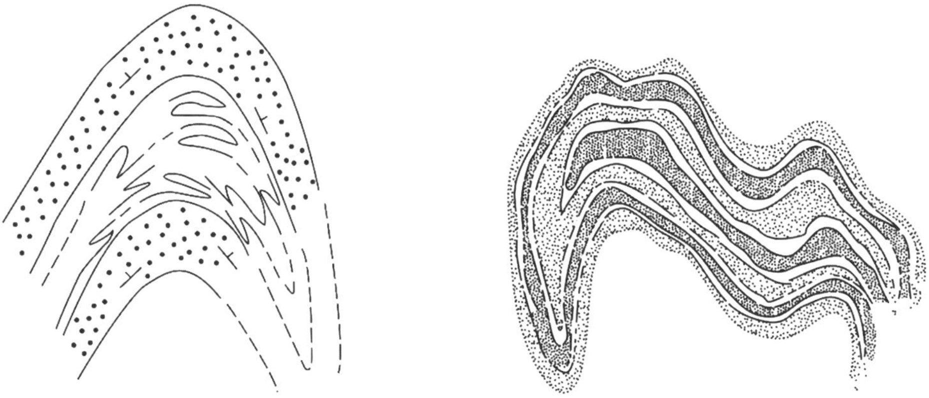

图 5-26　褶皱转折端早期轴面被褶皱（左）和重褶现象（右）

2. 读图法

横跨叠加褶皱，在地质图上经常体现为大面积出现某一时代的新地层中出现孤岛状的、零星分布的老地层。例如在右江盆地，广泛发育的产状较缓的三叠纪地层中经常出现二叠纪孤岛，是该地区两个不同方向直立水平褶皱叠加的结果。横跨叠加褶皱在地质图上也体现为断续、按照两个不同方向规律排列的穹隆和短轴背向斜（图 5-27）。

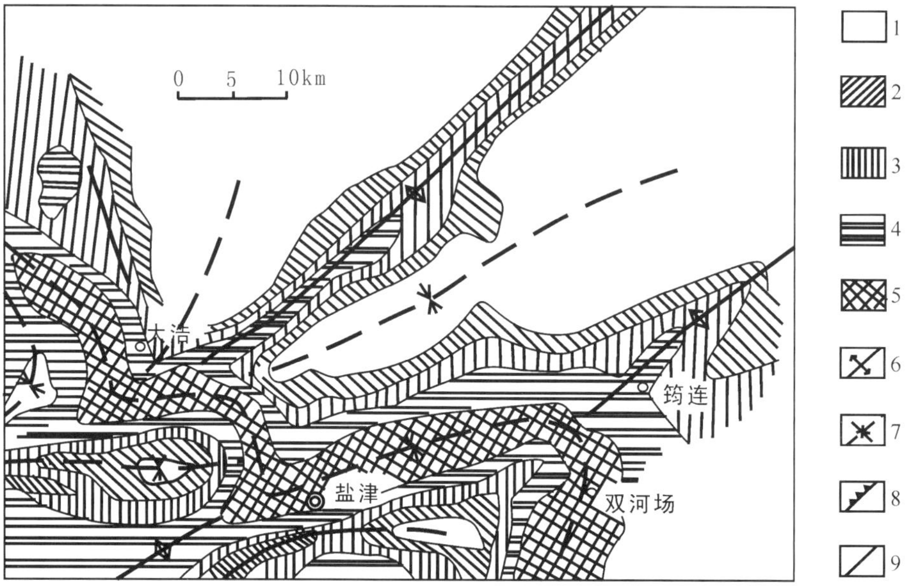

图 5-27　川滇交界处盐津—大浩一带地质构造图

（据杜思清，1986）

1—上侏罗统；2—中下侏罗统；3—三叠系；4—二叠系；5—寒武系—奥陶系；6—背斜轴迹；7—向斜轴迹；8—逆断层；9—背斜和向斜鞍部

3. 赤平投影法

在野外详细统计不同面状要素和线状要素的产状，研究和分析其先后关系。通过赤平投影分析不同期次和成因的面、线构造之间的关系，确定叠加褶皱的存在和产状。

图 5-28 左显示两期褶皱轴面斜交，但是两期枢纽在赤平投影图上一定包含在各自的轴面内（图 5-28 右）。

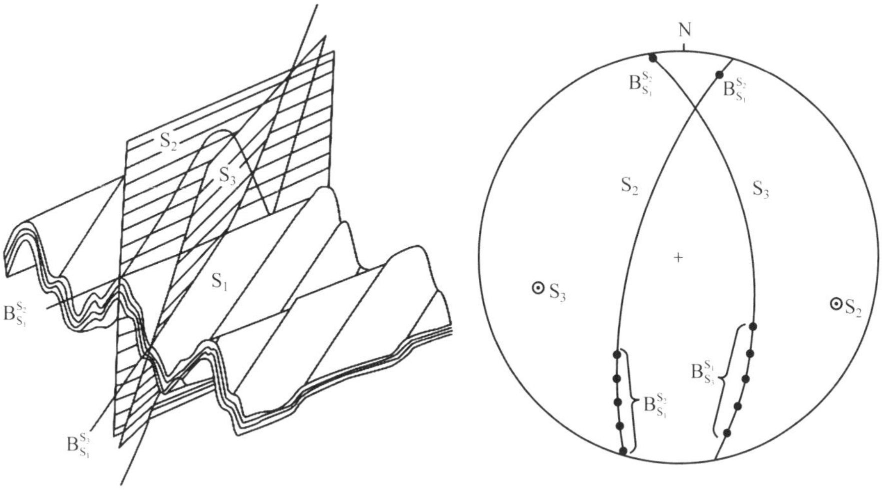

图 5-28　轴面斜交的两期叠加褶皱

（据李德伦等，2001）

刘如琦（1976）和徐树桐（1980）等均对用赤平投影方法分析叠加褶皱的存在和产状的方法有所论述。

三、叠加褶皱的控矿作用

黔西南地区在燕山期—喜马拉雅运动期间发育不同规模、不同样式的近 SN 向、近 EW 向、NW 向、NE 向共 4 个方向褶皱，这 4 组褶皱大体上可归为 4 期褶皱。它们通过跨褶、移褶、限褶、重褶、弯转、加强等方式叠加，在区内形成穹-盆构造、蛇形褶皱、环状褶皱等复杂的露头干涉型式（吴德超等，2003）。叠加褶皱对金矿田具明显控制作用：多数矿田分布在叠加褶皱形成的构造穹隆顶部或其附近，后者主要呈 NW-SE、NE-SW 方向排列且具等距性，其间距大致 15~20km（图 5-29）。

黔西南地区卡林型金矿田构造控制，前人有较多研究工作，曾提出过不同的控矿构造类型，为该区成矿规律及成矿预测积累了丰富资料（吴德超等，2003；卢焕章等，2005，2006，2012）。

吴德超等（2003）在综合前人资料基础上，进一步深入研究认为，黔西南地区乃至滇黔桂整个金三角区的卡林型金矿田，全部是受穹隆构造，特别是由多期褶皱叠加而形成的穹隆构造控制的（图 5-30；表 5-1）。

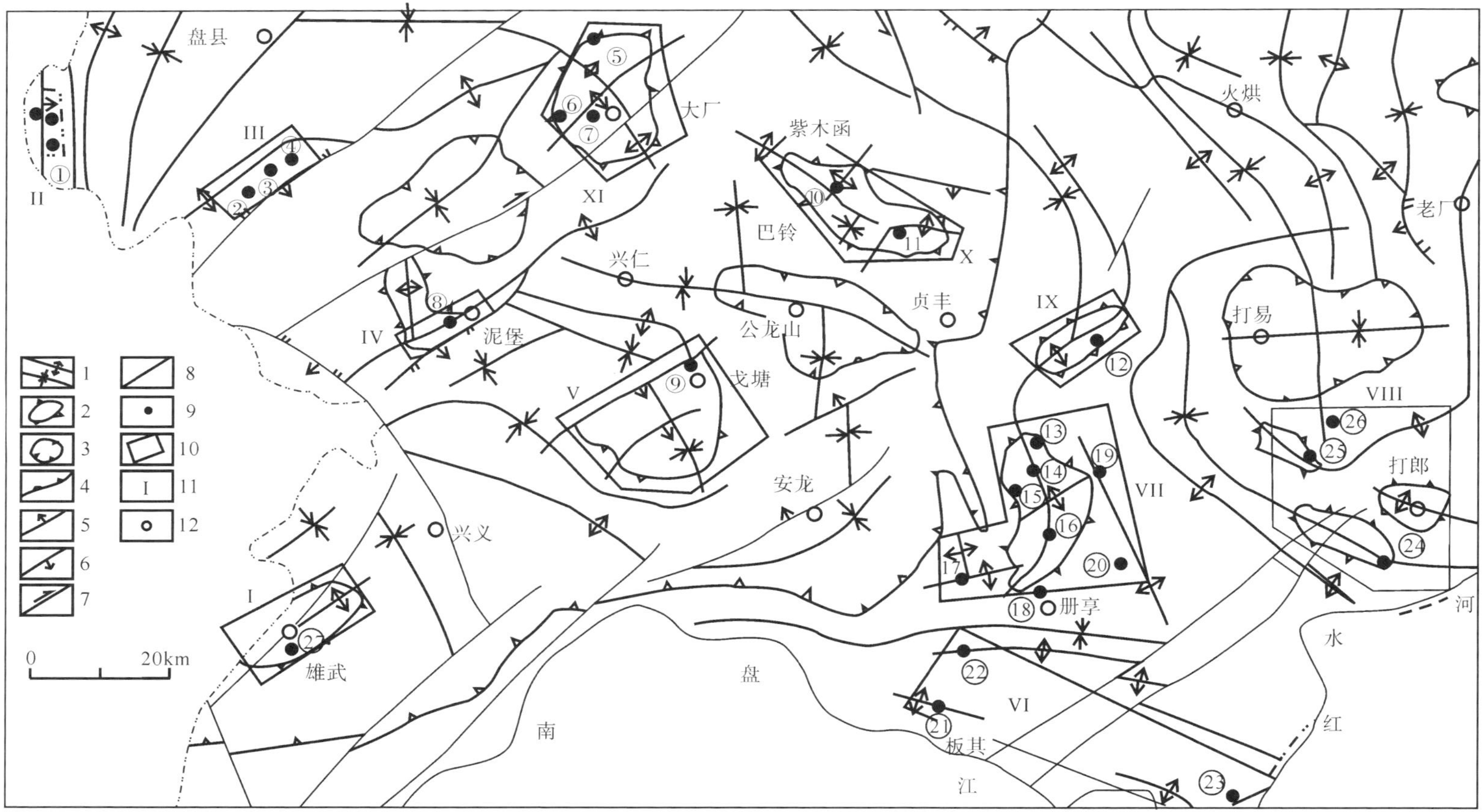

图 5-29 黔西南地区叠加褶皱及金田分布图

（据吴德超等，2003）

1—NW 向褶皱；2—构造穹隆；3—构造盆地；4—推覆构造；5—逆断层；6—正断层；7—平移断层；8—性质不明断层；9—金矿床（点）及编号，与表 5-1 对应；10—金矿田；11—矿田编号，与表 5-1 对应；12—地名

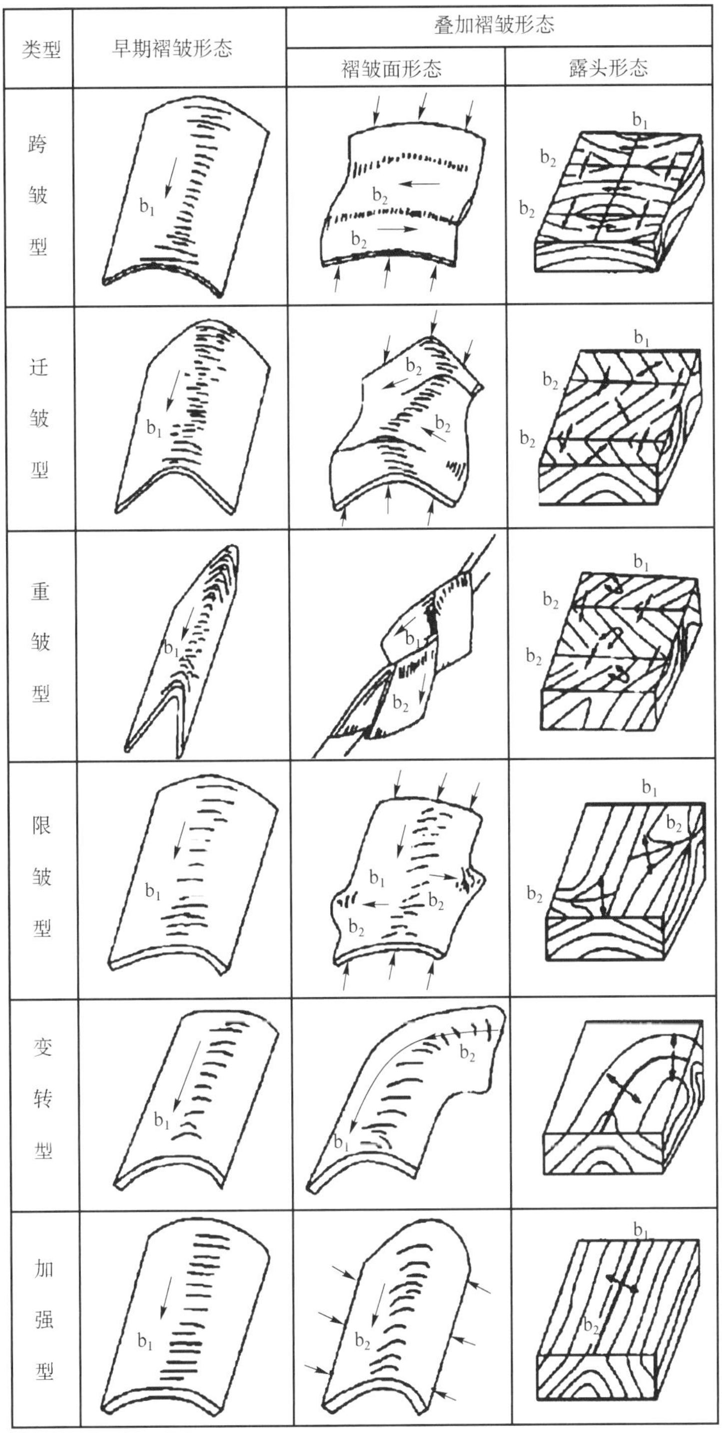

图 5-30 黔西南地区叠加褶皱类型

（据吴德超等，2003）

b_1—第一期褶皱轴向；b_2—第二期褶皱轴向

表 5-1　黔西南地区主要矿田特征及构造控制作用

矿田编号	矿田名称	构造部位	矿田总体方位	典型矿床
Ⅰ	雄武	区域第四期短轴背斜	北东向	沙地㉗
Ⅱ	芹菜坪	区域第二期背斜	近南北向	胜境英、芹菜坪①
Ⅲ	归顺	北东向背斜南东翼	北东向	砂厂②、砂锅厂③、炼山坡④
Ⅳ	泥堡	北东向背斜核部及南东翼	北东向	泥堡⑧
Ⅴ	戈塘	由北西向、北东向褶皱叠加形成的穹隆边部	等轴	戈塘⑨
Ⅵ	丫他-百地	北西向背斜或穹隆	北西向	板其㉑、丫他㉒、百地㉓
Ⅶ	烂泥沟	由南北向、东西向、北东向等多期褶皱叠加形成的弧形穹隆，大部分矿床分布于穹隆周边或次级背斜核部	北东向	洛东⑬、者冗⑭、塘新寨⑮、央友⑯、板年⑰、册亨⑱、烂泥沟⑲、尾怀⑳
Ⅷ	鲁邑-东康	受打易大型构造盆地南翼次级穹隆控制，前者由北西向、南北向、东西向、北东向褶皱叠加形成环形褶皱，矿床受南部次级穹隆控制	南北向（次级穹隆北西向）	东康㉔、豆芽井㉕、鲁邑㉖
Ⅸ	卡务	北东向背斜，是不同方向背斜叠加的转弯部位	北东向	卡务⑫
Ⅹ	灰家堡	北西向褶皱与东西向褶皱叠加的转弯（过渡）部位及与北东向褶皱叠加的交接部位	北西向	紫木凼⑩、三岔河⑪
Ⅺ	大厂	矿床分布于北西向与北东向褶皱叠加形成的穹隆构造周边	等轴	沙子岭⑤、固路⑥、老万场⑦

（据吴德超等，2003）

该区穹隆构造及背斜构造对金矿成矿的意义主要表现如下（吴德超等，2003）：

1）构造穹隆或短轴背斜为弱变形域，常形成构造圈闭，矿液易于在穹隆顶部聚集，为成矿提供了有利条件。在大型、超大型矿床的研究中，应特别注意不同时期出现的继承褶皱（叠加褶皱）及相关断裂。

2）受多期次褶皱叠加影响，常常产生多期次、具容矿性质的断裂及层间滑脱（动）构造。但由于褶皱叠加方式、规模、形态不同，褶皱断裂组合方式不同，从而表现为控制矿床产出部位和就位方式不同。如戈塘矿床主要受平缓背斜及层间滑脱（动）构造控制，矿体呈顺层状产出（顺裂型）；紫木凼矿床受紧闭背斜及陡倾断层控制，矿体陡峻。

3）金矿床的分布通常与构造密切相关：大型穹隆的边部（大厂矿田、戈塘矿田），叠加褶皱的弯转部位（灰家堡矿田、烂泥沟矿田等），叠加褶皱的交接部位（如紫木凼矿床、三岔河矿床等）等。

4）叠加褶皱愈明显、愈强烈，矿田（床）规模可能愈大，如烂泥沟矿田、戈塘、灰家堡、大厂等矿田。

5）研究区矿田分布具有等距性规律，它既表现在北西方向上，也表现在北东方向上，即矿田分布于北东、北西方向的菱（矩）形结（交）点上。矿田间距约15~20km。

第五节　褶皱对先存层状矿体的改造

如果层状矿体形成于褶皱作用之前，则褶皱改造矿体。它使矿体褶皱、破碎、流动、加厚或变薄，甚至造成组分或（和）品位的变化。

一、褶皱对先存层状矿体的改造

在沉积矿床和热水沉积矿床中，先存的层状矿体在褶皱作用下发生变形产生连续弯曲的褶皱现象是常见的（图5-31左）。与褶皱时成矿和褶皱后成矿不同，矿体被褶皱成连续的正弦波状。而前者的矿体通常只存在于背斜的核部，通常向斜是不含矿的。

此时，矿体被弯曲成的形态与褶皱作用方式和类型、围岩的构造和性质、矿体本身的组成和厚度等有直接关系。其中，褶皱作用方式是造成矿体弯曲形态的最直接、最主要的因素。

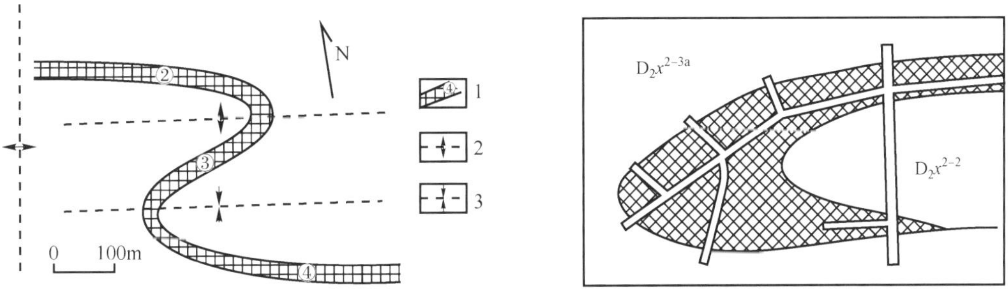

图5-31　被褶皱的层状矿体

左—四川拉拉铜矿（据周家云等，2008）；右—邓家山铅锌矿（据满守波，2003）

1—矿体及编号；2—背斜轴迹；3—向斜轴迹；D_2x^{2-3a}—中泥盆统西汉水组下部；D_2x^{2-2}—中泥盆统西汉水组上部

弯滑褶皱作用使矿体发生圆滑的连续弯曲，矿层厚度不发生明显改变，形成平行褶皱状矿体（图5-31左）；弯流褶皱作用使层状矿体在背斜和向斜核部变厚，翼部变薄，形成相似褶皱状矿体（图5-31右）；揉流褶皱作用使矿体在相邻层的限制下有限“流动”，形成肠状矿体；伴随褶皱作用，也可能使矿体发生石香肠化。在这个过程中，可能使矿体发生品位的富集和贫化以及矿体组成成分的变化。

江西省七宝山铅锌铁钴矿被褶皱改造过程是矿体被褶皱改造最典型实例。七宝山铅锌铁钴矿区位于江西省上高县城西南9km，江南台隆南缘，萍乡—乐平台陷中段。区内发育震旦系、泥盆系、石炭系。矿体严格受地层层位控制，分别赋存于中、上泥盆统棋子桥组—佘田桥组、上泥盆统锡矿山组和上石炭统黄龙组中，呈似层状和透镜状，其产状变化与地层褶皱形态基本一致（图5-32）。

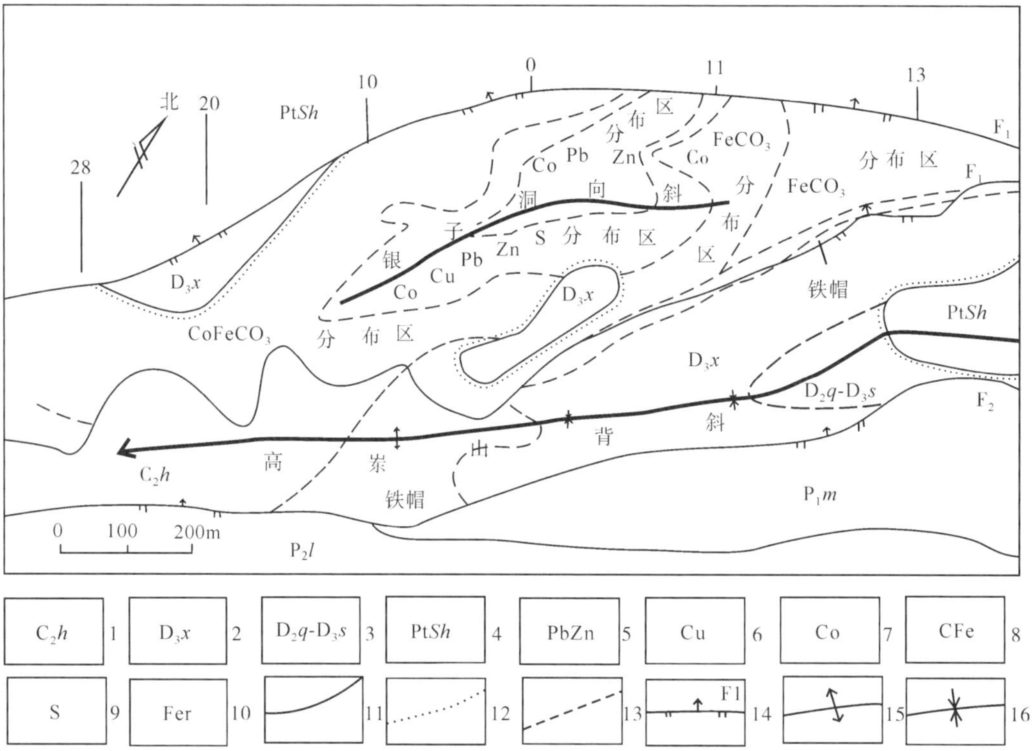

图5-32　七宝山铅锌铁钴矿床构造及矿体分布图

（据王学平等，2011）

1—上石炭统黄龙组；2—上泥盆统锡矿山祖；3—中-上泥盆统佘田桥组-棋子桥组；4—中元古界双桥山群；5—铅锌矿体；6—铜矿体；7—钴矿体；8—菱铁矿体；9—硫铁矿石；10—褐铁矿体；11—地质界线；12—不整合界线；13—平行不整合界线；14—逆断层及编号；15—背斜轴迹；16—向斜轴迹

该矿床具有明显的沉积、改造矿床特点（王学平等，2011）。褶皱对矿层的改造表现为：后期褶皱改造可使一些初期和中期一般呈透镜状和鸡窝状以及其他各种形态的矿化体呈稳定的层状、似层状，使矿体越来越富集、稳定性好、矿石品位高，或者使矿层发生“尖灭贫化”。

袁晓丹（1994）通过对矿体褶皱形态与矿体产状、厚度以及品位变化的统计，得出褶皱对矿体改造的三个阶段：雏形期，形成平缓褶曲，矿体倾角一般在10°~20°以内，以黄铁矿化为主，Pb品位一般为0.7%~0.3%，Zn品位2.5%~1.0%；中期，形成孤立的（背）向斜，矿层倾角一般为20°~45°，Pb品位一般为1.7%左右，Zn品位5%左右；晚期，由中期的单个向（背）斜中的次级小褶曲发育成紧密相连的向斜、背斜，矿层倾角一般大于 45°，形成块状构造矿石，Pb 品位 8%左右，Zn 品位 25%，是矿体中最有价值的矿层。

这种褶皱的发育与矿体的厚度、品位的对应关系，一方面与伴随褶皱作用以及与之有关的断裂活动有利于后期热液活动和改造矿体有关，也存在构造直接改造矿体的因素。

二、变质岩区被褶皱矿体的恢复

在高级变质岩发育地区，已形成矿体被褶皱的过程经常与变质作用同时发生。新形成的轴面片理取代原始层理，使得层理褶皱难以辨认。20 世纪 60 年代以前，人们一直认为，区域变质作用主要起因于地层的埋深（埋深变质作用），因此变质岩片理是与层理平行的。自从 Turner 和 Weiss（1963）识别出片理置换层理的现象以来，人们开始认识到变质岩区层理褶皱的存在。因此，正确认识变质岩区层理褶皱成为确定变质岩区层状矿体形状、产状和厚度的关键。

（一）宏观标志法

蔡学林（1989）将根据宏观标志恢复变质岩褶皱的方法总结为：微劈石法、钩状褶皱法和构造透镜体法。

1. 微劈石法

根据结构，划分 7 种微劈石样式即：（a）平行型、（b）斜列型、（c）S 型或反 S 型微；（d）钩型、（e）单式褶皱型、（f）复式褶皱型和（g）透镜体型（图 5-33）。

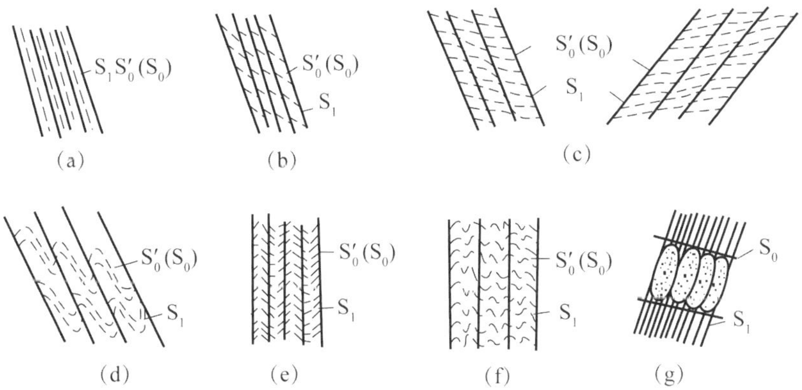

图 5-33　轴面片理微劈石的结构样式
（据蔡学林，1989）

这 7 种微劈石的结构样式在大褶皱内分布有一定的规律：在较开阔褶皱中，翼部为斜列型、S 型或反 S 型，转折端为单式褶皱型和复式褶皱型；在倒转褶皱中，7 种结构样式均发育，在褶皱翼部为平行型，由褶皱翼部到转折端枢纽点附近分别出现平行型、斜列型、S 型或反 S 型、钩型、单式褶皱型、复式褶皱型和透镜体型，由枢纽点到褶皱另一翼分别对称重复出现上述结构样式（图 5-34）。

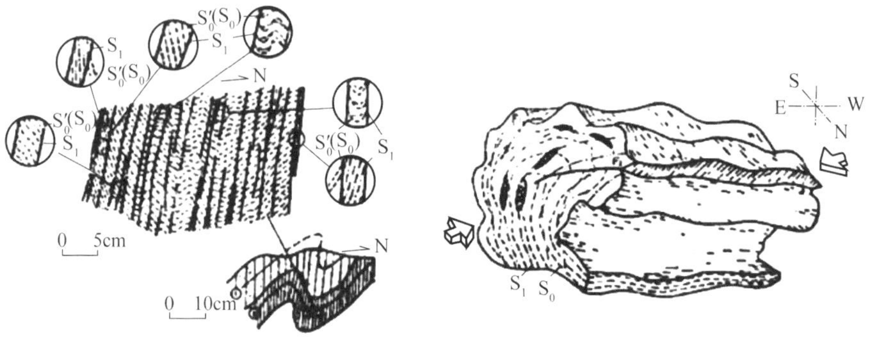

图 5-34　微劈石的结构样式的排列（左）与倒转褶皱的关系（右）

（据蔡学林，1989）

2. 钩状褶皱法

钩状褶皱或无根褶皱主要有以下几种类型：（a）单式对称型；（b）单式不对称型；（c）S 型；（d）Z 型；（e）链环型；（f）肠状式；（g）M 型或 W 型（图 5-35）。

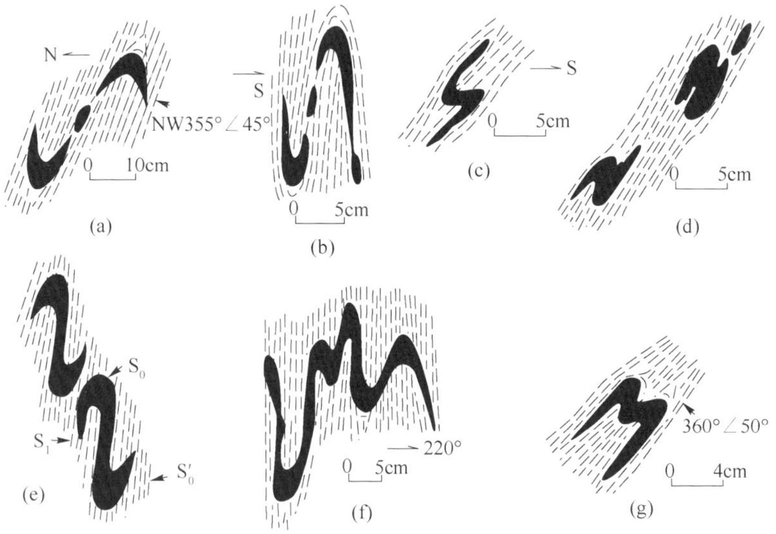

图 5-35　钩状褶皱的形态类型

（据蔡学林，1989）

钩状褶皱构造形态类型在大褶皱内分布是有一定规律的。通常单式对称型、M 型或 W 型钩状褶皱发育在大褶皱的转折端，钩状褶皱转折端的切线方向代表了包络面的方向；单式不对称型、S 型、Z 型、链环型和肠状式钩状褶皱发育在大褶皱转折端到翼部的过渡部位，其中 Z 型钩状褶皱发育在大褶皱的左翼，S 型钩状褶皱发育在大褶皱的右翼，此时钩状褶皱转折端包络面方向与大褶皱轴面呈锐角相交。到大褶皱翼部，由于构造置换的结果，能干岩层全部形成构造透镜体，构造透镜体延伸方向也就代表了原始层理的方向，亦即大褶皱翼部包络面的方向。将褶皱各个构造部位包络面联结起来也就反映了大褶皱的形态特征和规模（图 5-36）。

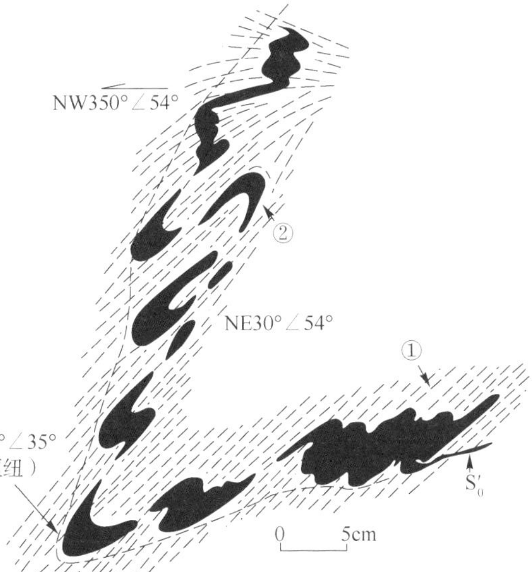

图 5-36　会理群钩状褶皱包络面与大褶皱关系

（据蔡学林，1989）

①片理；②能干层；S_0'—包络面代表的原始层理；S_1—第一期轴面片理

3. 构造透镜体法

构造透镜体有 3 种形态类型：（a）平行式；（b）斜列式；（c）串珠式（图 5-37）。

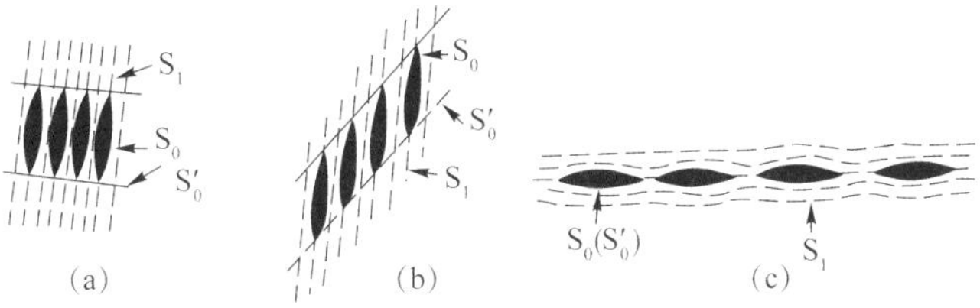

图 5-37　构造透镜体的形态类型

（据蔡学林，1989）

（a）平行式；（b）斜列式；（c）串珠式；S_0—原始层理；S_0'—包络面代表的原始层理；

S_1—第一期轴面片理

平行式构造透镜体分布在大褶皱转折端，构造透镜体端点的切线方向代表了大褶皱转折端的形态；斜列式构造透镜体分布在大褶皱转折端到翼部的过渡部位，或者翼部，构造透镜体端点的连线与大褶皱轴面呈锐角相交；串珠式构造透镜体完全平行于大褶皱的轴面。将由构造透镜体反映出来的各个构造部位包络面连起来的构造形态就代表大褶皱形态（图 5-38）。

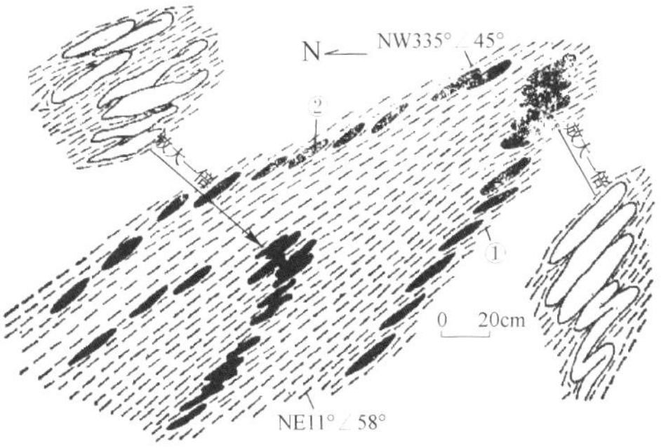

图 5-38　会理群中构造透镜体与大褶皱的关系

（据蔡学林，1989）

①片理；②能干层

（二）赤平投影法

应用赤平投影法主要是恢复变质岩区褶皱构造的产状。其依据是，在变质岩区测量的小型褶皱的枢纽和轴面、线理以及片理与其赋存所在的大型褶皱的相应构造的产状是一致的，或者具有一定规律地空间排列、组合关系。因此可以通过小褶皱枢纽（β）和轴面（π）的赤平投影，恢复变质岩区大型褶皱的产状。以下仅介绍未叠加变形褶皱（简单褶皱）、纵弯褶皱与纵弯褶皱叠加、纵弯褶皱与滑褶皱叠加的赤平投影形态特点。

刘如琦等（1976）以嵩山地区叠加褶皱赤平投影研究为基础，研究了不同叠加状态下褶皱要素赤平投影的特点，概括如下：

1. 未叠加褶皱（或简单褶皱）构造要素图解如图 5-39

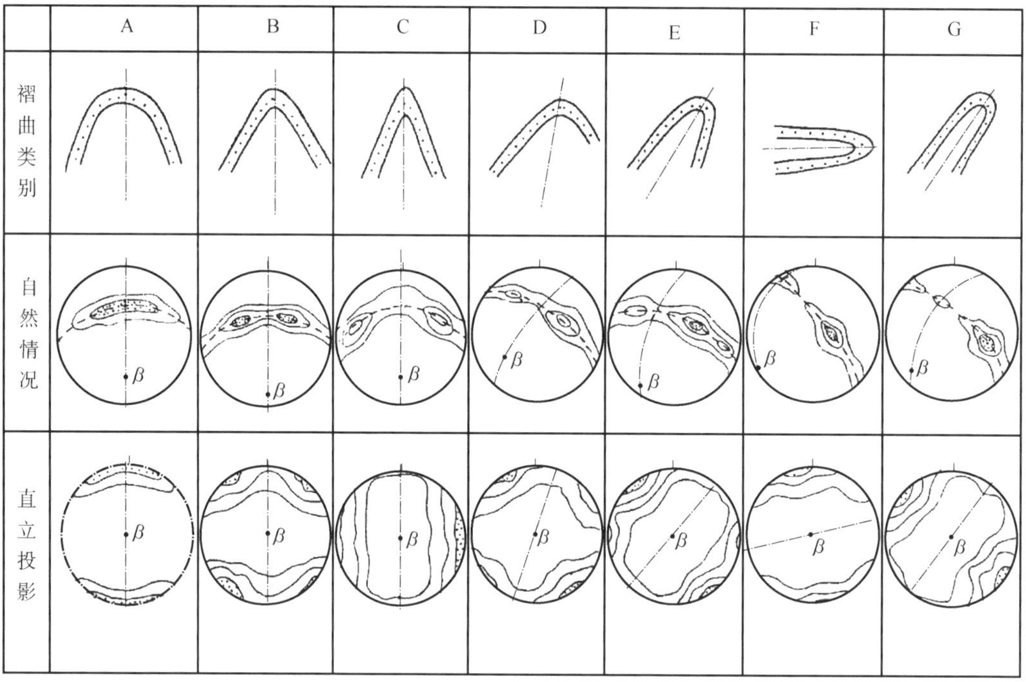

图 5-39　7 种简单褶皱的 β 图解

（据刘如琦等，1976）

2. 纵弯褶皱被纵弯褶皱叠加的组构图解

（1）L_0的变化规律

第一期弯褶曲之前，L_0具有一个固定的倾伏。褶曲发生后，L_0围绕第一期褶轴形成投影小圆。这时，在褶曲表面，L_0的倾伏随处不同。如再发生一次弯褶曲的话，就会使图 5-40a的那个褶曲产生许多次一级的褶曲，每个褶曲表面 L_0的变位轨迹为以所在褶曲的褶轴为中心的投影小圆，于是先期存在的那个小圆便解体为许多个小圆（图 5-40b 之 L_0^1、L_0^2、L_0^3…小圆），各小圆无共同交点。

（2）L_1的变化规律

在后期产生的每个褶曲地段，均保持与褶轴间具相等的夹角，故变位轨迹是一个以该夹角之角距为半径的小圆。不同褶曲地段之 L_1小圆均通过 B 点（图 5-40c）。

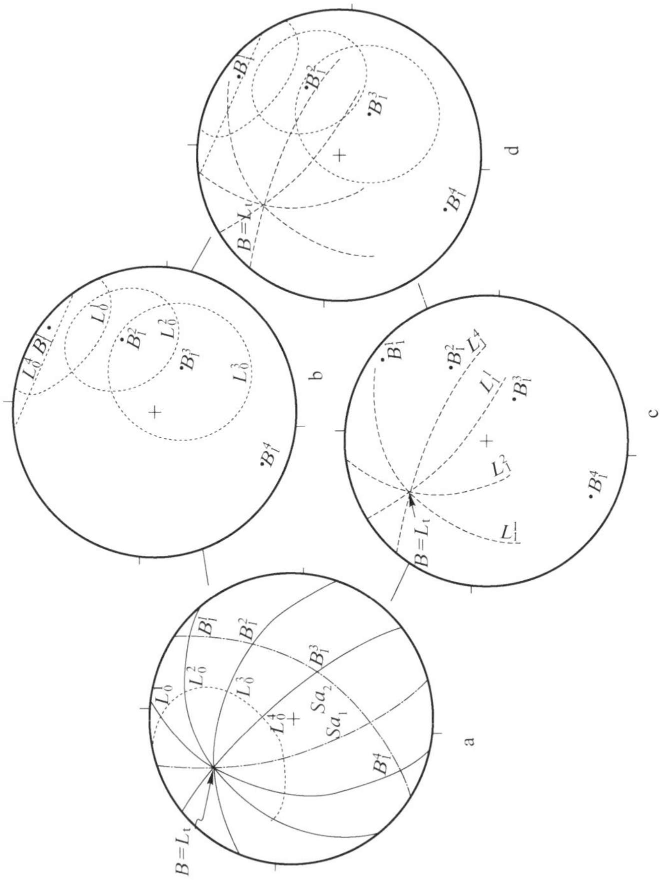

图 5-40　两个纵弯褶皱叠加时线理的变位规律

（据刘如琦等，1976）

a—L_0为先期存在的线理，图示为在第一次褶皱时的轨迹；b—第二期褶皱叠加时，L_0在各褶皱地段的变位轨迹（L_0^1、L_0^2、L_0^3…）；c—第一期褶皱产生的 B 线理 L_1在第二期褶皱中的变位轨迹（L_1^1、L_1^2、L_1^3…）；d—b 和 c 的综合图解，点线示 L_0的轨迹，虚线示 L_1的轨迹

图 5-40d 为图 5-40b 和图 5-40c 的综合图。从图可以看出，在各圆柱状褶曲地段，L_0和 L_1的轨迹小圆均具共同中心，半径不同，两小圆半径之角距差就是前期褶曲的褶轴与先期存在线理 L_0的夹角，也就是前期褶曲阶段 L_0轨迹圆的半径。

3. 纵弯褶皱被滑褶皱叠加的组构图解

（1）L_0的变位规律

纵弯褶皱阶段，L_0的变位轨迹是一个投影小圆，到后期的滑褶皱阶段，在各圆柱状部分，L_0是在包含其本身的局部产状与 α 轴的平面内变位。前期褶曲形成之后，L_0在褶曲表面各部分的局部产状分别为 L_0^1、L_0^2、L_0^3……（图 5-41）。后期褶曲叠加之后，L_0在各圆柱状地段的变位轨迹分别为 αL_0^1、αL_0^2、αL_0^3……大圆，这些大圆均交于 α。所有这些大圆，均被通过 α 而又切于小圆的 xx'和 zz'两条直线所限制着，形成了一个“楔形带”（图 5-41a），这个带比较概略地反映了 L_0同前期褶轴间夹角的大小。显然，如与前期褶轴 B 之夹角等于 0（即两者平行）时，投影小圆变为一点，此点即 $B=L_0$，xx'和 zz'两条直线重合，于是 L_0的变位则完全由后期变形阶段所控制，变位轨迹恰好就是通过 α 和 B 的投影大圆。

（2）L_1的变位规律

在任一个圆柱状褶曲地段，L_1都是在包含 α 与 L_1的平面上变位，轨迹为 αL_1大圆（图 5-41b）。

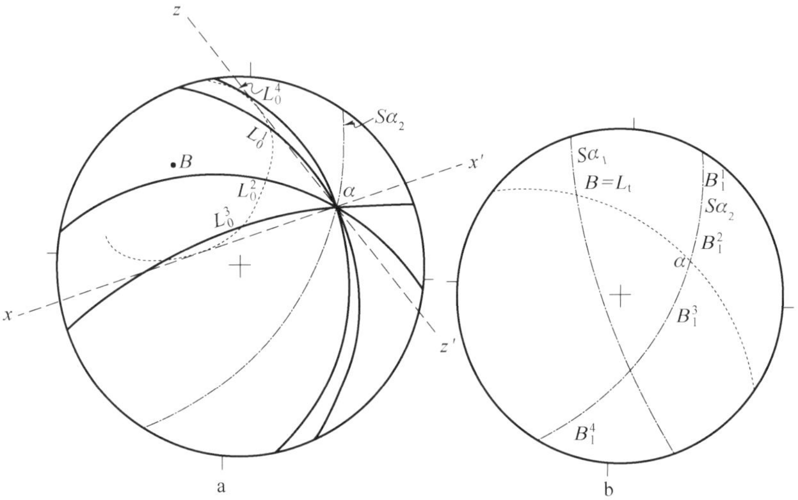

图 5-41　弯褶曲为滑褶曲所叠加时线理的变位

（据刘如琦等，1976）

a—L_0的变位；b—L_1的变位

第六章　断裂构造的控矿作用分析

断裂是岩石中的破裂面。如果沿着破裂面两侧岩块发生了明显位移，则称为断层；如果没有位移或位移量很小，称其为节理；一组平行排列的、具有细密间隔的、且有透入性分布的破裂面，属于破劈理；一组平行排列的、具有细密间隔的、且有透入性分布的潜在的破裂面，属于板劈理。

断裂可以在挤压、拉伸、弯曲、扭转和剪切等外力作用下形成。在不同外力作用下，地质体或者沿着最大拉张应力作用面裂开——张裂，或者沿着最大剪应力作用面附近裂开——剪裂。

第一节　识别控矿断裂的性质

无论是张裂还是剪裂，它们都形成于挤压、拉伸、弯曲、扭转和剪切五种外力作用方式。相同外力作用方式下产生的不同力学性质的断裂——张裂和剪裂——具有不同地质特征；不同外力作用方式下产生的相同力学性质的断裂——如剪裂——也具有不同地质特征。因此，所谓正确识别断裂性质，包括识别断裂的力学性质（张裂或剪裂）和外力的作用方式两个方面的内容（图6-1）。

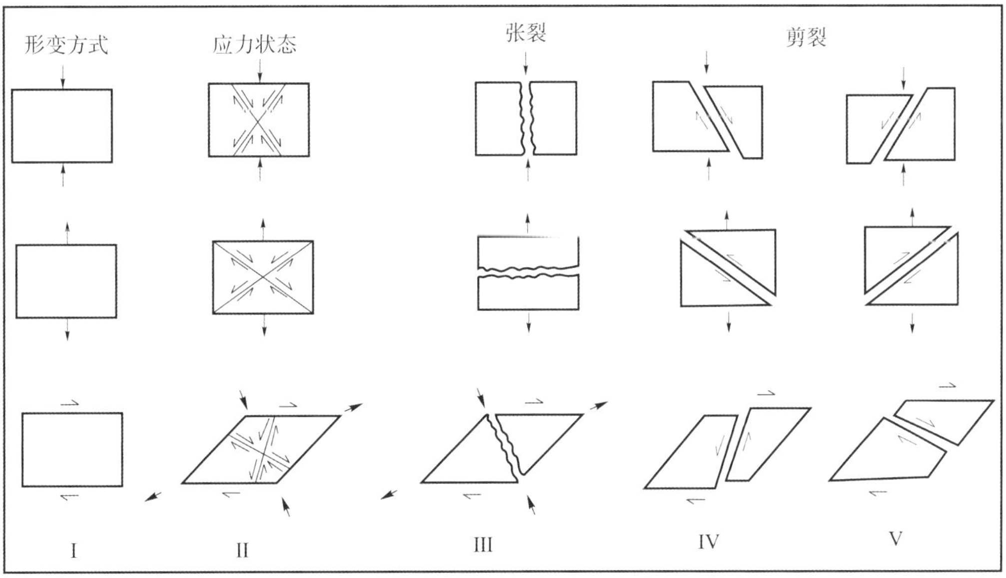

图6-1　岩石的破裂方式和外力作用方式

一、张性断裂

1. 张性断裂的成因

张性断裂，简称张裂，是沿着最大张应力作用面产生的破裂，并垂直于最大拉张应力轴。因此也可以说，张裂是由张应力作用产生的破裂面。张性破裂面包括张性节理和张性断层。

如果在形成张性断裂之前，岩石中已经出现了共轭剪切破裂，在递进变形过程中，在大致平行最大拉张应力作用面的方位，追踪先期存在的共轭剪裂面会形成**锯齿状的张性断裂**，称为**追踪张性断裂**（图 6-2）。

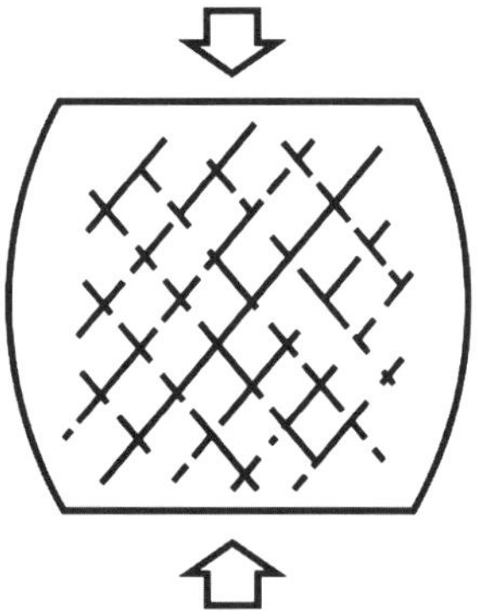

图 6-2　单向挤压情况下的共轭剪节理和追踪张节理

张性断裂可以形成于单轴拉伸、单轴压缩、剪切、弯曲和扭转等外力条件，其特点是张裂面总是垂直于最小主应力轴或最大主应变轴。

岩石受到拉伸时，当最大张应力超过岩石的抗张强度，则沿着最大张应力（σ_3）作用面裂开，形成张性破裂面。

当岩石受到单向压缩时，在平行最大主应力轴方向上缩短，在与最大主应力轴垂直的横向上伸长。当伸长达到一定限度时，岩石在平行最大主应力轴方向上裂开，形成与挤压应力作用方向平行的张性断裂。

当岩石受到剪切作用时，最大主应变轴与剪切方向夹角为 φ'（$\tan 2\varphi' = 2/\gamma$，$\gamma$ 是角剪切）。当平行于最大主应变轴的伸长达到一定限度时，岩石在垂直最大主应变轴方向上裂开，形成张裂。这种张裂常出现在剪切带中或断层两侧，呈雁行排列。

当单一岩层受到弯曲作用时，往往存在一个长度不变的中和面。中和面之上的岩层受到拉张，形成垂直岩层层面的张性破裂面。

旋卷构造应力场的主应力迹线呈弧形弯曲（图 6-3）。此时，在平行最大主应迹线的方向上，可能产生张裂。尽管这种张裂平行于最大主应力迹线，但本身并不像最大主应力迹线那样呈连续的弧形弯曲，而是一系列的张裂呈现弧形斜列，总体平行于弧形弯曲的最大主应力迹线。

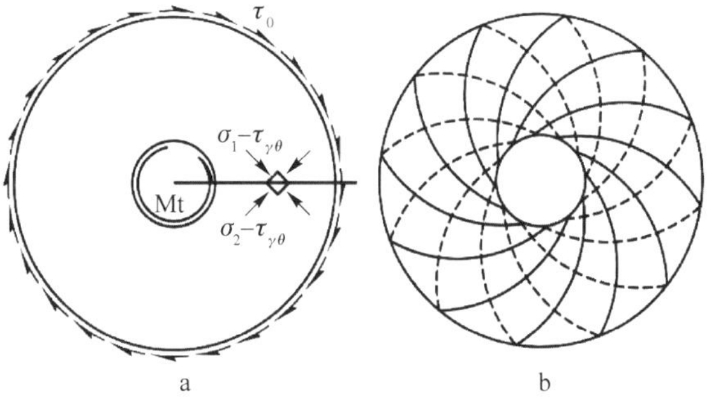

图 6-3　旋卷构造力学模型（a）和主应力迹线（b）

（据阎恩德，1974）

2. 张性断裂的特点

张性断裂具有如下特点：

1）张裂产状不稳定，而且延长和延伸都不远。单个张裂短而弯曲；若干张裂常呈雁行排列（图 6-4 左）。

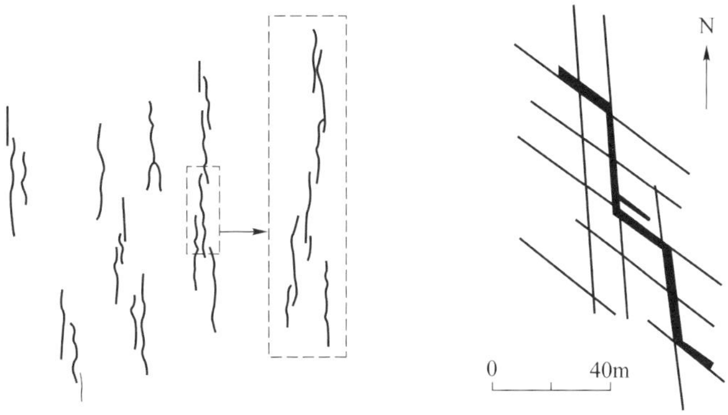

图 6-4　张裂的几何特征（左）和追踪张裂（右）

（据马宗晋，1965）

2）张裂表面粗糙不平，无擦痕或擦痕很少。有时张裂面追踪已形成的两组共轭剪切面形成追踪张裂，呈锯齿状（图 6-4 右）。

3）发育在砾岩中的张性破裂面往往绕过砾石。

4）张性破裂面很少密集成带。

5）张性破裂面上宽下窄，呈开口向上的楔形。

6）一般在拉伸力作用下形成的张裂呈平行排列；在力偶作用下形成的张裂呈雁行排列（图 6-5）；旋转构造应力场中的张裂总体呈现弧形斜列。

图 6-5　受两组共轭剪节理控制的雁行张节理

二、剪裂

1. 剪裂的成因

剪切破裂简称剪裂，是沿着最大剪应力作用面附近产生的破裂。根据库仑破裂理论，剪切破裂面与最大剪应力作用面所夹锐角为 $\varphi/2$，φ 是岩石的内摩擦角。因此也可以说，剪切破裂是由剪应力产生的破裂面。

最大剪应力作用面成对出现，互相垂直。因此，剪裂也经常成对出现，成 X 形，称为**共轭剪切破裂面**，简称**共轭剪裂**。共轭剪裂的交线与 σ_2 平行。在初始状态下，锐角平分线平行于 σ_1，钝角平分线平行于 σ_3。但是在递进变形过程中，锐角可能成为钝角，钝角则变成锐角。因此不能简单地根据锐角区和钝角区判断 σ_1 和 σ_3 的方位。应该根据锐角区和钝角区岩块的运动趋势、三角形岩块尖端的钝化现象以及节理的错列方式等判断最大和最小主应力轴的方位。

剪裂可以形成于单轴拉伸、单轴压缩、剪切、弯曲和扭转等外力条件下。

在单轴拉伸或单轴压缩条件下，如果 σ_2 轴是水平的，则形成剖面上的共轭剪裂（图 6-6a）；如果 σ_2 轴是直立的，则形成平面上的共轭剪裂（图 6-6b）。

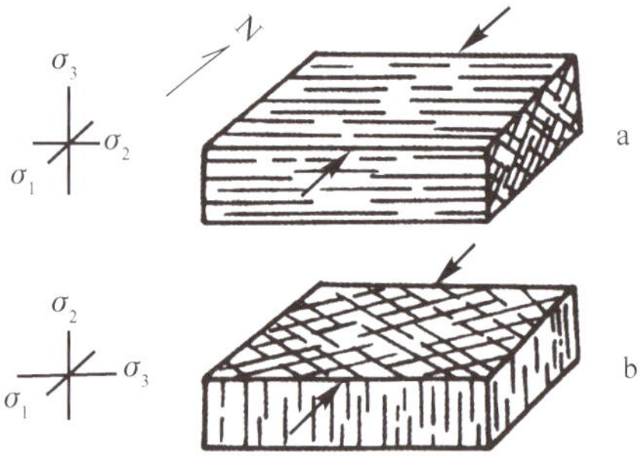

图 6-6　单向挤压情况下形成的剖面共轭剪裂（a）和平面共轭剪裂（b）

剪切的外力作用方式可以是挤压剪切（图 6-7 上），也可以是拉张剪切（图 6-7 下）。其共同条件是大小相等、方向相反、互相平行的一对外力既不能在同一直线上，相距又要非常紧密。如同剪床剪断钢板或剪刀剪纸的作用（挤压剪切）或者如同铆钉被拉断（拉张剪切）。

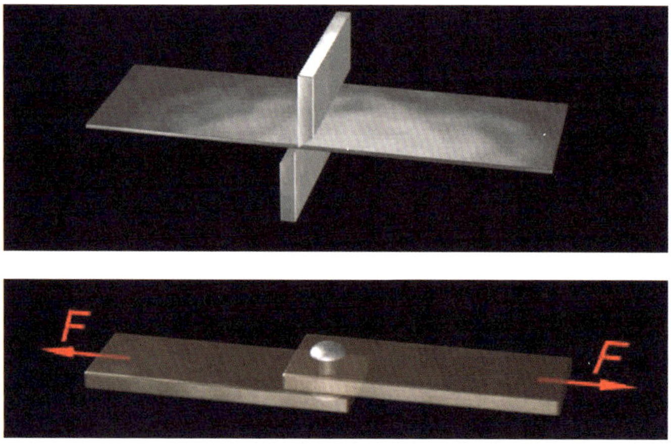

图 6-7　挤压剪切（上）和拉张剪切（下）

在地质上，前者形成垂直造山带、褶皱轴的走滑断层；后者形成转换断层以及伸展盆地内部、垂直盆地走向的调节断层（陆内转换断层）。

当岩层受到挤压发生弯曲时，在层内会形成旋转剪裂和同心状剪裂（参见图 5-4 左）。

在理论上，当构造力的合力的作用线没有通过地质体的质量中心时，地质体将发生旋转。但是，周围的地质体将限制受力地质体的转动，从而会产生一个旋卷构造应力场。在旋卷构造应力场中，主应力迹线呈弧形弯曲。此时，在与最大主应力迹线成 $45°-\varphi/2$ 的方位上产生两组剪切破裂：一组与旋转中心近直交，另一组围绕旋转中心成弧形排列（图 6-8）。

图 6-8　内蒙古巴彦查干金矿区的弧形剪切破裂面

2. 剪裂的特点

如前所述，剪裂可以在单轴拉伸、单轴压缩、剪切、弯曲和扭转等外力条件下形成，从而形成逆断层型、正断层型、走滑断层型剪切断裂（图 6-9），其特点各有不同。

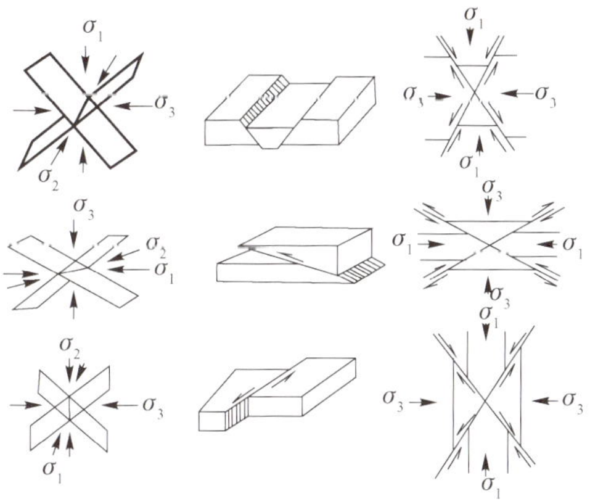

图 6-9　断层应力模型

（据 Anderson，1951）

（1）逆断层型剪切断裂

逆断层型剪切断裂是在区域或局部的挤压力作用下形成的，具有如下特点：

1）上盘上升，或具有上盘上升的趋势。

2）经常与褶皱伴生，断裂走向总体与同期褶皱轴向一致，为走向断层。

3）在剖面上以共轭形式出现，理想情况下，共轭破裂面交线平行褶皱枢纽；褶皱轴面平分共轭破裂面的钝角。

4）当破裂面规模较小时，总体平直、光滑，擦痕和镜面发育，擦痕垂直走向或与走向线较大角度相交；当破裂面规模较大时，在走向方向上呈现舒缓波状。也控制沿走向呈现舒缓波状的矿脉。

5）断裂构造岩有如下特点：构造透镜体发育，长轴总体与倾斜线平行；平行构造透镜体的短轴出现张裂；若干构造透镜体斜列，指示上盘向上运动趋势。

6）逆断层型剪切断裂控制的矿脉在平面上和剖面上主要有三种形态：其一是连续的透镜状（图6-10a和b）；其二是斜列的透镜状（图6-10c）；其三是板状（图6-10d）。

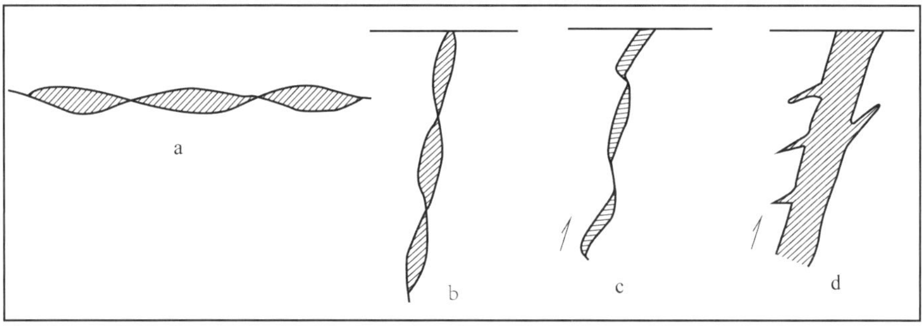

图6-10　逆断层型剪切断裂控制的矿脉

7）逆断层型剪切断裂在剖面上，其两侧，特别是上盘经常出现张性羽状裂隙，构成羽状分枝的矿脉（图6-10d）。与主干矿脉的夹角指示上盘逆冲的位移趋势。

8）逆断层型剪切断裂在剖面上其两侧，特别是上盘经常出现拖曳褶皱，是矿液充填、沉淀的良好场所。

（2）正断层型剪切断裂

正断层型剪切断裂是在区域或局部的拉张力作用下形成的，具有如下特点：

1）上盘下降，或具有上盘下降的趋势，在剖面上以共轭形式出现。

2）经常构成盆地、地垒、地堑、拆离断层的一部分，断裂走向总体与上述构造线方向一致。同断裂作用没有褶皱，甚至很少形成拖曳褶皱。少数情况下，因大型拆离断层的弯曲和扩展，可能产生断层相关褶皱（Fletcher et al.，1995）。

3）破裂面总体平直但不光滑，擦痕和镜面局部发育，擦痕垂直走向或与走向线较大角度相交。

4）断裂构造岩多成棱角状或次棱角状，磨圆不好，胶结较差，构造透镜体不发育。

5）断裂发育过程中，断裂带是扩张的空间，容易被同构造脉体充填；也容易成为热液运移和沉淀场所；易发育梳状石英脉。

6）派生构造出现在剖面上。派生褶皱不发育，多数只发育靠近断层面附近的拖曳弯曲。派生的裂隙以张裂隙为主。

7）正断层型剪切断裂在控矿上有以下两个特点：其一，由于是剪切断层，延长和延深较大，大型者可以作为导矿或布矿构造；其二，由于是在张性外力作用下形成的，具有良好的容矿空间，成为储矿构造。

(3) 平移断层型剪切断裂

平移断层型剪切断裂也可以形成于挤压、拉伸、弯曲、扭转的外力作用方式，具有如下特点：

1）产状较稳定，沿走向和倾向延伸较远。

2）断裂面较平直、光滑，镜面和擦痕发育，擦痕水平或近水平。

3）剪裂面平整切割岩石中的砾石或矿物颗粒。可以根据砾石或矿物颗粒的错开确定两侧岩块的相对运动方向。

4）典型的平移断层型剪切破裂常常以平面共轭型式出现，组成“X”形，并把岩石切成菱形，构成棋盘格式构造（图 6-11）。

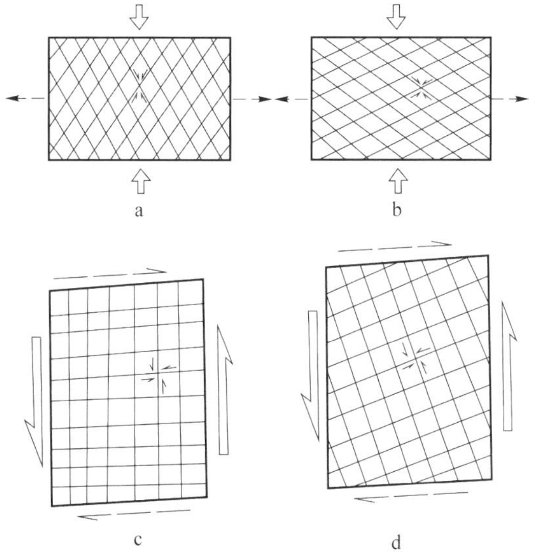

图 6-11　单向压缩（上）和力偶（下）作用下形成的棋盘格式构造

a 和 c—初始变形状态；b 和 d—递进变形状态

5）剪裂常呈错列和侧列现象（图 6-12）。

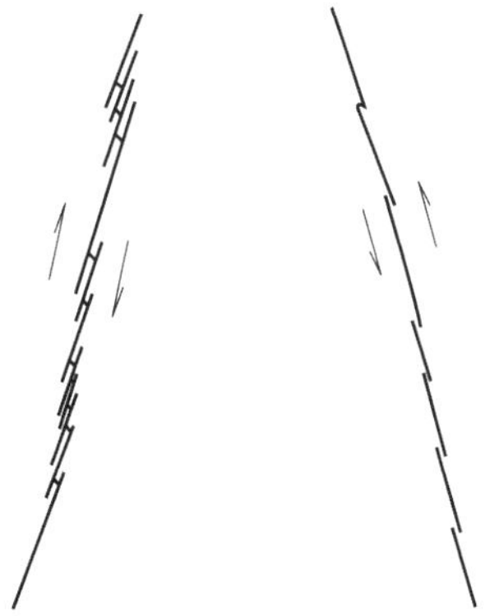

图 6-12　剪节理的侧列（左）和错列（右）现象

6）如被矿脉充填，脉宽稳定、脉壁平直，构成板状矿脉。或一系列单一的平直的矿脉在平面上平行侧列（图 6-13）。

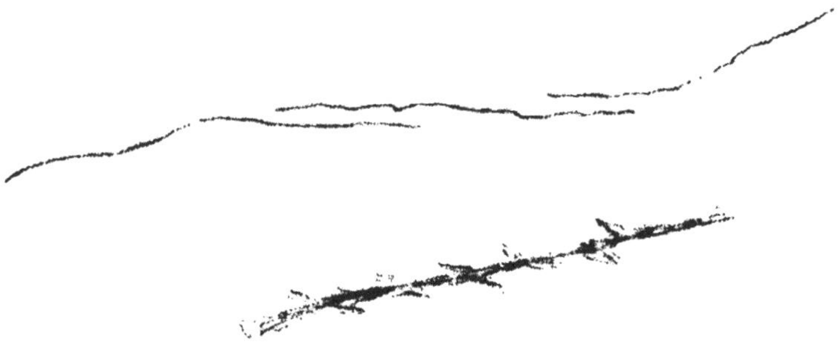

图 6-13　平移断层型剪裂控制的矿脉（赣南钨矿）

（4）简单剪切断层

形成简单剪切断层的外力作用方式相当于剪切（参见图 6-7）。在大陆内部有三种不同情况：

其一是在伸展盆地发育地区，由于盆地伸展不均一产生的垂直盆地延长方向的调节断层（图 6-14）。这种断层是在伸展体制下形成的，也称为陆内转换断层（陈发景等，2011），相当于图 6-7 的拉张型剪切条件。

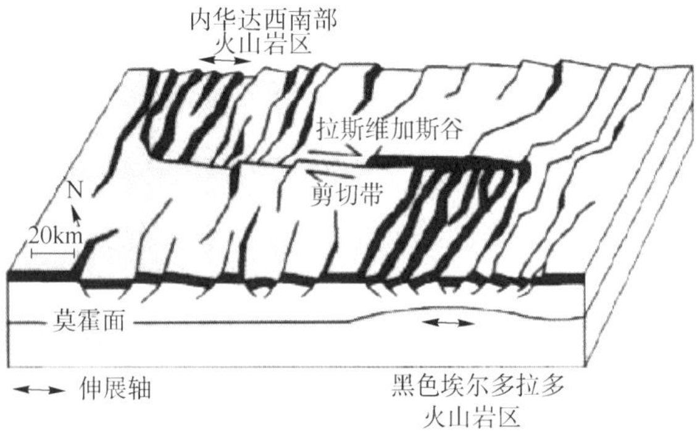

图 6-14　美国内华达州拉斯维加斯谷转换带模型

（据陈发景等，1998；Faulds，1998）

另外一种是伴随造山带形成的。断层垂直造山带的延展方向，如同图 6-7 的挤压剪切的受力环境。许多垂直褶皱轴向的走滑断层也属于此类。

第三种情况被称之为大陆垂直转换断层（图 6-15）。

简单剪切断裂——无论是拉张型还是挤压型，所有特征都与平移断层型剪切断裂相似。两者的区别主要在于：

1）与平移断层型剪切断裂相比，没有伴生的同序次的共轭断裂。

2）这些断裂总是垂直于或大角度相交于同时期的挤压构造（造山带、褶皱轴）或拉张构造（盆地）延展方向，而平移断层型剪切断裂经常与褶皱轴或伸展盆地是斜交的。

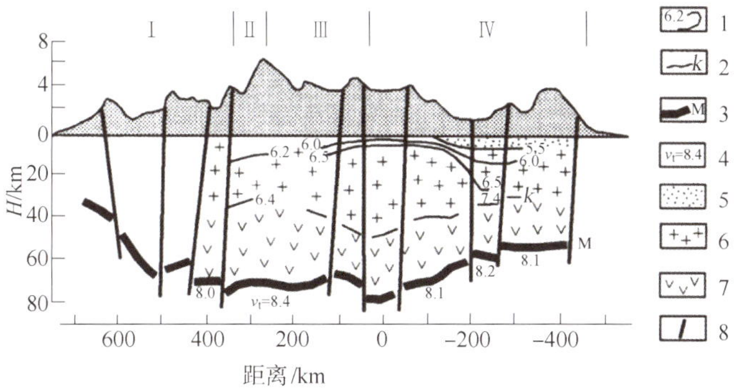

图 6-15　费尔干纳—喜马拉雅大剖面所反映的垂直转换断层

（据白文吉等，1997；Beloussov，1984）

1—波速等值线；2—玄武岩界面；3—Moho 面；4—上地幔波速；5—沉积层；6—花岗岩层；7—玄武岩层；8—垂直转换断层；h—海拔高度；H—地壳厚度；Ⅰ—大喜马拉雅；Ⅱ—中喀拉库姆；Ⅲ—帕米尔；Ⅳ—天山

3）与伸展盆地有关的简单剪切断裂，具有大洋盆地中转换断层的位移特点——盆地扩展中心两侧，断层同一盘的位移方向是相反的（图 6-16）；与挤压构造有关的简单剪切断层与普通走滑断层的位移方式相同。

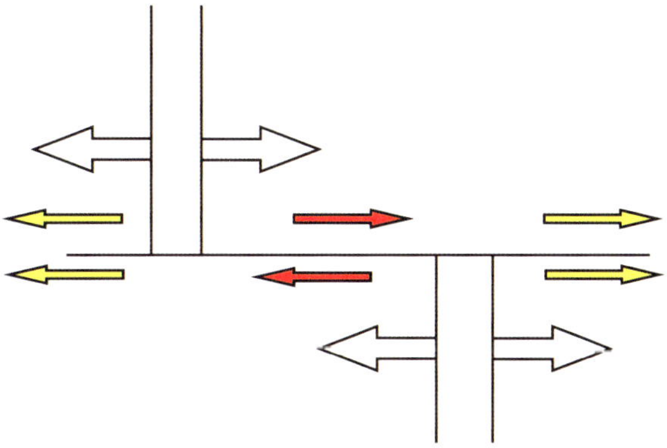

图 6-16　转换断层及其位移方式

4）破裂面本身没有受到挤压或拉张，因此很少出现很深的平行擦痕的沟、槽或脊。当为节理构造时，相邻节理面之间的岩片没有受到任何挤压或拉张。

5）与盆地和造山带有关的简单剪切断层的倾角总是直立的。

地壳中的断裂不是孤立的。在一个具有一定边界形状的地块内，在特定时期的构造应力场作用下，可以形成不同力学性质、不同规模、不同产状和不同运动方式的断裂以及与之同时形成的褶皱。这些看似不同的构造，在空间上组成一个有成生联系的整体，这就是构造体系。无论是张裂，还是各种不同的剪裂，它们一定是某一断裂构造体系的组成部分。断裂构造体系包括：逆冲推覆构造体系、伸展构造体系、走滑构造体系、简单剪切断层体系以及其他一些断裂构造的组合形式等。当研究矿床的构造控制时，必须从断裂体系，即断裂组合入手。

第二节　逆冲推覆构造的控矿作用

一、逆冲推覆构造体系

逆冲推覆构造是由低缓的逆冲断层（倾角小于30°）及上盘推覆体或逆冲席体构成的外来岩块（推覆距离大于5km）组成的构造。它是以断裂为主体、断裂与褶皱组合的构造体系——逆冲推覆构造体系。主要由3个部分组成：原地系统、逆冲断层系统和外来系统（图6-17）。

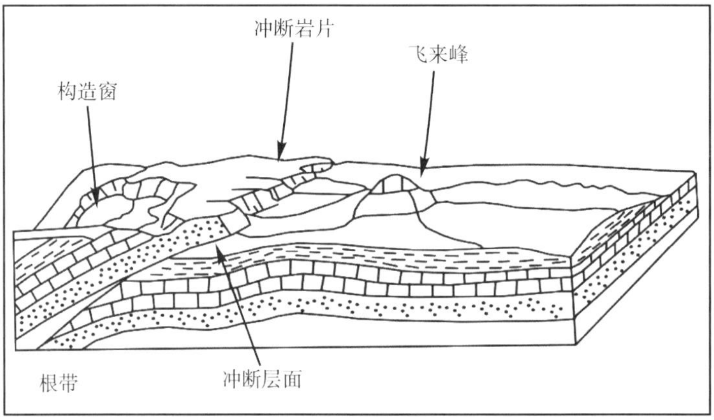

图6-17　逆冲推覆构造的组成

1. 原地系统

是原地的地层或岩体，没有经过该逆冲推覆系统的改造或位移，只在逆冲断层面附近的岩石因上盘位移而产生局部影响。出露在逆冲断面前锋带以前，或在推覆体处以构造窗的方式出露。

2. 逆冲断裂系统

逆冲断层是倾角小于30°的逆断层。通常是由一系列的倾角很缓、延续较长的断坪和倾角较陡、延续较短的断坡连续组成（图6-18），即所谓台阶式结构。断坪一般沿非能干层（即软弱岩层如页岩、膏岩层、煤层等）发育，而断坡则一般是由断层自断坪向上切割强硬岩层（能干层）而形成。

逆冲断层往往不是由单一的一条逆断层组成的，而是由产状相近、向同一方向逆冲的数条逆冲断层组成，它们共同构成逆冲断层系统（图6-19）。包括：叠瓦扇——分为前展式与后展式，双重构造（Duplex）——分为倾向后陆式、倾向前陆式与背驮式，反冲断层、构造三角带和冲起构造（图6-20）。

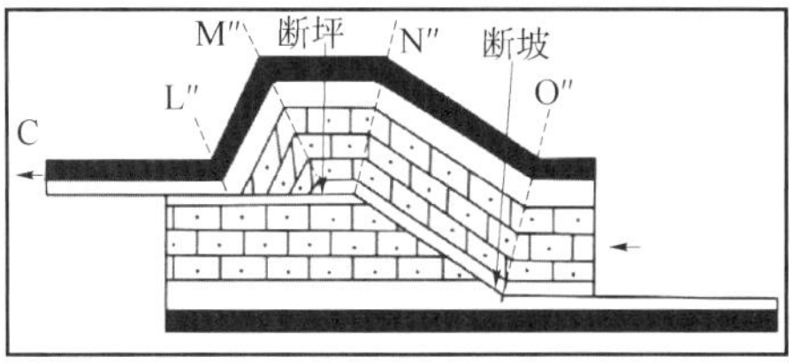

图6-18　断坪和断坡

（据Suppe，1983）

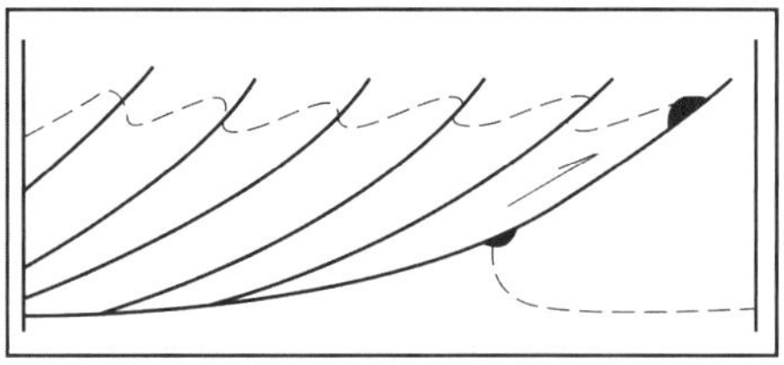

图6-19　逆冲断层系统

（据Boyer et al.，1982）

反冲断层是与逆冲断层产状和位移方向相反的逆断层。

冲起构造是逆冲断层与反冲断层构成的背冲式构造的汇合部位（图6-20）。

构造三角带是逆冲断层、反冲断层和底板逆冲断层围限的三角形构造区（图6-20）。

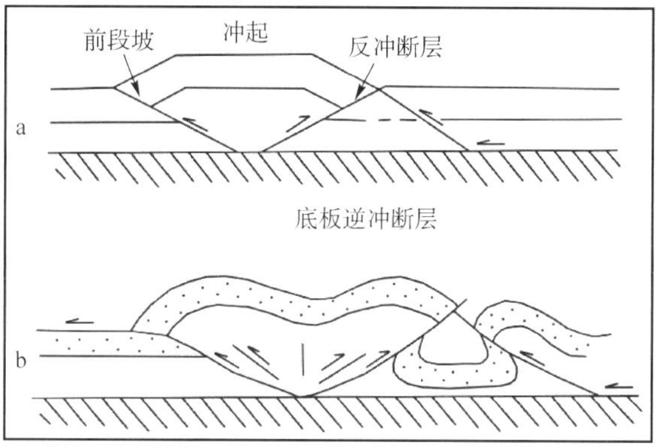

图6-20　冲起构造和构造三角带

（据朱志澄等，1991）

3. 外来系统

外来系统位于逆冲断面之上，称为推覆体。有时，因剥蚀作用使外来系统的岩块孤立地位于逆冲断面前缘以外的原地系统之上，构成飞来峰。

有时，整个推覆体为一个平卧褶皱，称为褶皱推覆体。

外来系统的岩层常因逆冲断层的弯曲或沿着逆冲断层的滑移而产生褶皱，称为断层相关褶皱，是逆冲推覆构造体系中重要的组成部分（参见第五章第二节）。

逆冲推覆构造形成于俯冲带（主要保存在前弧）、造山带、前陆盆地、伸展断陷盆地收缩或回返褶皱时等挤压环境。

二、建立逆冲推覆构造体系

上面，阐述了逆冲推覆构造体系的断裂组合、断裂与褶皱组合以及各种构造样式。但是在实际工作中，由于视野的局限性，通常很难确定不同产状、不同类型和性质以及不同样式的构造属于一个整体——逆冲推覆构造体系。在建立逆冲推覆构造体系时，可以从如下几个方面入手：

（1）确定主干逆冲断层

主干逆冲断层通常具有如下特点：

1）主干逆冲断层具有区域性延伸的特点，并且与造山带和区域性构造的走向一致；

2）通常是区域上第一级别的构造；

3）倾角总体较缓，但是在不同地段的不同标高倾角有陡和缓的明显区别，体现断坪和断坡阶梯状变换的特点；

4）主干断层两侧地质体的性质、变形特征具有明显差异。

（2）确立断裂组合形式

逆冲推覆断裂系统以主干逆冲断层为主导构成单冲型（图6-21）、背冲型（图6-22）和对冲型（图6-23）断裂组合系统。

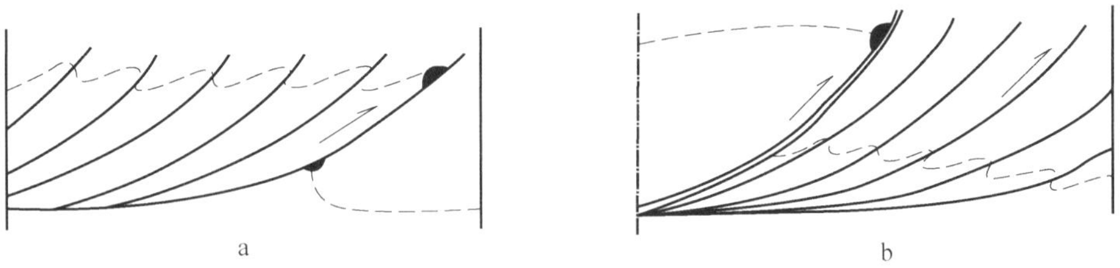

图 6-21　单冲型逆冲断层系

（据 Boyer，1984）

a—前导主叠瓦扇；b—尾叠瓦扇

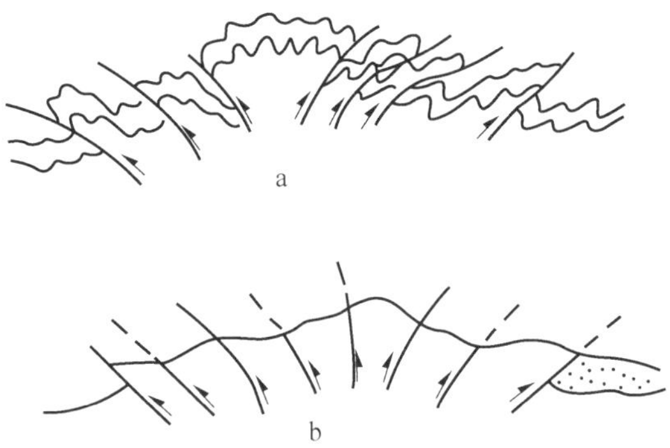

图 6-22　背冲型逆冲推覆构造

（据朱志澄，1991）

a—褶皱造山带背冲型逆冲断层系统；b—天山造山带背冲型逆冲断层示意图

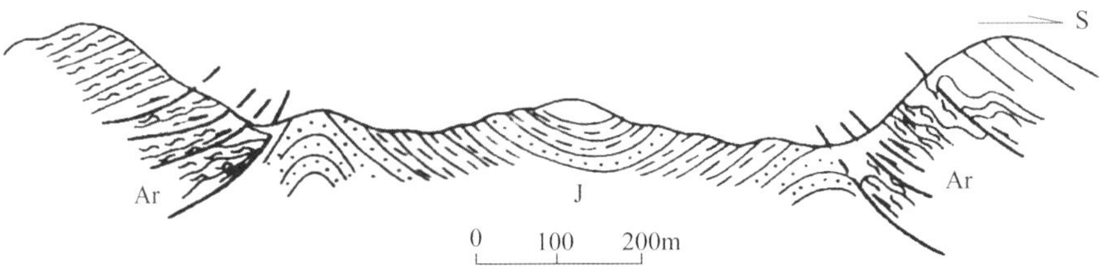

图 6-23　内蒙古大青山杨圪楞煤田对冲式断层系统

（据朱志澄，1991）

无论是哪一种类型，都会发育与之倾向相反、位移方向相反的反冲断层，组成构造三角带或冲起构造（参见图 6-20）。

（3）识别断层相关褶皱

如前所述，断层相关褶皱包括断弯褶皱（断层转折褶皱）、断展褶皱（断层传播褶皱）和断滑褶皱（断层滑脱褶皱）。三者与逆冲断层有固定的空间关系、特殊的构造样式和独特的形成方式，其鉴别参阅第五章第二节。

三、逆冲推覆构造的容矿空间

逆冲推覆构造的容矿空间包括：

1）主干逆冲断层，包括：①主干逆冲断层造成强烈的层间破碎带，是良好的容矿空间；②断坪与断坡转折处，特别是断坡与上断坪转折的位置属于扩容带，更有利于容矿；③断坡：可以把断坡理解为断坪产状变换的位置，亦属于扩容带。

2）冲起构造和构造三角带造成背形容矿空间。

3）断层相关褶皱：断层相关褶皱是最有利的容矿空间，因为：①多是孤立的背形；②与大型断层伴生；③特殊的形成方式使得容矿空间得到加强。

四、确认构造作用与成矿作用之间的时间关系

矿体赋存于逆冲推覆构造有关的断层或断层相关褶皱中，并不意味着构造作用和成矿作用两者一定是同时的。

一种情况是：成矿作用伴随逆冲推覆的构造作用发生。这时，矿液运移受逆冲推覆构造有关的构造应力场的制约，容矿空间亦为逆冲推覆构造的有利部位——扩容带。

另一种情况是：逆冲推覆构造在先，成矿作用是下一次或更晚期次构造热事件的产物。因此，识别是否属于成矿期构造控矿，具有重要意义。陈国达（1978）提出判别成矿期断裂控矿的标志如下：

1）沿着较早矿脉中部或侧旁，有同一成矿时期的较晚矿化阶段的矿脉形成，为矿化过程中断层在不同矿化阶段多次张开的产物。

2）不同方向的矿脉和岩脉互相彼此穿插。

3）同一成矿时期的较早矿化阶段的矿脉为断层所错移，并被晚期的矿脉所贯穿（图 6-24）。

4）同一成矿期的较早矿化阶段的矿脉被破碎，成为断层角砾岩的成分，并被较晚期成矿物质胶结或交代（图 6-25）。

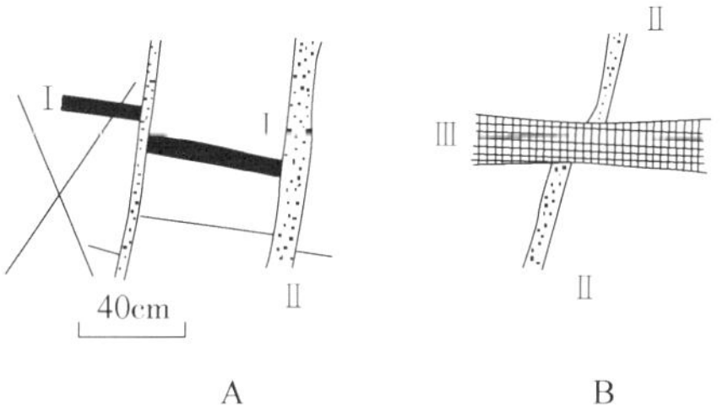

图 6-24　广西水溪庙矿床成矿期断层互相穿插

（据陈国达，1978）

Ⅰ、Ⅱ、Ⅲ系成矿阶段

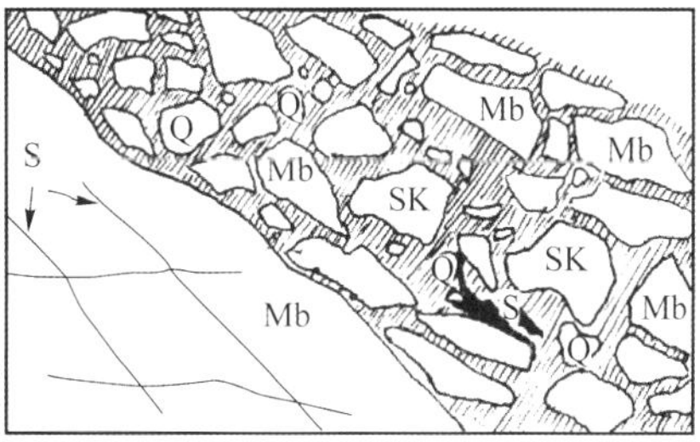

图 6-25　成矿期断层角砾岩

（据陈国达，1978）

Mb—大理岩；SK—矽卡岩；Q—石英硫化物脉；S—硫化物

五、逆冲推覆构造控矿实例

1. 青藏高原东、北缘 Pb-Zn-Ag-Cu 矿床构造控矿模型（侯增谦等，2008）

地处青藏高原东、北缘的兰坪、玉树及沱沱河地区，广泛发育包括金顶超大型矿床

在内的大量新生代 Pb、Zn、Cu 多金属矿床。这些矿床均产于该高原东缘晚碰撞构造转换环境；矿床主体赋存于古近纪—新近纪前陆盆地内部；以沉积岩容矿，与岩浆活动无关；受逆冲推覆构造系统控制，显著区别于世界已知的各类以沉积岩容矿的贱金属矿床。

研究表明，伴随印度-亚洲大陆碰撞造山而产生一系列逆冲断裂系，将前陆盆地侧缘的中生代地层切割成叠置的构造岩片，并推覆叠置于盆地沉积地层之上，形成单冲式或对冲式逆冲推覆构造系统，并控制了 Pb-Zn-Ag-Cu 矿床的形成与发育。

根据逆冲推覆构造控矿式样和矿化特征，识别出 4 种控矿模式（侯增谦等，2008）：

金顶式——受逆冲推覆构造系统前锋带断弯褶皱控制（图 6-26a）；

河西-三山式——受逆冲推覆前锋带形成的冲起构造控制（图 6-26b）；

富隆厂式——受前锋带褶皱和逆冲叠瓦扇控制（图 6-26c）；

东莫扎抓式——受对冲式构造控制（图 6-26d）。

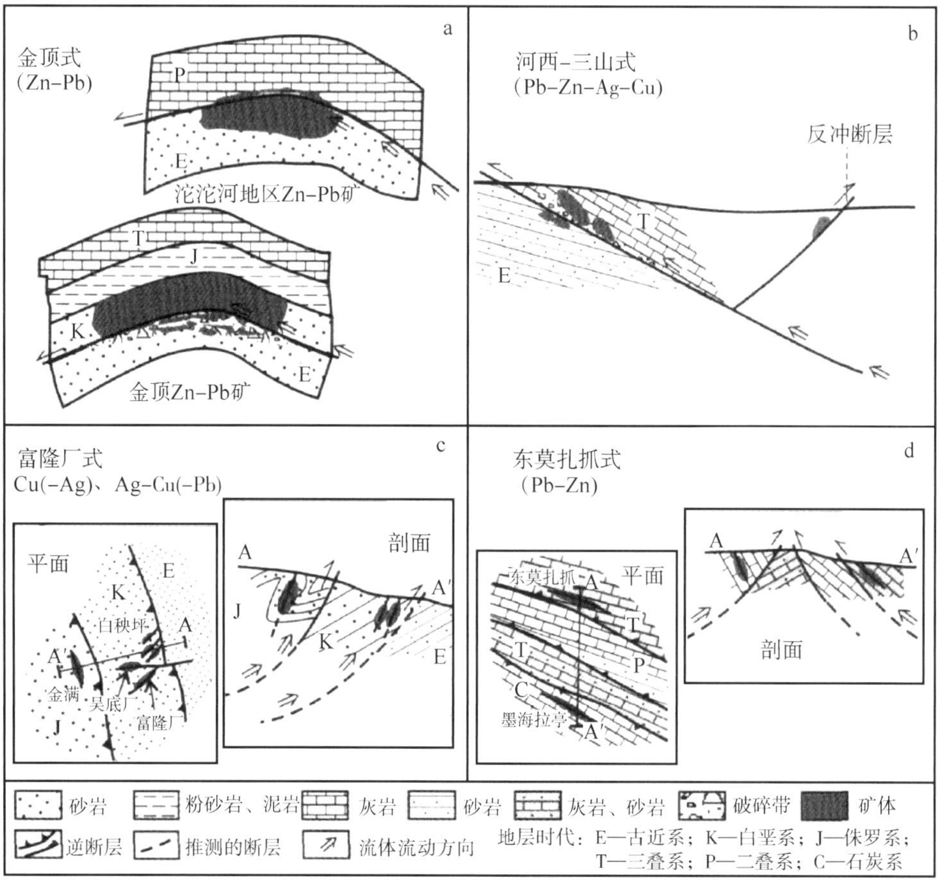

图 6-26　青藏高原东、北缘受逆冲推覆构造控制 Pb-Zn-Ag-Cu 矿床的 4 种控矿模式

（据侯增谦等，2008）

构造系统对矿床的控制主要体现在：其深部拆离滑脱带可能是流体长距离侧向迁移的优选通道，主逆冲断裂是成矿流体垂向运移和向上排泄的主要途径，浅部各类样式的逆冲构造是流体汇聚的主要场所。

2. 黔西南地区卡林型金矿构造控矿模式

黔西南地区是我国卡林型金矿主要产地之一。该区发育的金矿多数是受褶皱构造控制的，而其中许多褶皱是与逆冲断层有关的断层相关褶皱。其中，灰家堡金矿田为该区断层相关褶皱控矿提供了良好实例（图 6-27）。

灰家堡金矿田包括紫木凼、太平洞、水银洞和簸箕田等多个大、中型金矿床以及香巴河、雄黄岩、普子垅、皂凡山等小型金矿床或矿点。

灰家堡背斜东起贞丰者相，西止兴仁大山，东西长 20km，南北宽 6km。背斜总体为轴向近东西的宽缓短轴背斜。组成灰家堡背斜的地层由新到老依次为下三叠统永宁镇组（T_1yn）、夜郎组（T_1y）；上二叠统大隆组（P_3d）、长兴组（P_3c）、龙潭组（P_3l）。背斜两翼为下三叠统永宁镇组和夜郎组，上二叠统大隆组和长兴组；背斜核部零星分布龙潭组。岩性主要为含煤碎屑岩、细碎屑岩、碳酸盐岩。

一个值得注意的现象是：

1）背斜经常呈现北翼陡、南翼缓的不对称形态；

2）在背斜北侧，有一条向南缓倾斜的逆断层始终伴随；

3）灰家堡背斜是宽阔、平缓、弱变形的三叠纪地层发育区的一个突起的强变形（背斜）带。

因此，灰家堡背斜本身就是一个与北侧逆断层伴生的断层相关褶皱。

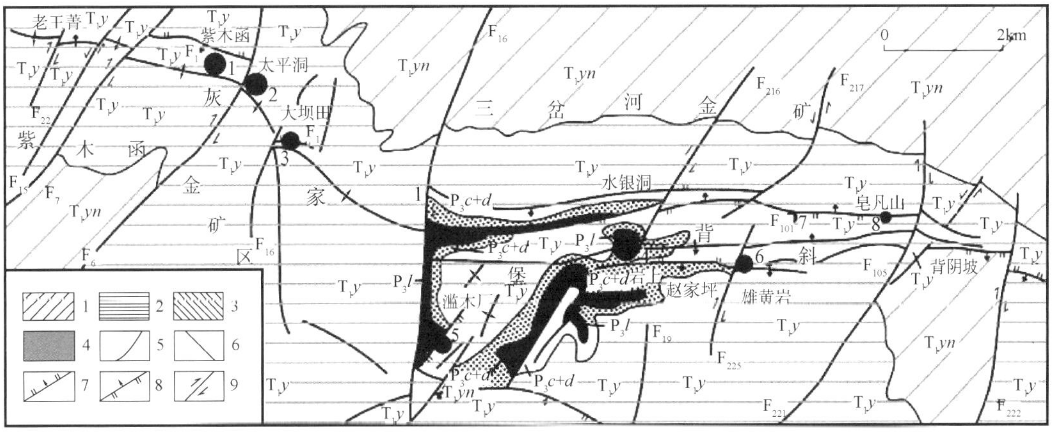

图 6-27 灰家堡背斜构造地质略图

（据张蕾等，2012）

1—永宁镇组；2—夜郎组；3—长兴组、大隆组；4—龙潭组；5—地层界线；6—背斜轴迹；7—正断层及编号；8—逆断层及编号；9—性质不明断层及编号

控制矿体的构造包括：

1）断坡断层控矿：即前人总结的低角度逆冲断层控制的浅部的呈板状、透镜状且与断层产状基本一致的矿体。矿体沿破碎带产出，规模受断层控制并随着断层的消失而消失，以泥堡金矿（参见图 5-18）和紫木凼金矿（图 6-28）为代表。

2）下断坪（+断坡?）控矿：即前人总结的分布于龙潭组中受背斜底板滑脱带控制的矿体。这类矿体产于龙潭组下部与茅口组接触面，曾从不同角度被描述为蚀变体、古风

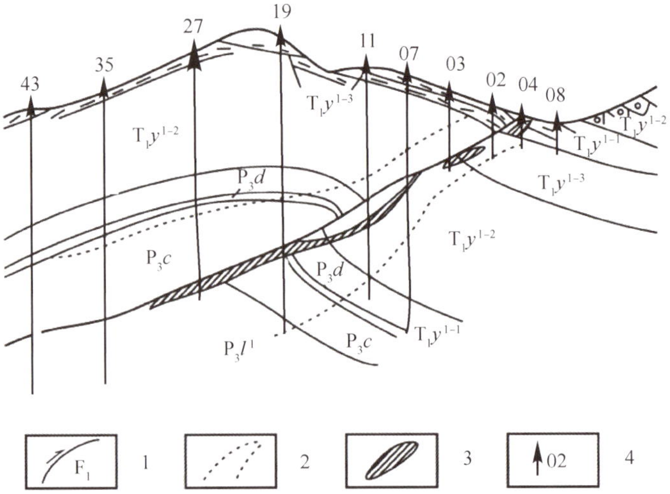

图 6-28　紫木凼金矿 32 线 08~43 钻孔勘探线剖面图

（据郭振春，2002 修改）

T_1y^{2-1}—夜郎组第二段第一层；T_1y^{2-2}—夜郎组第二段第二层；T_1y^{1-1}—夜郎组第一段第一层；T_1y^{1-2}—夜郎组第一段第二层；T_1y^{1-3}—夜郎组第一段第三层；P_3d—大隆组；P_3c-长兴组；P_3l^4、P_3l^3、P_3l^2、P_3l^1—龙潭组第四段、第三段、第二段、第一段；P_2m—茅口组；1—断层及编号；2—含 Au 蚀变带；3—金矿体；4—钻孔及编号

化壳、不整合面、层滑系统等。其实，它是相对断坡的下部断坪，控制的矿体较为稳定，规模较大，如水银洞金矿床和戈塘金矿（图 6-29）。

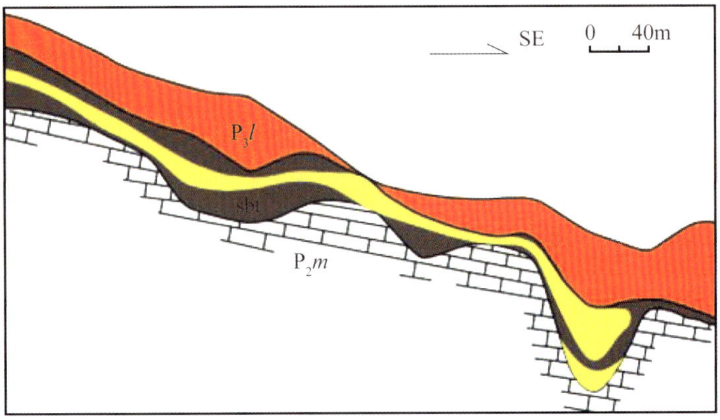

图 6-29　戈塘金矿床二龙口矿段 3-3′勘探线剖面图

（据刘寅等，2015）

P_3l—上二叠统龙潭组；P_2m—中二叠统茅口组；sbt—滑脱带、矿化蚀变带

3）断层相关褶皱控矿：这是前人所叙述的不同层位中受层间滑动控制的矿体。此类矿体规模一般较小，主要隐伏于深部，矿体呈似层状、鞍状、透镜状，与围岩产状基本一致。主要产于背斜核部、远离背斜核部矿体逐渐消失。事实上，这类矿体通常是受逆冲断层弯曲处产生的褶皱控制的，属于断弯褶皱控矿（图 6-30）。

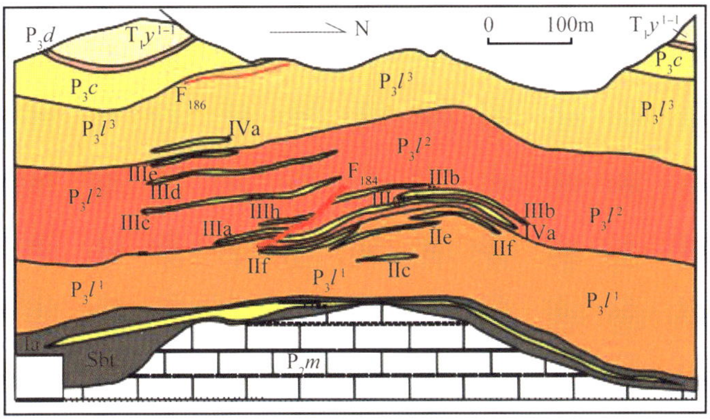

图 6-30 水银洞金矿 7 勘探线剖面图

（据刘寅等，2015）

T_1y^{1-1}—下三叠统夜郎组一段一亚段；P_3d—上二叠统大龙组；P_3c—上二叠统长兴组；P_3l^3—上二叠统龙潭组三段；P_3l^2—上二叠统龙潭组二段；P_3l^1—上二叠统龙潭组一段；P_2m—中二叠统茅口组；Sbt—滑脱带、矿化蚀变带；Ia—矿体和编号

张蕾等（2012）在研究灰家堡金矿田构造控制时，认为龙潭组下部与茅口组接触面属于底板滑脱带，灰家堡金矿田的褶皱属于断层相关褶皱，并据此建立了灰家堡背斜构造控矿模式（图 6-31）。

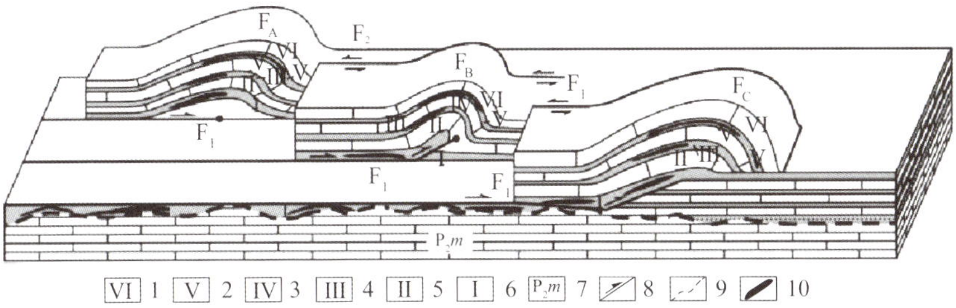

图 6-31 黔西南灰家堡金矿田背斜构造控矿模式图

（据张蕾等，2012）

1—永宁镇组；2—夜郎组上段；3—夜郎组中段；4—夜郎组下段—大隆组；5—长兴组；6—龙潭组；7—茅口组；8—断层；9—不整合界线；10—金矿体；F_1—底板断层；F_2—撕裂断层；F_A—滑脱褶皱；F_B—断层传播褶皱；F_C—断层转折褶皱

第三节 伸展构造的控矿作用

伸展构造是指水平拉张或地幔（基底）上隆产生的各种构造。通常包括基性岩墙群、地垒、地堑、阶梯状断层、大陆裂谷、弧后盆地、盆岭构造、拆离断层和变质核杂岩构造等。根据控矿和构造特点，大体可以将之分为 3 类：张性断裂控矿、正断层及其组合控矿、变质核杂岩与拆离断层控矿。

一、张性断裂控矿特点

张性断裂可能形成于区域性拉伸，其断裂面垂直于区域构造应力的σ_3方向；也可能形成于局部拉伸——在背斜转折端或在各类剪切断裂的两侧形成张裂型羽列。后者，断裂面垂直于局部构造应力场的σ_3方向。

张性断裂通常只在地壳浅部出现。Brace（1964）用莫尔图解法推算干燥辉绿岩中张节理形成的最大深度为2.7km（图6-32）。

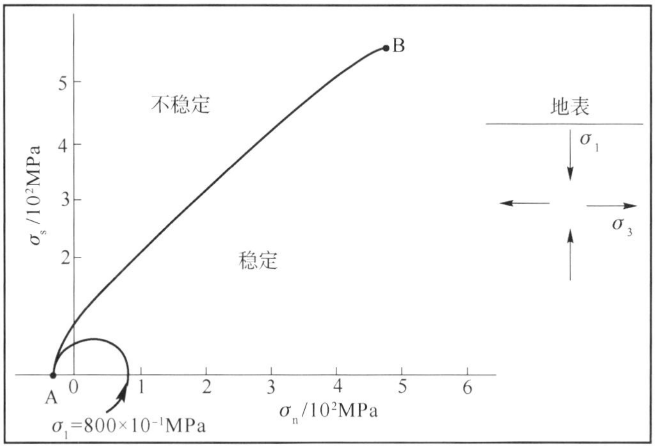

图6-32　干燥辉绿岩中张节理形成的最大深度

（据Brace，1964）

由于张性断裂形成过程中所处的引张状态，是同构造成矿的最好的容矿空间。张性断裂所控制的矿体具有如下特点：

1）脉壁不平直，有时呈锯齿状（图6-33a）；

2）延深、延长不稳定、迅速膨胀、收缩、尖灭（图6-33b）；

3）呈上宽下窄的楔形；

4）在剖面上向上分枝、分叉、呈树枝状（图6-33c）；

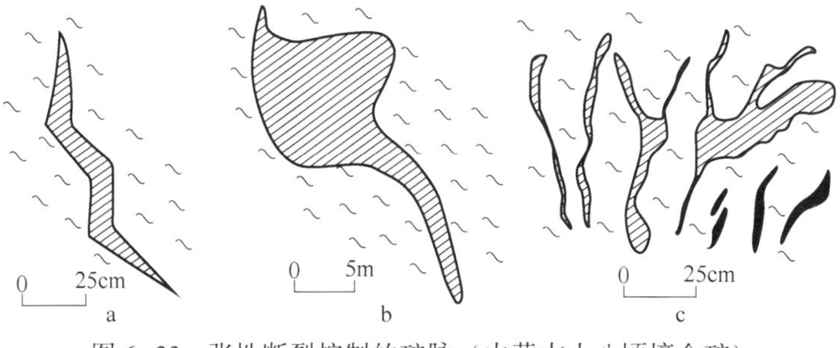

图6-33　张性断裂控制的矿脉（内蒙古十八顷壕金矿）

a—锯齿状矿脉；b—蝌蚪状矿脉；c—树枝状矿脉

5）经常以主矿脉两侧的羽列矿脉的形式存在；

6）易形成角砾状矿石，角砾大小混杂、棱角清楚、角砾之间多有空洞且发育垂直洞壁生长的晶簇；

7）经常形成梳状石英脉。

二、正断层及其组合控矿特点

（1）正断层组合主要形成于伸展背景，包括大陆隆起、大陆裂谷、弧后盆地、弧后引张克拉通盆地、造山带诱发裂谷、后造山伸展盆地等。它们也形成于岩浆侵入、断块隆起等局部伸展环境。

（2）正断层组合的基本形式是地垒、地堑、阶梯状断层（图6-34）。

（3）当发育于大陆裂谷盆地或类似构造环境时，经常是喷流沉积成因矿床的控矿构造，具如下控矿特点：

1）不同级别的构造对盆地和矿带、矿田和矿床，具有逐级控制的特点。

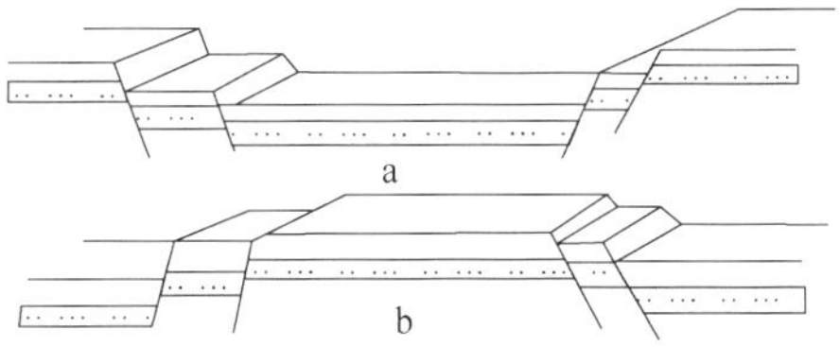

图6-34　地垒和地堑

a—地堑；b—地垒

在辽-吉-朝裂谷带的朝鲜境内，该裂谷带被两条与盆地平行的断层——北大川断裂和长坡里断裂分为沉积岩性、岩相和沉积厚度具有明显差异的三部分：东部，北大川统白云岩厚度大，而上部白云岩不发育；在中部检德至虚川的北大川统中部和上部层位的泥、砂质沉积比较多；其间，在长坡里断裂以西，碳酸盐岩发育很少，主要为南大川统的近浅海相的泥砂质堆积（图6-35）。

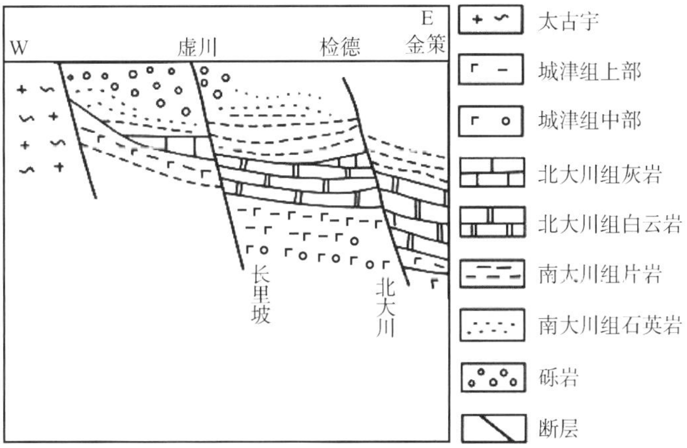

图6-35　惠山-利原裂谷带横向分区

纵向上，裂谷带朝鲜境内也可以分成北、中、南三部分：北部的甲山、惠山—云兴地区，上部石英岩类比较发育；南部的上农—龙源地区，下部的角闪岩类比较发育；介于两者之间的检德—洞岩地区，既发育上部的石英岩类，也发育有下部的角闪岩类，而且还发育中部的含磷岩系。因此前人认为，在甲山以南和梨坡以北可能存在几条横切或斜切裂谷的同沉积断裂，控制了一系列三、四级沉积盆地。显然，检德铅锌矿就是位于这样的次级盆地内（图 6-36）。

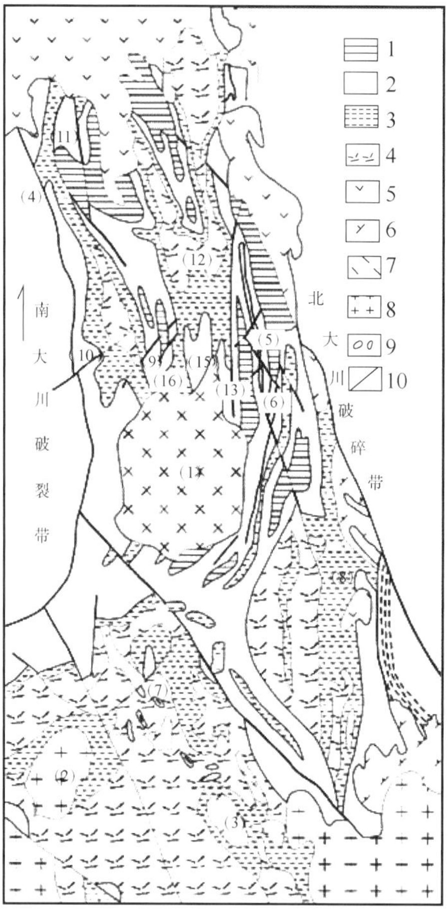

图 6-36　惠山-利原裂谷带纵向分区

2）控制热水循环通道。目前研究普遍认为，喷流沉积矿床的成矿物质来自围岩，“热水”来自海水深部循环、加热。形成正断层组合的引张环境为海水深部循环提供了动力学条件，正断层系统和因伸展造成的水平滑脱带，提供了循环通道。

3）控制脉状和网脉状矿体。喷流沉积矿床具有两套成矿系统：层状系统和脉状系统。前者形成于成矿物质自含矿热卤水中的沉积；后者形成于成矿物质在裂隙系统中的充填或交代。后者更具有热液矿床成矿的特点，受断裂构造控制。后者的控矿断裂即为正断层系统和区域引张动力学背景下产生的水平滑脱。前者控制与层状矿体大角度相交的矿脉，后者控制网状脉。

4）同沉积断裂控矿。同沉积断裂是喷流沉积矿床重要的控矿构造：它是裂谷带不同级别盆地的控盆构造；也是不同级别成矿带的控矿构造；是热卤水向上喷流的通道；还直接控制与层状矿体交叉的脉状矿体（图 6-37）。

（4）在盆岭构造的火山段陷盆地，正断层系统经常是浅成低温热液型金（银）矿和斑岩型矿床的控矿构造。若干矿床沿着控盆（陷）大断裂分布，形成低级别成矿带；矿

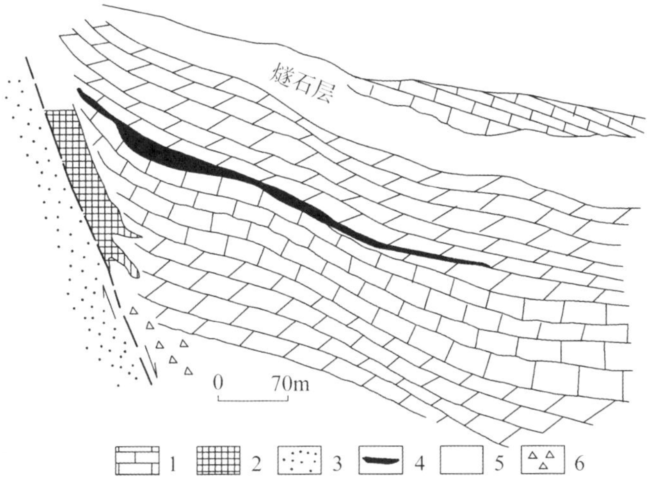

图 6-37　爱尔兰锡尔弗迈因斯矿床剖面示意图

（据 Sangster，1985）

1—灰岩、泥灰岩、白云岩；2—细脉浸染状硫化物矿化；3—红色砂岩；4—块状硫化物层；5—燧石层；6—角砾岩

床位于断裂产状明显变化或与其他方向断裂交会处；主矿体受控于与控盆断裂平行的低级别断裂，产状稳定、延长、延深较好；次级矿体多而规模较小。

在盆岭构造的“岭”处，发育深成的含矿石英脉。矿体受控于平行“盆-岭”界线延伸的正断层破碎带。主矿体通常发育于断层破碎带内，受破碎带内低级别、低序次断裂控制。

（5）在区域挤压背景下，因局部应力场产生正断层，是良好的容矿构造；岩浆侵入在上覆地层中产生的正断层，也是良好的容矿构造。

三、变质核杂岩与拆离断层控矿

拆离断层与变质核杂岩组合是最主要的伸展构造形式，也是伸展构造中的一种最主要的控矿构造形式。

1. 变质核杂岩与拆离断层概述

在强烈伸展作用环境下，地壳深部的基底变质岩或岩浆岩（多数情况下两者同时存在）呈穹隆状或长垣状出露地表，周围被较年轻的未变质或浅变质盖层环绕，在基底变质岩系与盖层之间是低角度的剖面上呈铲状的正断层系统。前者被称为变质核杂岩，后者为拆离断层（图 6-38）。

变质核杂岩和拆离断层组合可能发育在伸展盆地内部，构成盆内隆起（如我国二连盆地内的苏尼特隆起）；也可能形成盆岭构造的“岭”（如北美西海岸的盆岭区）；或者发育在造山带内部——伴随造山带垮塌的伸展作用形成。

2. 变质核杂岩与拆离断层构造演化与成矿作用的关系

傅昭仁等（1992）将变质核杂岩与拆离断层演化与成矿作用的关系总结为如下几个方面。

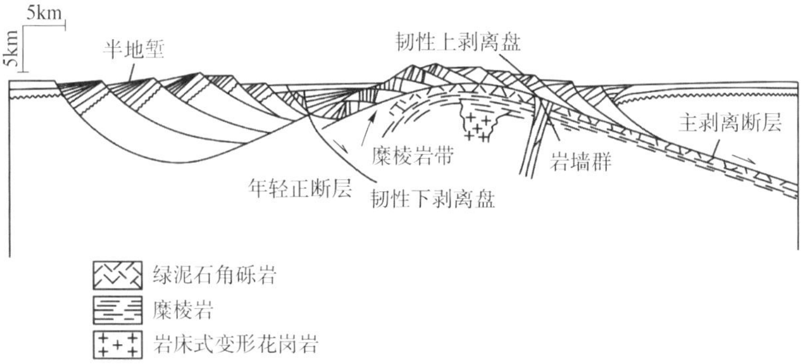

图 6-38　变质核杂岩和拆离断层模式图

（据 Lister and Davis，1989）

1）构造剥蚀作用导致地壳变薄、地幔上隆、基性岩墙侵位伴随金属元素聚集。

2）产生高地热梯度和高热流值。

3）随着深部地质体向浅部剥离，断层带附近岩石进入易碎裂和扩容的构造层次，成为矿液最佳沉淀场所，造成大量脉状、网脉状、角砾状矿体沿断层带分布。

4）剥离断层控制成矿物理化学条件：构造断裂为地下水深循环提供通道；异常的地热梯度为流体循环和加热提供热能；在断层带顶部不透水层屏蔽下，上盘形成与大气降水体系连通的氧化环境热液循环系统，下盘形成还原环境下的热液循环系统，成矿物质在断层面附近氧化还原界面附近沉淀成矿（图 6-39）。

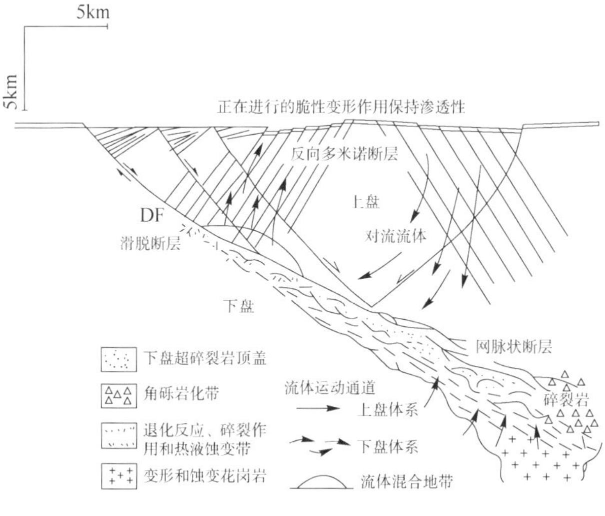

图 6-39　剥离断层系统流体循环模式

（据傅昭仁等，1992）

5）在变质核杂岩和剥离断层的发展演化过程中，不同世代的建造和构造都对成矿有所贡献。

3. 成矿物质和成矿流体来源

自20世纪80年代以来，随着世界上一些国家超深钻计划的实施，找到了地壳深部流体存在的切实可信的重要证据。德国的大陆超深钻也确认了地壳深部有大量的自由流体，流体主要活动在断层和微破裂中，渗透率为$10^{-3} \sim 10^{-5} \mu m^2$，比致密岩石的渗透率高几个量级。研究表明，流体运移的通道几乎都是相连的。流体的组成随深度的不同有规律地变化：表层是地下水；再往下为下渗的古大气水；中部主要为含NaCl的低密度流体；3km以下为Ca-Na-Cl高密度卤水，还含有较高的溶解气（80%），主要为氮气和甲烷（周辉等，1998）。

苏联科拉半岛超深钻首次证明了深部存在着高裂隙岩带，并被地下水所饱和。还发现裂隙度在4.5km以下，常常是由裂隙带间距所控制，并形成一个厚大的不透水层。在4.5km以下裂隙带厚度在增加，但其间距减小至9km以下，带厚可达4km，皆被自由水所饱和。并提出了受变质水的三大特点是：高侵蚀性、高淋滤性和对造岩组分的高溶解性（张秋生，1987）。

根据超深钻数据结合矿床地质研究，人们提出地壳深部液态矿源层及成矿作用的理论（Fyfe，1978；科兹洛夫，1989；张秋生，1987；Cox，1990）。科兹洛夫（1989）根据苏联实施的科拉超深钻井资料的研究结果明确提出，在埋深变质条件下，在绿帘角闪岩相带与绿片岩相带深度分界约5km以下为液态矿源的赋存部位。周乃武（1999）则应用此理论对辽东半岛南部脉状金矿进行了细致研究。

由于变质核杂岩是地壳相对深部“抬升”起来的地质体，而拆离断层为沟通深部矿源层提供了良好通道。因此，在拆离断层带以及上盘正断层系统中可能发育与岩浆岩没有明显成因或共生关系的热液矿床。

在变质核杂岩生长过程中，经常伴随岩浆——特别是碱性岩浆侵入，可能形成岩浆热液型矿床。

4. 变质核杂岩与拆离断层控矿实例

傅昭仁等（1992）系统解析了控制湖南桃林铅锌矿田的变质核杂岩和拆离断层构造。湖南桃林铅锌矿田位于幕府山变质核杂岩北缘，桃林剥离断层带内（图6-40）。

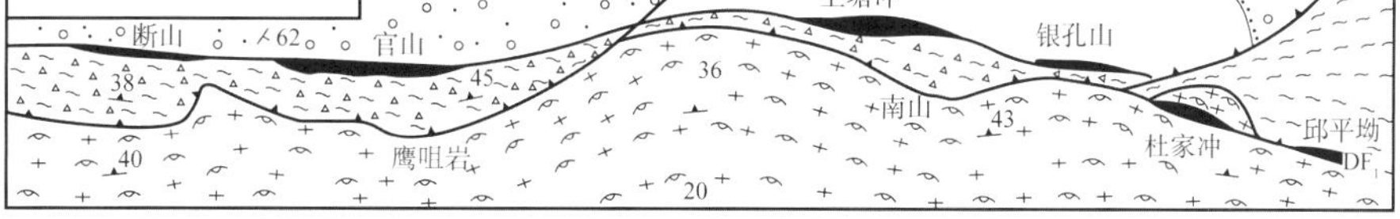

图6-40　湖南桃林铅锌矿区地质构造简图

（据傅昭仁等，1992）

1—晚白垩世—古近纪红色砂砾岩；2—元古宇冷家溪群浅变质岩；3—构造片岩；4—矿体；5—眼球状花岗质糜棱岩；6—剥离断层内含矿角砾岩带；7—剥离断层面

桃林剥离断层走向北东-北东东，倾向北西。延长13km，宽数十米至数百米。在桃林断层带内发育成串珠状分布的6个主要工业矿体，分别位于东部剥离断层破碎带(DF_1)、中部剥离断层带(DF_2)和西部剥离断层带(DF_3)(图6-41)。

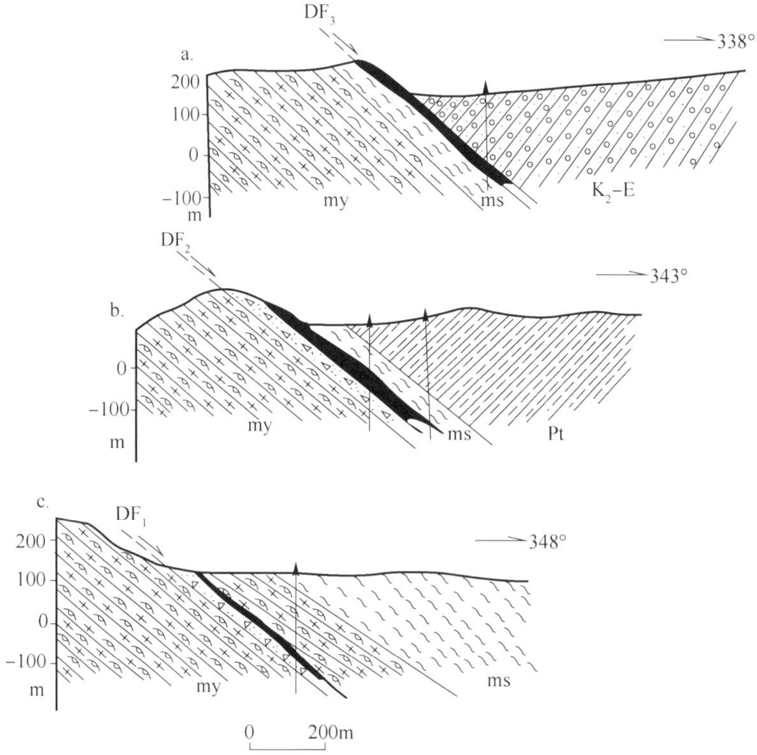

图6-41 桃林铅锌矿各矿床地质构造联合剖面

(据傅昭仁等，1992)

不同层位发育的剥离断层分别控制了3种类型矿体：a—断山式；b—上塘式；c—杜家冲式；Pt—冷家溪群浅变质岩；K_2-E—晚白垩世—古近纪砂砾岩；my—糜棱岩；ms—构造片岩；DF_1—杜家冲-邱平坳剥离断层；DF_2—上塘冲-银孔山剥离断层；DF_3—断山-官山剥离断层

第四节 走滑构造的控矿作用

走滑断裂可以在拉伸、挤压和力偶作用下形成。经常在平面上以共轭形式出现。单一走滑断裂经常是由一系列走向大体一致的断裂尖灭侧现首尾相接而成。走滑断层控矿主要有以下几种形式：走滑断层控矿、派生构造控矿、重叠区控矿、棋盘格式构造控矿和交叉构造控矿。

一、走滑断裂控制矿脉的形态

单一的走滑断层控制的矿脉或平直、或尖灭再现、或尖灭侧现，或是在断裂带内的雁列式张性矿脉(图6-42)。

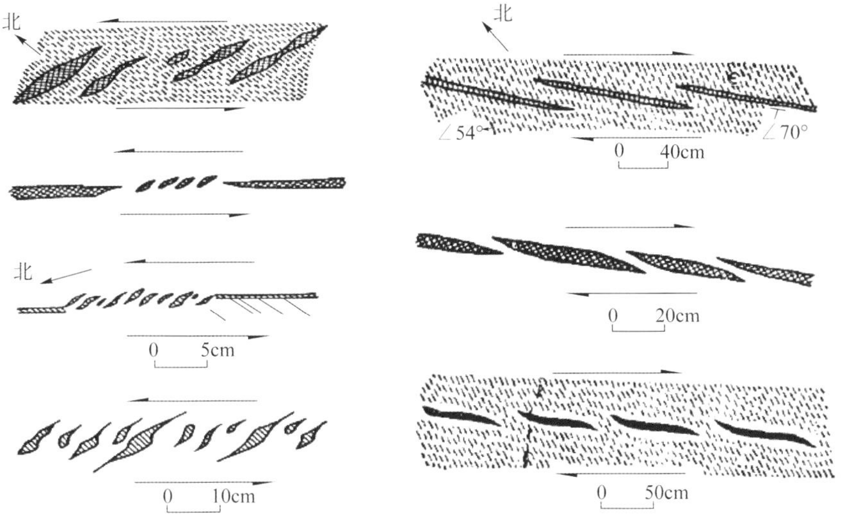

图 6-42　走滑断层中矿脉的平面形态

二、派生构造控矿

大型走滑构造两侧，经常发育因局部构造应力场产生的派生构造，是良好的容矿空间（图 6-43）。

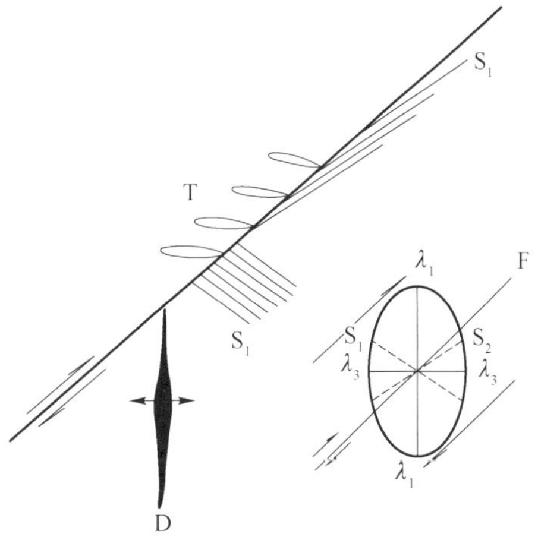

图 6-43　走滑断层的派生构造

F—主断层；λ_1—最大应变轴；λ_3—最小应变轴；S_1 和 S_2—派生剪裂；D—派生褶皱轴迹；T—派生张裂

走滑断层的派生构造发育在平面范围内，包括褶皱构造和断裂构造。

当走滑断层的位移完全发生在水平面范围内时，所产生的派生构造也是直立的。

褶皱轴面直立，在平面上褶皱轴迹与断层面所夹锐角指示对盘运动方向。

断裂面亦直立，有三组：

一组为张裂，分布于主干断层面两侧，近主干断层变宽大，远离迅速消失，称为羽状张裂。如果主干断层规模较大成为导矿构造或布矿构造时，羽状张裂是最好的控制矿体的构造——容矿构造；有时主干断裂本身即为容矿构造，则羽状张裂控制的矿脉成为主干矿脉的羽状分枝（图 6-44a）。

另外两组剪裂在平面上呈共轭形式存在：一组与主干断裂面夹角较小，经常在 15°左右；另一组与主干断裂夹角大于 45°。他们属于羽状剪裂。在阴山金矿，控制矿脉的是两条北北东向左行走滑断层。在主干断层控制的矿脉两侧以及两个主干断裂之间的派生剪裂控制了羽状分枝矿脉（图 6-44b）。

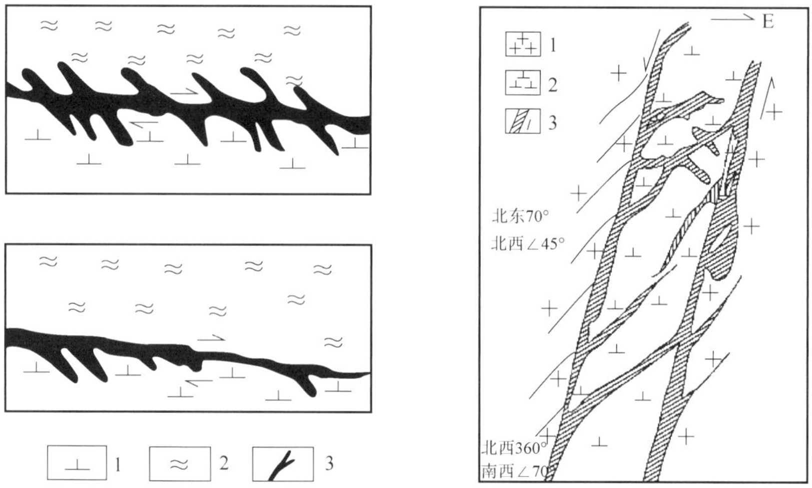

a　　　　　　　　b

图 6-44　羽状张裂矿脉（a）和羽状剪裂矿脉（b）

a：1—闪长岩；2—变质岩；3—矿脉；b：1—花岗岩；2—闪长岩；3—矿脉

大型走滑断层的派生构造可能控制一个完整的矿床。图 6-45 所示的玲珑金矿显然是受北北东走向的两条走滑断层控制的。

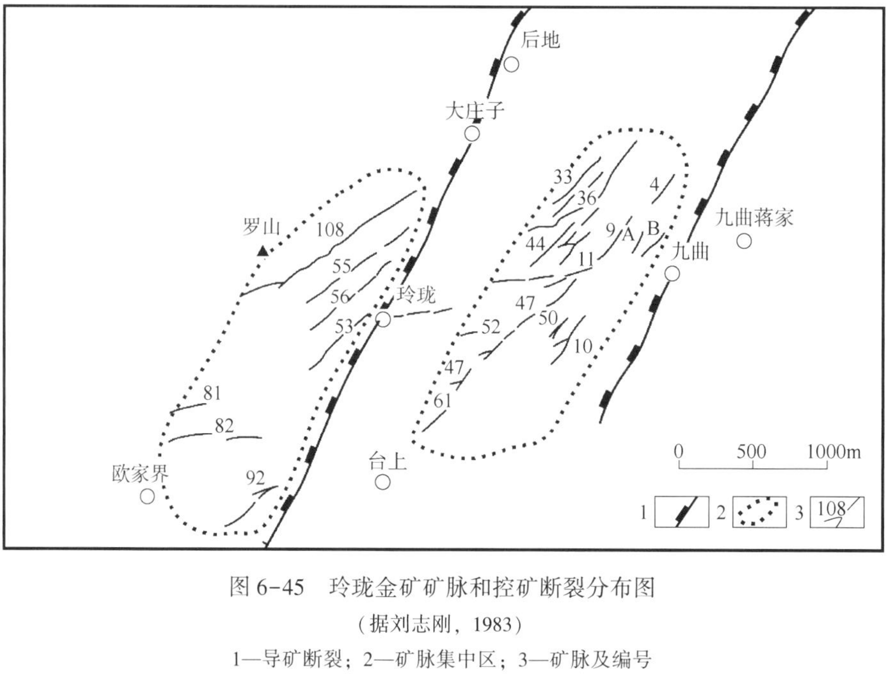

图 6-45　玲珑金矿矿脉和控矿断裂分布图

（据刘志刚，1983）

1—导矿断裂；2—矿脉集中区；3—矿脉及编号

经常情况下，走滑断层产状并不是直立的；滑移趋势也不绝对水平。此时产生派生褶皱和断裂构造与主干断裂的角度关系与图 6-43 所示有较大差别。贵州省赫章县菜园子菱铁矿矿床中（图 6-46）发育一条北西向的大型走滑断层（F_{17}），其南西盘发育一系列派生的褶皱和与派生褶皱平行的派生断裂构造。其中，F_2^3 和 F_2^4 延长 1～1.6km，垂直断距

10~30m，水平断距 10~15m，控制了（1）号和（2）号这两个主要矿体的分布。

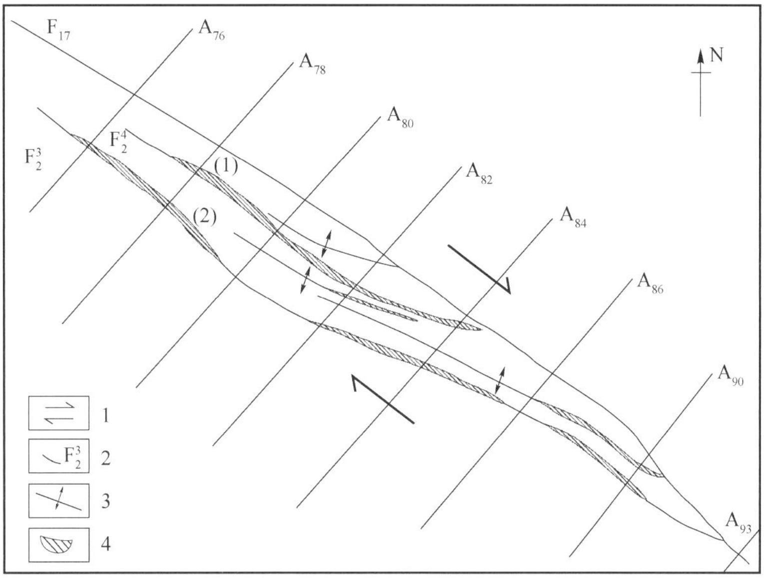

图 6-46　贵州省赫章县菜园子菱铁矿床主干断裂与矿体关系

（据张建忠等，2014）

1—滑移方向；2—派生断裂及编号；3—背斜轴迹；4—菱铁矿体及编号

理论上，走滑断层是直立的。因此，派生的褶皱或者断裂也应该是直立的。但是由于主应力轴并不总是水平或垂直，因此走滑断层也并不总是完全直立的，而其派生断层也是如此。这就造成主干断层与派生断层在剖面上的交接（图 6-47）。

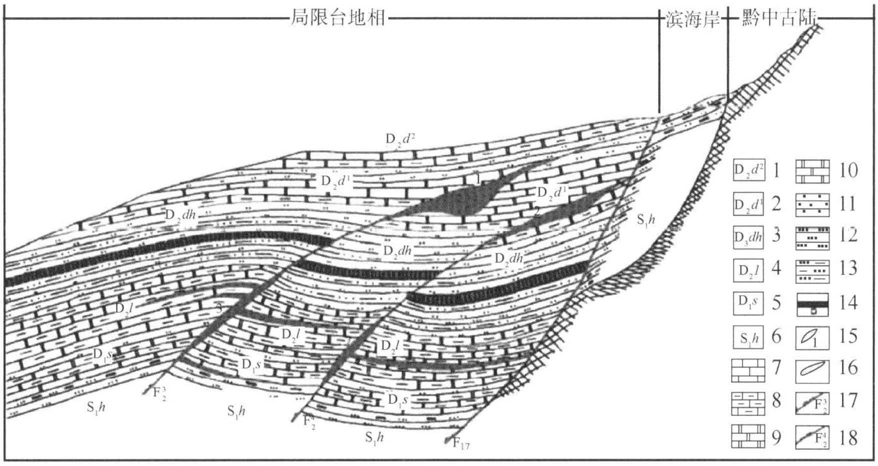

图 6-47　贵州省赫章县菜园子菱铁矿床剖面示意图

（据张建忠等，2014）

1—泥盆系独山组二段；2—泥盆系独山组一段；3—泥盆系大河口组；4—泥盆系龙洞水组；5—泥盆系舒家坪组；6—志留系韩家店组；7—灰岩；8—泥质灰岩；9—白云岩；10—泥质白云岩；11—细砂岩；12—粉砂岩；13—泥质粉砂岩；14—沉积铁矿主矿层；15—脉状菱铁矿及编号；16—似层状菱铁矿；17—正断层及编号；18—逆断层及编号

三、雁列式走滑断层重叠区构造控矿

1. 雁列式走滑断层重叠区构造

当两条或多条走滑断层雁列式排列时，在两条断裂的重叠区产生因为断裂两侧岩块位移导致的特殊构造形式（图6-48）。

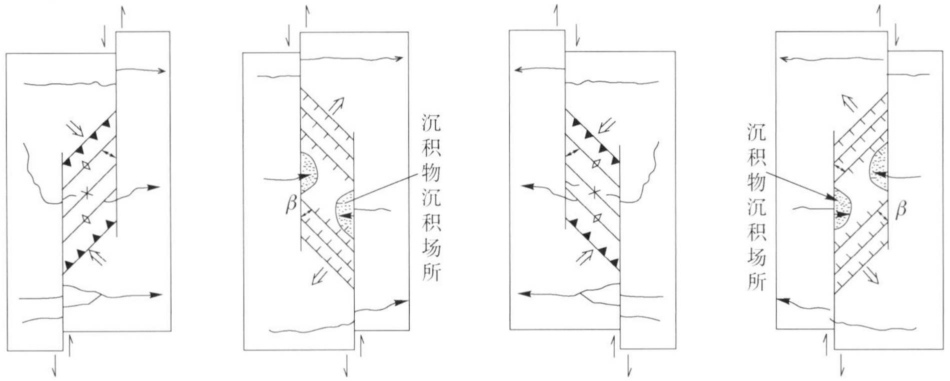

图6-48　走滑断裂重叠区构造

（据Ramsay，1987）

一般情况下，当两条断层在重叠区一侧的断盘都向着重叠区方向滑动时，重叠区受到挤压，产生隆起、褶皱和逆断层（图6-48a，c）。最初形成的褶皱轴向以及断层走向与主走滑断层夹角呈45°±，随着变形发展，夹角变小。

当两条断层在重叠区一侧的断盘都向着重叠区相反方向滑动时，重叠区受到拉张，产生正断层组合，形成地垒、地堑和半地堑盆地（图6-48b，d）。最初形成的盆地轴向以及正断层走向与主走滑断层夹角呈45°±，随着变形发展，夹角变小。

雁列式断层的排列方式分为左列（沿着走向，断层依次出现在左侧）和右列（沿着走向，断层依次出现在右侧）；雁列式断层两盘的位移方式分为左行（逆时针旋转）和右行（顺时针旋转）。通常情况下，当断层为右行左列和左行右列时，重叠区为挤压区（图6-49b，c）；当断层为左行左列和右行右列时，重叠区为拉张区（图6-49a，d）。

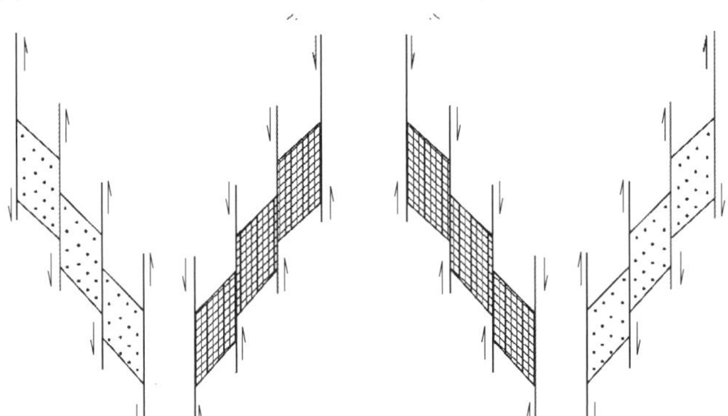

a　　b　　c　　d

图6-49　不同排列和位移方式产生的挤压和拉张区

a—左行左列的拉张区；b—左行右列的挤压区；c—右行左列的挤压区；d—右行右列的拉张区

2. 雁列式走滑断层重叠区构造控矿

当雁列式走滑断层重叠区为拉张构造时，形成拉分盆地和有关的正断层系统，控制同构造期的岩浆活动和成矿作用。

位于湘东赣西地区的鹿井铀矿是我国著名的大型铀矿床。它是中生代遂川左行走滑断层和热水左行走滑断层重叠区控制的矿床。遂川和热水断裂东起江西相山大型铀矿田，经湘赣交界的鹿井矿田向 SW 直达城口铀矿田，全长 300km，总体走向 NE38°（图 6-50）。

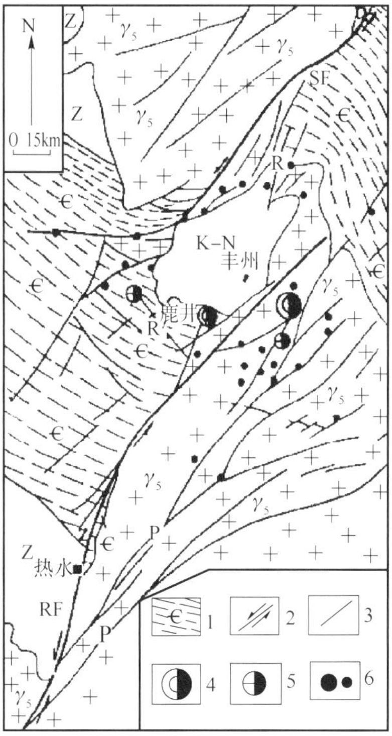

图 6-50　鹿井矿田地质构造图

（据李先福等，1999）

1—寒武系板岩；2—走滑断裂带；SF—遂川断裂；RF—热水断裂；

3—走滑伴生断裂；4~5—大中型铀矿床；6—小型铀矿床和矿化点；γ_5—中生代花岗岩

在走滑断裂叠加区，发育了一系列相关构造，最典型者是丰州拉分盆地。丰州盆地处于遂川走滑断裂和热水走滑断裂的重叠区（图 6-50）。盆地北西边界为遂川断裂，南东边界为热水断裂，盆地长轴与走滑断裂带一致，长 13km，宽约 4.4km，形状为菱形，长宽比近于 3。除拉分盆地外，还发育相关的正断层系统、帚状构造、挠曲、劈理带、逆断层、剪切断裂系统等。这些叠加区构造以不同形式控制了盆地、岩体、矿床和矿体。李先福等（1999）将鹿井矿田控制矿床和矿体的构造分为以下类型：

1）牛尾岭式——铀矿床产于 NE 向主断层带及旁侧同向分支断裂带内，矿体走向及延深方向与控矿断裂协调一致（图 6-51a）。如牛尾岭矿床、枫树下矿床等。

2）鹿井式和沙坝子式——矿床定位于拉分叠接区 NW 向张性或张扭性断裂带，矿体形态主要为扁透镜和似层状，顺破碎扩容带展布（图 6-51b）。如鹿井、沙坝子、梨花开和下龙头等矿床。

3）黄蜂岭式——发育于热水走滑断裂的帚尾部位，铀矿体通常定位于帚状陡倾硅化破碎带（如羊角脑、西华仙、蛇坑等矿床）及其所围限的透镜状断块内（如黄蜂岭、高昔等矿床，图6-51c）。

4）下茶园式——位于遂川断裂折尾部位，控矿断呈硅化破裂带形式，走向近EW。如下茶园、鱼跳和茶山下等小型矿床。

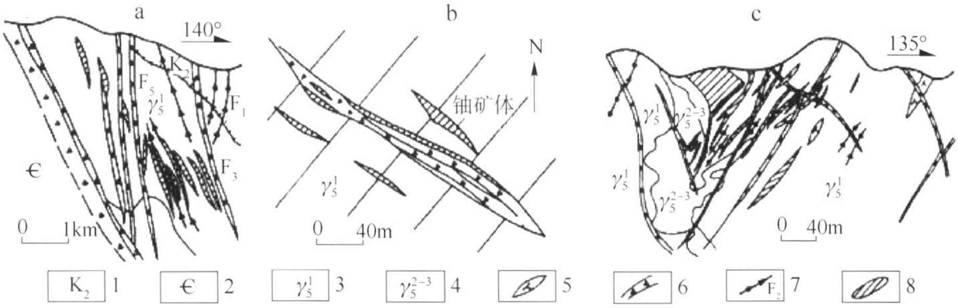

图6-51　鹿井典型矿床断裂控矿示意图

（据李先福等，1999）

a—牛尾岭矿床剖面图；b—沙坝子矿床150m中段平面图；c—黄蜂岭矿床剖面图。1—上白垩统；2—寒武系；3—印支期花岗岩；4—燕山期花岗岩；5—碱交代岩；6—硅化断裂带；7—次级断层编号；8—铀矿体

四、走滑断层弯曲构造控矿

一条走滑断层沿着走向发生转折后重新按照转折前的方向延伸。在转折处，形成特殊的构造应力场和特殊的变形形态。Ramsay（1987）将走滑断层弯曲构造描述为转换压缩带和转换拉张带（图6-52）。压缩带和拉张带的不同是由弯曲方向和剪切方向决定的：左旋剪切右旋弯曲和右旋剪切左旋弯曲造成走滑断层弯曲处的转换压缩带（图6-52a，c）；左旋剪切左旋弯曲和右旋剪切右旋弯曲造成走滑断层弯曲处的转换拉张带（图6-52b，d）。

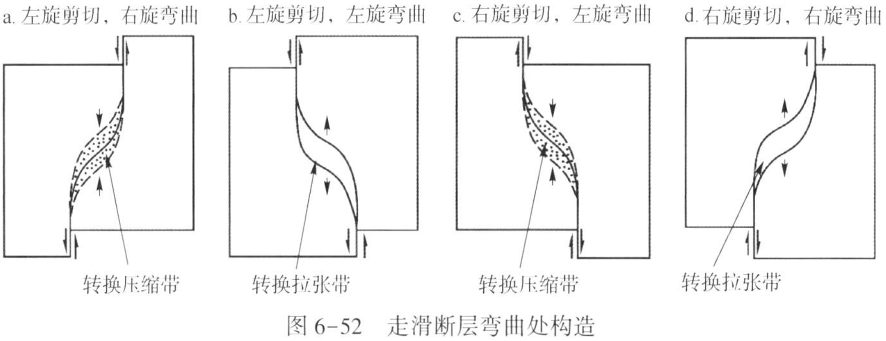

图6-52　走滑断层弯曲处构造

（据Ramsay，1987）

从图6-50中可以看出，鹿井大型铀矿田中的铀矿床分布于两处：一处是丰州拉分盆地周围；另一处是丰州盆地以东的一系列大、中、小型铀矿床。后者位于热水走滑断层的弯曲处，是受走滑断层弯曲处构造控制的。

热水断层是左行走滑断层，弯曲方向也属于左旋弯曲。因此，断层弯曲处是一个转换拉张带。在转换拉张带内，发育一系列与主干断层走向呈大致 45° 角的断层——F_5、F_6、F_7、F_8。这些断裂位于热水主干断裂弯曲处系列断层之间，不穿过两端断层，可以从主干断裂活动的应力场得到解释。这些断层是具有左行走滑分量的正断层，是断层弯曲处拉张作用的结果（图 6-53，图 6-54）。

矿体均分布在主断裂面转折处形成的北西向剪裂和北北东向剪裂处，它们是一组共轭断裂。矿体呈脉状、透镜状，倾角较陡，走向主要为北西向和北北东向：322 矿床和 327 矿床受一组北西向的剪裂及派生裂隙控制；325 矿床、326 矿床和 329 矿床受北北东向剪裂带控制。

控制矿体构造有以下三种形式（刘翔等，1996）：

不同方的断裂构造交叉控矿，如北西向剪裂和北北东向剪裂相互交切，控制了 322 矿床东部矿体和 325 矿床；

北西向剪裂或北北东向剪裂与同期或早期的小斑岩体交切处控矿，如 324 矿床和 327 矿床；

不同时期、不同方向的断裂构造交切控矿，但主控矿断裂形成于拉分盆地演化期，如 525 矿床，326 矿床，325 矿床和 529 矿床。

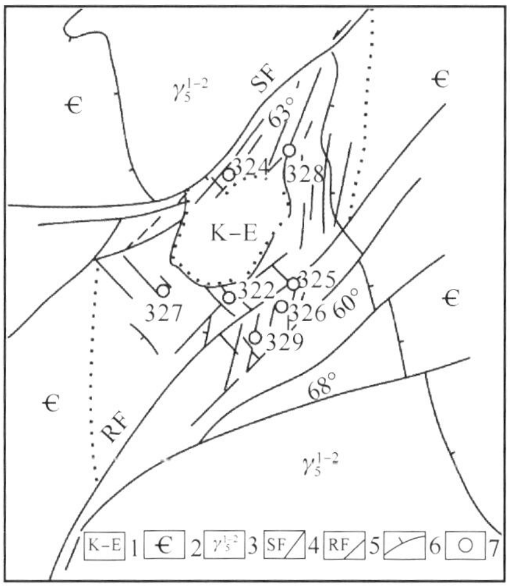

图 6-53　鹿井矿田地质略图

（据刘翔等，1996）

1—白垩系—新近系砂砾岩；2—寒武系浅变质岩；3—印支期花岗岩；4—遂川走滑断裂带；5—热水走滑断裂带；6—推测盆地原始边界；7—铀矿床

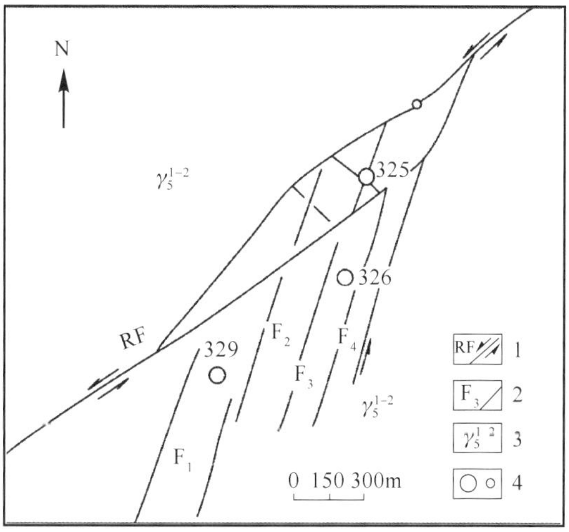

图 6-54　走滑断层弯曲处派生的断层系统

（据刘翔等，1996）

1—热水走滑断裂带；2—转换拉张带断裂；3—印支期花岗岩；4—矿床、矿点

五、棋盘格式构造控矿

一般情况下，平面共轭平移断层总是一组发育，另一组不发育，或者另一组发育较弱。当两组同时发育时，尽管也会是两组发育程度不同，但是将把地块切割成菱形或者矩形的格子。这就是所谓的棋盘格式构造（图 6-55）。

棋盘格式构造有如下特征：

1）发育在稳定、岩性均一地区；

2）由两组互相交叉的、同时形成的平移断层组成，把地块切割成菱形或矩形；

3）断距不大、擦痕不明显；

4）伴生相同产状的节理组合；

5）发育在某一个大型构造系统中相对稳定的地段。

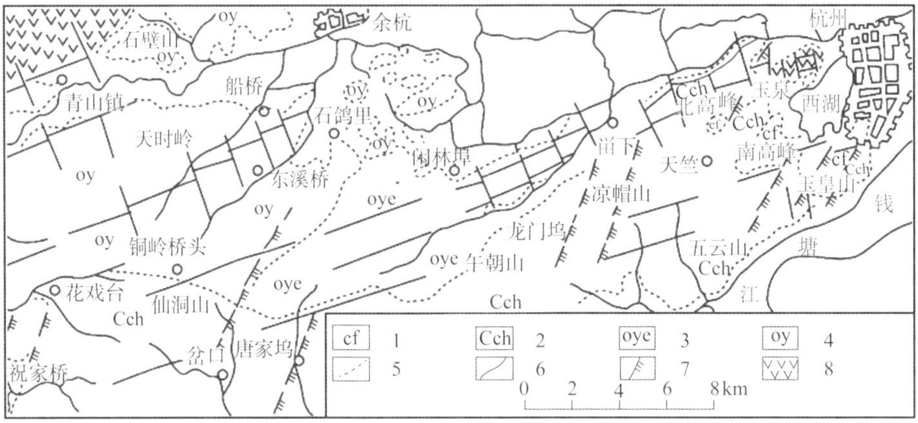

图 6-55　杭州地区的棋盘格式构造

（据李四光，1973）

1—飞来峰灰岩；2—千里岗砂岩；3—砚瓦山系；4—印渚埠系；5—岩层界线；6—平移断层；7—逆冲断层；8—火山岩

在一个地区，可能发育两组没有成因联系的走滑断层将地块切割成如图 6-55 的形态，但是不能称其为棋盘格式构造。因此需要对两组断裂的共轭关系进行考察，标志如下：

1）平面上呈 X 形出现的两组断层或节理具有相反的剪切旋向：相向运动的两象限为 σ_1 方向，相背运动的两象限为 σ_3 方向。

2）平面上呈 X 形出现的节理或断层互相切割，但都保持各自的旋向，说明它们是同时产生的。

3）共轭断裂的尾部常有折尾、分叉现象，在断裂交叉处常构成菱形结环。对棋盘格式构造来说，这些现象出现在平面（图 6-56）。

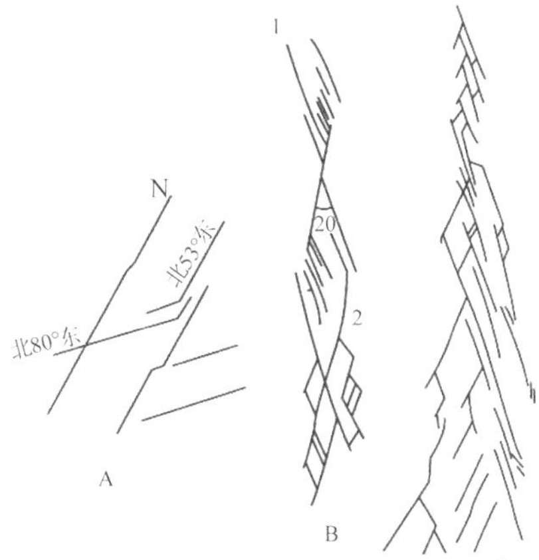

图 6-56　剪节理尾端变化的三种形式

（据徐开礼等，1989）

A—折尾；B—菱形结环；C—节理叉

4）有张裂追踪的两组呈 X 形出现的剪裂，为共轭剪裂。但是，要排除后期追踪的情况。

5）当 X 形断裂将岩石切割成三角形块体时，受挤压力作用的岩块的尖角发生钝化。如果与节理错列或斜列方式以及剪切旋向一致，可以判断为共轭关系。

6）共轭断裂的交线为 σ_2，并与共轭断裂面上的擦痕（S_1 和 S_2）垂直。可以通过赤平投影确定三者的同一性，判断是否为共轭关系。

受棋盘格式构造控制的矿床或矿体有三种主要形式（图 6-57）：

1）受共轭断裂交会部位控制；

2）受共轭断裂本身控制；

3）受追踪张裂控制。

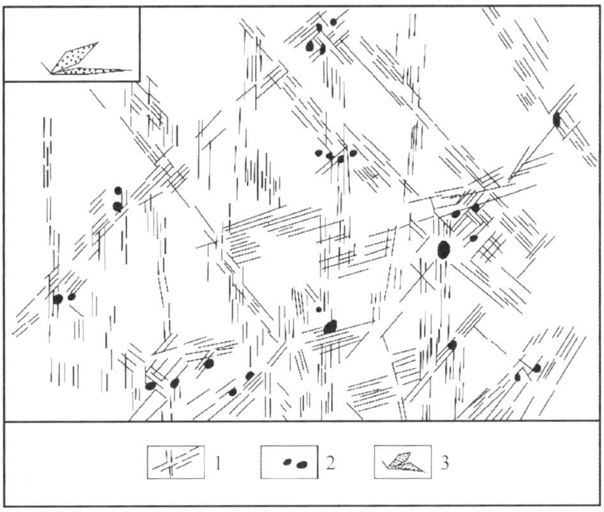

图 6-57　达尔登金伯利岩田断裂和岩体分布图
（据翟裕生等，1993）
1—航空照片判读的断裂；2—金伯利岩体；3—金伯利岩体长轴方位

六、花状构造控矿

走滑断裂带在剖面上表现为向上分叉、撒开的断层组合，形似花朵状，称为花状构造，或棕榈树构造。组成花状构造的走滑断层经常是正走滑断层或逆走滑断层，据此将花状构造分为正花状构造和负花状构造两种。

正花状构造：在挤压体制下形成的。主干走滑断裂陡立，向上分散成若干条逆走滑断层。这些逆走滑断层在剖面上形成背冲构造，断层下陡上缓凸面向上，被切断地层多呈背形分布（图 6-58a）。

负花状构造：拉张体制下形成的。主干走滑断裂陡立，向上分散成若干条凹面向上的正走滑断层。这些正走滑断层在剖面上形成地堑样式的构造。核心部分被切断地层多呈向形分布（图 6-58b）。

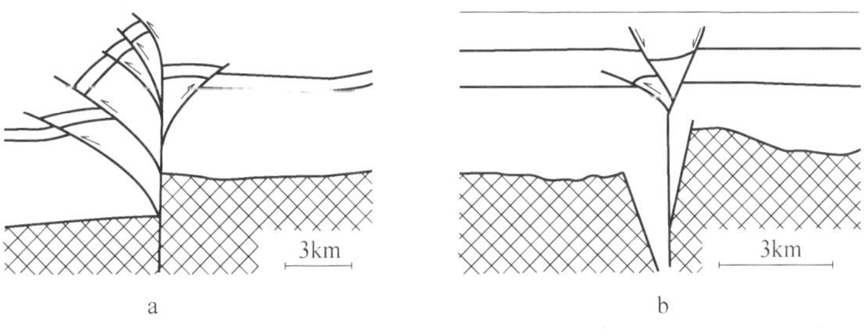

图 6-58　花状构造
（据 Harding，1985）
a—正花状构造；b—负花状构造

花状构造是走滑断裂系统在剖面上的表现形式。在平面上，是一系列平行或近平行的正走滑断层或逆走滑断裂系统。

对于热液矿床来说，花状构造具备导矿构造、布矿构造和容矿构造三位一体的控矿构造组合。

主干走滑断层规模大、产状陡立、且有较大延深，是良好的导矿构造。

次一级的分支构造是布矿构造。

容矿构造包括第三级的分支构造、构造带影响范围内的层间裂隙带、正花状构造有关的背形构造等。

花状构造是沉积盆地内广泛发育的走滑构造组合。因此对于一些与沉积盆地演化有关的热液成矿作用的制约作用明显，例如 Sedex 型矿床、MVT 型铅锌矿以及卡林型金矿床等。

例如，广东凡口铅锌矿富存于粤北曲仁盆地北缘中、上泥盆统碳酸盐岩中，成矿构造是吴川-四会走滑构造带的一部分，而吴川-四会走滑构造带则是华南巨型花状构造体系的重要组成部分（梁新权等，2009；图 6-59，图 6-60）。

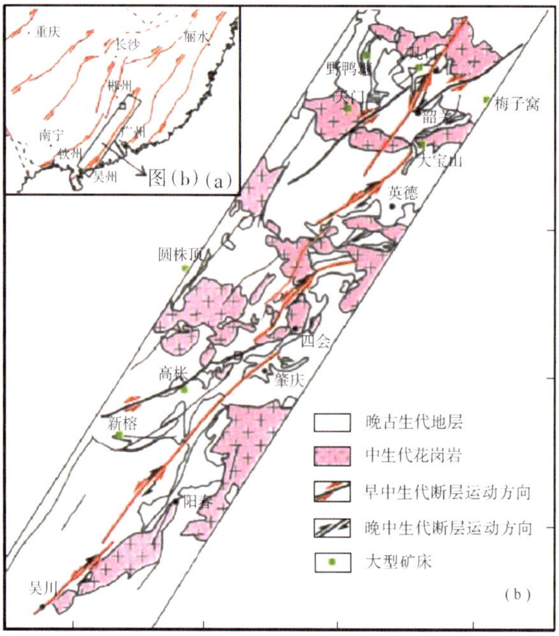

图 6-59　广东凡口铅锌矿位置（a）及地质背景图（b）

（据梁新权等，2009）

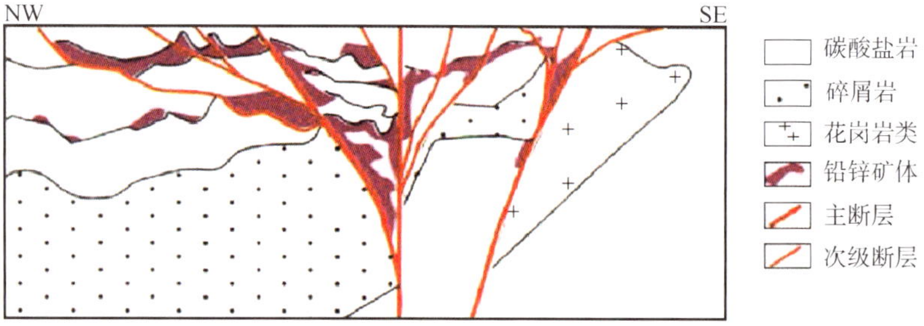

图 6-60　广东凡口铅锌矿纵剖面示意图

（据梁新权等，2009）

由于金属矿床勘查很少应用地震或类似的地球物理勘查手段，需要通过地质和构造解析判明花状构造的存在。方法包括：

1）明确花状构造组合的核心含义是在剖面上主干走滑断层与向上分散、向下收敛的派生走滑断层的组合。因此要与正断层（包括走滑正断层）和逆断层（包括走滑逆断层）

在剖面上与向上分支断裂的组合形式区别；更要与造山带中背冲构造组合区别。

2）主干走滑断裂与分支走滑断裂在剖面上具有相同的滑落或逆冲方向。即，对于正花状构造来说，主干断裂和分支断裂在剖面上均表现为逆断层；对于负花状构造来说，主干断裂和分支断裂在剖面上均表现为正断层。

3）主干走滑断裂与分支走滑断裂具有分级控制特点。在剖面上的分级控制体现在：第一级分支断裂倾向主干断裂，第二级分支断裂倾向第一级分支断裂，以此类推。

4）分支断裂与派生断裂服从构造地质学中派生构造与主干构造的关系：发生在主干构造一侧，绝不穿过，远离消失。

5）分支构造的产状、位移、与主干构造的角距关系等可以从主干构造的产状和位移中得到合理的运动学和动力学解释。

6）在明确花状构造组合的核心含义的基础上，不强调对称性，甚至分支构造可以只出现于主干构造的一侧。

发育在三江构造带的腾冲地块与掸邦地块交界线南段的龙陵一瑞丽走滑体系，是一个大型右旋走滑断裂带。在平面上，是一个由强应变带与弱应变域交织复合的自相似的网状构造，剖面上则组成花状构造（张永北，1999；图6-61）。

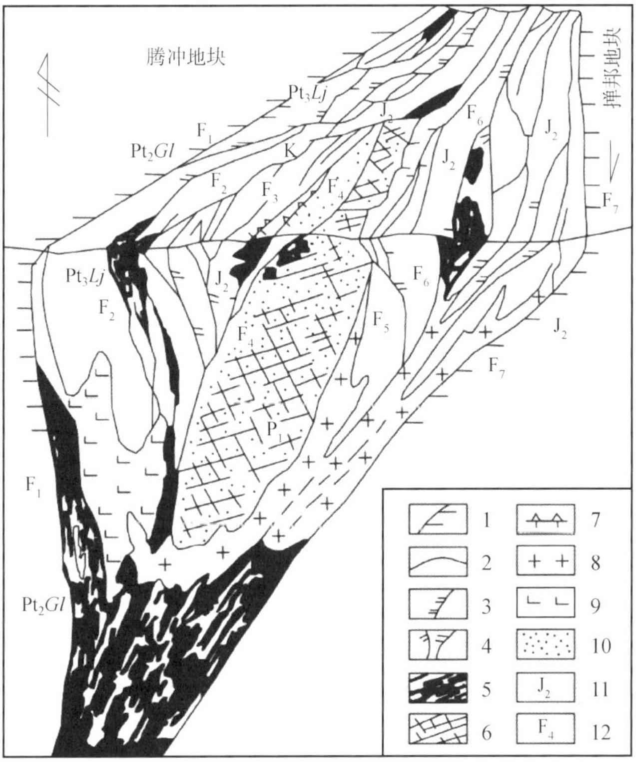

图6-61 龙陵一瑞丽花状构造结构图

（普传杰，2006 据张永北，1999 修改）

1—地体边界；2—地质界线；3—走滑断裂；4—斜冲断裂；5—韧性剪切变形带；6—脆性变形域（带）；7—碎裂岩带；8—晚燕山期中酸性岩体；9—晚燕山期基性一超基性岩体；10—热液蚀变带；11—地层代号：K—白垩系，J_2—中侏罗统，T_3—上三叠统，P_1—下二叠统，Pt_3Lj—新元古界龙江群推覆体，Pt_2Gl—中元古界高黎贡山群；12—断裂编号：F_1—龙陵-瑞丽断裂；F_2—纸厂断裂；F_3—下芒岗断裂；F_4—上芒岗断裂；F_5—户勒断裂；F_6—处冬瓜一营盘山断裂；F_7—马脖子断裂龙陵-瑞丽大断裂南东侧发育6条与之平行的NE向次级断层，从NW向SE依次为纸厂断裂、下芒岗断裂、上芒岗断裂、户勒断裂、营盘山断裂和马脖子断裂（图6-61）。

上芒岗断裂长约20km，宽100~300m。沿断层有热液蚀变和重晶石化、黄铁矿化、辉锑矿化、赤铁矿化、辰砂化、闪锌矿化和金矿化。上芒岗金矿产于上芒岗断裂北东端。

第五节　陆内转换断层的控矿作用

陆内转换断层可能形成于伸展盆地或盆岭区对伸展的调节，或者形成于造山带对挤压作用的调节，还有那些横切褶皱轴的横断层则是对褶皱作用挤压的调节。本节只涉及与盆地伸展有关的陆内转换断层。

一、陆内转换断层的识别

1）陆内转换断层经常伴随盆地发育，与盆地延展方向垂直。

2）断层是走滑断层。断层面和与之平行的节理面总是直立或近直立的。节理或断层平直、光滑，发育纯水平擦痕（图6-62左）。

3）不同于纯剪切体制下形成的走滑断层，不发育共轭断裂。

4）与断层相关的节理也只发育单一方向的，把岩石切割成同一方向的岩板或岩片。

5）断层面和节理面上以及断层面和节理面之间的岩块没有被挤压或被拉张的痕迹（图6-62右）。

6）伴随盆地发育的陆内转换断层，在盆地伸展中心两侧的断层同一盘具有不同的走滑方向：如果一侧是左旋的，另一侧则是右旋的。这一点与大洋转换断层是一致的。

图6-62　小兴安岭地区产状直立的北西向断裂（左）和断面上及断面之间的岩块没有挤压和拉张（右）

二、陆内转换断层的控矿作用特点

陆内转换断层控矿有如下特点：

1. 大型陆内转换断层是导矿构造，控制若干矿床总体沿其展布。

由于陆内转换断层是伴随盆地伸展发生的，所以规模大、切割地壳深，是良好的导矿构造，控制若干矿床的展布方向。

在小兴安岭北麓的孙吴-嘉荫盆地，平行小兴安岭山脉方向，发育多条北西西走向的、贯穿整个小兴安岭的走滑断层。该组断层产状稳定、破裂面平直、破裂面之间没有挤压或引张现象、发育一组稳定的近水平擦痕、没有共轭断裂伴生。上述现象在矿区及其外围的该组破裂构造上反复出现，构成了该组破裂面的标型特征。

它们是孙吴-嘉荫盆地的调节断层，控制了小兴安岭北麓的一系列斑岩型和浅成低温热液型金矿床——包括团结沟金矿、高松山金矿、东安金矿等都是沿着这组断裂展布的。

2. 盆地二级断陷的控盆断裂与主干调节断层交会控制矿床分布的位置

孙吴-嘉荫盆地内部的二级断陷包括孙吴断陷、沾河断陷、嘉荫断陷、富民-结烈河断凹。团结沟金矿、高松山金矿、东安金矿等均位于北西西向走滑断层与断陷或断凹的控盆断裂交会处。

3. 控盆断裂及相关断裂构造控制矿床和矿体

尽管矿床产出的位置与陆内转换断层和控盆断裂交会部位一致，但是矿床和矿体多是受控盆断裂及相关低级别断裂控制。这是由于控盆断裂及低级别断裂处于拉张状态，更有利成矿的缘故（图 6-63）。

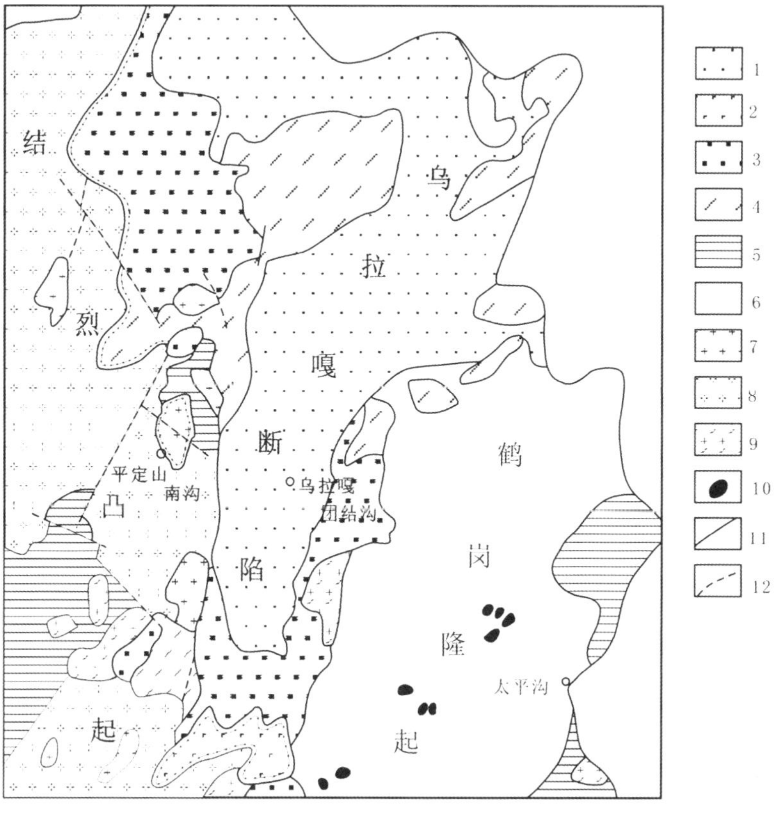

图 6-63　团结沟金矿区域构造简图

（据杨金和，2006）

1—古近系孙吴组；2—古近系大罗密玄武岩；3—白垩系松木河组、淘淇河组；4—侏罗系宁远村组；5—麻山群；6—黑龙江群；7—燕山期花岗岩；8—海西期黑云母花岗岩；9—元古宙混合花岗岩；10—元古宙超基性岩；11—地质界线；12—推测断层团结沟金矿位于鹤岗隆起与乌拉嘎断陷交会处，产于乌拉嘎断陷的控盆断裂带内。该断裂带走向北北东，倾向北西，倾角小于30°。在团结沟，该断层产状发生变化，变为走向东西、倾向北，倾角15°±，这也是矿体目前产状（图6-63）。矿体的南部边界是一条走向北西西、倾角近直立的走滑断层，是小兴安岭北麓孙吴-嘉荫盆地北西西向陆内转换断层之一。团结沟金矿受两者共同控制。

4. 陆内转换断层的派生构造控制矿床和矿体

当陆内转换断层两侧岩块相对运动时，在两侧产生局部构造应力场，产生派生的平面剪切断层，是平面共轭剪切断层。其中一组相对受到挤压，另一组相对受到拉张。当断层本身是导矿构造或布矿构造时，受拉张一组易成为容矿构造，控制矿体，如小兴安岭北麓的高松山金矿。

第七章　韧性剪切带控矿作用分析

Sibson（1977）根据对外赫布里底逆断层的研究，提出了断层双层结构模式。一条大的断层，从地表到深部，变形机制发生明显变化：在浅表层次（弹性摩擦区），温度低、围压小、产生碎裂岩，形成断层；在较深层次（准塑性区），温度高、围压大、形成糜棱岩，产生韧性剪切带。长英质地壳中弹性摩擦区与准塑性区转变的位置大致相当于300℃等温线，这正是绿片岩相的最低温度界限。在20~30℃/km的正常地热梯度下，这种转变位于10~15km深处（图7-1）。

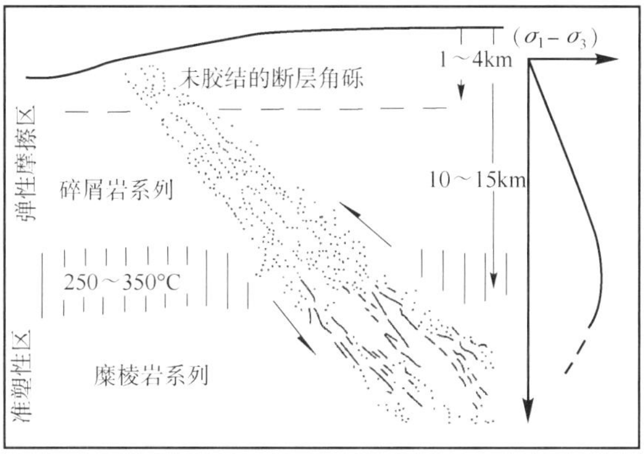

图7-1　断层双层结构模式
（据Sibson，1977）

第一节　韧性剪切带概述

一、韧性剪切带的概念和类型

韧性剪切带又称韧性断层，是以韧性变形为主的线性剪切应变带。这种剪切应变带具有如下基本特征：①是一个狭长的变形带；②具有较高的剪切应变值；③发育糜棱岩以及相应的新生片理和线理；④与两侧岩石之间没有明显界面，但两侧岩块发生了明显位移。

根据Sibson（1977），韧性剪切带就是地壳浅部的脆性剪切带（断层）在地壳较深层次的变形体现。因此，Ramsay（1980）将剪切带划分了从脆性到韧性四种类型：脆性剪切带—韧-脆性剪切带—脆-韧性剪切带—韧性剪切带（图7-2）。

脆性剪切带：全部为脆性变形；产生于地壳浅部层次；发育明显的破裂面——断层面或节理面；发育碎裂构造岩；在断层的情况下，两侧岩块被明显错开。

韧-脆性剪切带：以脆性变形为主，伴随部分韧性变形；产生于地壳中浅部层次；发育明显的破裂面——断层面或节理面；发育碎裂构造岩但局部发育韧性变形；在断层的情况下，两侧岩块被明显错开。

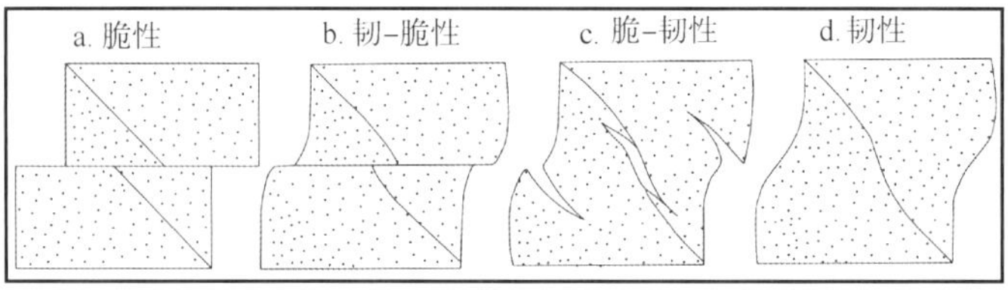

图 7-2　根据变形机制划分的剪切带类型

（据 Ramsay，1980）

脆-韧性剪切带：以韧性变形为主，伴随部分脆性变形；产生于地壳中深部层次；没有明显的破裂面，发育新生面理；发育糜棱岩；两侧岩块被明显错开，但没有明显破裂面。

韧性剪切带：全部为韧性变形；产生于地壳深部层次；没有明显的破裂面，发育新生面理；发育糜棱岩；两侧岩块被明显错开，但没有明显破裂面。

本书中所说的韧性剪切带包含了 Ramsay（1980）分类中的脆-韧性剪切带和韧性剪切带。

自从 Sibson（1977）提出断层双层结构模式之后，一些学者相继提出了许多新的断层带模式予以补充。Shimamoto（1989）依据人工岩盐变形实验数据，提出了脆性域-半脆性域-半韧性域-韧性域的断层模式。在这个模式中，对 Sibson（1977）模式具有重要补充意义的在于：

1）上部弹性摩擦区和下部准塑性区之间的过渡域实际上还要宽；

2）盐岩实验中半韧性域内发育的构造非常类似于 S-C 糜棱岩。因此，糜棱岩的形成不应仅限于韧性域（图 7-3）。

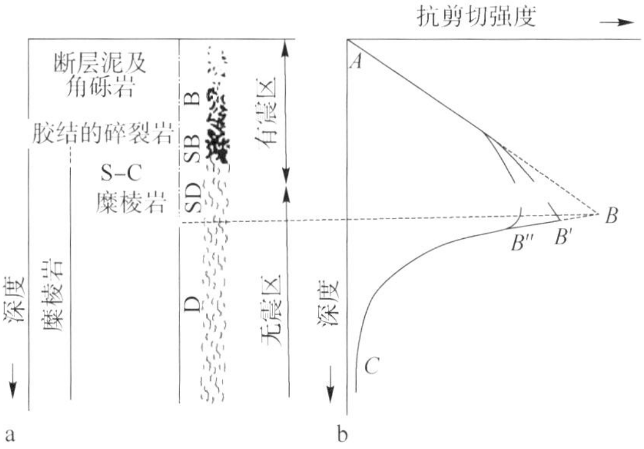

图 7-3　断层四层结构模式（a）和推测的断层强度深度剖面（b）

（转引自水汀等，1992；Shimamoto，1989）

a 图：B—脆性域；SB—半脆性域；SD—半韧性域；D—韧性域。b 图：*AB*—脆性域剪切强度曲线；*AB′*—食盐实验半韧性域剪切强度曲线；*AB″*—实际的半韧性域剪切强度曲线；*B′C*—韧性域剪切强度曲线

在 Shimamoto（1989）的模式中，S-C 糜棱岩大致与 Ramsay（1980）划分的脆-韧性剪切带的构造岩相当。而 Shimamoto（1989）的断层四层结构模式的脆性域—半脆性域—半韧性域—韧性域与 Ramsay（1980）划分的脆性剪切带—韧-脆性剪切带—脆-韧性剪切带—韧性剪切带相当。

与韧性剪切带型金矿有直接关系的应该是形成于地壳中深和深部层次的脆-韧性剪切带和韧性剪切带。

对韧性剪切带的另外一种分类是运动方式。这种划分与一般脆性断层的划分方式是一致的，即：正韧性剪切带、逆韧性剪切带、平移韧性剪切带。

1）正韧性剪切带：上盘岩块相对下盘岩块向下运动。

2）逆韧性剪切带：上盘岩块相对下盘岩块向上运动。

3）平移韧性剪切带：两侧岩块做相对水平移动。

与脆性断层一样，在上述三种类型之间，可能存在一系列过渡类型。因此可以按照拉伸线理的侧伏角将其划分为正平移韧性剪切带、逆平移韧性剪切带、平移正韧性剪切带和平移逆韧性剪切带。划分的原则是当拉伸线理侧伏角小于45°时，称为正平移韧性剪切带或逆平移韧性剪切带；当拉伸线理侧伏角大于45°时，称为平移正韧性剪切带或平移逆韧性剪切带。

4）顺层韧性剪切带是指与层理或片理平行的韧性剪切带。

由于韧性剪切带是地壳深部层次的构造，只有大型构造才能达到此层次。因此，韧性剪切带经常属于大型构造的一部分，与大型逆冲推覆构造、伸展构造和走滑构造伴生，是造山带、盆岭构造、变质核杂岩-拆离断层的组成部分。

一些小型的韧性剪切带经常与古老的变质地体有关。它们不是Sibson（1977）所描述的具有双层结构的大断层的深部组分，而是在区域变质条件下发生的变形。

二、韧性剪切带的识别

识别韧性剪切带在于对韧性变形有关的岩石以及构造和结构的认识。

1. 韧性剪切带的组构

在韧性剪切带中，发育两组新生面理：一组与剪切方向以及韧性剪切带展布方向平行，称为C面理或剪切面理；一组与剪切带边界呈45°夹角，称为糜棱面理或S面理。糜棱面理通常由片状矿物、强烈拉长的丝带状石英或多个石英颗粒组成的石英条带和其他强烈拉长的矿物定向而成。在剪切带内，S面理在韧性剪切带中的方位成S型或反S型展布：在韧性剪切带边部，与韧性剪切带边界呈45°夹角；向着韧性剪切带中心方向变小，在中心达到最小值，向另一个边界方向变大（图7-4）。

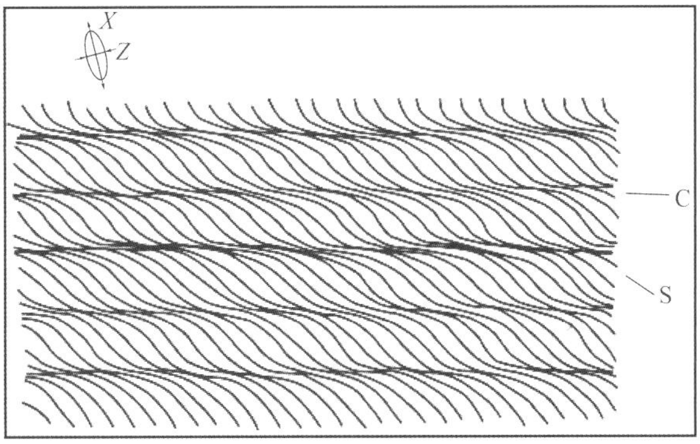

图7-4　韧性剪切带中S-C组构示意图

并不是韧性剪切带中一定要发育S-C组构，因为S-C组构的发育与否可能与韧性剪切变质变形作用的条件有关。但是，具有S-C组构的岩石通常发育在韧性剪切带中。

拉伸线理由矿物定向生长、矿物集合体定向以及砾石等的定向组成。线理平行于剪切运动方向，即X轴。

2. 韧性剪切带的褶皱构造

韧性剪切带中可能发育b型褶皱。但是作为韧性剪切带标志的是a型褶皱和鞘褶皱（图7-5）。

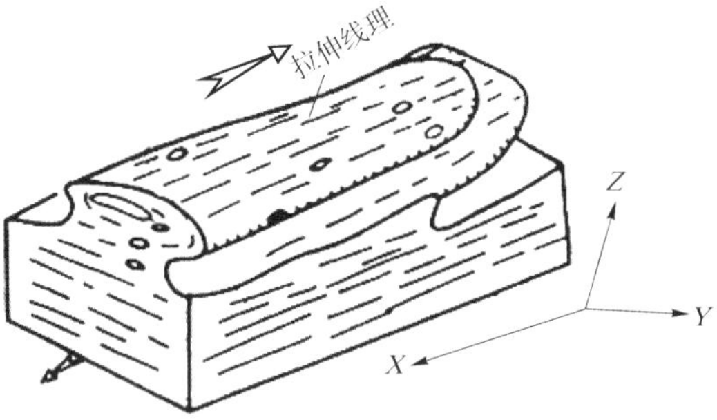

图7-5　韧性剪切带中的鞘褶皱

（据Mattauer，1980）

a型褶皱是拉伸线理平行褶皱枢纽的褶皱，是韧性剪切带中广泛发育的褶皱类型。鞘褶皱的形态由其褶皱枢纽的弯曲表现出来，枢纽在舌端或鼻端弯曲成圆弧形或抛物线形，与拉伸线理或矿物线理近垂直或高角度相交，在其他部位基本上与拉伸线理平行。鞘褶皱是a型褶皱中发育最完善者。鞘褶皱形似剑鞘，延伸方向平行X轴。

a型褶皱和鞘褶皱通常发育在剪切作用最强烈的部位。它可以直接形成于韧性剪切作用（图7-6B），也可以是从b型褶皱演化而来。图7-6的C、D、E描述了b型褶皱到a型褶皱到鞘褶皱的演化过程。

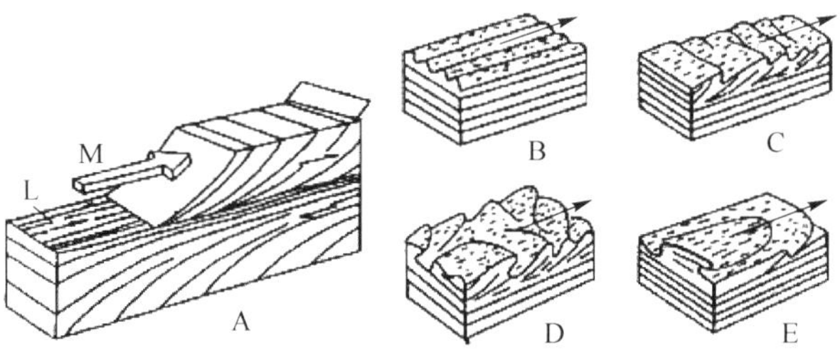

图7-6　从a型褶皱到鞘褶皱的形成过程

（据Mattauer，1980）

A—韧性剪切带的运动方向和拉伸线理；B和D—褶轴平行拉伸线理的a型褶皱；C—褶皱轴垂直拉伸线理的b型褶皱；E—褶轴平行拉伸线理的鞘褶皱；M—运动方向；L—拉伸线理

在不同断面（或剖面）上，鞘褶皱的形态变化多样，在平行X轴剖面上，多为不对称褶皱，轴面倒向常为剪切方向；在垂直X轴剖面上，多为扇形、眼球状或封闭的椭圆形；

在 XY 面上，褶皱不明显，但褶皱枢纽的迹线往往呈圆弧形→弓形→舌形（杨振升，1985）。

3. 糜棱岩

糜棱岩是韧性剪切带中的构造岩，是确定韧性剪切带的最直接标志。糜棱岩是在较高温度、较高的围压、以及较低应变速率条件下晶体发生塑性变形形成的构造岩。它具有 3 个具有鉴别意义的特点：①粒径较原岩明显减小；②发育强化的片理和线理；③发育在狭窄的剪切应变带内。

糜棱岩通常由基质和碎斑两部分组成。基质是被细粒化的矿物，通常是石英和铁、镁、硅酸盐矿物；碎斑是细粒化过程中残留的矿物，通常以长石为主（图 7-7 左）。当碎斑很少时（小于 10%）称为超糜棱岩，而经过静态恢复作用、具有通常变质岩（如片岩和片麻岩）外貌者称为构造片岩和构造片麻岩（图 7-7 右）。

图 7-7　眼球状糜棱岩（左）和构造片岩（右）

（据百度图片）

三、韧性剪切带形成的地质环境

韧性剪切带通常伴随造山作用或区域伸展作用的大型构造出现，是大型逆冲推覆构造、伸展构造和走滑构造的深部表现。在变质基底，韧性剪切带通常不受规模限制，小型韧性剪切带是在变质作用条件下岩石的线性变形。

第二节　含金韧性剪切带

韧性剪切带型金矿的概念是 Boyle（1979）提出的，是指成矿机制和控矿因素都与韧性剪切带有关的金矿床。

一、逆冲型含金韧性剪切带

1. 逆冲型韧性剪切带伴随造山带产出，与造山带走向一致，是造山带重要地质单元的分界线

在东天山-北山造山带，发育 7 条大型韧性剪切带（蔡志慧等，2012），它们是：

1）中天山-北山北缘韧性右行剪切带（N. CTBSZ）；

2）中天山南缘-星星峡韧性右行剪切带（S. CTXSZ）；

3）库米什-红柳河韧性逆冲剪切带（KHT）；

4）库鲁克塔格北部辛格尔韧性右行走滑剪切带（XGRSZ）；

5）库鲁克塔格兴地韧性右行走滑剪切带（XDSZ）；

6）库鲁克塔格北韧性滑脱剪切带（N. KD）；

7）北山古堡泉-红柳园韧性逆冲转换剪切带（GHSZ）（图 7-8）。

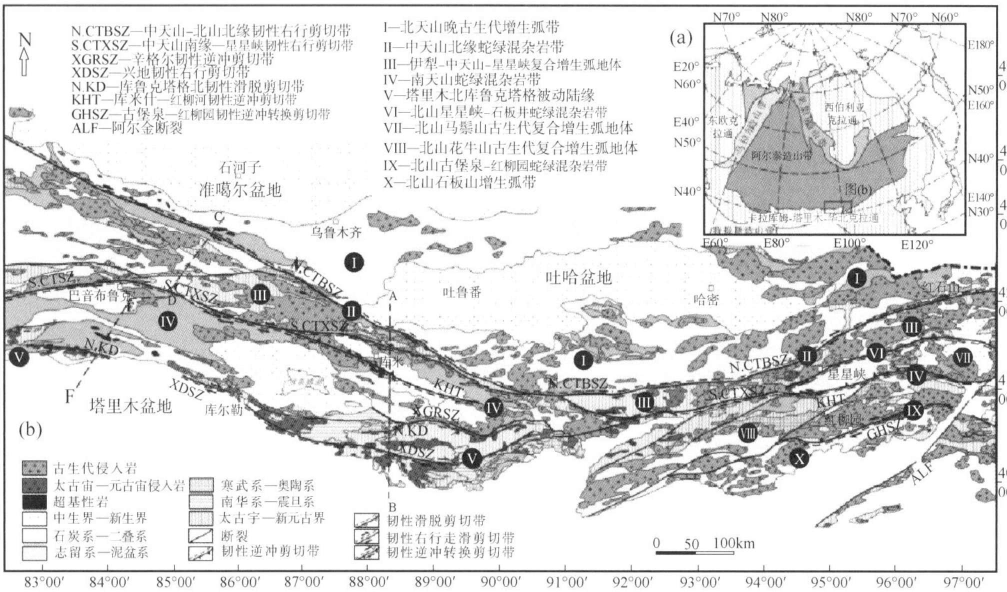

图 7-8　东天山-北山造山带构造简图

（据蔡志慧等，2012）

2. 逆冲型韧性剪切带与造山带同时发生、发展和演化

东天山-北山逆冲型韧性剪切带是伴随东天山-北山造山带的发生、发展产生的（蔡志慧等，2012）：

1）泥盆纪（>405~368Ma）：伴随南天山早古生代洋盆闭合，中南天山经历早古生代碰撞造山阶段，南天山及库鲁克塔格被动陆缘处在挤压收缩环境，形成库米什-红柳河逆冲推覆剪切带（KHT）和库鲁克塔格北韧性滑脱剪切带（N. KD）；古堡泉-柳园蛇绿岩所代表的洋盆向北的持续斜向消减导致北山古堡泉-红柳园韧性逆冲转换剪切带（GHSZ）；而北天山晚古生代洋盆相对中天山复合地体的斜向消减形成中天山-北山北缘韧性右行走滑剪切带（N. CTBSZ）。

2）晚石炭世—早二叠世（298~277Ma）：北天山洋盆向南斜向消减后发生斜向碰撞造山，碰撞造山中或碰撞刚结束引起中天山-北山北缘走滑剪切带（N. CTBSZ）的再次活动，以及中天山南缘-星星峡韧性右行走滑剪切带（S. CTXSZ）、库鲁克塔格北部辛格尔韧性右行走滑剪切带（XGRSZ）和库鲁克塔格北兴地韧性右行走滑剪切带（XDSZ）的形成。

3）早三叠世（242Ma）：北天山晚古生代之后的斜向碰撞之后发生斜向陆内造山，

使中天山-北山北缘韧性右行走滑剪切带（N. CTBSZ）再次活动，南部的斜向陆内造山基本终止（图 7-9）。

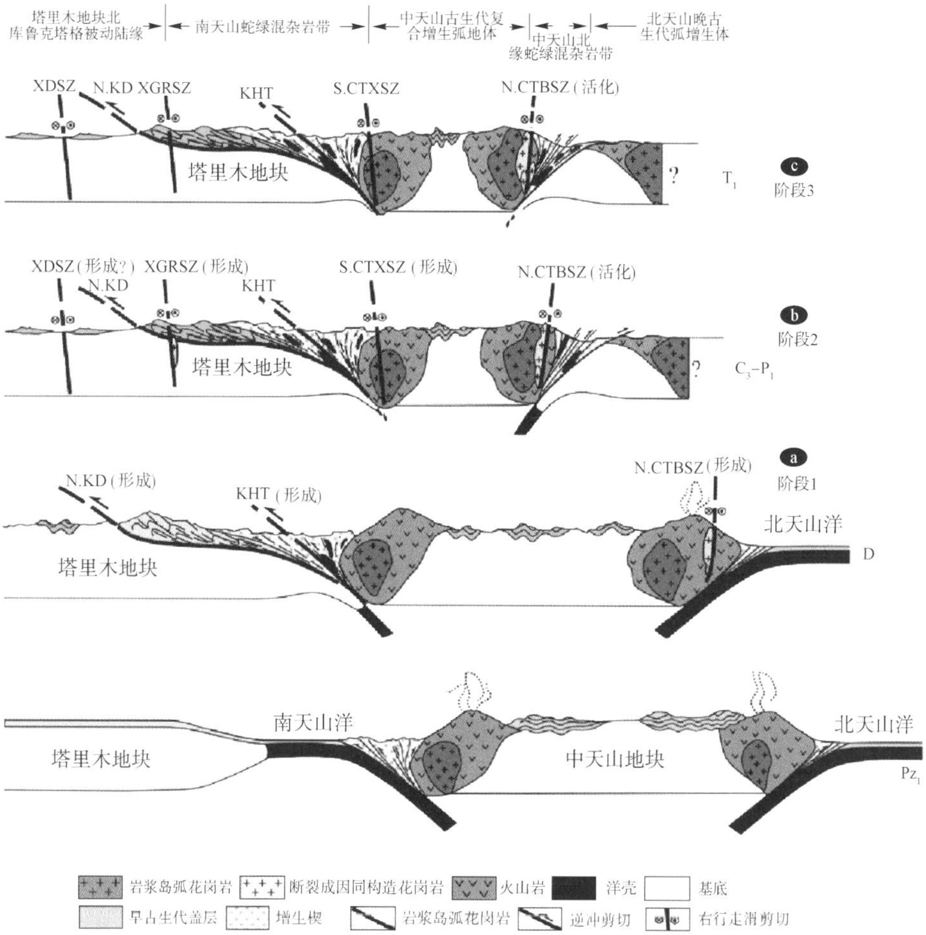

图 7-9　东天山造山带大型韧性剪切带形成演化模式图

（据蔡志慧等，2012）

3. 逆冲型韧性剪切带经常与脆性逆冲推覆构造或脆性逆断层叠加

这里包含如下含义：

1）由于逆冲推覆作用，使深部层次的构造推覆到浅部层次的构造之上，造成韧性剪切带叠加到脆性剪切带之上，糜棱岩叠加到碎裂构造岩之上。

2）深部层次的韧性剪切带被推覆到较浅部层次，本身开始经历较浅部层次的变形。例如，由韧性域到脆-韧性域，或由韧性域到韧-脆性域，乃至于由韧性域直接到脆性域等。

3）逆冲型构造——无论是韧性的还是脆性的，构造整体处于挤压状态。但是深部的韧性变形域较浅部的脆性变形域有更高的围压。当被推覆到相对浅部时必发生释压过程，沿着剪切带产生张裂。

4）伴随造山带发展演化，被推覆到浅部层次的韧性剪切带和糜棱岩被晚期脆性断层叠加。

4. 由于其规模巨大、演化时间长、往往是岩浆岩带和不同类型矿床的控矿构造带

东天山的秋格明塔什-黄山韧性剪切带，位于东天山造山带吐-哈盆地南缘觉罗塔格山系内。西起底坎儿南部的卡特尤鲁滚塔格，东入甘肃省，延长逾600km，最大宽度度达40km。它是一条大型金属成矿带，控制金、铜、铁、铅锌、银多金属等不同成因类型矿床的展布（图7-10）。

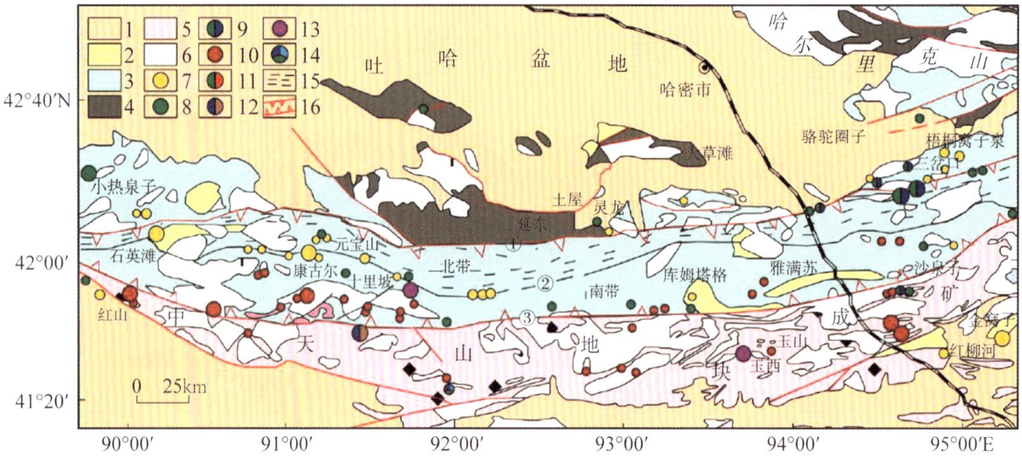

图7-10 东天山构造格架与矿床分布

（据木合塔尔·扎日等，2010）

1—中新生代沉积盖层；2—二叠纪陆相火山-沉积岩系；3—石炭纪火山-沉积岩系；4—奥陶纪-泥盆纪火山-沉积岩系；5—前寒武纪变质岩；6—花岗岩类；7—金矿床；8—铜矿；9—铜镍硫化物矿；10—铁矿；11—铁铜矿；12—铅锌矿；13—银多金属矿；14—多金属矿；15—剪切带；16—板块缝合带；①康古尔断裂；②雅满苏断裂；③阿齐克库都克断裂

5. 逆冲型韧性剪切带型金矿

尽管逆冲型韧性剪切带易被不同性质浅部层次的构造叠加，但韧性剪切带型金矿严格受韧性剪切带制约：

1）一系列韧性剪切带型金矿床沿着韧性剪切带的强应变带分布（图7-10）；

2）矿床产于韧性剪切带的膝折、转折、膨胀、不同地质体交切变换等特殊构造部位或低级别韧性剪切带；

3）矿体平行于糜棱叶理、剪切叶理，也平行剪切叶理方向的释压膨胀成因的张裂。

康古尔塔格金矿带发育在上述秋格明塔什-黄山韧性剪切带南部边缘。金矿床分布于强应变韧性构造带中。自西向东有麻黄沟、康古尔、马头滩、大东沟、长城山、翠岭等金矿床（图7-11）。

矿化类型有蚀变岩型和石英脉型。

区域一级剪切带控制金矿带的成矿物质和成矿流体的主要来源；二级剪切构造控制金矿床的发育；三级剪切裂隙系统控制金矿体（脉）的产出，从而构成三级构造控矿系统（王义天等，2006）。

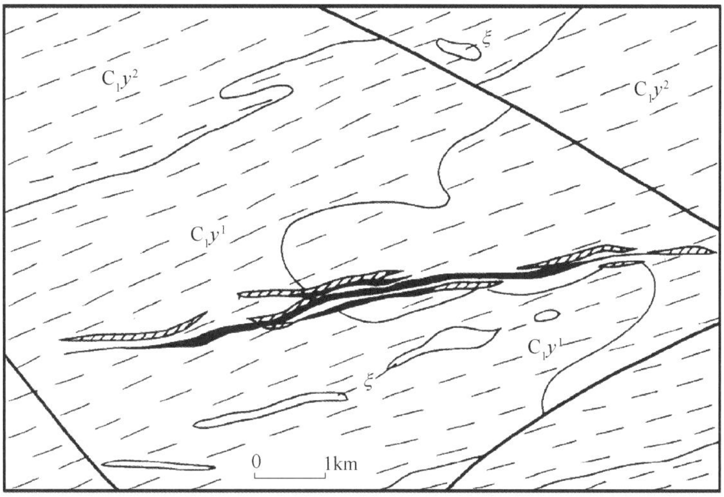

图 7-11　康古尔金矿床地质图

（据马天林等，1998）

1—下石炭统雅满苏组凝灰岩；2—下石炭统雅满苏组安山岩；3—英安岩；4—矿化体；5—矿体；6—断层；7—片理

二、走滑型含金韧性剪切带

1）走滑型韧性剪切带总是与大型走滑断层伴生。那些大型走滑断层往往是简单剪切型走滑断层；倾角陡立；构成不同性质构造单元的边界——如郯庐断裂、阿尔金断裂、红河断裂等；并使其大规模水平位移。

2）地表出露的大型走滑带或者以韧性变形为主——走滑型韧性剪切带，或以脆性变形为主——走滑断层，也可能出现韧性变形和脆性变形“并存”现象。

伸展型韧性剪切带及逆冲型韧性剪切带中的韧性变形和脆性变形“并存”，主要是伸展作用或逆冲推覆作用使不同层次构造岩叠置的结果。走滑断层不具备那样的运动学条件。有三种可能：局部升温、局部抬升以及构造演化使不同时期和不同性质构造岩叠加。

郯庐断裂带　是中国东部一条大型左行走滑断裂。南起长江北岸的湖北武穴，经安徽庐江、山东郯城、过渤海，经沈阳后与敦化-密山断裂带相接，在中国境内长达2400km。它是一条以脆性变形为主的走滑断层。但是，朱光等（2005）在该断裂肥东段发现了高压左旋走滑韧性剪切带：其变形温度高达600~700℃；压力为1.03~1.45GPa；形成于地壳底部的高压榴辉岩相环境。它的局部抬升应该与大别造山带折返相对应。

阿尔金断裂带　自青藏高原西北部斜切西昆仑山，经苦牙克、安迪尔河、车尔臣河、切入阿尔金山地，沿索尔库里谷地继续往东，经党河、疏勒河延至甘肃玉门镇一带，主体部分长达1600km。是一条以古近纪—新近纪活动为主的大型左行走滑断裂（图7-12）。

自中-新生代以来发生大规模左行走滑，并以主要出露脆性构造岩为主（虢顺民等，1998；崔文军等，1999；陈正乐等，2001；陈宣华等，2002）。但是，它的形成时期可以追溯到元古宙，并且在不同地质时期具有不同的构造性质（周勇等，1998，1999；Sobel et al.，1999）。

崔军文（2011）在南阿尔金断裂发现大规模韧性剪切带，并证明：韧性剪切带的形成始于晚寒武世；强烈活动期为中奥陶世—志留纪（468.4~412.2Ma）；早—中泥盆世、早石炭世、晚二叠世和早侏罗世时期，剪切带进入以高、中温为主的韧性变形期，并随着时间推移，变形温度不断降低，剪切作用的强度明显减弱；早侏罗世后，南阿尔金断裂完全进入以脆性变形为主的构造演化阶段。显然，阿尔金断裂带的韧性剪切带与脆性断裂“并存”现象来源于不同时期和不同性质构造岩的叠加，是构造带长期演化的结果。

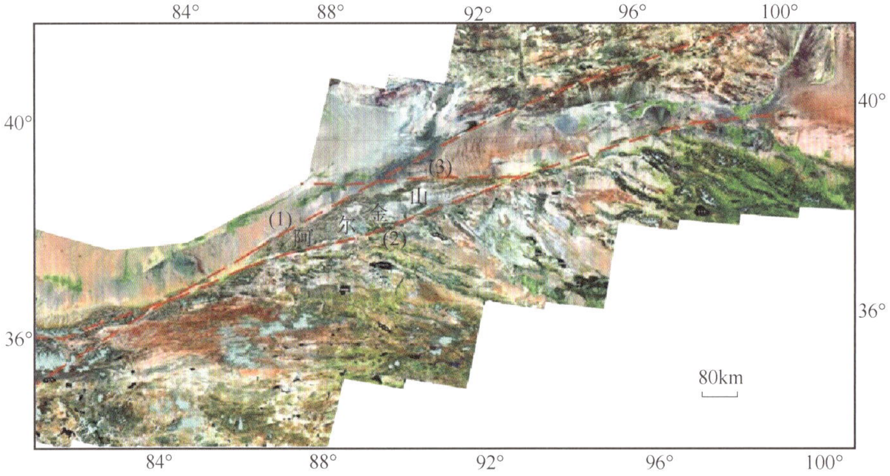

图 7-12　阿尔金山及邻区卫星遥感影像图（TM543）

（据伍跃中等，2017）

（1）阿尔金西北缘断裂带；（2）阿尔金南缘断裂带；（3）红柳沟-拉配泉断裂带（北缘断裂带）

红河-哀牢山构造带　是以韧性变形为主的走滑型韧性剪切带。位于云南省中部，红河河谷西侧。北起弥渡，南经金平延入越南。整体呈北窄南宽（图 7-13）。

红河-哀牢山构造带是一条韧性剪切带。它是由两条主要的糜棱岩带和夹持于其间的变质岩块体所组成。两条糜棱岩带之间的块体主要由大理岩、黑云斜长片麻岩、角闪斜长片麻岩、矽线石榴黑云二长片麻岩、斜长角闪岩以及变粒岩组成。

糜棱岩的叶理及其间块体的面理走向与构造带的整体走向基本一致，呈北西向。拉伸线理的产状较为稳定，呈北西向近水平产出。根据 S-C 构造、旋转碎斑、多米诺骨牌式构造、错开的脉体及布丁构造等指示左行剪切的旋转构造（图 7-14）。根据地质和同位素测年数据，红河~哀牢山构造带左行走滑时间为喜马拉雅期（吴海威等，1989）。

有一系列脆性剪切带伴生：第一级别者构成糜棱岩带两侧的边界断裂；次一级或更小规模者切割糜棱岩带内部。脆性剪切带与韧性剪切带产状相同、运移方向一致，是抬升后继续左行剪切所致。

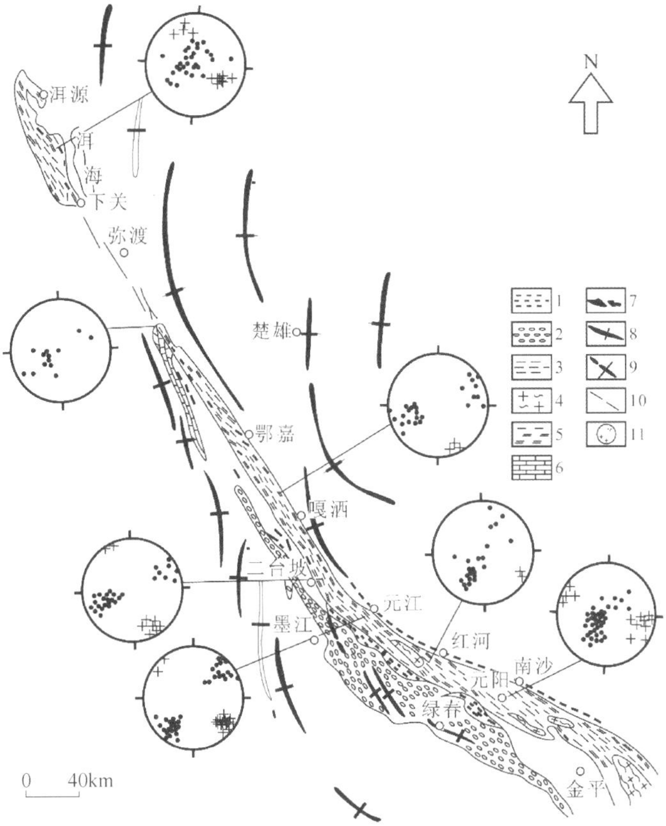

图 7-13 红河—哀牢山断裂带地质略图

(据吴海威等，1989)

1—浅变质带（片岩系）；2—上三叠统；3—深变质带（片麻岩系）；4—片麻状花岗岩；5—糜棱岩；6—二叠纪灰岩；7—超基性岩带；8—中生代地层褶皱轴迹；9—新生代地层褶皱轴迹；10—脆性断裂；11—各剖面上线理、面理统计；“十”为线理产状；“●”为面理法线产状

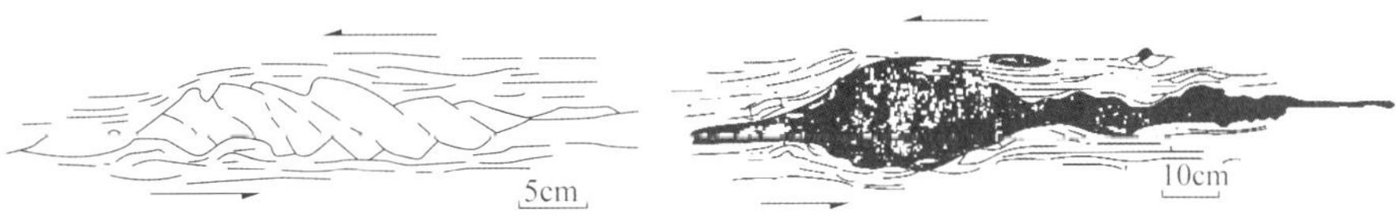

图 7-14 多米诺骨牌构造（左）和旋转布丁构造（右）反映左旋走滑

(据吴海威等，1989)

走滑型韧性剪切带型金矿

(1) 走滑型含金韧性剪切带的控矿优势

通常是简单剪切型韧性剪切带，延伸长、切割深；产状陡立且稳定；是沟通深部最良好的通道，成为不同类型矿床的控矿构造带。例如，在红河-哀牢山构造带，控制了金厂、大坪、老王寨等一系列金矿床。

(2) 三位一体的矿床组合

大型走滑型韧性剪切带常被晚期脆性剪切带叠加。叠加的相同性质的脆性剪切带通常发育在韧性剪切带两侧，构成糜棱岩带的边界；低级别者也发育在糜棱岩带内。因此造成韧性剪切带与脆性剪切带伴生、糜棱岩与碎裂岩伴生、以及不同性质金矿床伴生的现象。

在一个大型走滑型含金韧性剪切带中，通常发育三类矿石、矿体或矿床：糜棱岩型金矿，破碎带蚀变岩型金矿和石英脉型金矿。它们是韧性剪切带演化过程中在不同层次发生矿化的产物。

石英脉型和破碎带蚀变岩型金矿明显受脆性剪切带控制，符合一般走滑断层控矿规律，如断层转折控矿、断层弯曲处控矿、断层重叠处控矿、低级别控矿、派生构造控矿等。同时，剪切带脉型金矿受剪切带产生的断裂控制。剪切带内可能产生 5 种断裂（图 7-15a），也就是可能形成 5 种产状的含金石英脉（图 7-15b）。

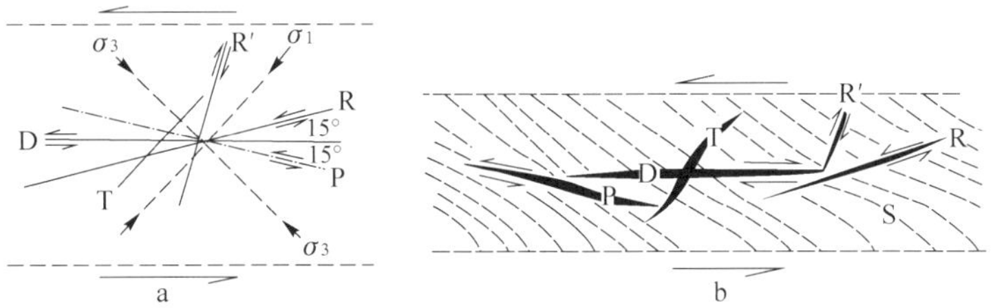

图 7-15　剪切带内可能出现的断裂系（a）及含金石英脉（b）
（据段嘉瑞等，1992）
R—低角度里德尔剪切裂隙（与剪切带边界成 15°交角）；R′—高角度里德尔共轭剪切裂隙（与剪切带边界成 75°交角）；P—逆向剪切裂隙或压力剪切裂隙（与剪切边界成 5°~10°交角）；D—主剪切裂隙（与剪切带边界平行）；T—沿应变椭球 *XZ* 面形成的张裂隙（与 S 叶理垂直）

（3）糜棱岩型金矿形成于构造带演化早期的中深层次，是伴随韧性剪切变质、变形作用产生的

吴川-四会断裂带斜贯广东的中、西、北部，云开隆起东侧。北起韶关，南至湛江，在广东省境内延长超过 800km，宽度最大 30 余 km。陶明信等（2005）根据氦同位素研究，认为吴川~四会断裂带的深度已达莫霍面，是我国东南地区一条重要的深大断裂带。

彭少梅等（1994）将吴川-四会断裂带划分为三个主干断裂带和被它们制约的两个狭长断块，自西向东依次为：宋桂断裂带、罗定—云浮断块、狭义的吴川一四会断裂带、阳春断块和阳春-新兴断裂带。主干断裂带和所夹持的区域发育地层时代为震旦系和下古生界；狭长断块中地层一般为上古生界至中、新生界（图 7-16）。构造带总体走向 35°N~45°N，倾向 NW 或 SE，倾角最大可达 80°。

吴川-四会断裂带经历了加里东运动、印支运动、燕山和喜马拉雅运动。不同时期的构造性质和运动方式不同。目前露头所表现的是韧性变形与脆性变形共存：以脆性断层为边界，构造岩则以糜棱岩为主、同时发育碎裂构造岩。

吴川-四会成矿带发育破碎带蚀变岩型金矿、石英脉型金矿和糜棱岩型金矿，后者以河台金矿为代表。

河台金矿位于吴川-四会断裂带西侧、罗定-云浮断裂带的北东段，河台韧性剪切带内。韧性剪切带呈 N70°~75°E 方向展布，长 10km，宽 4.5km。在河台韧性剪切带内划分出 100 余条强糜棱岩化带，单带最大延长可达 4km。强糜棱岩化带之间是弱糜棱岩化甚至是没有糜棱岩化的岩石。这种分带现象即使在显微镜下也有体现（图 7-17）。

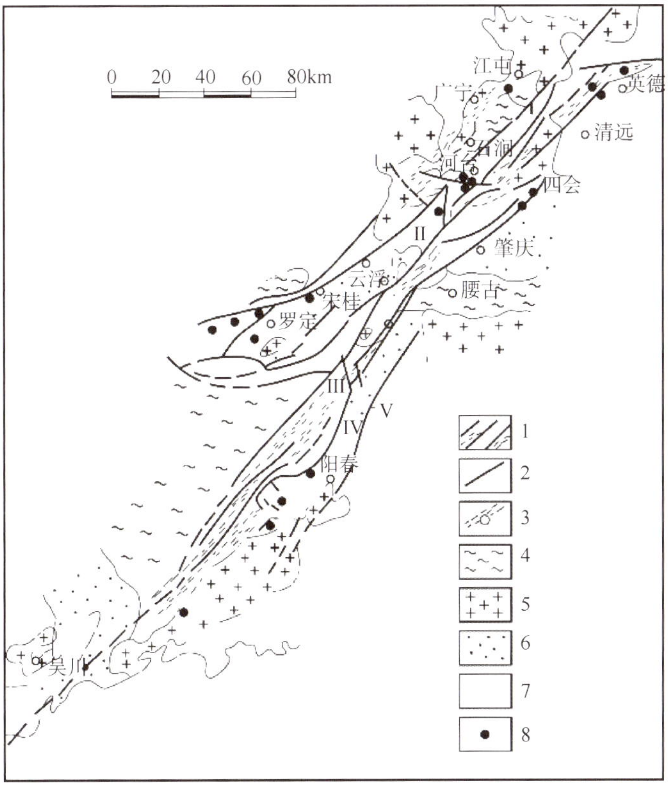

图 7-16　吴川-四会断裂带矿产地质简图

（据彭少梅等，1994）

1—构造单元及编号：Ⅰ—宋桂断裂带，Ⅱ—罗定云浮断块，Ⅲ—狭义吴川-四会断裂带，Ⅳ—阳春断块，Ⅴ—阳春-新兴断裂带；2—大断层；3—韧性剪切带；4—混合岩；5—印支-燕山期花岗岩；6—中、新生代盆地；7—震旦系及古生界；8—金矿床（点）

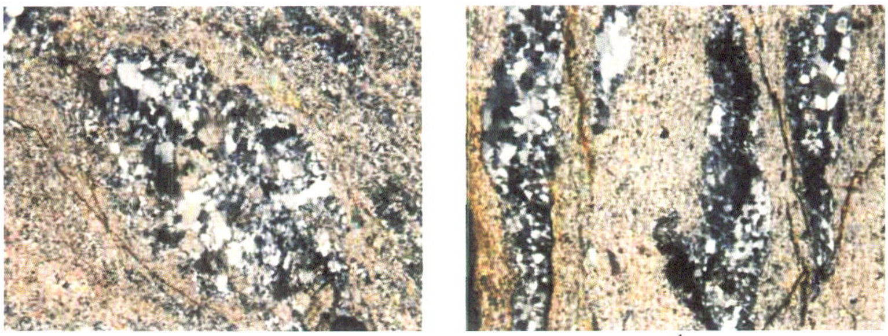

a　　b

图 7-17　糜棱岩化的强弱分带（a）和条带状分布（b）

（据刘伟，2004）

矿体产在糜棱岩带中，呈板状、似层状、条带状、长透镜状、囊状等，其产状受糜棱岩带的产状控制。分为北、中、南 3 个矿带，在北矿带中发育高村矿床、云西矿床和后迳矿床（图 7-18）。

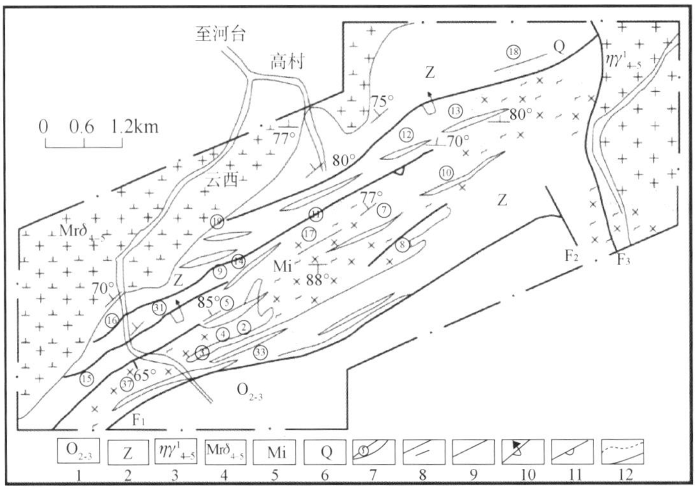

图 7-18　河台金矿区地质图

（据刘伟，2004）

1—中、上奥陶统三尖群绢云千枚岩；2—震旦系云母石英片岩；3—海西-印支期二长花岗岩；4—海西-印支期混合花岗岩及片麻岩；5—花岗混合片麻岩；6—韧性剪切带；7—石英脉型金矿及矿床编号；8—区域片理；9—断层；10—倒转背斜；11—倒转向斜；12—矿区范围及岩性过渡界线

三、伸展型含金韧性剪切带

1）伸展型含金韧性剪切带主要出现在变质核杂岩-拆离断层组合中，构成后者，即韧性拆离断层。

医巫闾山变质核杂岩位于辽西义县和北镇之间，呈 NNE 向展布。核部出露的高级变质的瓦子峪杂岩和大营子杂岩、中元古界长城系以及侏罗纪花岗杂岩。在其北侧、东侧和南侧，发育一系列与变质核杂岩体走向一致、向外倾斜的脆性拆离断层和韧性拆离断层（图 7-19）。

2）在变质核杂岩-拆离断层组合中，通常是韧性拆离断层与脆性拆离断层叠置出现，碎裂构造岩与糜棱岩在同一条构造带中叠加。这种叠加是拆离作用本身造成的，并且有与逆冲推覆构造相反的构造岩叠置方式。

小秦岭位于华北克拉通鄂尔多斯地块南缘，秦岭造山带北侧。在华北克拉通和秦岭造山带之间发育一套新太古代—古元古代的高级变质岩系和燕山期花岗岩，即为小秦岭变质核杂岩。其上发育中元古代、早古生代和中-新生代脆性变形的未变质或浅变质岩石构成上盘新岩层。在两者之间是拆离断层（图 7-20）。

张进江等（2003）研究表明，小秦岭变质核杂岩周缘发育的拆离断层自下而上由糜棱状岩带、绿泥石化角砾岩带、微角砾岩带和拆离断层组成（图 7-21）。糜棱状岩带发育于小秦岭变质核杂岩周缘，由糜棱状片麻岩和花岗岩、长英质糜棱岩及少量碳酸盐岩糜棱岩组成。其内发育透入性面理和线理，面理倾向变质核杂岩外侧，产状南翼陡北翼缓，线理沿 ESE-WNW 延伸。糜棱状岩带顶部被绿泥石化角砾岩带切割，下部角砾粗大，向上粒度变细，其中角砾为糜棱状岩石碎屑。

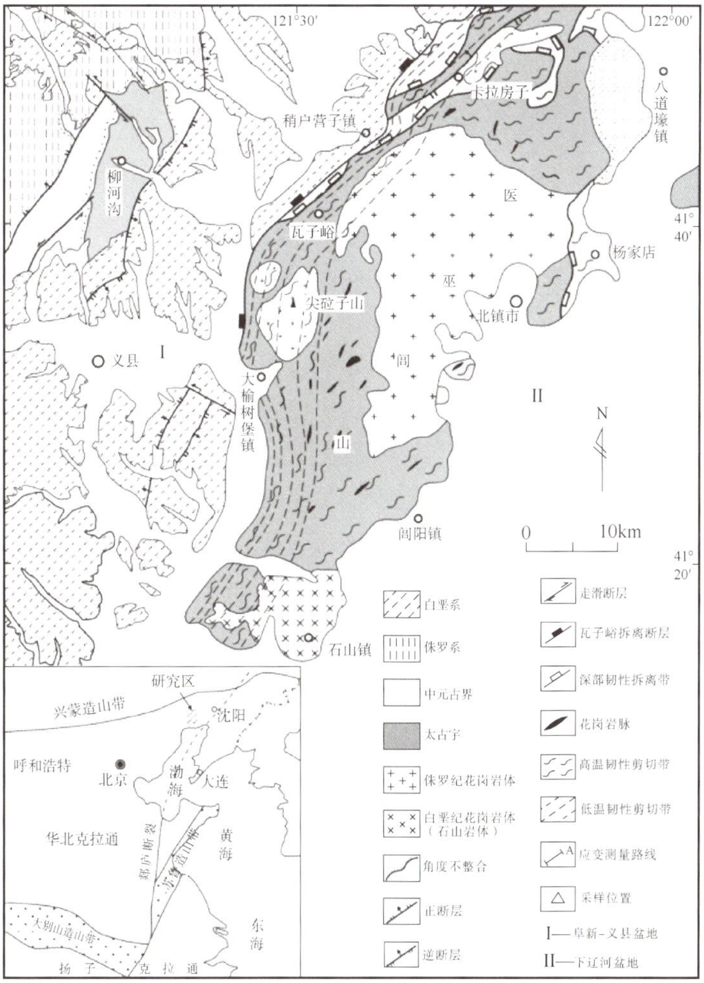

图 7-19　辽西医巫闾山地区构造刚要图

（据李刚等，2013）

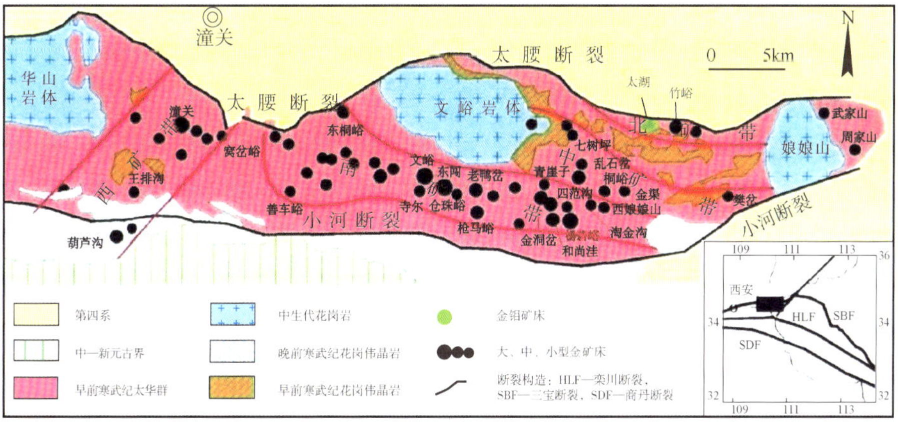

图 7-20　小秦岭地区地质及金矿分布图

（据谭满堂，2013）

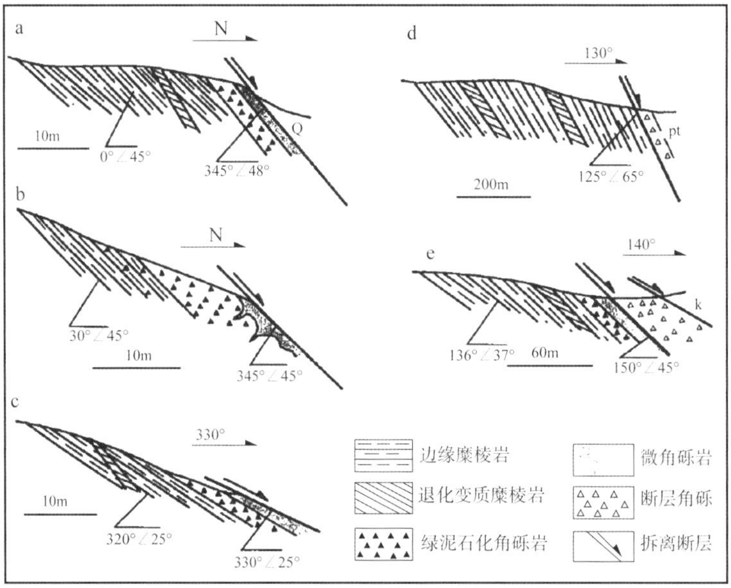

图 7-21　小秦岭变质核杂岩周缘拆离断层剖面

（据张进江等，2003）

微角砾岩发育于拆离断层面之下，与下伏绿泥石化角砾岩带呈侵位接触，表明深部构造层次与浅部构造层次的叠置关系。

伸展型韧性剪切带型金矿

1）伸展型含金韧性剪切带是变质核杂岩-拆离断层体系中的韧性拆离断层，成矿热液主要是来自地壳深部流体。

2）变质核杂岩-拆离断层体制造成深部构造层次的韧性拆离断层与浅部构造层次的脆性断层共存。后者包括脆性拆离断层和上盘的阶梯状正断层。因此在变质核杂岩-拆离断层金成矿系统中，会同时存在受上述三种构造控制的矿床和矿体。

胡正国等（1994）将小秦岭金矿控矿构造分为四种：张剪型脆韧性控矿剪切带、剪滑型脆韧性控矿剪切带、层滑型脆性控矿剪切带、剪张型脆性控矿剪切带（图 7-22）。后三者应分别对应韧性拆离断层、脆性拆离断层和上盘阶梯状正断层。

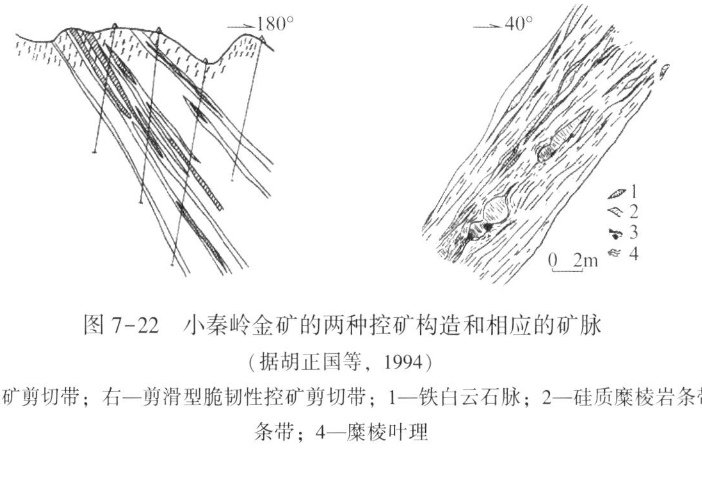

图 7-22　小秦岭金矿的两种控矿构造和相应的矿脉

（据胡正国等，1994）

左—剪张型脆性控矿剪切带；右—剪滑型脆韧性控矿剪切带；1—铁白云石脉；2—硅质糜棱岩条带；3—黄铁矿条带；4—糜棱叶理

3）（韧性）拆离断层往往也有逆冲推覆构造那样的具有长而缓的断坪和短而陡的断坡的阶梯状形态特点，当其控制金矿脉、矿体时，也具有相应的产状特征。

胡正国等（1994）在描述剪滑型脆韧性控矿剪切带时，注意到两种产状特征：顺层剪滑型脆韧性剪切带具有顺层或几乎顺层、倾角小（15°~20°）的特点，而斜切褶皱或横切褶皱者倾角为60°~80°，分别代表断坪和断坡。

我国小秦岭地区金矿就是受变质核杂岩-拆离断层体系中韧性剪切带和脆性断层控制的。小秦岭地区已发现了近1200余条含金矿脉。探明大、中、小型金矿床共计50多个，黄金储量超过800t（参见图7-21）。

四、太古宙绿岩带中的含金韧性剪切带

太古宙花岗—绿岩带大部分（80%~90%）由花岗质岩石和片麻岩类组成。这些花岗质岩石和片麻岩类包围着绿岩带，部分也侵入到绿岩带中。

绿岩带是呈线状或不规则状的向形的上壳岩，宽5~250km，长达数百千米。多数宽10~50km，长100~300km，厚10~20km。已知最老的绿岩带的年龄为3500~3800Ma（格陵兰的伊阿苏、南非的巴伯顿和罗得西亚比较老的绿岩带），多数形成于2600~2700Ma。

绿岩建造主要由枕状镁铁质火山岩组成。有些建造中层位越高钙碱性岩石越多。有些绿岩带的下部含有超基性和科马提岩质熔岩。

沉积岩在绿岩带中只占一小部分，通常在上部，主要是杂砂岩—泥质岩，含有少量燧石和其他碎屑沉积。

太古宙绿岩带中金矿主要产在石英脉、网状脉和浸染状矿脉中。含金石英脉的厚度可达5m，沿走向断续延长可达2km。多数脉体主要由石英组成，含有少量碳酸盐和百分之几的硫化物。

矿石矿物以黄铁矿为主，也有少量磁黄铁矿、闪锌矿、方铅矿、毒砂、辉锑矿、黄铜矿和白钨矿，有些矿床中出现有碲金矿。

围岩通常都有蚀变现象。矿脉两侧的蚀变范围可达数米。在镁铁质岩石中常见的蚀变矿物组合为绿泥石、碳酸盐、绿帘石、透闪石、绢云母、钠长石和少量硫化物。

太古宙绿岩带中的石英脉、网状脉和浸染状矿脉型金矿主要是受韧性剪切带控制的。控矿韧性剪切带具有如下特点：

1. 花岗绿岩带内的一级线性构造控制金成矿带的展布（图7-23）

花岗绿岩带内的一级线性构造通常是：

1）一级构造单元的界线；

2）绿岩带与花岗岩的界线；

3）花岗-绿岩带与其他地质构造单元的界线；

4）延长上百、数百千米或更长，宽度可达10km或更宽，延深达地幔；

5）具有长期活动、韧-脆性叠加的特点。

太古宙绿岩带中的韧性剪切带型金矿通常是发育在这样一些线性构造带中。

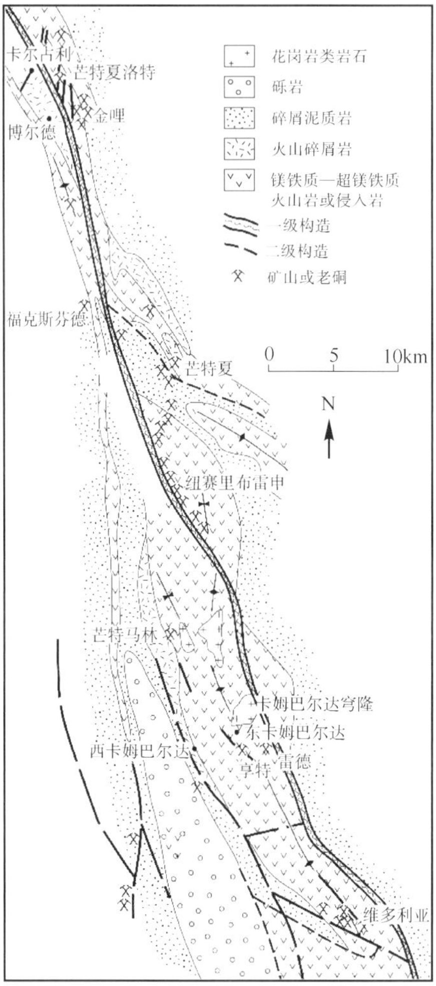

图 7-23　卡尔古利-卡姆巴尔达地区地质图

（图上标示了与一级构造和低级别构造有关的主要金矿床；据吴美德等，1989）

2. 金矿床受低级别的韧性剪切带控制

艾森诺尔等（1989）在研究西澳大利亚太古宙金矿时发现，金矿床通常产于长 1～10km、宽数厘米至几百米的脆-韧性剪切带内（吴美德等，1989）。

3. 共轭韧性剪切带控矿

矿床产于线型构造及其交会处，这是古生代以来造山带中韧性剪切带控矿所很少见的。

4. 韧性剪切作用控制金向韧性剪切带方向迁移

花岗岩-绿岩组合中的绿岩带——特别是下部的镁铁质火山岩的金的峰度值通常较高。但是经过韧性剪切变质变形作用后，往往有所增加，构成富金的矿源层。例如：内蒙古十八顷壕金矿的控矿韧性剪切带两侧绿岩带地层中金含量较高，金的平均含量为 10.08×10^{-9}，距韧性剪切带稍远、没有受到韧性剪切作用影响的为 $(17\sim25)\times10^{-9}$，近韧性剪切带、受到韧性剪切作用影响的则降至 $(3\sim5)\times10^{-9}$，而在韧性剪切带内则形成矿体。说明围岩可为矿化带的形成提供物质来源的同时，接近韧性剪切带的贫化现象可能是成矿物质向剪切带方向运移所引起的。

第三节　同韧性剪切作用金矿的鉴别

Boyle（1979）所提出的韧性剪切带型金矿是指成矿机制和控矿因素都与韧性剪切带有关的金矿床。刘连登等（1991）指出："同韧性剪切带金矿是指韧性剪切带与金矿形成之间无地质间断，韧性剪切带是直接控矿构造的金矿床"。并强调："一是韧性剪切带与金矿形成于同一地质过程的先后阶段，但其间无地质体插入（如无脉岩的插入），是连续不间断的产物；二是韧性剪切带直接控矿，说明成矿与韧性剪切带是在相同的地质环境中形成的。任何不满足上述条件的金矿床，均不应称之为同韧性剪切带金矿。

①金矿床分布于韧性剪切带中，并受韧性剪切带制约；②在成矿时间上与韧性剪切作用时间具有一致性或连续性；③在成因上与韧性剪切作用或韧性剪切变质作用具有一定的成因联系。这三点也是辨别同韧性剪切作用金矿的依据。

一、空间上的一致性分析

空间上的一致性是指金矿体就位于韧性剪切带中，并受韧性剪切带控制。后者体现在以下几个方面：

1）主脉平行于韧性剪切带延伸方向，脉体内部发育平行脉体的条带（图 7-24）。

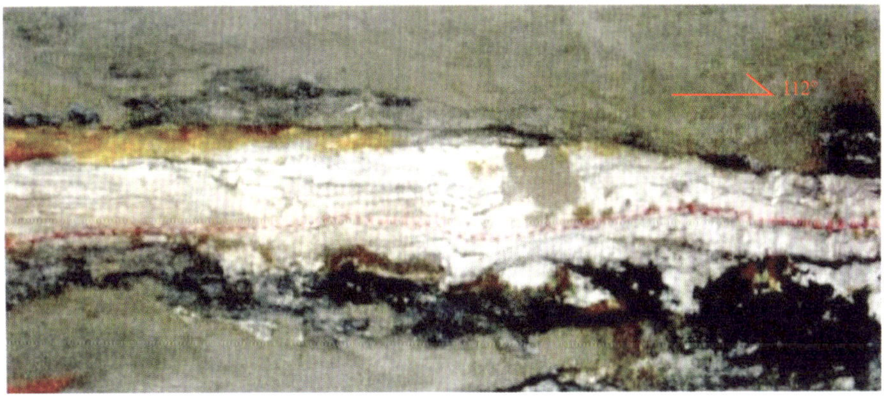

图 7-24　砦峪金矿Ⅱ阶段条带状石英脉

（据谭满堂，2013）

2）S-C 组构控制矿脉。刘如琦等（2005）报道了一个韧性剪切带中 S-C 组构控制含金石英脉和蚀变带的例子。吉林省集安活龙金矿区位于一巨大剪切带中，强烈糜棱岩化，产生了 Lister 和 Snoke（1984）所定义的 Ñ 和 Ò 两类 S-C 糜棱岩。依据两种主要糜棱面理 S（Sm）与 C 的几何关系及局部发育的拉伸线理，初步确定了发生于中生代的两次剪切运动。含金石英脉（金矿体）均顺沿 C 面空间形成，当转入 S 时，则很快变薄消失。但 S 面大面积低品位金矿化现象表明，S 面在含金流体渗透时曾起到通道作用。宏观上，含金石英脉集中分布于由接近平行的或交织的 C 面组成的、且排列较规则的构造带中，因 C

面通常倾角极缓，故构造带和相关的含金石英脉组呈一定间距出现于某些标高段内。金矿体的品位、厚度的稳定方位与S-C交线方位接近，而且金矿体往往呈串珠状和透镜状顺此方位排列（图7-25）。

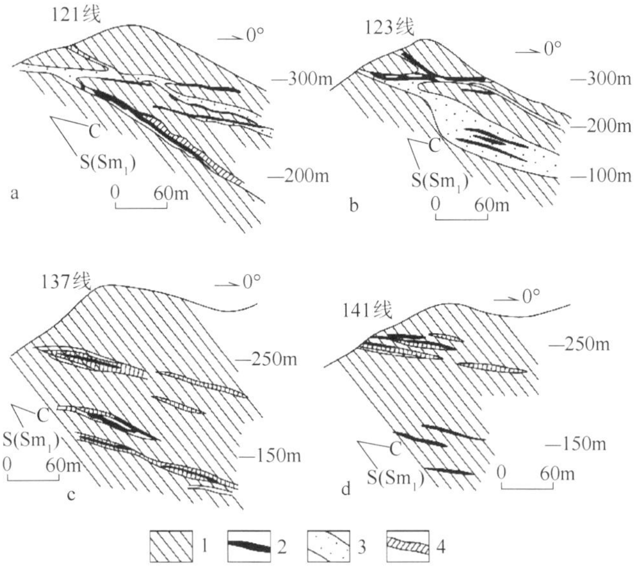

图7-25　吉林省活龙金矿S-C构造控制金矿脉

（据刘如琦等，2005）

1—片麻岩；2—含金石英脉（金矿体）；3—蚀变带；4—岩脉；S—糜棱叶理；C—剪切叶理；Sm_1—第一期糜棱叶理

3）脉体中不包含构造角砾岩。脉体中有时可能包含糜棱岩块体或残片，那些块体或残片与含金脉体渐变过渡，岩块或残片中糜棱岩的叶理和产状与韧性剪切带相应构造保持一致。

4）扩容空间控矿。韧性变形产生的扩容空间有两类：

一类是递进变形过程中产生的，经常是垂直于最大拉张轴的方向，形成雁列式张裂空间，这种张裂空间规模小，总是限定在剪切带内部，并且发生韧性变形（图7-26）。

另一类是在卸载情况下发生的张裂，张裂面总是垂直于加载时的最大主应力方向。

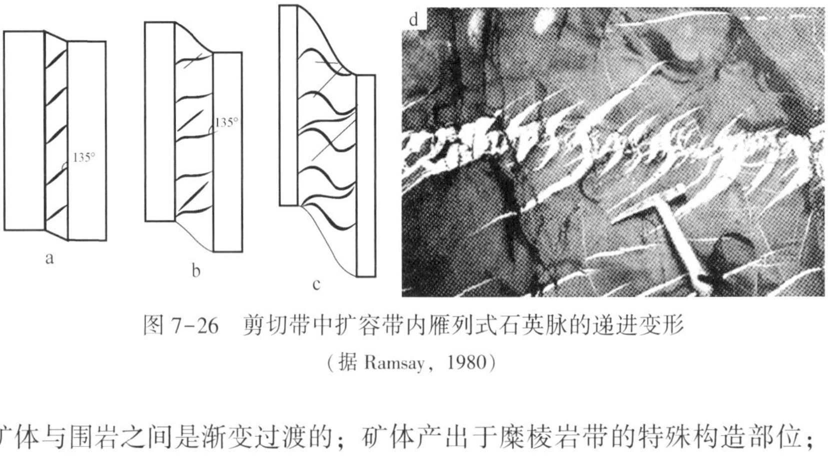

图7-26　剪切带中扩容带内雁列式石英脉的递进变形

（据Ramsay，1980）

5）矿体与围岩之间是渐变过渡的；矿体产出于糜棱岩带的特殊构造部位；矿石矿物

沿着糜棱叶理或剪切叶理分布；矿石矿物发生韧性变形（图 7-27）。

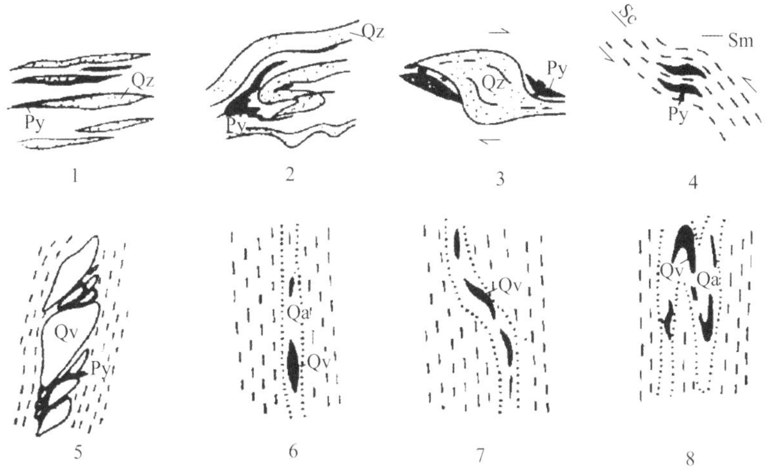

图 7-27 辽宁省南龙王庙金矿脉和韧性剪切带之间的关系

（据戴仕炳，1989）

1—含金黄铁矿脉常常平行强置换条带；2—含金黄铁矿脉位于韧性剪切带中的小褶皱的核部；3—含金黄铁矿脉位于剪切透镜体的两端，此时常见有石英脉相伴；4—含金黄铁矿脉沿变晶糜棱岩的 Sm 面理分布；5—遭受强烈变形的含金黄铁矿石英脉；6—平行片麻理分布规模较小的含金石英脉；7—含金黄铁矿石英脉形成连续的 S-C 组构；8—含金黄铁矿石英脉形成剪切带内褶皱；Q_V—石英脉；Qa—石英黑云母化带；Qz—石英岩条带；Py—黄铁矿；Sc—剪切叶理；Sm—糜棱叶理

二、成矿作用与韧性剪切作用时间上的一致性或连续性分析

确定韧性剪切带的形成时期和成矿作用时期一致性或连续性的最直接的方法是分别对韧性剪切带和含矿地质体特定矿物进行同位素定年。经常采用的方法包括 $^{40}Ar/^{39}Ar$ 法、锆石 U-Pb 法和独居石 U-Pb 法、石英流体包裹体 Rb-Sr 测年法等。

陈文等（2005，2007，2010）对东天山造山带中部的秋格明塔什-黄山巨型韧性剪切带内康古尔金矿床、红石金矿床和红山金矿床的同位素年代学研究表明，秋格明塔什-黄山韧性剪切带右行剪切变形作用主活动期的年龄为 262.9～242.8Ma，而剪切带型金矿床金成矿作用发生在 261.0～246.5Ma 之间，恰好落在剪切变形作用主活动期的时代范围之内。在剪切带中-西段的康古尔地区，快速抬升发生在 261.5～262.9Ma，而康古尔金矿床主成矿期年龄范围是 261.0～252.5Ma，可以看出，康古尔金矿床成矿作用刚好发生于剪切带中-西段快速抬升之后。在剪切带东段，快速抬升发生在 247～246.9Ma 期间，位于该剪切带东段北外带的红山金矿床主成矿期的年龄范围是 246.9～246.5Ma，表明该金矿也是在剪切带东段快速抬升冷却之后形成的。

孙敬博等（2013）采用石英流体包裹体 Rb-Sr 测年法对东天山红石金矿床石英中流体包裹体进行 Rb-Sr 同位素定年，得到等时线年龄为（257±4）Ma。陈文等（2007，2010）用金矿石样品中绢云母进行 Ar-Ar 测年得到红石金矿床主成矿期在 254～256Ma 的年龄范围内。

独居石是岩浆岩和变质岩中常见的副矿物，也产生于热液矿床和沉积岩中。近年，人们利用 LA-ICP-MS 法、电子探针法、SHRIMP 法等对存在于韧性剪切带和其中金矿中的独居石进行 U-Pb 定年。这是研究韧性剪切作用与成矿作用一致性的有效方法。

除同位素定年外，详细的矿床、矿体、矿石以及矿石矿物和脉石矿物的研究，可能为韧性剪切作用与成矿作用时间上的一致性提供更确切的证据。

例如，在内蒙古十八顷壕金矿床的含金韧性剪切带中，发育 3 种石英脉：韧性剪切作用前的石英脉、同韧性剪切作用石英脉和构造带张开时的石英脉（梁一鸿等，1989）。

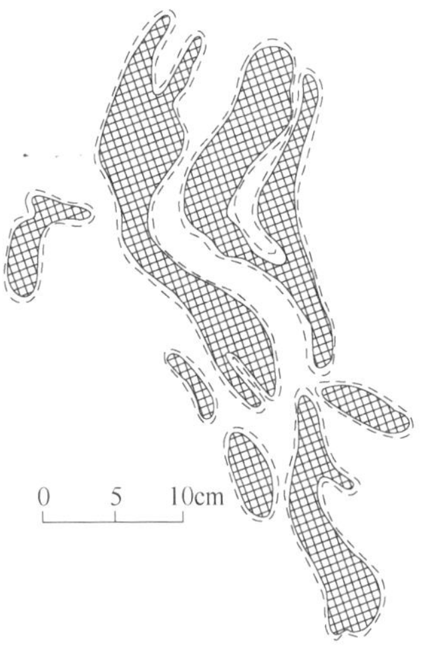

图 7-28 前韧性剪切作用石英脉

前韧性剪切作用石英脉 与韧性剪切带及整个控矿构造带无成因关系，只是受其改造。这期石英脉一般规模小，长及宽仅限几厘米至十几厘米；成分单一，无碳酸盐矿物，亦无矿化。由于韧性剪切作用改造，石英脉在宏观上被拉长、拉断，并弯曲成复杂形态，已失去原来的形态特征。镜下观察表明，石英具有强烈的韧性变形特征。这期石英脉在构造带中分布无规律（图 7-28）。

同韧性剪切作用石英脉 在控矿构造带内广泛发育，但仅限于韧性剪切带内，发育程度与韧性剪切作用强度成正比。这期石英脉的成分除石英外还含有一定量碳酸盐矿物，边部有时可见细粒黄铁矿化（粒径<0.05cm）。石英脉形态多呈小透镜体，构成糜棱岩稳定域，叶理环绕其分布。透镜体短轴约 0.5cm，长轴 1~3cm，一系列石英和碳酸盐矿物组成的透镜体首尾按一定间隔沿糜棱岩剪切叶理断续分布，形成断续相连的脉体。目前观察到的最大透镜体长轴达 20cm，个别呈单一脉状。镜下观察表明，石英普遍发育韧性变形（图 7-29）。

于明旭（1992）根据韧性剪切变质作用过程中物质成分的变化确认石英和碳酸盐矿物来自原岩中 Si 质和 Ca 质的析出。

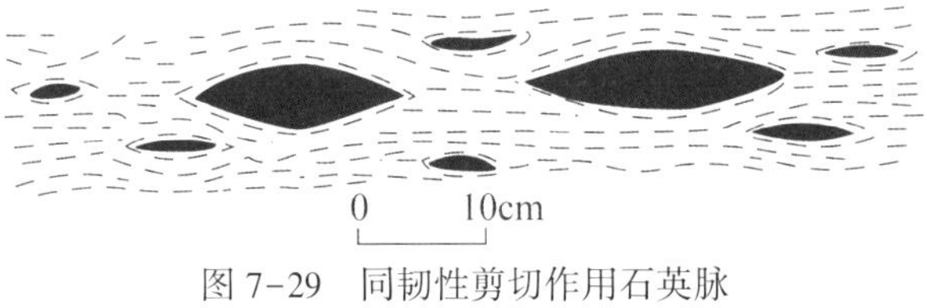

图 7-29 同韧性剪切作用石英脉

构造带张开过程石英脉 构成控矿构造带中石英脉带的主体。这期石英脉产状虽然总体与控矿构造带产状一致，但往往局部切割叶理。石英脉规模较大，多数长几十米，宽几米至十几米。成分以石英为主，含少量碳酸盐矿物。石英脉沿走向膨胀收缩，宽度突变，有些在平面上呈蝌蚪状和纺锤状；中小型石英脉壁多呈不规则状或锯齿状，有时可见追踪现象；小型石英脉中常见垂直脉壁生长的梳状石英，大型石英脉中常见围岩角砾；石英脉沿走向常见分枝、合并，剖面上则呈树枝状（参见图 6-33）。

三、成矿作用与韧性变形、变质作用之间成因关系分析

1）这种关系可能体现在韧性剪切作用与矿石乃至脉石矿物的关系上。图 7-30 中的含金黄铁矿既受到韧性剪切带糜棱叶理和剪切叶理控制，同时受到韧性变形，体现了同韧性剪切作用结晶、生长的特点。

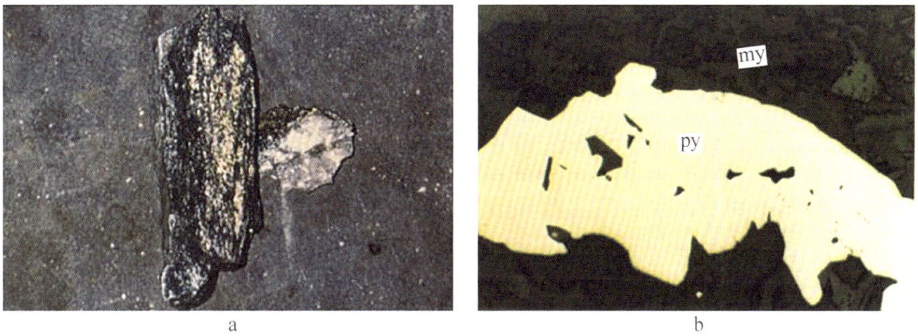

图 7-30　糜棱岩型矿石中黄铁矿沿着糜棱叶理和剪切叶理分布（a）并发生韧性变形（b）

py—黄铁矿；my—糜棱岩（内蒙古十八顷壕金矿）

2）详细黄铁矿组分研究可以提供两者成因关系的证据。黄铁矿的 ΔFe/ΔS 值和 Co/Ni 值与成因密切相关。内蒙古十八倾壕金矿床两种矿体——糜棱岩型矿体和石英脉型矿体中黄铁矿组分的不同特点：糜棱岩型矿体的黄铁矿属于贫铁贫硫型，Co/Ni 值小于 1；石英脉型矿体的黄铁矿属于贫铁富硫型，Co/Ni 值大于 1。前者反映同韧性剪切作用有关的变质热液成矿；后者反映岩浆热液成矿作用（图 7-31，图 7-32；梁一鸿等，2012）。

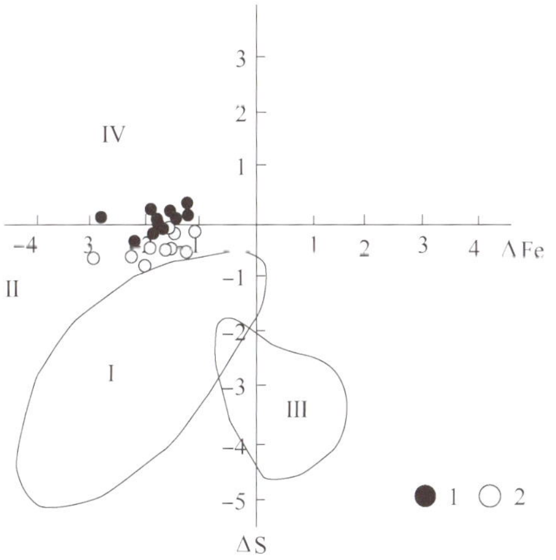

图 7-31　两类矿石的黄铁矿 ΔS/ΔFe 图解

ΔS—矿石黄铁矿硫 S-标准黄铁矿 S；ΔFe—矿石黄铁矿 Fe-标准黄铁矿 Fe；Ⅰ—热泉矿床；Ⅱ—变质热液矿床；Ⅲ—火山热液矿床；Ⅳ—岩浆热液矿床；1—石英脉型矿石；2—糜棱岩型矿石

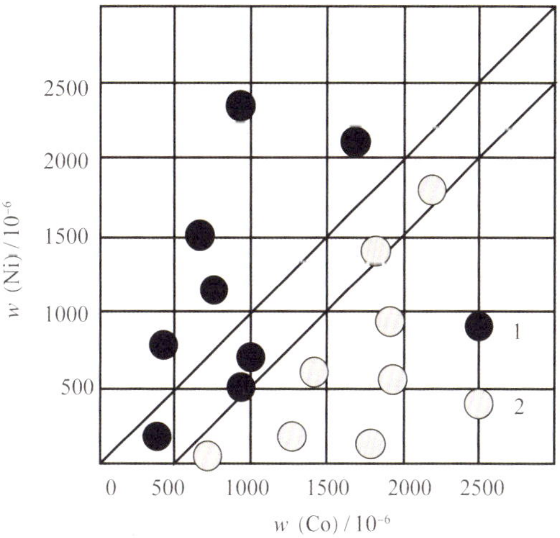

图 7-32　两类矿石黄铁矿中 Co/Ni 图解

1—石英脉型矿石；2—糜棱岩型矿石

黄铁矿的硫同位素（梁一鸿等，2004）、铅同位素（梁一鸿，2004）以及石英流体包裹体等方面的分析，均会提供判别韧性剪切变质作用与成矿作用之间关系的证据。

3）成矿元素向韧性剪切带的迁移趋势。内蒙古地质局一〇一地质队在分析十八倾壕金矿控矿韧性剪切带两侧绿岩带地层中金含量时发现，绿岩带金的平均含量较高，为 10.05×10^{-9}；距韧性剪切带稍远为 $(17\sim25)\times10^{-9}$，近韧性剪切带则降至 $(3\sim5)\times10^{-9}$。这说明围岩可为矿化带的形成提供物质来源的同时，接近韧性剪切带的贫化现象暗示成矿物质向剪切带方向运移。

第八章　侵入体构造和火山构造的控矿作用分析

与岩浆侵入体有关的接触带构造是最主要的岩浆热液矿床的控矿构造形式之一。破火山口构造和与火山作用有关的其他火山构造——锥状断裂、环状断裂和放射状断裂系统，是与火山作用有关矿床的主要控矿构造形式。

第一节　接触带构造的控矿作用分析

岩体与围岩的接触带具有各种不同的复杂形态，很难从形态本身进行分类。但是接触带的形态、产状往往与岩体的侵位作用密切相关。岩体的侵位作用可以分为隆起作用、底辟作用、热气球膨胀作用、顶蚀作用和岩墙扩展作用等。

一、穹隆作用——整合接触带构造控矿

由于炽热的熔浆与冷的上覆围岩之间具有显著的密度差，出现重力失稳，造成岩浆向薄弱处聚集，因密度差向上拱起而使上覆围岩发生褶皱形成穹隆。隆起作用期间岩体没有穿刺围岩且使围岩发生横弯褶皱，从而形成如下容矿空间：

1）在上部围岩中产生直立的张裂隙（图 8-1a）；

2）在上部围岩中产生向内倾斜的共轭剪切裂隙（图 8-1a）；

3）岩体冷却收缩形成岩体与围岩之间的鞍状空间（图 8-1b）；

4）岩体冷却收缩形成岩体上部围岩地层内部出现层间鞍状容矿空间（图 8-1b）。

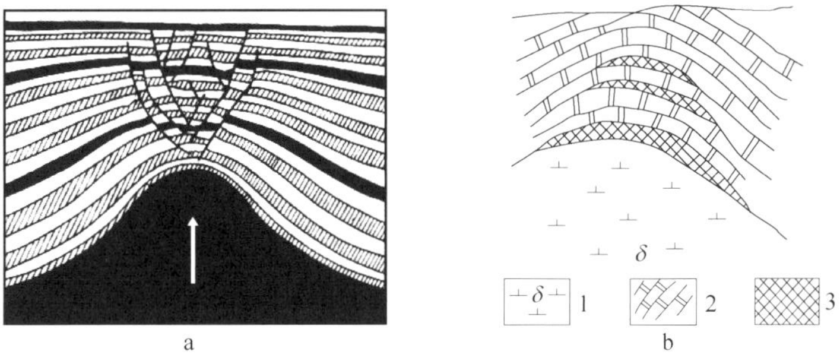

图 8-1　隆起作用的容矿空间（a）和小红山铁矿示意剖面图（b）

（据翟裕生，1984）

1—闪长岩；2—大理岩；3—铁矿体

二、底辟作用——不整合接触带构造控矿

底辟作用是指岩浆熔融体向上顶托、刺穿围岩的作用（图 8-2）。底辟侵入体通常具有如下特点：

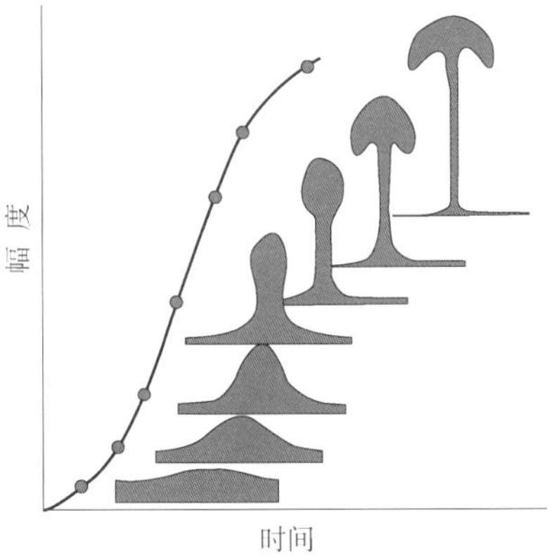

图 8-2　岩浆底辟的发育过程

1）底辟岩体在平面上多呈圆形或椭圆形，在剖面上呈倒水滴状；

2）底辟岩体周围发育周缘向斜；

3）扩张的底辟岩浆的侧向推挤可导致上部岩层发生强烈的水平缩短；

4）在深成岩体内和围岩接触带内发育平行接触面的叶理和裂隙；

5）在底辟周围产生岩浆上升形成的剪切现象；

6）底辟岩体顶部围岩也发育共轭剪切裂隙和直立的张裂隙。

在刺穿围岩的不同阶段，岩体具有不同形态，可以产生各种各样的接触带构造形态和裂隙构造，包括顶部构造和边部构造。

岩体的顶部可能是扁平状的、缓穹隆状的和穹隆状的。前两者形成近水平的或缓倾斜的平行接触带的裂隙和矿体；后者除形成平行接触带的鞍状裂隙空间外，还易产生直立的张裂和倾斜的两组剪切裂隙。沃尔弗松等（1989）总结了花岗岩体顶部与围岩接触带的形态和裂隙构造对云英岩型矿床的控制形态。由于花岗岩体顶部可能是扁平状的（图 8-3a）、缓倾斜的（图 8-3b）和陡倾斜的（图 8-3c），控矿空间各不相同。

岩体边部与围岩的接触带通常看上去是多样的、不规则的。但是由于岩体的基本形态是圆形或椭圆形，所以岩体平面的基本形态——也就是接触带的形态——多是圆形或椭圆形的。如果局部出现变化，则形成港湾状接触带构造，这是最常见的接触带形态，也是接触带构造中大型岩体控制矿田构造的最常见的形态，如云南个旧锡矿（图 8-4）。

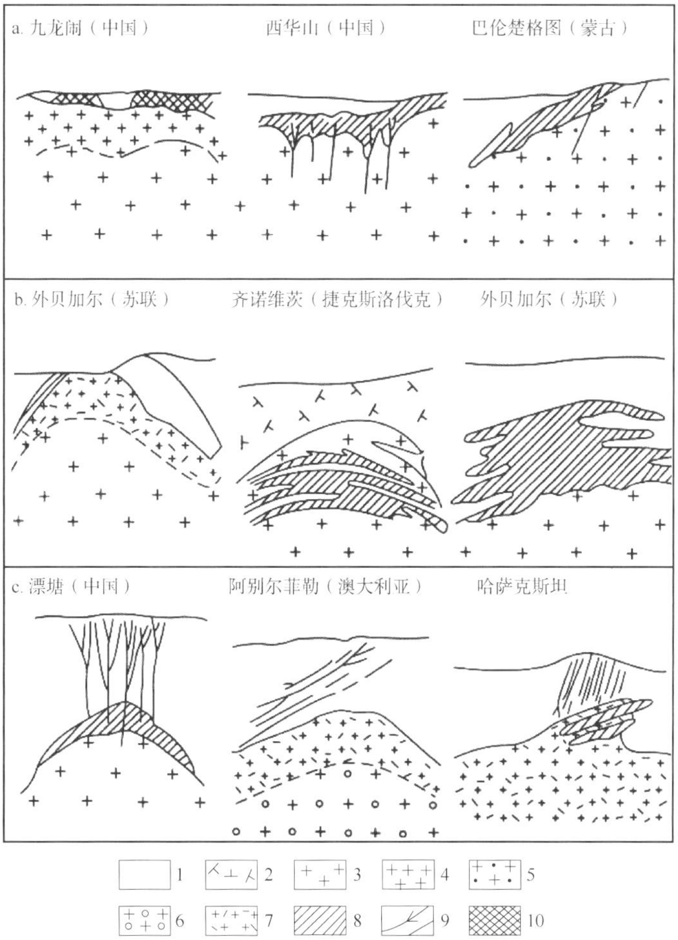

图 8-3　云英岩矿床的各种构造形态类型与花岗岩体顶盖形态关系剖面示意图

（据沃尔弗松等，1989）

a—水平或近水平接触面，b　穹状或有平缓岩枝的穹状接触面；c—穹状或有陡倾斜岩枝的接触面；1—上覆沉积岩；2—石英斑岩；3—粗粒、中粒花岗岩；4—细晶花岗岩；5—天河石花岗岩；6—似斑状花岗岩；7—云英岩化花岗岩；8—含矿云英岩；9—矿脉；10—含矿石英体

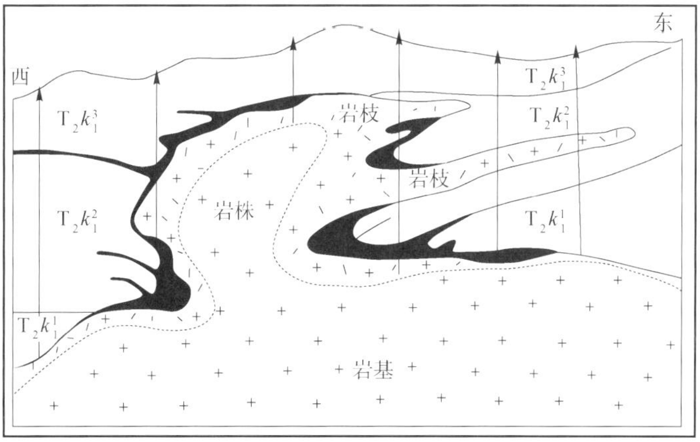

图 8-4　云南个旧花岗岩体剖面图

（据翟裕生，1984）

与港湾状接触带对应的是外凸式接触带。在岩浆底辟过程中，外凸部位对围岩具有挤压作用，造成与之大角度相交的围岩中的裂隙的张开，成为良好的控矿空间；而当岩体冷凝收缩时，平行外凸式接触带也形成良好的容矿空间。

当侵入体是倾斜的或者具有一个倾斜的边界时，在岩体倾斜方向上盘的围岩中的裂隙构造（这些裂隙构造可能是先存的或者是岩体侵位过程形成的）会发生张开，控制热液脉状矿化。

内蒙古乌拉山金矿位于内蒙古自治区乌拉山山脉东段，大桦背花岗岩东侧（图 8-5）。大桦背花岗岩体是一个面积近 100km^{2}的、向东倾斜的岩株。侵位作用使岩体东侧上盘乌拉山群中近东西方向以及少数其他方向的断层张开，控制了金矿脉。乌拉山金矿位于大桦背花岗岩体岩体的东侧，2~10km 范围，并在 2~6km 范围内矿化最好。已发现 150 余条含金石英脉、含金石英钾长石脉。

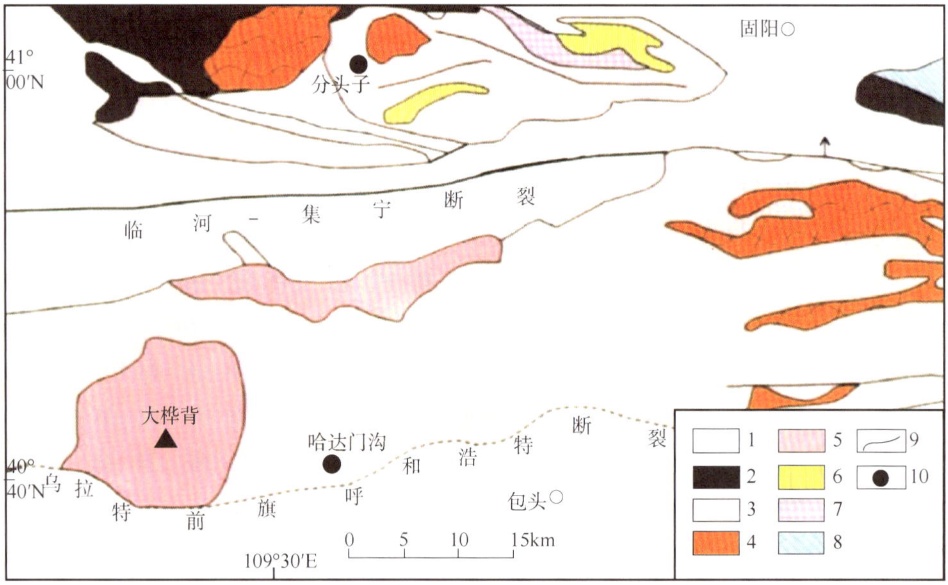

图 8-5　内蒙古乌拉山金矿区区域地质图

（据李大鹏等，2009）

1—中、新生代陆相沉积岩；2—色儿腾山群和查尔泰山群变质岩；3—乌拉山群变质岩；4—燕山期花岗岩；5—海西期花岗岩；6—元古宙花岗岩；7—元古宙闪长岩；8—加里东期花岗岩；9—主要断层；10—金矿床

三、热气球膨胀作用——被压缩的接触带构造控矿

把生长中的岩浆团近似地看成一个膨胀的热氢气球。岩浆团最初占据不大的空间，接着如同热氢气球不断膨胀并发生横向扩展，挤压围岩、增大体积。这就是所谓热氢气球膨胀作用。

热氢气球膨胀作用有两种模式：一次上升模式（图 8-6a）和多次上升模式（图 8-6b）。无论哪种模式，球的膨胀将使球面上的线条产生等量伸长，而垂直球面的线将缩短，亦即单纯的压扁变形，同时对围岩和早期壳体产生压缩。

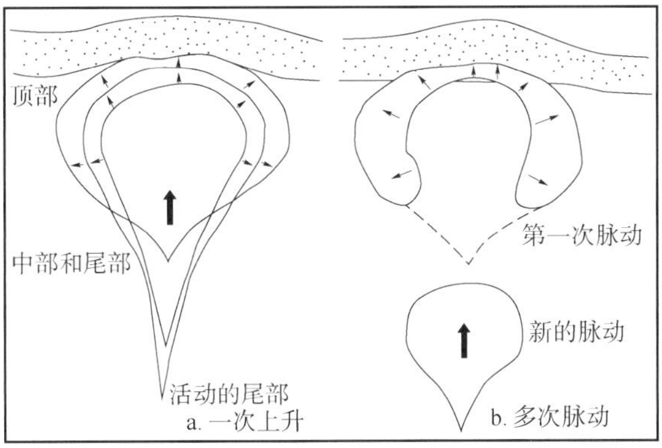

图 8-6　热气球膨胀作用的两种模式

（据 Hutton，1988）

气球膨胀岩体具有以下特征：

1）岩体的平面形态呈圆形和椭圆形；

2）立体形态多为蘑菇状、漏斗状、倒水滴状；

3）岩体发生横向拓宽，围岩发生整体压扁；

4）深成岩相带呈同心环状分布，中心形成早边缘形成晚，中心较边缘显酸性；

5）发育环状面理和韧性变形带；

6）近岩体的围岩发育平行接触带的面状组构，向外逐渐减弱；

7）围岩中垂直接触面的裂隙发生张开并容易被岩脉、矿脉充填。

凤凰山岩体是长江中下游成矿带、铜陵矿集区、凤凰山矿田的成矿岩体。李东旭等（1996）详细研究了凤凰山花岗岩体内部及外接触带构造变形，总结其具有如下特点（图 8-7）：

1）岩体地表出露面积约 $10km^2$，呈 EW 向椭圆形；

2）凤凰山岩体由钙碱系列的花岗闪长岩、石英二长闪长岩组成，岩体边缘酸度偏低；

3）凤凰山岩体边缘内接触带断续可见糜棱岩带，露头宽度 10～40m，糜棱面理产状大体与岩体边界一致；

4）从磁化率测量及野外直接地质观测，凤凰山岩体内面理多为陡倾角，且走向多为平行岩体接触带；

5）据磁化率各向异性值数据作出的 Flinn 图解，磁化率量值椭球以压扁型为主：在岩体中央偏西磁面理呈环形分布；

6）应变测量表明，靠岩体中央 r_f 值偏小，靠边缘增高；用 r_f/ϕ' 获得的应变值平面分布显示，岩体边缘压扁率较高，向中心减弱；

7）岩体周围围岩普遍发育韧性剪切带，糜棱面理在区内大体平行于岩体接触带分布；

8）闻广等（1983）用统计学方法对凤凰山岩体矿物学和岩石化学特征进行趋势面分

析表明，岩体具有自边缘向中心分异演化的趋势。而且，岩体分异演化结晶成岩的过程中存在旋转运动。

图 8-7 铜陵凤凰山矿田地质构造略图

（据张达等，2001）

1—中三叠统月山组；2—中下三叠统；3—二叠系；4—下石炭统；5—上泥盆统；6—志留系；7—石英闪长岩；8—花岗闪长岩；9—接触变质晕界线；10—岩体边界；11—岩相分界线；12—韧性剪切带；13—流变褶皱枢纽；14—中型背向斜轴迹；15—断裂；16—压溶缝合线；17—流变褶皱素描；18—剪切流劈理素描；19—石香肠构造；20—矿床

因此，凤凰山岩体具有热氢气球膨胀作用侵位的基本特征。热氢气球膨胀作用的发生，说明岩浆充分饱和或过饱和汽水热液。这为岩浆热液矿床或矽卡岩矿床的形成提供了良好的先决条件。

凤凰山岩体周围发育凤凰山、宝山陶、铁山头、仙人冲、清水塘和江家冲等多个矽卡岩型和脉状铜矿床，矿床主要受压缩型接触带构造控制（图 8-8）。

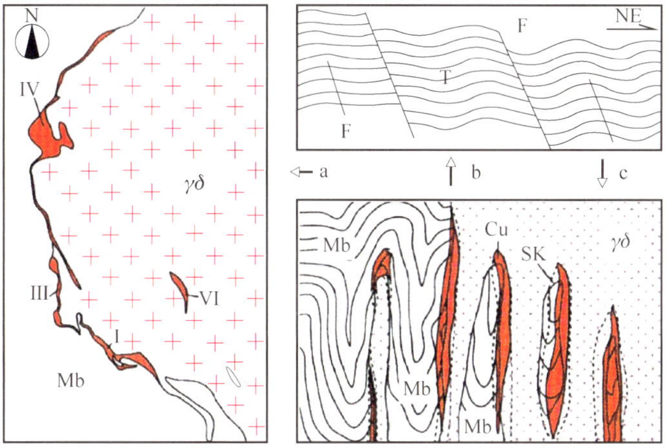

图 8-8　凤凰山矽卡岩型铜矿床矿体分布规律示意图

（据疏志明，2012）

a—矿体平面分布图；b—岩体侵入前新屋里复式褶皱中部纵剖面示意图；c—岩体侵入成矿后矿体分布示意图。T—三叠系；Mb—大理岩；γδ—花岗闪长岩；SK—矽卡岩；Cu—铜矿体；F—断层；Ⅰ、Ⅲ、Ⅳ、Ⅵ—矿体编号

四、顶蚀作用——捕虏体构造控矿

当岩浆侵入围岩时，围岩岩块从侵入体四周和顶部分开，并下沉于岩浆中形成捕虏体（图 8-9）。这里包括了热岩浆在围岩中产生热破裂作用和沉淀有围岩破裂碎块的岩浆向裂隙中的侵入作用。

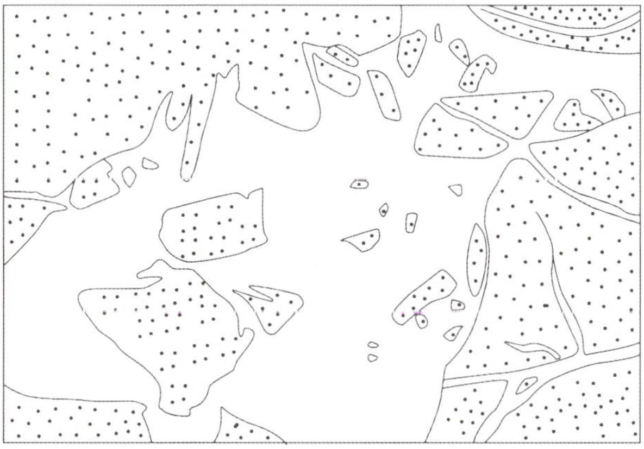

图 8-9　英云闪长岩（带点的）被二长花岗岩（空白的）顶蚀

（据 Myers，1997）

发生顶蚀作用岩体的特点是：

1）岩体中发育棱角状围岩碎块，一些碎块的规模较大；

2）岩体平面呈不规则圆形或长条状；

3）剖面上岩体向围岩陡倾斜，向下变缓；

4）无论平面还是剖面上，岩体经常“切割”围岩；

5）岩体上部顶垂体发育，上部围岩中岩枝发育。

尽管顶蚀作用“是否可以独自导致巨大岩体的定位”还是人们争论的问题，但是顶蚀作用在岩浆岩体就位机制中的作用是毋庸置疑的。而顶蚀作用的一个最典型的标志就是岩体中围岩的块状捕虏体。

捕虏体构造是接触带构造中特殊的现象。特别是对于矽卡岩型矿床来说，规模较大的碳酸盐岩捕虏体的周缘和内部裂隙，经常形成矽卡岩型矿体（图 8-10）。

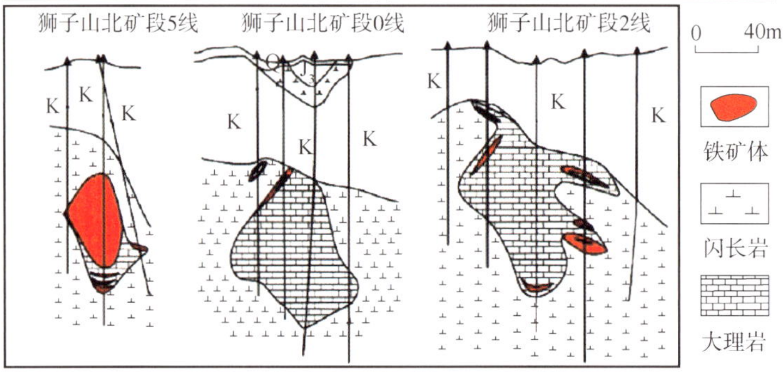

图 8-10 湖北大冶灵乡铁矿狮子山北矿段典型剖面

（据夏金龙等，2010）

Q—第四系；K—白垩系；J_3—上侏罗统

五、岩墙扩展作用——不断张开的裂隙构造控矿

岩墙扩展理论认为：伸展性裂隙可以发育于岩石圈 40km 或者更深，这些裂隙是岩浆上升的通道。

Hutton（1990）对格陵兰南部地区的奥长环斑花岗岩体的定位机制进行研究时确认，该岩体同构造地侵位于活动的韧性剪切带形成的空间中，形成了大规模的板状岩席（图 8-11）。

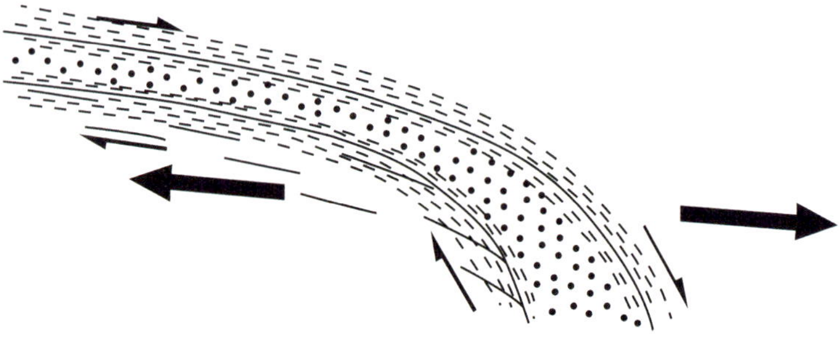

图 8-11 奥长环斑花岗岩侵入体剖面示意图

（据 Hutton，1990）

粗黑箭头表示沿着近南北向的构造伸展；细黑箭头表示横切剪切带的合成剪切方向；短虚线表示剪切带的大致范围和强度；长虚线表示底板混合岩和片岩中先期薄层理和劈理的偏转

岩墙扩展作用形成岩体的条件包括：

1）区域伸展环境。这种环境可能与地幔柱构造、盆岭构造或造山带坍塌（后造山伸展作用）有关。

2）伸展型大型剪切带系统。岩体沿着大型伸展型剪切带分布，或者在剪切带内，或者在剪切带边缘。但是其宽度经常大于剪切带的宽度。

3）多期、脉动式侵入。岩体经常是多期次侵入的同源的复式岩体。

4）具有减压熔融花岗岩特征，岩体经常是偏碱性的或 A 型花岗岩。

江西西华山钨矿的花岗岩体为一复式岩体。岩体由燕山早期第二阶段西华山杂岩体、燕山早期第三阶段荡坪杂岩体和燕山晚期第一阶段花岗岩、花岗斑岩单一侵入体组成（图 8-12，图 8-13；刘家远，2005）。

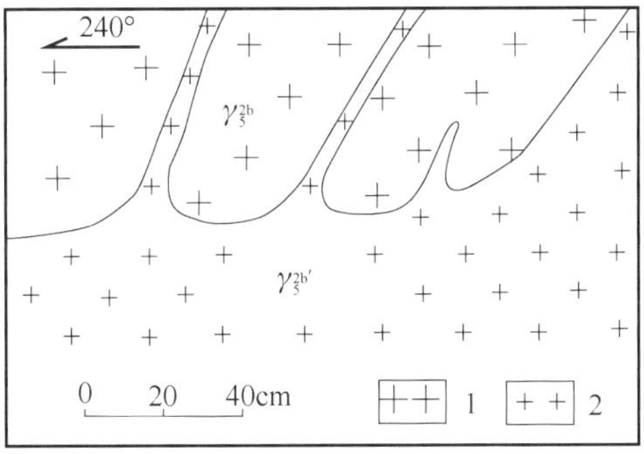

图 8-12 西华山矿区燕山早期二阶段主侵入体（γ_5^{2b}）与附加侵入体（$\gamma_5^{2b'}$）接触关系

（据刘家远，2005）

1—中粒黑云母二长花岗岩（γ_5^{2b}）；2—细粒二云母碱长花岗岩（$\gamma_5^{2b'}$）

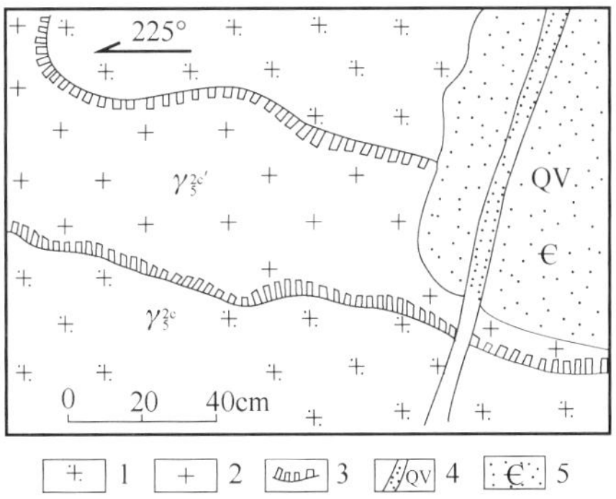

图 8-13 荡坪矿区燕山早期三阶段主侵入体（γ_5^{2c}）与附加侵入体（$\gamma_5^{2c'}$）接触关系

（据刘家远，2005）

1—中细粒斑状黑云母二长花岗岩；2—细粒含石榴子石二云母花岗岩；3—长石边；4—石英脉；5—寒武纪变质岩

与两期三个阶段花岗岩相对应，具有 3 次钨的成矿作用。

何绍勋和奚小双（1998）分析了西华山钨矿脉在三维空间的构造形态的变化特征，确认了雁行矿脉是完整矿脉发生分裂而成（图 8-14），而不同于剪切带中的雁行断裂。

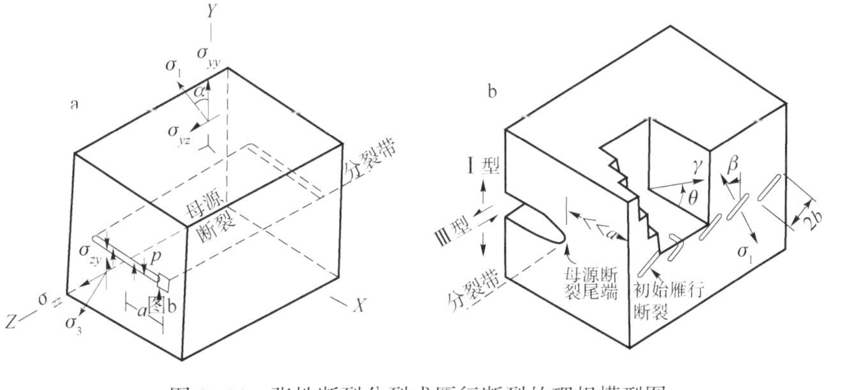

图 8-14 张性断裂分裂成雁行断裂的理想模型图

（据何绍勋等，1998；Pollard et al.，1982）

a—母源断裂与转变的区域应力方向的关系，应力绕 X 轴旋转，假定断裂在 Z 方向无限延长，断裂宽度为 $2a$，断裂沿 X 方向扩展，断裂内有充填流压 P；b—示母源断裂尾端应力状态，断裂为Ⅰ—Ⅱ型应力分布，初始雁行断裂系指距母源断裂尾端很近时，它与局部主应力 σ_1 垂直，与母原断裂夹角为 β，雁行断裂宽度为 $2b$，γ 和 θ 为建立在母源断裂尾端的极坐标由于矿脉的分布受岩性界面控制，以及在岩性界面附近产生应力方位的旋转，从而导致了矿脉在接近岩性界面时产生雁行构造。矿区内由于界面产状的变化而引起矿脉雁行式的变化是一个很有意义的构造现象。雁行构造还显示了相邻矿脉在扩展中的变化特征（图 8-15）。

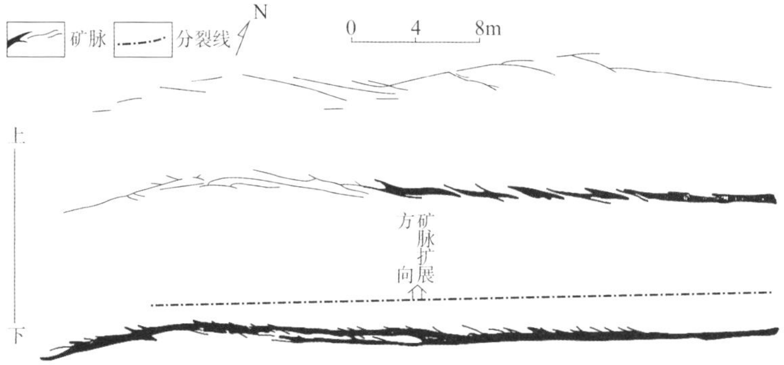

图 8-15　矿山中区 448 号脉平面素描图
（据何绍勋等，1988）
同一矿脉在三个不同高程上的素描，间隔高差约 10m，矿脉从下向上扩展时变为雁行矿脉，并趋于尖灭

图 8-15 所示的矿脉的构造形态在西华山钨矿是常见的：首先从矿脉向上方延伸时趋于尖灭的现象，判断矿脉是由下向上扩展的。下部的矿脉呈侧羽状，但仍保持为一完整的断面；至中部，矿脉已分裂成若干个孤立的小矿脉，小矿脉组成右行雁列。上部的矿脉细小，可知已接近断面边缘，亦表现为右行雁列（何绍勋等，1988；图 8-16）。

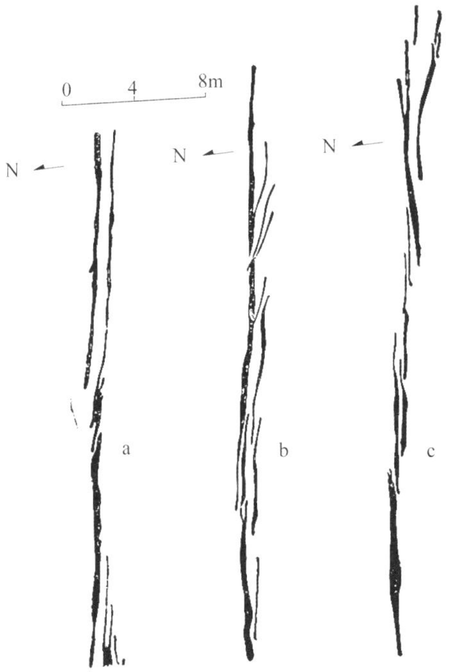

图 8-16　矿脉剖面素描图
（据何绍勋等，1988）
a—西部剖面（北区 435N 号脉）表现为后行雁列；b—中部剖面（南区 215S 号脉）表现为平行脉组；
c—东部剖面（中区 235N 号脉）表现为前行雁列

从上面描述可知，无论是岩体的侵位过程，还是矿脉的构造形态的演化过程，都表明在岩体形成和矿脉形成过程中发生了持续发展的扩张作用。

第二节 锥状和环状断裂控矿

一、锥状和环状断裂成因

锥状和环状断裂系统是指平面上围绕一个中心呈同心圆状，在剖面上向内或外倾斜的断裂系统。前者为锥状断裂系统，后者为环状断裂系统。

Anderson（1936）解释在岩浆作用下锥状岩席和环状岩墙的成因如下：

当岩浆上升时，对上覆和周围的围岩产生压力。此时，最大主应力迹线自岩浆团向外成辐射状，最小主应力迹线平行岩浆团成半环状。从而在垂直最小主应力迹线、平行最大主应力迹线方向形成锥状的张性断裂，被岩浆充填而形成锥状岩席（图8-17，图8-18）。

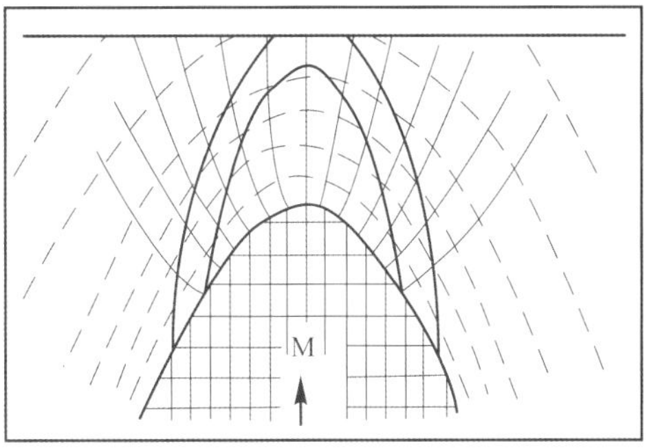

图8-17 岩浆侵位和收缩时的应力迹线

（据Anderson，1936）

M—岩浆团；虚线和实线—主应力迹线；粗实线—最大剪应力迹线

当岩浆冷凝收缩时，岩浆团产生的应力场方向与上升时相反：上升时的最大主应力方向此时成为最小主应力方向，上升时的最小主应力方向此时成为最大主应力方向。此时，与最大主应力方向成45°角的方向产生最大剪应力，而在与σ_1成45°−ϕ/2角处形成环状剪切破裂面。这些环状剪切破裂面被岩浆充填形成环状杂岩（图8-17，图8-18）。

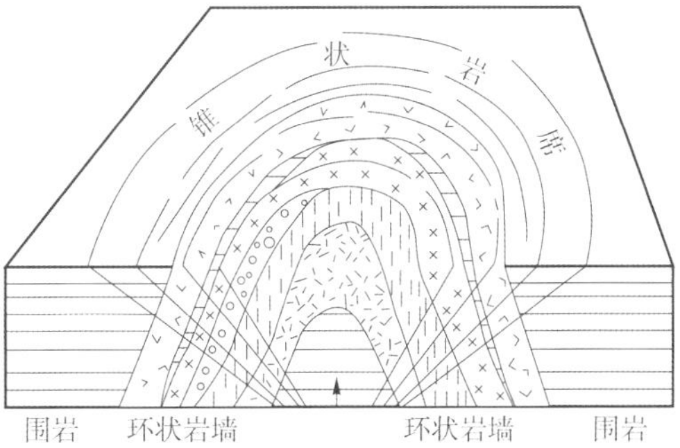

图8-18 锥状岩席和环状岩墙

（据Anderson，1936）

当岩浆冷凝收缩时，上部围岩中产生向外倾斜的环状断裂。此时，中间的围岩岩块沉落到环状断裂圈闭之内，产生一个空间，即所谓地下火口沉陷作用。岩浆侵位到环状断裂围限的空间中，形成钟罩状侵入体。钟罩状侵入体的特点是上部平坦、边部向外倾斜，倾角陡立。地下火口塌陷过程可以反复发生，岩浆脉动式侵入环状断裂中，形成环状杂岩体（图 8-19）。

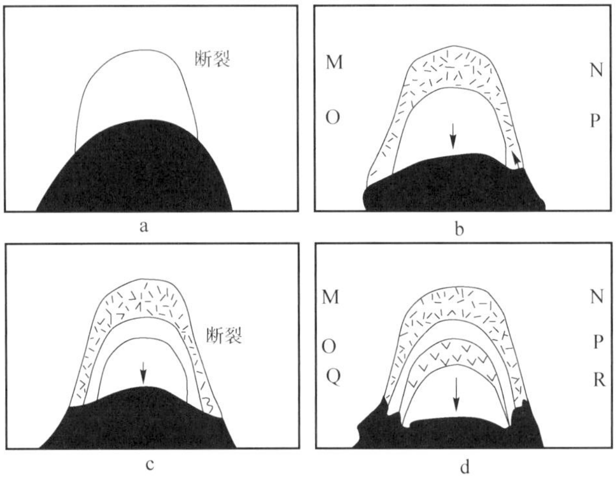

图 8-19　钟罩状侵入体形成过程
（据 Billings，1972）

地下火口沉陷作用常被认为是岩浆顶蚀作用的特殊形式。Billings（1972）认为，地下火口沉陷作用与岩浆顶蚀作用的区别仅在于围岩碎块的大小：前者以英里计，后者以英尺计。

二、锥状和环状断裂控矿实例

（一）锥状杂岩和矿床

希宾内岩体中的磷灰石矿床是锥状岩席成矿的一个很好的实例。

俄罗斯科拉半岛希宾内杂岩体呈马蹄状，直径约 40km，面积 1327km^2（图 8-20）。岩体平面上为中心环状侵入体。环带与中心核部由多种霞石正长岩构成，由中心向外依次是霞石正长岩、流霞正长岩—霓霞岩（含磷矿体和霞石矿体）—似粗面状霞石正长岩（含胶镍硅铈钛矿）—块状霞石正长岩。岩体至少有 7 个侵入相，各环带呈席状，向内陡倾，属于典型的锥状岩席。其时代为晚石炭世或早二叠世。岩体围岩为前寒武纪变质岩。

希宾内杂岩体产有巨大的磷灰石—霞石矿。矿物组合主要是霞石—霓石—磷灰石—榍石。矿体产于霓霞岩带。矿石类型主要是磷灰石—榍石组合。矿石矿物含量范围为：磷灰石 15%~75%（P_2O_5 6%~31%）；霞石 10%~80%；霓石和霓辉石 1%~25%；榍石 5%~12%。此外含有可供综合利用的磁铁矿、稀土、钒、锶、钡等。

矿体呈似层状或巨大的透镜状，露头呈弧形与相带平行。最长者达 11km，宽 2km，厚度 10~20m，平均 100m。典型矿床可分上下两个带，上部 1/3 带品位较高，P_2O_5达 23%~28%；下部 2/3 品位相对较低，P_2O_5为 15%~20%（东野脉兴，2004）。

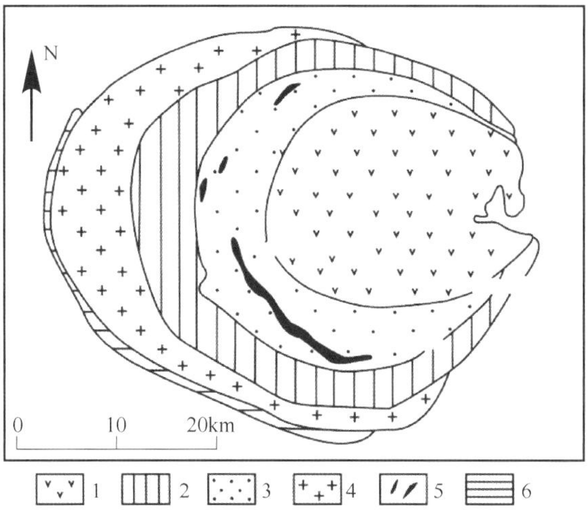

图 8-20　俄罗斯希宾内碱性杂岩地质图

（据东野脉兴，2004）

1—霞石正长岩（包括流霞正长岩）；2—霓霞岩、磷霞岩及暗霞正长岩；3—磷灰石-霞石矿；4—似粗面状霞霓石正长岩（胶镍硅铈钛矿）；5—块状霞石正长岩（胶镍硅铈钛矿）；6—角页岩

（二）环状杂岩和矿床

南非 Palabora 杂岩是一个典型的超基性岩—碱性岩—碳酸岩三位一体的杂岩，位于卡普瓦尔克拉通东北缘（图 8-21）。

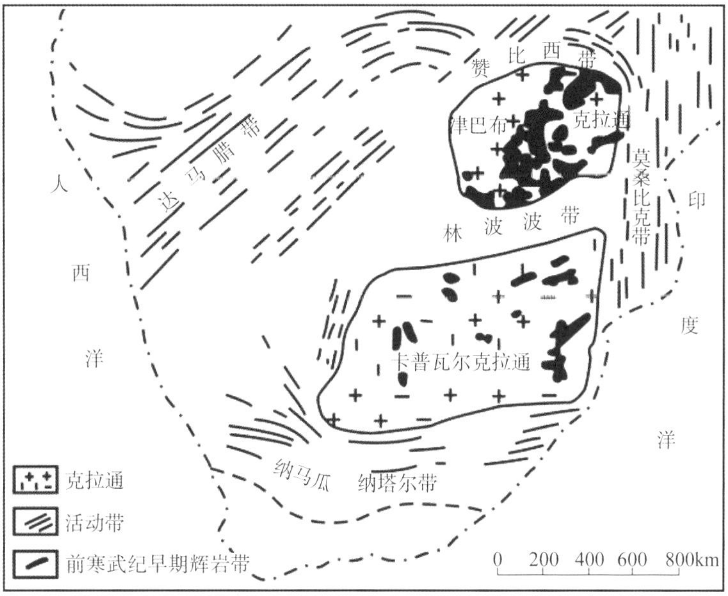

图 8-21　南非地盾构造单元划分

（据东野脉兴，2004）

杂岩体呈南北向拉长的不规则状（参见图 1-13）：南北长 7.4km，东西宽 2.4km，总面积约 $18km^2$。以辉石岩为主体，兼有碱性岩和碳酸岩的三位一体的杂岩。岩体呈中心环

状，由核心向外环带依次为碳酸岩—磁铁橄磷岩—伟晶相橄榄石+蛭石+辉石岩—辉石岩—长石质辉石岩—正长岩（东野脉兴，2004）。

碳酸岩岩体中部是一个深达1065m的垂直岩筒（通过钻探确定），这是早期形成的碳酸岩，后期碳酸岩脉沿岩体裂隙产生。核心碳酸岩面积2.8km^2，含$P_2O_5$6%、Cu 0.69%、U 0.006%、Th 0.033%，此外含硫化物、磁铁矿、磷灰石、金云母、橄榄石、粒硅镁石、斜锆石、方钍石、尖晶石、钛铁矿、萤石等。

磁铁橄磷岩围绕碳酸岩核心呈环带状分布，主要由磷灰石、磁铁矿和橄榄石组成，是主要的磷矿体，P_2O_5平均含量为10%。

扎伊尔卢什艾矿床也是由环状杂岩控制的。卢艾什杂岩是由碳酸岩和碱性岩组成的杂岩。1938年作为大理岩矿床被发现，1956年则证实为内生碳酸岩（东野脉兴，2004）。

卢艾什杂岩大地构造处于非洲地台东非裂谷带。航空照片表明，岩体位于一环形构造的中心部位。岩体为椭圆形，面积约7km^2。岩体中心为钙霞正长岩，被近于连续的含有正长岩小岩丘的粗粒霓石方解石碳酸岩所环绕（图8-22）。

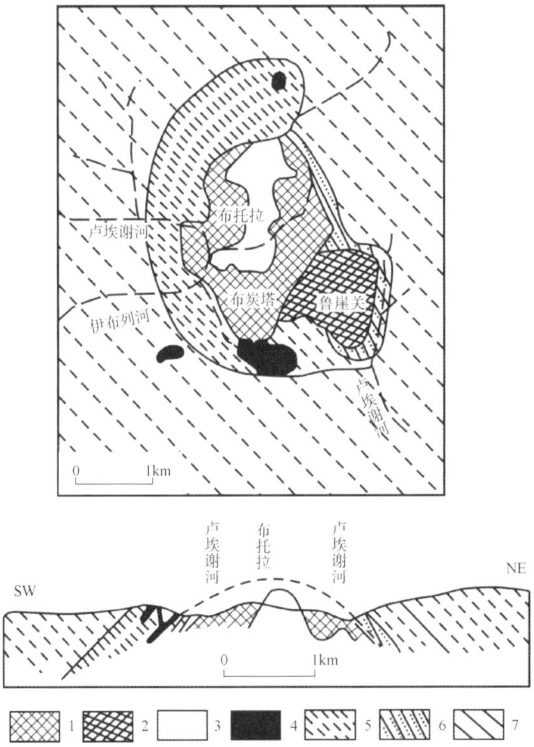

图8-22　卢艾什杂岩地质图（上）和剖面图（下）

（据东野脉兴，2004）

1—粗粒方解石碳酸岩；2—白云石碳酸岩；3—钙霞石正长岩；4—长石化片岩；5—西侧接触带片岩（蓝晶石片岩）；6—长霓岩化带；7—云母石英片岩

钙霞正长岩多为细粒全晶质的灰色块状体，主要由钠长石、反条纹长石、微斜长石、原生钙霞石、黑云母及方解石组成，副矿物有锆石和烧绿石。碳酸岩有黑云母碳酸岩、粗粒方解石碳酸岩和白云石碳酸岩。方解石碳酸岩和白云石碳酸岩之间的关系尚不清楚，有可能后者早于前者。黑云母碳酸岩一般为粗粒状，含有霓石、磷灰石、碱性长石、磁铁矿和烧绿石、锆石。白云石碳酸岩含有大量的磷灰石。在正长岩与变质片岩（围岩）的接触带里，常见有含烧绿石和磷灰石矿床，是非洲最大的烧绿石和磷灰石矿床，磷矿也是世界大型矿床之一。

烧绿石和磷灰石大量富集于侵入体顶部，产于碳酸岩与蚀变的表层岩石内；正长岩与碳酸岩的接触带富集磷灰石、烧绿石、蛭石；黑云母碳酸岩与围岩接触带有一层厚的磷灰岩；正长岩与围岩片岩接触带有富含磁铁矿、烧绿石、霓石的大型磷矿体；白云石碳酸岩含大量磷灰石，霓石黑云碳酸岩亦有磷灰石（东野脉兴，2004）。

第三节 火山构造的控矿作用

火山构造是指火山作用产生的构造，包括破火山口构造、火山穹隆构造、火山通道构造以及火山作用产生的环状和放射状断裂系统。

一、破火山口构造

火山口（crater）是火山物质向外喷发时在地表面的出口。位于火山锥顶部中心位置，呈圆形或椭圆形，剖面上呈漏斗状。

1. 破火山口构造

破火山口构造（caldera 或 cauldron）是指“大型的、盆状的火山洼地，平面呈圆形或近圆形，其直径远远大于火山通道的若干倍”（Williams，1941）。

根据成因，破火山口构造被分为两类：爆发式破火山口构造和塌陷式破火山口构造。

爆发式破火山口构造（explosion caldera）是指由于爆发而移除火山锥顶部岩石形成的破火山口构造。这种成因的破火山口构造数量很少，并且仅存在于小型火山中。

塌陷式破火山口构造（collapse caldera）是指由于大量火山碎屑物喷发或地下岩浆房排空而使岩浆房顶板塌陷形成的破火山口构造，这是绝大多数破火山口构造的形成方式。

塌陷式破火山口构造有两个端员形成方式：爆发型（explosive type）和非爆发型（non-explosive type）。

爆发型是由于强烈火山喷发使得下伏岩浆房排空造成岩浆房顶板坍塌形成的破火山口构造。通常是富硅质岩浆，形成由熔结凝灰岩、凝灰岩、流纹岩等火山岩和火山碎屑岩充填的火山盆地。喀拉喀托型（Krakatoan type）破火山口构造是其典型代表。

喀拉喀托火山于 1883 年喷发。火山活动期间，由于大规模的爆炸式的喷发，大量岩浆从中心火山口喷出，以浮石、火山灰等火山碎屑物形式覆盖地表。喷发后立即以火山口为中心发生塌陷，形成破火山口构造。该类型破火山口构造的规模较大，日本的 Kutcharo 第四纪火山的破火山口构造最大直径达 26km（Goto et al.，2018）。

非爆发型或静默型，是由于熔浆大量喷溢或流出使得下伏岩浆房排空造成岩浆房顶板坍塌形成的破火山口构造。通常是贫硅质岩浆，如玄武岩岩浆。基拉韦厄型（Kilauea type）破火山口构造是其典型代表。

基拉韦厄火山位于夏威夷群岛东南，是由一系列橄榄拉斑玄武岩薄层组成的盾状火山。在山顶，发育 2km×3km 的破火山口构造。与喀拉喀托型破火山口构造相比，基拉韦厄型破火山口构造规模较小，直径通常数千米以下。

并不是所有破火山口构造都如喀拉喀托和基拉韦厄破火山口构造那样、围绕火山喷发中心（火山口）塌陷。格伦科破火山口构造（Glencoe caldera）给出另外一种破火山口构造形式（图 8-23）。

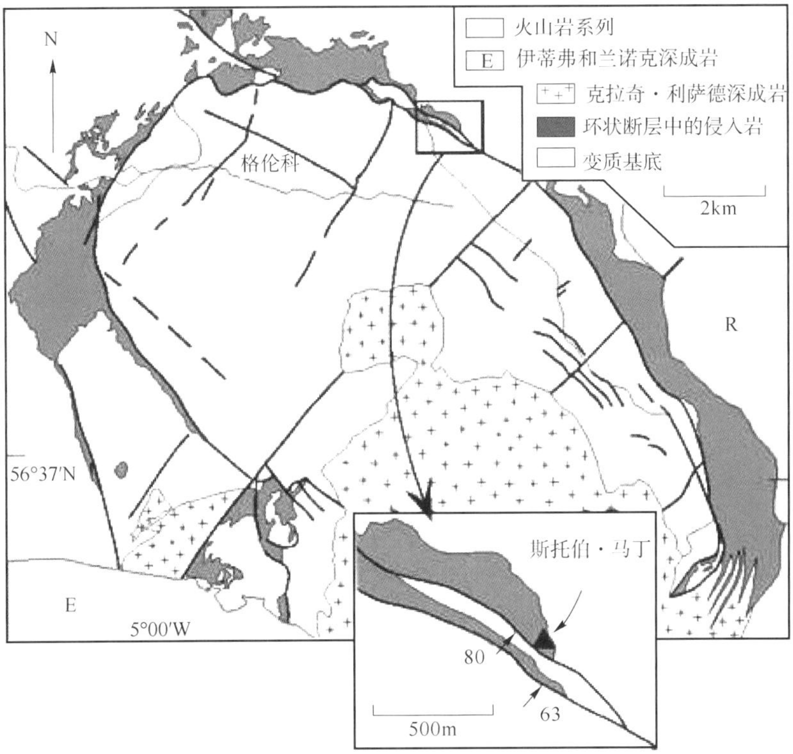

图 8-23　格伦科破火山口构造平面简图

（据 Kokelaar，2007）

格伦科火山位于苏格兰高地加里东褶皱带，形成于志留-泥盆纪。破火山口构造在平面上呈椭圆状：椭圆的长轴呈北西向，近 10km；短轴北东向，近 6km。周边是椭圆形的、产状近直立的环状断裂以及沿着环状断裂侵入的与火山岩同成分岩浆形成的环状岩墙。环状断裂和环状岩墙以内是厚度≤1.3km 的火山熔岩和火山碎屑岩。环状断裂的外围是基底变质岩，相同的变质岩也出现在破火山口构造的底板（Kokelaar，2007）。

在破火山口构造之前，首先形成了厚度约 500m 的安山岩和玄武安山岩以及一些砾岩和砂岩夹层，不整合覆盖于基底岩石（达拉德组变质岩）之上。这是在破火山口构造发育之前的喷发。

在破火山口构造演化期间，共有五次大规模火山爆发。

前三次火山喷发的每一次都以强烈的爆发开始，形成凝灰岩锥；随后是岩浆喷溢，形成熔岩状富硅质熔结凝灰岩。三套熔结凝灰岩总厚度超过 300m。后来两次火山喷发产生了富硅质的条带状熔结凝灰岩，厚度也超过 300m（Moore et al.，1997，1998）。

格伦科破火山口构造包含了不止一个火山口，并且火山口主要位于破火山口构造的周缘的环形断裂带上（图 8-24）。

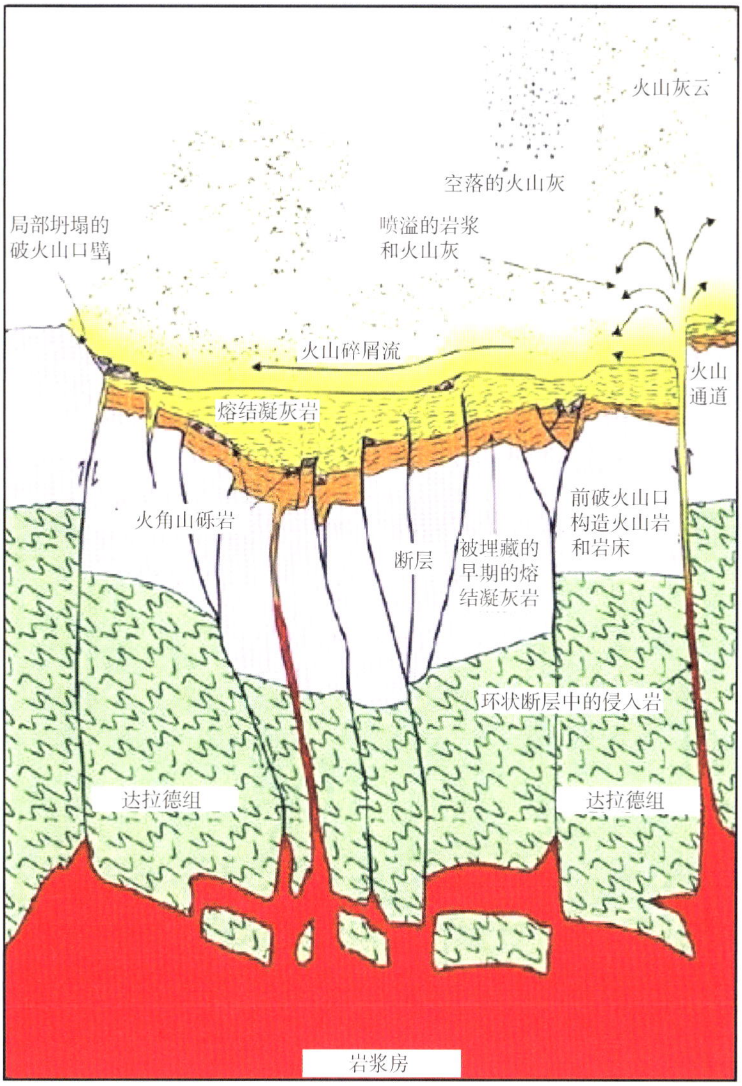

图 8-24　格伦科破火山口构造模式图

（据冰舞幽影，2018）

2. 复活破火山口构造

Smith 等（1968）在北美 8 个破火山口构造（瓦雷斯，多巴，Greede 圣胡安，西尔弗顿，湖城，木材山，长谷）研究基础上，提出复活破火山口构造的概念。所谓复活破火山口构造（Resurgent cauldrons）是指破火山口构造所涉及的“锅状”地块在塌陷后再次因穹状隆起而被抬升。以瓦雷斯破火山口构造的详细研究为基础，结合其他 7 个破火山口构造的数据和资料，提出了瓦雷斯破火山口构造复活的 7 个步骤：（Ⅰ）区域隆升和环状断裂形成；（Ⅱ）形成破火山口构造的火山喷发；（Ⅲ）破火山口构造塌陷；（Ⅳ）复活前的火山活动和沉积作用；（Ⅴ）复活隆起；（Ⅵ）主环形断裂火山作用；（Ⅶ）最后的硫磺喷气和温泉活动。并确认，在 Valles 破火山口构造，完成整个循环跨越了 1Ma。复活破火山口构造通常与富硅的、高黏度的岩浆作用有关，形成规模较大的破火山口构造（图 8-25）。

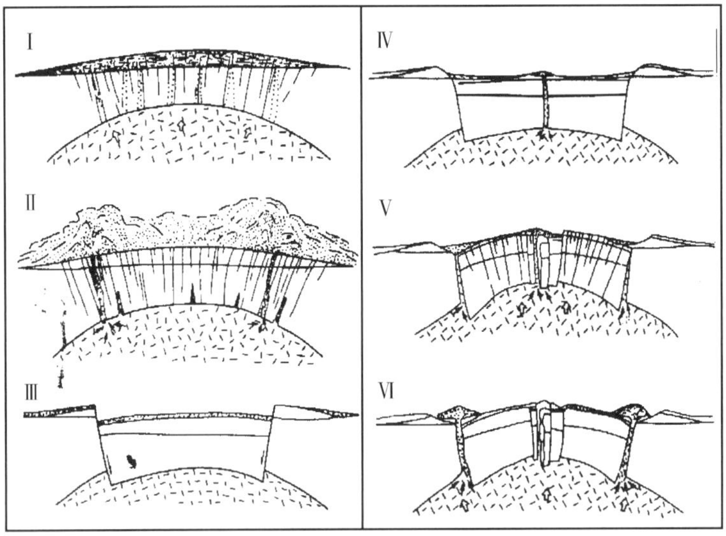

图 8-25 破火山口构造形成和复活过程

（据翟裕生等，1993）

Ⅰ—产生环状裂隙；Ⅱ—形成破火山口构造的火山喷发；Ⅲ—破火山口构造塌陷；Ⅳ—复活前的火山活动和沉积作用；Ⅴ—复活隆起作用；Ⅵ—主要环状断裂的火山活动

复活破火山口构造就是多次喷发、多次塌陷的破火山口构造，因此也有人称之为多旋回破火山口构造。

我们在火山岩地区工作时，经常可以通过详细的地质研究确定出破火山口构造以及火山旋回，但是往往忽略破火山口构造的旋回。从而，将多次塌陷形成的破火山口构造作为一次塌陷作用的结果——尽管已经确认了多期火山作用。

相反，也不能简单地将火山作用期次作为破火山口构造塌陷的期次。应该从如下几个方面正确确定破火山构造的塌陷过程：

1）详细划分火山作用期次和火山作用旋回：通常情况下，一个火山作用旋回更有可能（但并不一定是）对应一次塌陷；

2）研究火山口的分布和分布规律以及喷发的先后次序，确定其与火山作用期次、火山旋回之间的关系；

3）研究破火山口构造中正常沉积作用历史及与火山旋回之间的关系；

4）确认不整合的存在、类型及与火山作用、火山构造之间的关系；

5）研究次火山岩——特别是环状和放射状岩墙的物质成分和侵入历史；

6）详细研究与火山作用有关的构造——特别是环状和放射状断裂构造的产状、形成和演化过程以及与火山作用、沉积作用、岩墙侵入作用之间的关系。

7）将上述 6 个方面的研究与复活破火山口构造的 7 个阶段对应，可以有效确定破火山口构造旋回过程。

肯尼亚格雷戈里裂谷苏斯瓦火山的破火山口构造演化提供了一个研究破火山口构造

复活的实例。

苏斯瓦火山位于肯尼亚格雷戈里裂谷谷地，主要由粗面岩、响岩、相关的火山碎屑岩以及熔结凝灰岩组成，是第四纪火山。

主要有两期破火山口构造塌陷（破火山口构造Ⅰ和破火山口构造Ⅱ），将8套火山岩层分为前破火山口构造Ⅰ、同破火山口构造Ⅰ、后破火山口构造Ⅰ、同破火山口构造Ⅱ和后破火山口构造Ⅱ等5个火山旋回（表8-1；Skilling，1993）。

破火山口构造Ⅰ的直径约12km，面积约113km^2，形成于（0.24±0.01）Ma之后。

破火山口构造Ⅱ的直径约5.5km，面积约21km^2，形成于（0.1±0.01）Ma之后。

破火山口构造Ⅱ的直径和面积均远远小于破火山口构造Ⅰ，并且发育于破火山口构造Ⅰ的范围内，与破火山口构造Ⅰ同心。破火山口构造Ⅱ的周边是一个总体呈椭圆形的环状地堑，环绕一个椭圆形的、岛状块体。

环状地堑本身的宽度从>0.5km到1.5km；椭圆形岛状块体的面积约9km^2。

从结构上看，至少第二次破火山口构造塌陷应该属于活塞式塌陷。

表8-1　肯尼亚格雷戈里裂谷苏斯瓦火山破火山口构造演化　　单位：km^3

与破火山口构造塌陷的关系	地层	地层名称（组）	K-Ar年龄/Ma	火山岩体积	描述
后破火山口构造Ⅱ的复活	S8	Eululu		>0.1	近代，在环状地堑南东部和南侧，响岩喷发
后破火山口构造Ⅱ	S7	OI Doinyo Onyoke		>16	喷出响岩熔岩流（S7），块体复活
同破火山口构造Ⅱ					岩浆喷出产生破火山口构造Ⅱ的塌陷；火山锥的塌陷形成破火山口构造Ⅱ底板上的角砾岩（S7）
后破火山口构造Ⅰ					火山喷发形成 OI Doinyo Onyoke 火山锥（S7）
后破火山口构造Ⅰ	S6	Entarakua	0.1±0.01	>11	在破火山口构造Ⅰ的东部和南部边缘，从破火山口构造底板火山通道喷出响岩熔岩流
同破火山口构造Ⅰ	S5	Enkorika		<0.05	随着少量粗面岩喷发，北侧的南北向裂隙带和穹隆构造发育
同破火山口构造Ⅰ	S4	Esinoni		>7.1	继续增量沉陷：S4空落浮石角砾凝灰岩从破火山口构造Ⅰ西部的火山通道喷出；在北西侧发生破火山口构造块体塌陷
同破火山口构造Ⅰ	S3	Oloolwa		>1.5	响岩从环状构造带喷出
同破火山口构造Ⅰ	S2	Olgumi		>1.8	水流入环状断裂带，岩浆与水反应，粗面玄武质岩浆横向扩展
前破火山口构造Ⅰ	S1	Angat kitet	0.24±0.01	>4	在地堑底板上裂隙式喷发，形成岩盖和通道杂岩；形成环状断裂带（和早期破火山口构造?）

（据Skilling，1993）

3. 破火山口构造底板的塌陷方式

破火山口构造起因于岩浆房排空引起的岩浆房顶板（破火山口构造底板）塌陷。因此，破火山口构造底板塌陷的方式一直是破火山口构造研究中所关注的课题（Yokoyama，1969a，b；Aramaki，1969，1984；Troll et al.，2002；Acocella，2006；Tomek et al.，2018）。目前为止，人们提出了5种端员塌陷方式模型：活塞式（piston type）、下凹式（downsag type）、碎块式（piecemeal type）、漏斗式（funnel type）和天窗式（trapdoor type）。

活塞式塌陷是指破火山口构造底板在产状陡立的环状或近环状断裂围限下形成一个活塞状的柱体，在破火山口构造形成和复活过程中发生下陷和隆升（参见图8-25）。

碎块式塌陷是破火山口构造底板在若干高角度断层作用下发生差异沉降形成的（图8-26a）。

天窗式塌陷是因破火山口构造底板非对称下陷造成的。破火山口构造底板在一侧具有较大幅度下陷，另一侧下陷幅度较小，并有一个狭窄的“铰链区”（图8-26b）。

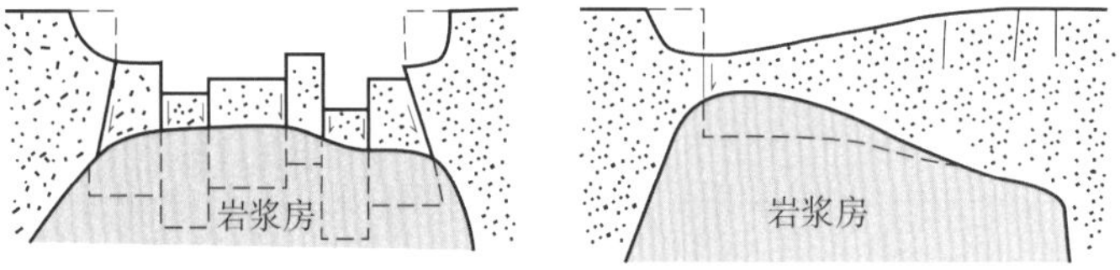

图8-26　碎块式塌陷（a）和天窗式塌陷（b）模型
（据Acocella，2006）

下凹式塌陷是指破火山口构造底板向下凹曲，形成一个向形弯曲。这种破火山口构造影响范围较大，边缘向内倾斜。通常情况下，底板下凹与断层作用伴随，后者使下凹作用加强（图8-27a）。

漏斗式塌陷也称无序塌陷（chaotic collapse），产生于基底岩石向不断膨大的火山通道方向无序塌落（Aramakei，1984），产生狭窄而深的锥形凹陷（图8-27b）。

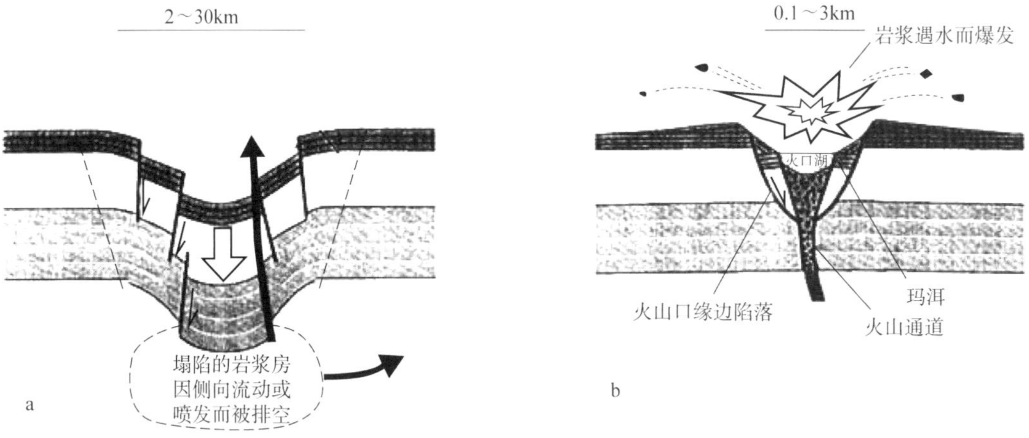

图8-27　下凹式塌陷（a）和漏斗式塌陷（b）模型
（据Stewart，1999）

上述5种塌陷方式是塌陷的端员组成，实际的破火山口塌陷作用经常是两种或几种作用的复杂叠加。

二、其他火山构造

1. 火山穹隆构造

火山穹隆是指火山碎屑岩、火山熔岩和少部分沉积岩层围绕火山口形成的圆形或椭圆形的穹状隆起。它是火山喷发物质围绕喷发中心堆积而成；或者是火山喷发物质在基底隆起的基础上围绕喷发中心堆积而成。后者的基底隆起是火山岩浆作用所致，而火山穹隆构造的隆起并不是外力作用所致。

火山穹隆构造通常具有如下特征：

1）火山穹隆构造是中心式火山喷发的产物。平面上呈圆形或椭圆形，直径可达数千米。一些小型火山穹隆直径只有数十米或数百米，通常是大型火山穹隆之上的寄生体。

2）一个火山穹隆，是一个完整的火山机构：主体是由火山岩、火山碎屑岩和少量正常沉积岩组成的孤立的穹隆构造；顶部是火山口或破火山口；火山口以下是火山通道；火山口周围发育环状和放射状断裂；主体火山岩之下是基底，火山岩与基底之间通常是角度不整合接触（图 8-28）。

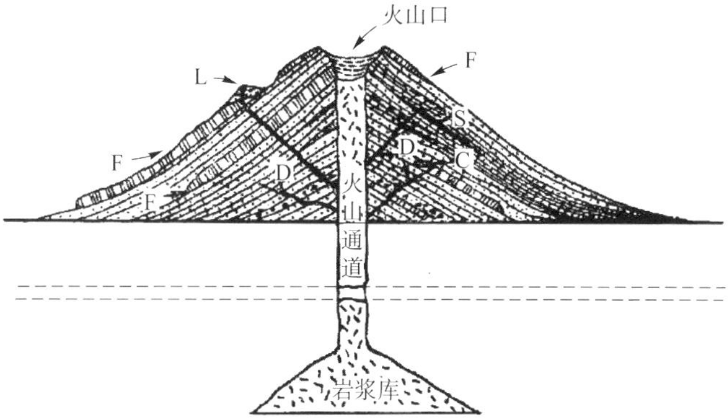

图 8-28　火山机构示意图

（据刘如曦，1980）

F—熔岩流；C—火山渣；D—岩脉；L—侧火山锥；S—岩席

3）在一个火山盆地或火山断陷盆地中，经常发育许多火山穹隆构造。每一个穹隆构造都具有自身完整的火山机构构造组合；各个穹隆的物质组成也相同或相近；但是穹隆与穹隆之间并没有负向构造使之连接。后者是火山穹隆与构造成因穹隆之间的本质区别。

4）火山碎屑岩围绕火山口呈环状、规律性分布，自火山口向外依次是：集块岩、火山角砾岩、凝灰岩。

5）矿化蚀变通常也围绕喷发中心呈环状分布。

6）火山穹隆构造的遥感解译体现为环形构造，它是环形断裂、环形分布的火山岩和火山碎屑岩、环形分布的蚀变带以及穹隆构造本身的综合体现。

7）火山穹隆构造具有明显的环形航磁异常、重力异常和地球化学异常。

研究表明（高维等，2016；周俊法等，1983；范正国等，2010），火山喷发口的岩石往往具有较高的剩磁，在火山口周围形成强度较大且具有一定分布规律的圆形或近圆形的正负伴生的局部异常（图 8-29）。

同样，由于基底岩石与组成火山穹隆构造的火山岩之间存在明显重力差，在剩余布格重力异常图上往往呈现环形或近环形的重力低区。由于基底岩石与穹隆火山岩组成的差异，在元素地球化学异常图上也常呈现明显的环状异常。

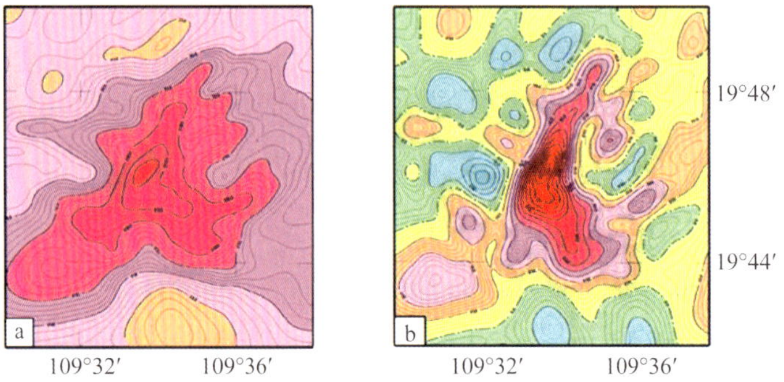

图 8-29　琼北新盈农场火山构造航磁异常图

（据高维等，2016）

a—航磁 ΔT 化极等值线平面图；b—航磁 ΔT 化极垂向一阶导数等值线平面图

2. 火山通道构造

火山通道，又称火山管道，是地下岩浆房与火山口之间的通道。岩浆沿此通道上升、经火山口喷出地表。火山通道壁通常是直立或近直立的，直径通常小于 1km，也偶尔有直径为 1.5km 或更大的报道。暴露地表的火山通道通常被次火山岩或隐爆角砾岩等充填，称为火山颈。

火山通道的横断面通常为圆形或椭圆形，几乎没有不规则多边形的情况，是由于深部高压岩浆熔融体向上强力、快速运移作用所致。

火山通道通常位于区域或局部断裂的交会处，也有的是线状通道在岩浆向上运移过程中演变而来。后者，近圆柱状的岩颈向下演变为岩墙。

图 8-30 是一个金伯利岩岩筒向下演变为岩墙的实例和裂隙式火山通道演变为筒状火山通道的可能过程。其原因是岩浆沿着裂隙式通道流动速度的差异，造成流体不断向高流速方向聚集的结果。

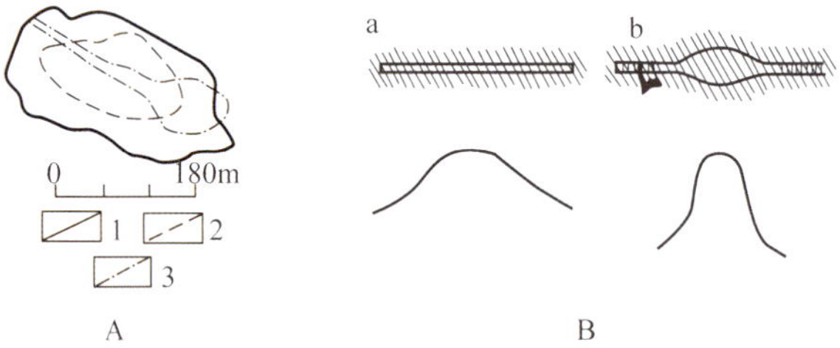

图 8-30　一个金伯利岩筒不同深度断面形态（A）和裂隙式通道演变为筒状通道过程（B）

（据 Новйков 和 Слодской，1980）

1—地表；2—地表以下 300m；3—地表以下 650m；a—裂隙式通道；b—椭圆形通道；a 和 b 下图示流体速度

火山通道的充填物有如下几种情况：①次火山岩，通常与火山喷发物质成分一致或是其岩浆演化的残余相；②隐爆角砾岩；③火山通道围岩碎块；④火山碎屑岩。后者经常发育在火山口附近的火山通道内。当塌陷破火山口构造为漏斗式塌陷时，火山通道——特别是上部，经常为火山碎屑岩和火山熔岩碎块充填，下部为基底岩石碎块。

3. 环状和放射状断裂

火山岩发育地区的环状和放射状断裂构造是火山构造的重要组成部分。

这里所说的环状断裂是指在平面上以火山口为中心呈环状分布的断裂。在剖面上，有向外侧倾斜的（环状断裂），也有向内倾斜的（锥状断裂），也存在倾角近直立的环状断裂。

放射状断裂也称径向断裂，是以火山口为中心、沿着直径方向放射状分布的断裂。这些断裂的一部分形成于破火山口构造之前的岩浆隆升和喷发，另一部分起因于破火山口构造（岩浆房顶板塌陷构造）。

Marti 等（1994）通过气球充气和排气实验，模拟前破火山口构造喷发和破火山口构造塌陷产生的构造形式（图 8-31）。

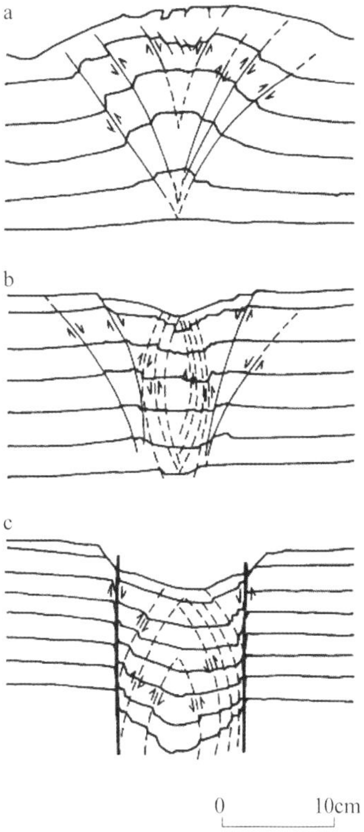

图 8-31　气球实验结果剖面示意图
（据 Marti et al.，1994）
a—气球充气；b—随后排气；
c—在没有先期充气的情况下直接排气

第一个实验是先将气球充气，然后再排气。

气球充气时，首先产生随着充气而生长的穹隆构造，随后产生锥状断层。主体锥状断层为逆断层，中心部分的正断层是穹隆顶部局部伸展所致（图 8-31a）。

气球排气时，产生坳陷，原来锥状逆断层转变为正断层，坳陷中心产生上半部为环状、下半部为锥状逆断层（图 8-31b）。

第二个实验是在没有先期充气的情况下直接排气，模拟破火山口构造底板塌陷过程。产生周边倾角近直立的环状断裂，环状断裂围限范围内为破火山口构造底板塌陷和向外倾斜的环状逆断层（图 8-31c）。

在第一个实验中，放射状裂隙产生于穹隆的边部，呈锯齿状；随着隆起量增加，向着隆起中心方向扩展，裂缝也随之变宽，锯齿状形态更明显；向深部很快尖灭。第二个实验中的放射状断裂主要出现在直立环状断层外围，延续较差。

三、火山构造与区域构造关系

无论是中心式喷发还是裂隙式溢流，都是受区域断裂构造控制的：①区域断裂构造控制火山-断陷盆地；②区域构造控制火山的线状或网状分布；③中心式喷发的火山，经常位于两条（或以上）不同方向断裂交会处。

当出现火山喷发——特别是出现塌陷破火山口构造时，在火山构造影响范围内，区域构造被火山构造包容、叠加、利用和改造。

当火山作用结束后，火山构造被区域构造改造，成为区域构造的一部分。

四、火山构造控矿作用

（一）含矿破火山口构造分类

沃尔弗松等（1989）根据破火山口构造的地质结构特点和形成方式，将含矿破火山口划分为4种类型：无环状和放射状断裂的爆发含矿破火山口构造；具有中心下陷的圆柱状块体的含矿破火山口构造，其构造亚类不少于4种；爆发和中心块体下陷复合成因的含矿破火山口构造；隐伏火山建造（图8-32）。

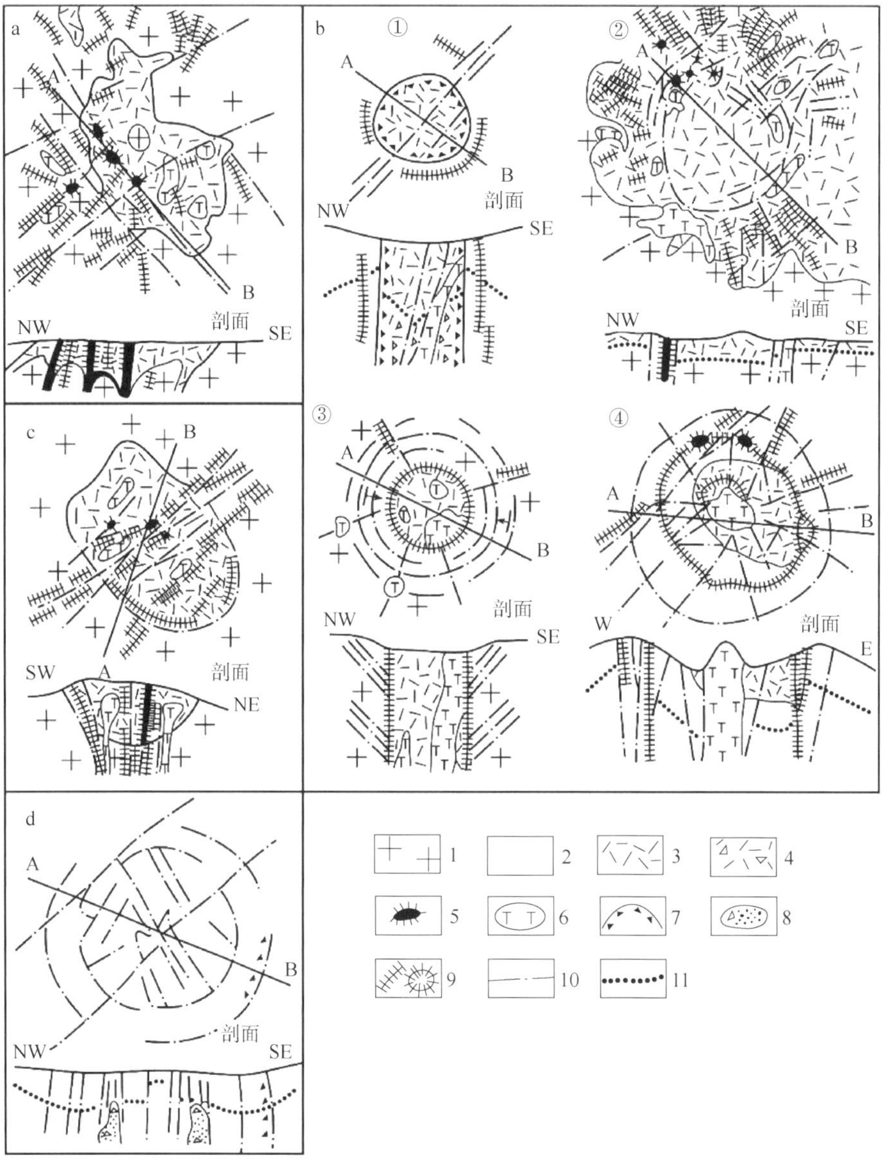

图8-32 含矿破火山口构造类型

（据沃尔弗松等，1989）

a—无环状和放射状断裂的爆发式含矿破火山口构造。b—具有环状和放射状断裂的中心圆柱状块体下陷的含矿破火山口构造，至少包括4种类型：①布雷登式；②锡尔弗顿式；③稀有金属碳酸岩式；④中心侵入岩株式。c—爆发和中心块体下陷复合成因的含矿破火山口构造。d—隐伏火山构造。1—变质岩（下构造层）；2—破火山口基底的沉积岩和火山沉积岩；3—夹少量沉积岩层的岩被相火山岩；4—火山通道相熔岩角砾岩和凝灰角砾岩；5—火山通道；6—次火山岩相和部分火山通道岩石；7—环状崩陷角砾岩；8—爆发岩筒；9—线状和环状岩墙；10—断裂；11—标志层第一类含矿破火山口构造是爆发式破火山口构造，金-银和多金属矿床、矿体分布在破火山口构造附近和破火山口构造内。矿脉发育在控制破火山口构造位置的早期形成的断裂中。

第二类含矿破火山口构造是塌陷式破火山口构造，分为Ⅳ个亚类，而实际情况远远不止如此（沃尔弗松等，1989）。

Ⅰ亚类（布雷登式）：横断面呈环形的主矿体分布在火山颈的边缘；火山颈内为细矿脉和矿巢；而在火山颈附近为充填在裂隙系中的细矿脉，没有重要价值（图 8-33）。

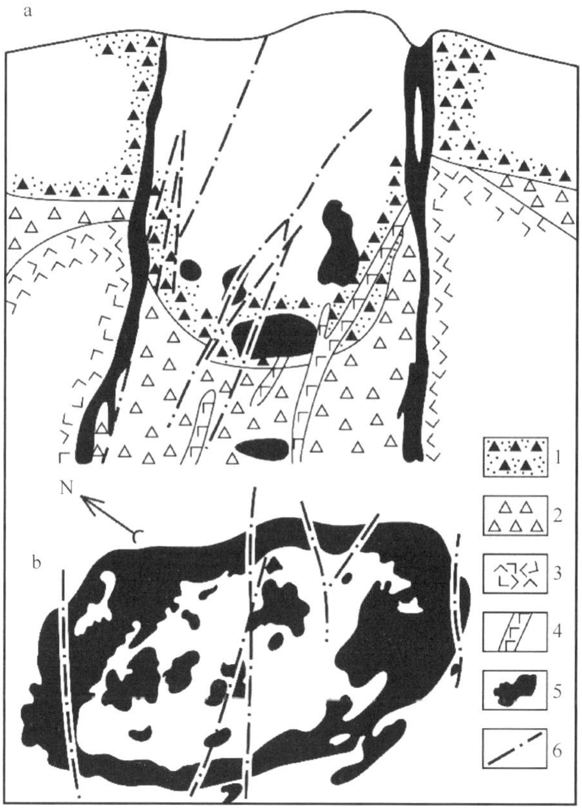

图 8-33　墨西哥皮拉莱斯铜矿床简化剖面图（a）和平面图（b）

（据沃尔弗松等，1989）

1—安山岩、英安岩的角砾岩；2—安山岩的角砾岩；3—二长岩；4—基性岩墙；5—矿体；6—断裂

Ⅱ亚类（锡尔弗顿式）：在锡尔弗顿式破火山口构造中，广泛发育的脉状金-银和多金属矿床分布在环状和放射状断裂中，尤其是在靠近破火山口构造的位置。矿柱位于矿脉的交叉结上；具铀矿化特征的多金属矿柱和矿筒产在火山颈和爆发岩筒中；破火山口的内部（下陷的中心块体）实际上是无矿的。

Ⅲ亚类：产在破火山口内和破火山口附近的环状、圆锥状和放射状断裂内的稀有金属碳酸岩体。

Ⅳ亚类：具有中心侵入岩株的破火山口构造，发育近破火山口构造的稀有金属矿床和矿体以及在绢云母化带中出现次生石英岩和硫化物矿化标志。矿体主要为产在火山颈和次火山岩体中的矿脉带和网脉。断裂及数组羽裂在稀有金属矿床的矿化富集中起了主要作用。

第三类属于复合成因的破火山口构造。脉状、网脉状萤石和铜矿体分布在火山颈、次火山岩体和沿断裂充填的岩墙中。柱状网脉产在主干断裂及其羽裂的共轭结上，它们都只发育在破火山口构造内。

在第四类的隐伏的火山建造中，形态各异的、与断裂有关的重晶石、萤石和铅锌矿体分布在火山建造内及其边缘。

（二）火山构造演化与成矿作用关系

Rytuba（1994）将火山构造分为破火山口构造前的构造、破火山口构造期的构造和破火山口构造后的构造，并探讨其与成矿作用关系如下：

1）许多破火山口构造沿着区域性重要断层带分布，那些区域性重要断层带在破火山口构造循环前和循环后间歇式活动。在矿化的破火山口构造中，矿床受破火山口构造和区域断裂控制——两者相互作用，区域构造重新激活与破火山口构造相关的构造。

2）在破火山口构造循环的早期阶段，浅埋的岩浆房发生膨胀，在岩浆房上方的构造穹隆内形成正断层，属于塌陷前（破火山口构造前）火山构造。

3）上述早期阶段形成的断层受到破火山口构造破坏，但一些断层保留在破火山口构造边缘之外，可能成为重要的控矿构造。例如，内华达州麦克德米特破火山口杂岩中的鲁扎汞矿和内华达州亚特兰大地区印第安峰破火山口构造外部的贵金属矿床与该类构造有关。

4）与破火山口构造相关的构造——如环状断裂，控制复活期岩浆侵位、后塌陷期岩浆侵位以及相关矿床。在破火山口构造复活阶段，形成与顶部地堑有关的断层、放射状和环状断层以及相关裂隙，它们可能延续到塌陷构造之外。放射状和环状断层以及相关裂隙是西班牙罗达尔基拉尔破火山口构造杂岩中的金-明矾石型矿床的主要控制因素。

罗达尔基拉尔矿床位于西班牙东南部的地中海海岸，是欧洲最早发现的与破火山口构造有关的浅成低温热液型矿床（图 8-34）。

矿体位于罗达尔基拉尔破火山口杂岩体内火山灰流、火山碎屑流和流纹岩穹隆内。

矿化类型包括低硫化型贱金属矿脉和高硫化型 Au（Cu-Te-Sn）矿床（Hedenquist et al.，1996）。

高硫化型 Au（Cu-Te-Sn）矿床在时间上与安山玢岩侵入体有关，并且主要沿着洛米拉破火山口构造东部的环状和放射状断裂分布。矿化中心为硅质核，向外是由明矾石、高岭石、水铝石、叶蜡石和氯黄晶等组成的高级泥化带，再向外是青磐岩化带。蚀变带向下延深 300m。

5）在破火山口构造循环刚刚结束时，与形成破火山口构造有关的岩浆房的基底由于均衡补偿作用被抬升，也可能由于火山形成于快速下沉的地堑内而沉降，或者是由于结晶引起的体积变化而导致沉降。这些沉降或隆升可以重新激活破火山口构造的断层，控制当时的水热活动，对浅成低温热液矿床中的温泉型矿化有着至关重要的控制作用。例如，俄勒冈州东南部的奥伊希湖火山岩区的部分温泉型金矿床受此构造控制。

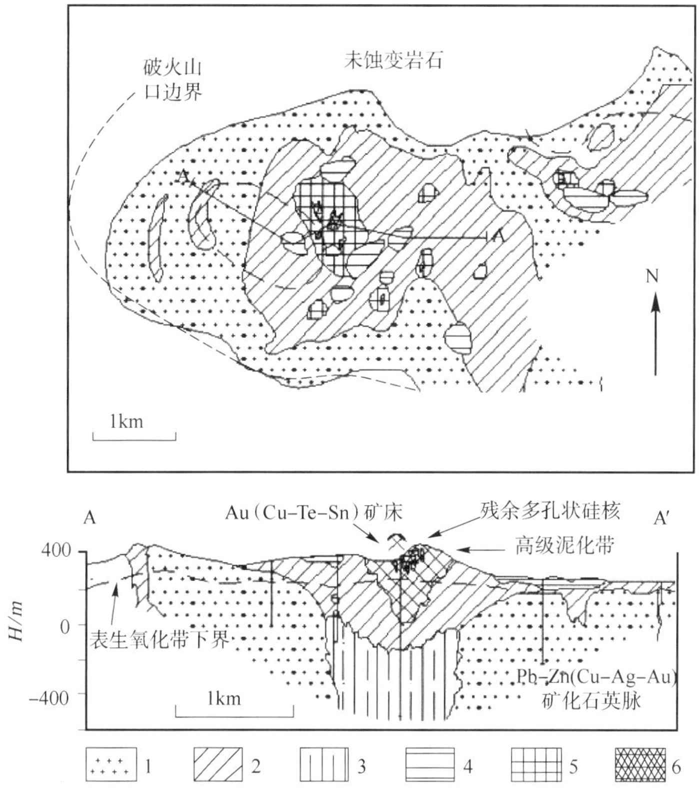

图 8-34　罗达尔基拉尔矿床蚀变带平面（上）和剖面图（下）

（据 Hedenquist et al.，1996）

1—青磐岩化带；2—泥化-伊利石化带；3—硅化带；4—低温高级泥化带；5—高温高级泥化带；6—残余硅核

6）在破火山口构造循环结束后，控制火山岩带的区域性断裂构造活动，促使破火山口构造及相关的断裂构造再活化，控制浅成低温热液矿床中的温泉型矿化。

（三）破火山口构造根部带控矿作用

破火山口构造根部带隐藏于破火山口构造之下。那里存在两个构造层——基底和不整合于基底之上的火山岩——前破火山口构造火山岩。

在根部带，最早形成的是环状断裂、锥状断裂和放射状断裂。当岩浆房顶板塌陷（破火山口构造）发生时，产生倾角近直立的环状断裂和放射状断裂，同时促使早期构造活化。它们是斑岩型和引爆角砾岩型矿化的最常见的控矿构造，这也是浅成低温热液型矿化与斑岩型矿化上、下关系的构造因素。

1）当破火山口构造期的火山岩被剥蚀后，只有基岩和（或）前破火山口构造火山岩中的根部带暴露地表。

2）也有另外一种情况：引起破火山口构造的火山喷发后，岩浆房顶板塌陷没有引起再次火山喷发，只是造成残余岩浆侵位。波希米亚山脉西北部晚石炭世阿尔滕贝格-特普利采破火山口构造即是如此（图 8-35）。

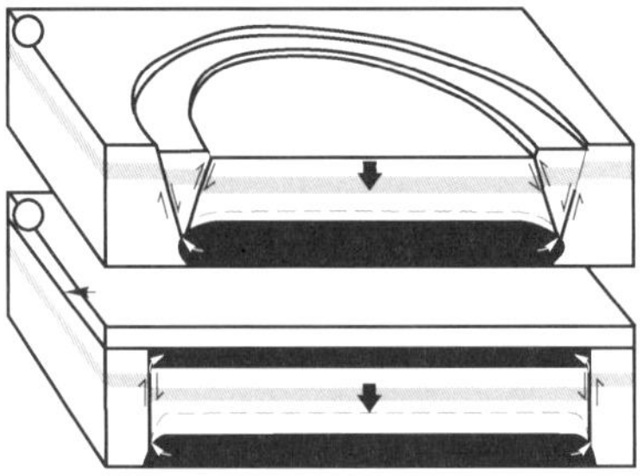

图 8-35　阿尔滕贝格-特普利采破火山口构造演化示意图

（据 Tomek et al.，2019）

a—破火山口构造塌陷前形成的锥状岩席和环状岩墙；b—随着破火山口构造塌陷形成的直立环状岩墙

我国黑龙江省东宁市金厂金矿给出一个研究该类构造控矿的很好实例（图 8-36）。

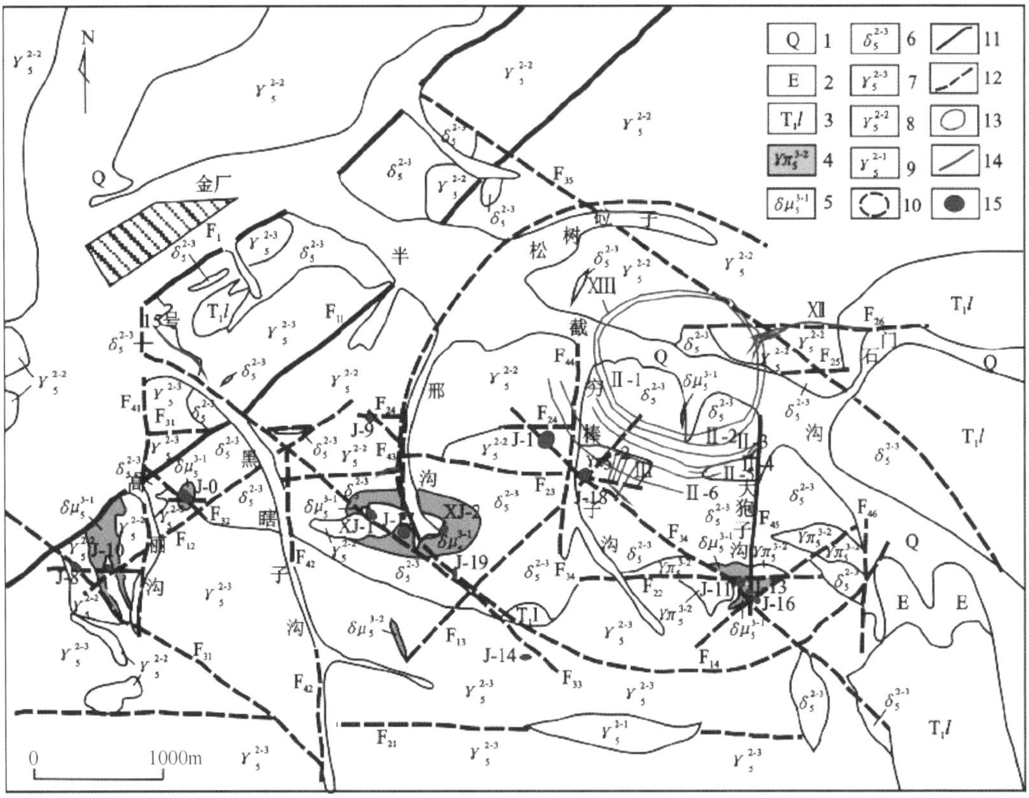

图 8-36　金厂金矿区地质简图

（据肖力等，2013）

1—第四系；2—古近系和新近系；3—罗圈站组火山岩；4—燕山晚期花岗斑岩；5—燕山晚期闪长玢岩；6—燕山早期闪长岩；7—印支晚期—燕山早期中细粒花岗岩；8—印支晚期—燕山早期文象花岗岩；9—印支晚期—燕山早期粗粒花岗岩；10—环状断裂；11—实测断裂；12—电法、遥感解译断裂；13—环形矿脉；14—脉状矿体；15—角砾岩型矿体金厂金矿位于黑龙江省东宁市，绥阳镇南西 30km。该处属于兴凯地块西侧一个南北向的、二叠纪的火山-岩浆弧，俄罗斯学者（Khanchuk，2006；Khanchuk et al.，2004）称之为老爷岭-格罗杰科岛弧。虽然这个“岛弧”东侧存在大量二叠纪海相沉积、说明在其于兴凯地块之间确实存在晚古生代海，但是那里的二叠纪沉积岩与早古生代地层共存，暗示二叠纪海是发育在全陆壳基底之上的，更应该属于大陆边缘弧。这里将之称为老爷岭-格罗杰科火山-岩浆弧。这个火山-岩浆弧的大部分位于我国绥芬河—珲春一线，即《黑龙江省区域地质志》中所划分的太平岭隆起带和老黑山断陷的位置（黑龙江省地质局，1993）。在二叠纪末—三叠纪的造山作用中，它成为延边造山带的东部边缘。这次造山作用延续到早侏罗世——甚至可能延续到中侏罗世，形成了大量印支期和早燕山期花岗岩，构成金厂金矿基底。

从产状上看，金厂金矿有 4 种矿体：环状（和弧状）矿体、放射状矿体、钟罩状矿体和角砾岩筒状矿体（金宝义等，2002；贾国志等，2005；王艳忠等，2008；肖力等，2013）。

环状矿体受 4 条同心环状断裂控制。断裂平面呈环形，向外倾斜，倾角 46°~75°。弧状矿体位于其外侧，可以理解为发育不完全的环。

钟罩状矿体属于隐伏矿体，位于环状矿体深部，受隐伏的、未被破坏的环状断裂控制。

放射状矿体主要位于环状矿体的外侧，走向平行环的直径方向，倾角近直立。

角砾岩筒状矿体分布在环状矿体南部和南西部，受不同方向断裂构造交会部位控制。

在广泛发育的印支期—燕山早期的基底花岗岩中，发育多处早白垩世晚期的花岗斑岩和闪长玢岩的岩株和岩脉，并且成矿年龄也主要为早白垩世晚期（鲁颖淮等，2009；王连国等，2013；贾国志等，2005；李真真等，2009）。

多数观点认为，地表的环状和放射状构造以及略深部的钟罩状构造可能与存在于深部的岩浆穹隆有关；而金宝义等（2002）则将之归于火山构造 。

在矿区的东侧和东南侧，发育 套中酸性火山岩和火山碎屑岩，主要岩性是英安质、流纹质熔岩、火山碎屑岩和熔结凝灰岩。前人曾将之归属于罗圈站组（下三叠统）或者屯田营组（中-上侏罗统），显然是将之作为基底火山岩。陈永福等（2011）则根据中国东北部早白垩世火山岩特征推测其可能形成于 130~110Ma 的早白垩世。

金厂金矿的控矿构造到底形成于深部花岗岩穹隆还是属于火山构造或者是破火山口构造呢？这不仅仅是一个理论问题，对于矿区以及区域找矿的指导意义也是不同的。

第九章　成矿构造应力场分析

地质构造是在力的作用下组成地壳的岩层或岩体发生的变形。构造解析，除了观察和描述地质构造的几何特征外，还必须探讨地质构造的形成过程和形成机制。这必然涉及变形体的力学问题。

第一节　成矿构造应力场的概念

一、外力、内力和应力

力是物体间的相互作用，其结果使物体发生运动状态的改变。力是**矢量**，基本要素是大小、方向和作用点。在力的图示中用带箭头的线段代表力：线段的长度按一定比例尺表示力的大小；线段一端的箭头表示力的作用方向；线段的一个端点表示力的作用点。

对一个具体物体的作用力来说，力可以分为内力和外力。

外力是指其他物体作用于所研究的物体上的力。外力又可以进一步分为面力和体力。面力是指作用在物体表面上的力，如围岩的压力，流体压力，风力及固体间接触面的作用力；体力是分布在物体内各质点上的力，如重力，惯性力和电磁力等。

内力是物体内质点间的相互作用力。内力又可分为固有内力和附加内力。**固有内力**是指没有外力作用时物体内质点间的相互作用力。正是固有内力使物体保持其形状和特有的力学性质。**附加内力**是在外力的作用下固有内力的改变量。显然，附加内力引起物体变形。因此，固体力学中所说的内力就是指附加内力。

内力和外力是相对的，它视研究尺度不同而有所不同。例如，地心引力对地壳而言是外力，但对整个地球而言则是内力。

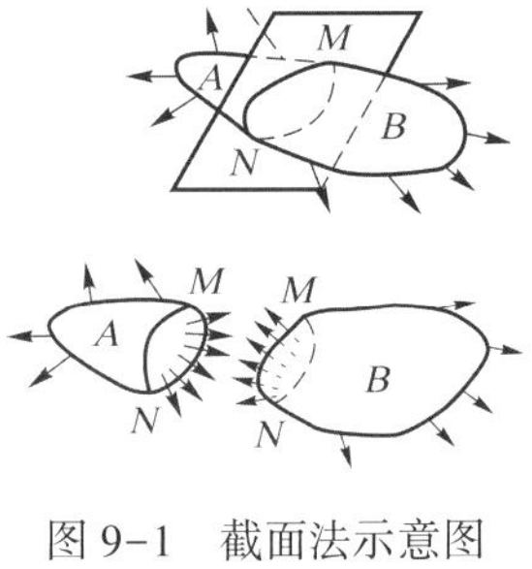

图 9-1　截面法示意图

在外力作用下，地质体内将产生内力。为确定地质体内某一截面上的内力，通常用截面法。设一地质体在若干外力作用下处于平衡状态（图 9-1），沿 $M-N$ 截面将其分为 A、B 两部分。取 A 部分为分离体。若使 A 部分保持平衡，截面 $M-N$ 上必有连续分布的内力与 A 部分的外力构成平衡力系，这些作用于 A 部分 $M-N$ 截面上的内力实际上是 B 部分对 A 部分的作用力，称为 $M-N$ 截面上的内力。

为确定内力在 $M-N$ 截面上的分布，在截面 $M-N$ 上 O 点附近取一微小面积 ΔA，在面积 ΔA 上作用内力 Δp，则：

$$p_{\mathrm{m}}=\frac{\Delta p}{\Delta A}$$

称为该面积上的**平均应力**（图 9-2）。

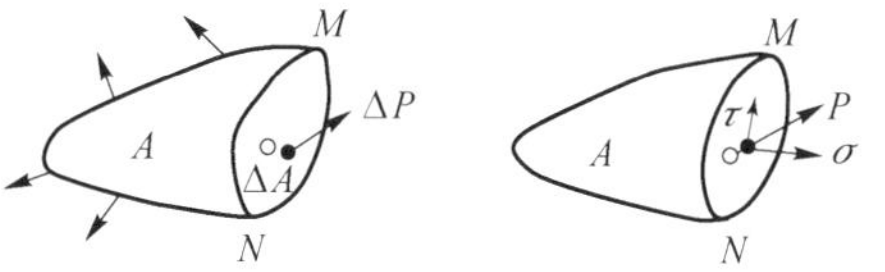

图 9-2　应力示意图

显然，平均应力 p_m 并不能真正反映 Δp 在 ΔA 上的真正分布状态，其近似程度与 ΔA 的大小有关。为求得应力在 O 点附近的真正分布状态，将 ΔA 取极限值，则：

$$p=\lim_{\Delta A\to 0}\frac{\Delta p}{\Delta A}=\frac{\mathrm{d}p}{\mathrm{d}A}$$

称为截面 $M-N$ 上点 O 处的**全应力**。

根据力的分解法则，可将全应力 p 分解为垂直 $M-N$ 截面的应力——**正应力**和平行 $M-N$ 截面的应力——**剪应力**。通常正应力用 σ 表示，剪应力用 τ 表示。根据力的合成原理，则有：

$$p^2=\sigma^2+\tau^2$$

应力的单位通常用 N/m^2 表示，称帕斯卡（Pasca）或简称帕（Pa）。

正应力可使岩石受到压缩，称**压应力**，用正值表示（$\sigma>0$）；也可以使岩石受到拉伸，称**张应力**，用负值表示（$\sigma<0$）。在固体力学和部分构造地质学教科书中，正应力的符号规定与此相反。

剪应力使物体发生剪切滑移。使物体有顺时针剪切滑动趋势的剪应力为负值（$\tau<0$），反之为正值（$\tau>0$）。

二、应力状态

通过受力地质体中一点 P 可截取无数个不同方位的截面，每个截面上正应力（σ）和剪应力（τ）的大小和方向均不相同。为了分析过 P 点不同截面上应力的大小和方向，以 P 点为几何中心截取一微分六面体，称为单元体。六面体的各棱边分别平行直角坐标系的坐标轴，边长分别为 d_x、d_y 和 d_z。每一面上的应力可分为一个正应力和两个剪应力（图 9-3）。

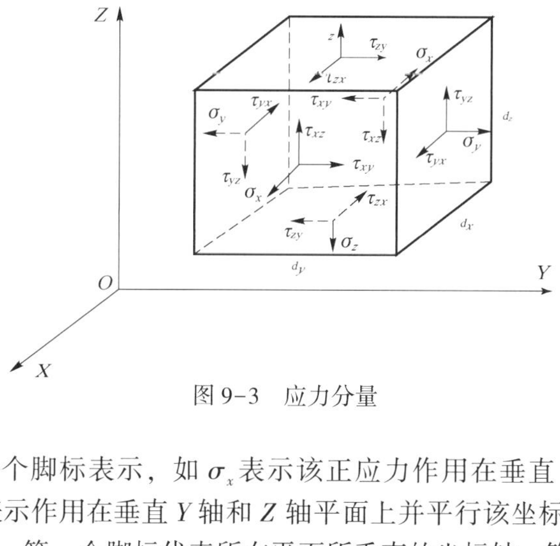

图 9-3　应力分量

正应力用 σ 和一个脚标表示，如 σ_x 表示该正应力作用在垂直 X 轴平面上并平行 X 轴。同理，σ_y 和 σ_z 表示作用在垂直 Y 轴和 Z 轴平面上并平行该坐标轴的正应力。剪应力用 τ 和两个脚标表示，第一个脚标代表所在平面所垂直的坐标轴，第二个脚标代表该剪应力所平行的坐标轴。如 τ_{xy} 表示作用于垂直 X 轴平面上并平行 Y 轴的剪应力。剪应力共有 6 个，即，τ_{xy}、τ_{yx}、τ_{xz}、τ_{zx}、τ_{yz} 和 τ_{zy}。因此在微分六面体上共作用有 9 个应力分量：σ_x、σ_y、σ_z、τ_{xy}、τ_{yx}、τ_{xz}、τ_{zx}、τ_{zy}、τ_{yz}。

在静力学平衡条件下，6 个剪应力分量有如下关系：

$$-\tau_{xy}=\tau_{yx} \qquad -\tau_{xz}=\tau_{zx} \qquad -\tau_{yz}=\tau_{zy}$$

即：互相垂直平面上作用的相互垂直的一对剪应力大小相等，符号相反，称为剪应力互等定律。因此 9 个应力分量可简化为 6 个：σ_x、σ_y、σ_z、τ_{xy}、τ_{xz}、τ_{yz}。若一点的 6 个应力分量已知，通过该点的任何截面上的应力均可求得，所以这 6 个应力分量可确定该点的应力状态。

事实上，以 P 点为几何中心可截取无数个微分六面体，每个微分六面体的每一个面上均作用有一个正应力和互相垂直的两个剪应力。但总可以找出这样一个微分六面体：该六面体的 6 个面上只作用有正应力而没有剪应力。单元体上剪应力为零的平面称为**主平面**，主平面上作用的正应力称为**主应力**，主应力的方向线叫**主应力轴**。因此，这个微分六面体将有 3 个主应力：σ_1、σ_2 和 σ_3。并规定 $\sigma_1>\sigma_2>\sigma_3$，分别称为最大主应力、中间主应力和最小主应力。最大主应力与最小主应力之差（$\sigma_1-\sigma_3$）称为**应力差**。应力差越大，变形越强烈。

如果 P 点主应力的大小和方向已知，可求过 P 点任意截面上的正应力和剪应力。所以三个主应力可确定一点的应力状态。

根据三个主应力，可将点的应力状态分成三种类型：

单轴应力状态：一个主应力（σ_1 或 σ_3）不为零，另外两个主应力为零。

双轴应力状态：两个主应力不为零，另外一个主应力为零。

三轴应力状态：三个主应力均不为零。

三、应力椭球体

根据 P 点主应力的大小和方向，按一定比例可以作一个三轴椭球体。椭球体的长轴、中间轴和短轴分别平行 σ_1、σ_2 和 σ_3，并与 σ_1、σ_2 和 σ_3 值成比例，该椭球称为**应力椭球**。P 点位于椭球体的几何中心，因此应力椭球可以直观地表示一点的应力状态（图 9-4）。

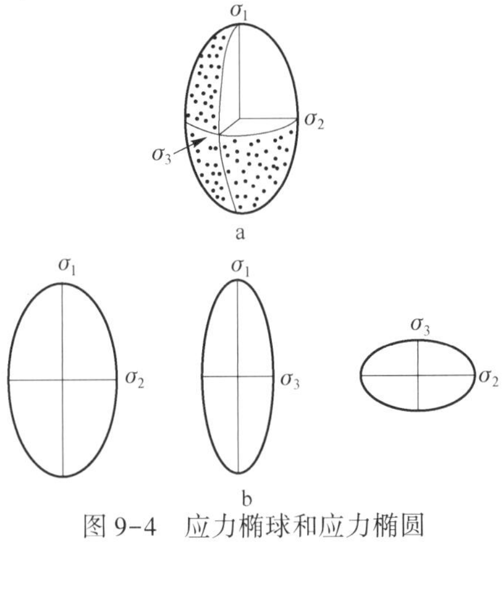

图 9-4　应力椭球和应力椭圆

应力椭球的 3 个轴即为主应力轴。根据任意两个主应力轴可以确定一个椭圆，称为应力椭圆。3 个主应力轴以不同方式组合可确定 3 个应力椭圆。地质上的三维问题经常可以简化为二维问题，这时应力椭圆是实用的。

四、应力场、构造应力场和成矿构造应力场

应力场：是指受力物体内某一瞬时各点应力状态的总和。

如前所述，地质体中点的应力状态可用点的主应力的大小和方向表示。点的主应力的大小和方向与外力的大小和方向以及岩石的力学性质有关。一个有一定边界形状和边界力的地质体内所有点的主应力和最大剪应力是按一定规律分布的。这种在构造力的作用下主应力和最大剪应力的瞬时空间排列称为**构造应力场**。

将各点主应力或最大剪应力按方位用直线或曲线连接起来的图形称为**应力迹线**或**应力网格**（图 9-5）。这是表示构造应力场的最常用的图示方法。

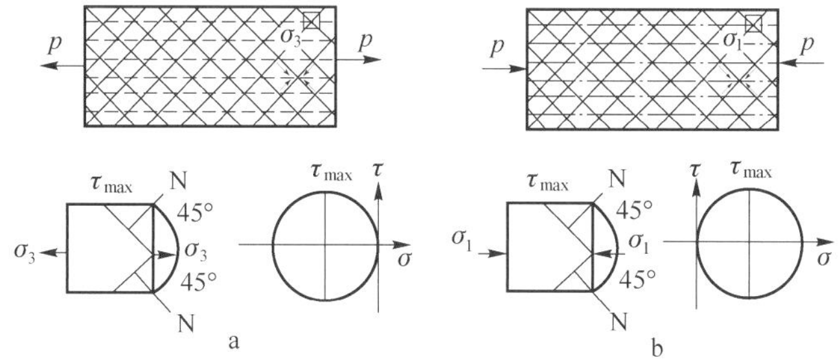

图 9-5　单向拉伸和单向挤压应力网格

（据徐开礼等，1989）

断线示主张应力迹线；点线示主压应力迹线；实线示最大剪应力迹线

根据研究的尺度不同，可以将构造应力场划分为局部构造应力场、区域构造应力场和全球构造应力场。

全球构造应力场是将整个地壳作为研究对象，研究全球范围内地壳中应力的分布规律。

区域构造应力场是将地壳中某一构造单元作为研究对象，研究该部分地壳中应力的分布规律。

局部构造应力场是区域构造应力场的一部分，是区域构造应力场内部由于局部边界条件的差异而使应力分布的局部变化。区域构造应力场和局部构造应力场是相对的概念，特别是对局部构造应力场来说，其规模可从几平方千米至几千平方千米或更大。

根据构造应力场形成时期，又可划分出古构造应力场和现今活动构造应力场。

古构造应力场是指地质历史时期中形成的构造应力场。

现今构造应力场是指现今仍在活动的构造应力场。

由于古构造应力场是地质历史时期中形成的，只有通过对古构造应力场的活动遗迹——地质构造现象的研究，结合数学力学分析及实验手段进行研究。

成矿构造应力场是指成矿作用的某一瞬时在指定成矿空间内的构造应力场。它通常是古构造应力场的一部分。

五、构造应力场的研究方法

对于现今构造应力场可以通过大地变形监测和现今构造（如活动断层、地震裂缝性质和分布等）分析，根据现今变形场推测现今构造应力场；也可以通过各种地应力测量手段直接测量；还可以通过地震震源机制解析获得现今地壳或某一局部地区主应力大小和方位。

研究古构造应力场的步骤包括：

1）建立地质体的力学模型；

2）确定研究区的边界条件；

3）选择模拟或计算方法。

可以通过数学方法或实验方法确定地块内应力的分布。

数学方法可以分为解析法和有限单元法。解析法是根据经典力学理论计算地质体内的应力分布。它要求用于研究的地质体有规则的几何形状、均匀的力学性质和连续性，因此往往用来模拟典型构造现象的成因。

对于大多数地质构造实际问题来说，有限单元法是适用的。有限单元法是将研究区分割成有限个三角形或四边形单元（图 9-6），这些单元以端点（结点）相连接。根据力学理论计算出每个单元的应力状态进一步计算出研究区的应力分布。

光弹实验是构造应力场分析中最直观有效的实验方法之一。光学上各向同性的透明材料受力后由于产生应力而变成各向异性现象称为光弹性效应。此时，光的传播与应力之间有如下关系：

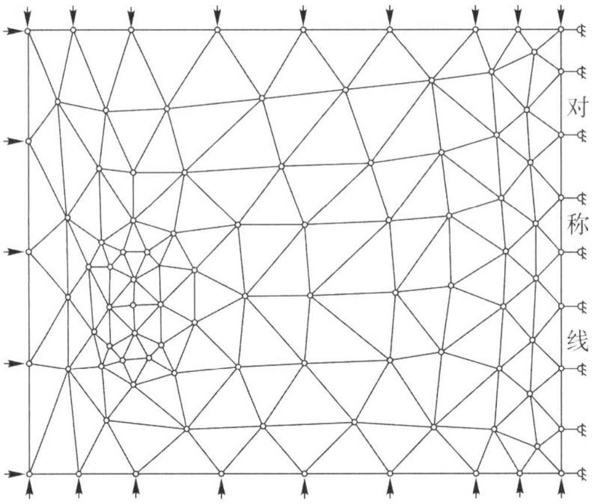

图 9-6　典型山字形构造单元划分

（据王仁，1979）

1）光被分解成沿主应力轴方向振动的两束互相垂直的偏振光；

2）二偏振光的主折射率（n_1、n_2）之差与应力差成比例：

$$n_1-n_2=C\ (\sigma_1-\sigma_2)$$

C 是与材料性质、厚度及光的波长有关的常数。

在光弹性实验中，将实验材料放在两个正交的偏振镜之间。当将材料加力后，材料

中主应力 σ_1 和 σ_2 的方位与二正交偏振镜振动方向一致的部分呈现暗色条纹，这些暗色条纹称等倾线。同一条纹上所有点的主应力方向相同，因此可以据此计算出主应力方向并可以进一步计算最大剪应力方向。另外，对应每一点的应力差，由于双折射作用分解成的两束光波在通过实验材料时产生干涉现象，材料中呈现明暗相间的条纹称等差线或等色线。在同一条纹上所有点的应力差相等。因此可根据等色线求应力差及分布规律(图 9-7)。

地质历史时期的构造应力场可以通过地质分析和模拟实验确定。

按照地质力学的工作方法（李四光，1975)，地质分析就是在确定所研究地块的几何边界条件的基础上，分析构造形迹的力学性质，划分构造形迹的序次和等级，建立构造体系和构造型式，研究构造体系的复合关系。根据某一时期构造体系中各项构造形迹的力学性质及不同力学性质的构造形迹的延伸、组合及构造型式的特征确定主应力大体分布情况并可以根据构造形迹发育情况粗略分析主应力大小的相对分布。在这项分析过程中，构造地质学常用的有关分析方法也是实用的。例如：可以根据共轭剪切节理、根据不同性质的断层和擦痕的关系、褶皱枢纽方位、石英与方解石组构以及岩石磁组构等研究主应力方位；还可以根据机械双晶化颗粒的百分数、自由位错密度、位错壁间距、亚颗粒和动态重结晶颗粒的大小等确定古应力差（$\sigma_1-\sigma_3$）。

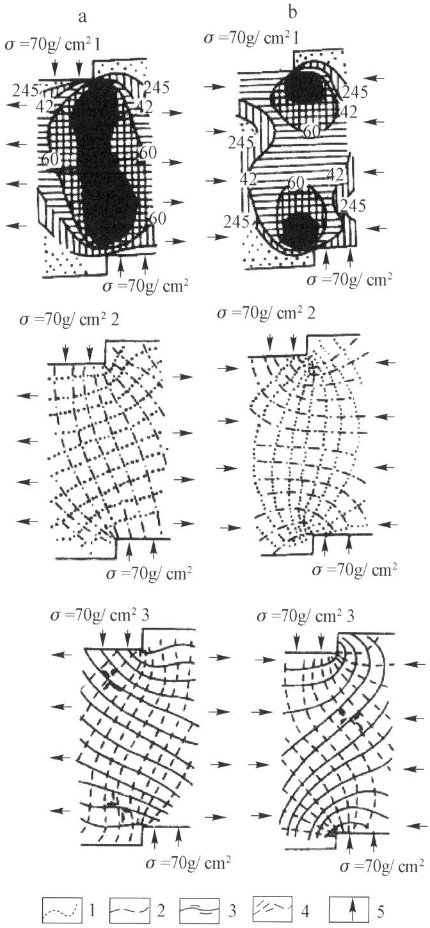

图 9-7　简单剪切情况下光弹模拟实验结果
(据马瑾等，1965)
1—σ_1 轨迹；2—σ_2 轨迹；3—右行最大剪切应力轨迹；4—左行最大剪切应力轨迹；5—力的作用方向

第二节　建立地质体的力学模型

地壳中不同种类的岩石，由于结构、构造和矿物成分不同，其力学性质有较大差异。即使同一种岩石，由于所处的温度、围压、应变速率等物理环境不同，力学性质也有较大变化。地壳表面的岩石多显示明显脆性；在地壳的一定深度，由于地温增高，岩石会发生较大塑性变形；伴随变质作用形成的肠状不协调褶皱暗示岩石流变性质。

由于岩石力学性质的复杂性，在构造应力场数学模拟过程中，采用理想模型代表不同环境下岩石的力学性质（陈子光，1986）。

一、理想弹性体模型

理想弹性体是指在外力作用下介质中应力与应变呈线性关系的弹性体。在单轴应力状态下，应力与应变关系由下式给出：

$$\sigma = E \cdot \varepsilon \quad 或 \quad \varepsilon = \sigma / E$$

式中：σ 为应力；ε 为应变；E 为弹性模量，由岩石力学实验确定。地表附近，岩石处于脆性状态，当受力时，岩体内任一点的应力与应变之间接近线性弹性关系。因此在研究地震构造应力场或工程稳定性问题时，可以用弹性体模型近似岩石的力学性质。当研究古构造应力场时，如果应力场活动时所形成的构造以断裂构造为主，不伴随宏观褶皱作用和韧性变形，也可以视地质体为理想弹性体。最后，在典型构造型式力学成因模拟时，由于并不需要考虑发生时所处的物理环境，所以也常将介质视为线性弹性体处理。因此，理想弹性体模型是目前为止构造应力场模拟实验过程中应用最广泛的地质体力学模型。

二、塑性体模型

介质在塑性变形状态下，其应变由弹性应变和塑性应变两部分组成：

$$\varepsilon = \varepsilon^{e} + \varepsilon^{p}$$

式中：ε 为总应变；ε^{e} 为弹性应变；ε^{p} 为塑性应变。

在实验条件下，应力与应变的关系有两种情况：

当 $\sigma \leqslant \sigma_y$ 时：$\sigma = E \cdot \varepsilon^{e}$

当 $\sigma > \sigma_y$ 时：$\sigma = \sigma_y + c\,(a + e^{p})^{n}$

式中：σ_y 为屈服应力；a、c 和 n 为实验常数。

如果当 $\sigma > \sigma_y$ 时，塑性变形很大而应力变化不大，这样的塑性体被称为理想塑性体，并用屈服应力近似屈服发生以后的应力：

$$\sigma = \sigma_y$$

在理想塑性体中如果弹性应变很小可以忽略不计，称为理想刚塑性体（图 9-8a）；如果弹性变形不能忽略，称为理想弹塑性体（图 9-8b）；如果当 $\sigma > \sigma_y$ 后应力—应变曲线仍继续上升，则称材料为强化弹塑性体（图 9-8c）。

在探讨岩石塑性状态下应力—应变关系时，必须首先判断岩石是否已进入塑性状态。判别岩石是否进入塑性状态的准则称为屈服准则。常用的屈服准则有屈列斯卡准则和米赛斯准则。

屈列斯卡（Tresca）准则又称最大剪应力准则。由于材料内部的流动受剪应力控制，因而当剪应力达到某临界最大值时$\left(\dfrac{\sigma_0}{2}\right)$材料开始屈服：

$$\sigma_0 = \sigma_1 - \sigma_3,\quad \sigma_y = \frac{\sigma_0}{2} = \frac{\sigma_1 - \sigma_3}{2}$$

米赛斯屈服准则定义一个等价正应力 $\bar{\sigma}$。当 σ 达到或超过屈服强度 σ_y 时，材料进入

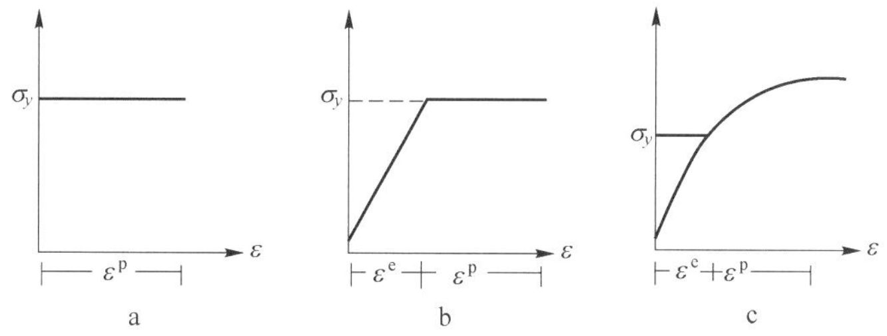

图 9-8 塑性体模型

a—理想刚塑性体；b—理想弹塑性体；c—强化弹塑性体

塑性状态。

$$\sigma=\frac{1}{\sqrt{2}}[(\sigma_x-\sigma_y)^2+(\sigma_y-\sigma_z)^2+(\sigma_z-\sigma_x)^2+6(\tau_{xy}^2+\tau_{zx}^2+\tau_{yz}^2)]^{\frac{1}{2}}$$

塑性体模型适用于褶皱构造或伴随褶皱构造发生断裂的区域，以及有明显塑性变形条件下岩石的力学行为。因此它适用于多数古构造应力场研究。

三、理想黏性体模型

理想黏性体系指牛顿流体，即剪应力和剪应变速率之间成比例关系的流体（Christensen，1982）。

$$\tau=\eta\dot{\varepsilon}$$

式中：τ 为剪应力；η 为黏性系数；$\dot{\varepsilon}$为应变速率。据上式导出正应力与线应变之间的关系为：

$$\sigma=3\eta\dot{\varepsilon}$$

水在通常情况下为牛顿流体。地壳中的岩石很难想象会表现出牛顿流体的特性。但有人认为，在高温（1000～1500℃）和低应变速率（10^{-12}～10^{-11}/s）的情况下，岩石将会具有类似牛顿流体的特性。并预计，上地幔岩石可能广泛具有该种性状。

四、马克斯韦尔模型

材料在应力作用的瞬间表现为弹性，当应力持续作用时则以黏性流体方式变形，即所谓马克斯韦尔体。常用一个弹簧和一个阻尼延迟器串联表示马克斯韦尔体的变形过程（图 9-9）。

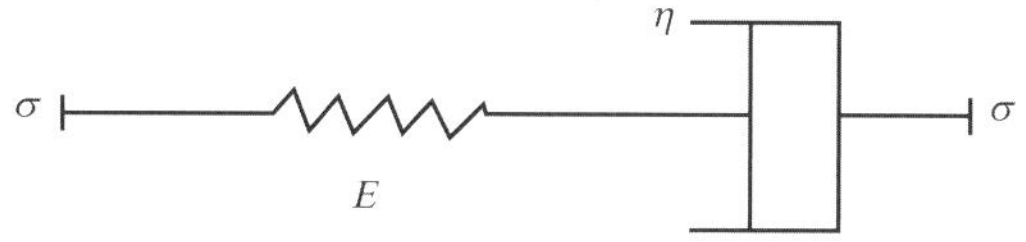

图 9-9 马克斯韦尔模型

当应力 σ 作用于模型时，弹簧产生应变 $\varepsilon_1=\sigma/E$。随后，阻尼延迟器产生应变 $\varepsilon_2=\sigma/\eta$。所以，总应变 ε 为：

$$\varepsilon=\varepsilon_1+\varepsilon_2=\sigma/E+\sigma/\eta$$

马克斯韦尔模型适用于蠕变和松弛发生时材料内应力和应变之间关系。根据上式，当 $t=0$ 时，突然加应力 σ_0 然后保持 σ_0。在加力开始的瞬间，黏性元件来不及变形，变形完全由弹性元件完成。随后，黏性元件开始变形。因总应变量不变，所以弹性应变减小，应力也随之减小，最后趋近零——松弛。如果保持应力不变，黏性元件应变速率不变，随着时间，变形将不断增加——蠕变。

地壳岩石的变形往往经历长期、缓慢的过程，时间因素起着重要作用。蠕变有时成为重要的变形方式。此种情况下可以用马克斯韦尔体近似岩石的力学性态。

五、开尔文模型

开尔文模型由弹簧与阻尼延迟器串联而成（图 9-10），也称滞弹性固体模型。在应力作用下，两元件应变相等，但应力由两元件承担。

据 $\sigma^e = E \cdot \varepsilon^e = E \cdot \varepsilon$

$\sigma^v = \eta \cdot \dot{\varepsilon}^v = \eta \cdot \dot{\varepsilon}$

则 $\sigma = E \cdot \varepsilon + \eta \cdot \dot{\varepsilon}$

开尔文模型与马克斯韦尔模型的区别在于前者为弹性黏滞液体，后者为黏弹性固体，并可表达非松弛现象及滞后效应。

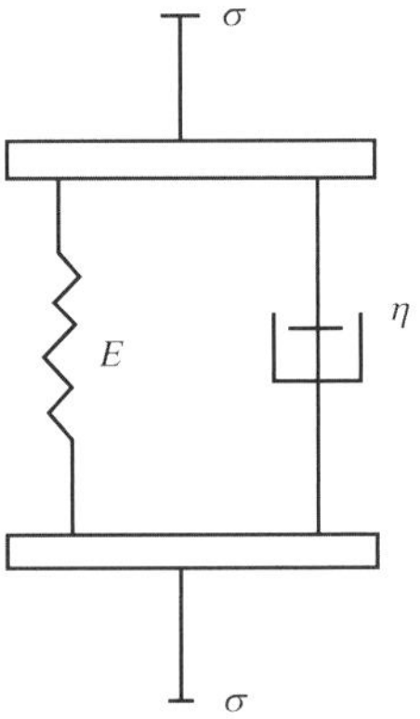

图 9-10　开尔文模型

六、宾汉模型

宾汉（Binghan）体是理想弹塑性体和黏性元件的结合（图 9-11）。用串联的滑块、弹簧和阻尼延迟器表示。当应力小于弹性极限时它是弹性的，当应力达到屈服极限后变形将随时间增长：

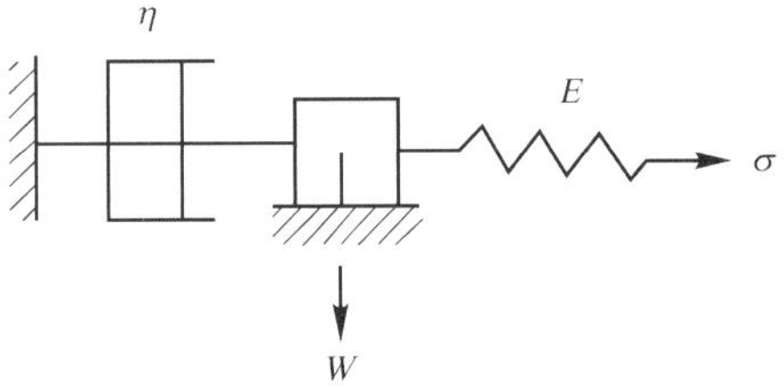

图 9-11　宾汉模型

$\sigma<\sigma_y$ 时：$\varepsilon=\sigma/E$

$\sigma>\sigma_y$ 时：$\varepsilon=(\sigma-\sigma_y)t/\eta+\sigma/E$

当应力撤除后，弹性应变恢复，保持流动应变。

地壳中岩石的力学性质是复杂的。因此，在进行构造应力场数学模拟之前，必须首先确定岩石在变形发生时的力学行为，需选择正确的力学模型以模拟岩石变形时应力与应变之间的关系。

七、实验力学模型

在实际工作中，某一种模型有时很难满足工作需要。为接近实际上某一种岩石的力学行为，可用实验方法建立地质体的力学模型。图 9-12 是某一种岩石在不同应力下的一组蠕变曲线，这组曲线有如下相似之处：

1）对应瞬时荷载有一瞬时弹性变形；

2）变形随时间逐渐增长；

3）在某一恒定应力下，应变随时间趋近于稳定极限值；

4）变形趋势近于极限值时与应力呈非线性关系。

显然，马克斯韦尔模型与弹性元件并联的组合模型（图 9-13）可使前 3 个条件均能得到满足，其本构方程为：

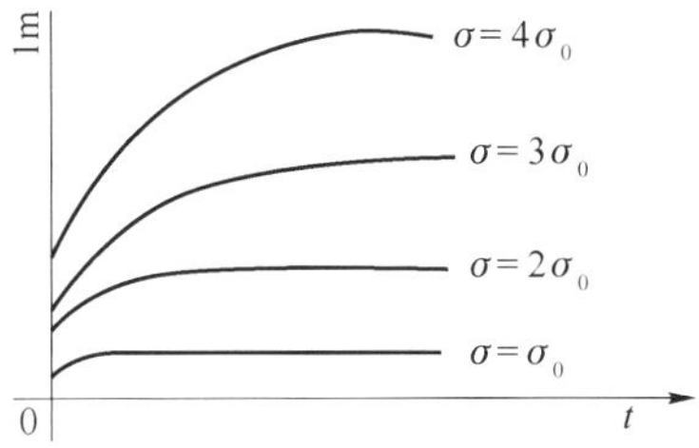

图 9-12　岩石实验蠕变曲线

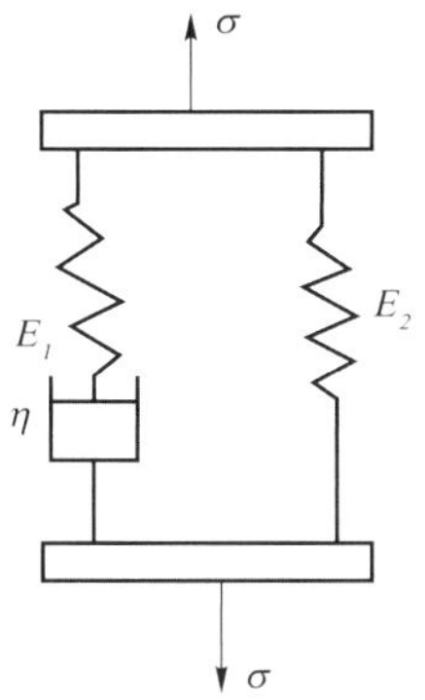

图 9-13　马克斯韦尔模型与弹性元件并联组合模型

$$\sigma + a\,\dot{\sigma} = c\varepsilon + b\dot{\varepsilon} \tag{9-1}$$

式（9-1）中，$a = \eta / E_2$；

$c = E_1$；

$b = \dfrac{E_1 + E_2}{E_2}$

式中：η 为黏性元件的黏性系数，E_1 和 E_2 为两个弹性元件的弹性模量。当应力为常量（$\sigma = \sigma_0$）时，蠕变方程为：

$$\varepsilon = \frac{\sigma_0}{c} + \left(\varepsilon_0 + \frac{\sigma_0}{\varepsilon}\right)\exp\left[-\frac{c}{d}\ (t + t_0)\right] \tag{9-2}$$

当（$t - t_0$）→∞时，$\varepsilon_\infty = \sigma_0 / c$ 即应变的极值与应力呈线性关系，与第 4 条不符。所以应修正式（9-1）。采用 $D_\sigma + F\sigma^2$ 代替 式（9 1）中的 σ 项。因应力率与非线性无关，因此仍保持原来的$\dot{\sigma}$，模型外型无根本变化，只不过将弹簧改为具有非线性特性的弹簧。因此，同时满足 4 个条件的本构方程为：

$$D_\sigma + F\sigma^2 + a\dot{\sigma} = c\varepsilon + d\dot{\varepsilon} \tag{9-3}$$

式中：D_σ 和 F 为实验常数。

第三节　确定边界条件

边界条件是指变形地质体的边界形状和边界力（或边界位移）的总和。因此可将之分为几何边界条件和物理边界条件。

一、几何边界条件

几何边界条件是指变形地质体的几何形状。可分有限边界和无穷远边界。

有限边界具有一定的几何形状和清楚的边界面。在边界面内的地质体发育不同程度的变形。

无穷远边界是指在地质体内部的局部发生变形，向远处变形减弱乃至最终消失。在变形与未变形的地质体间没有任何分划性地质界面。例如，当岩浆底辟引起上覆岩层发生横弯褶皱时，在研究上覆岩层中的应力场时，可确定出一个有限边界——岩体与地层的接触面和两个无穷远边界：其一是在横向上随着距岩体渐远，地层弯曲程度渐缓，最后恢复为水平状态；其二是在纵向上，越向上，地层弯曲越缓，最后变为水平。

有限边界面通常可能是岩体与地层的接触面、岩性差异较大的岩性界面、不整合面和断层面。这些界面都可以通过详细地质研究确定。但当有隐伏断层或隐伏岩体存在时，需用地球物理手段确定。

对于无穷远边界，多是在远远大于变形影响范围人为划定边界面，并将之作为固定端约束。在模拟实验过程中，控制地质体内的变形发展或应变分布，以求将模拟构造应力场限定在变形区内。

二、物理边界条件

物理边界条件是指边界上力（或位移）的相对大小和作用方式。

边界力的作用方式需通过地质构造的研究确定。途径有二：一是研究地质体内构造形迹组合排列方式及运动方式确定边界力的作用方式。如新华夏构造体系各项构造形迹组合排列方式为：主压扭性构造形迹呈北北东（18°~25°）平行斜列（左行），张性构造呈现北西西向与之垂直，两组扭性构造一组走向北东东，另一组走向北北西。从单一构造形迹看反映北西西—南东东向挤压作用所致；从总体组合情况看，应是东侧向北西侧向南的对扭作用。地质力学工作者根据地质体内部构造形迹的组合规律（构造体系）确定边界力的作用方式已取得了很多成果。

确定边界力作用方式的另一途径是直接观察边界面的地质特征。特别是断层面作为边界面时，此种方法常常是很有效的。例如，在研究由于断层运动引起的局部应力场时，断层两盘岩石沿着断层面的相对位移就确定了边界力的作用方式。由于断层往往具有多期活动的性质，不同时期的活动方式可能完全不同，因此需要详细的地质研究确定所要研究的局部构造发生时断层活动性质，据此确定边界力的作用方式。

边界力的大小可通过反演法或试算法确定（王仁，1979；2000）。

在按位移求解时，不需知道边界力，而要求已知边界位移。确定边界位移的最佳途径是假想变位法（梁一鸿等，1987；梁一鸿，1990）。假想变位法工作过程如图 9-14 所示。

1）根据变形地质体内地质构造的形态、组合和分布以及分划性构造的分布确定几何边界。

2）选择典型的、有代表性的地质构造现象将之定量化，以此作为控制参数。例如，在节理广泛而均匀发育的地区，可以根据共轭节理求出主应力轴方位并以此作为控制参数；在隆起区，可根据某一标志层的构造等值

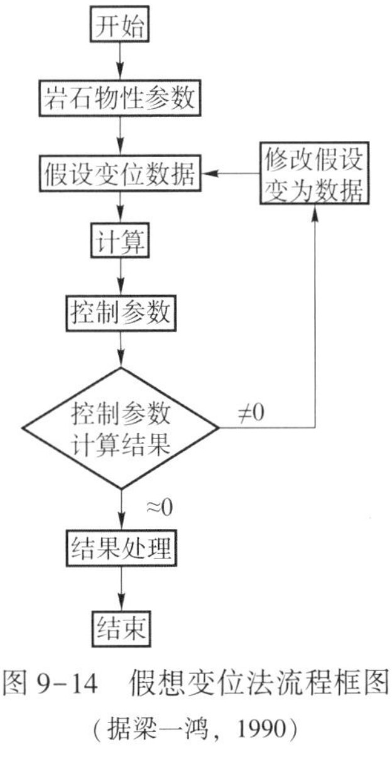

图 9-14　假想变位法流程框图
（据梁一鸿，1990）

线作为控制参数；在断层发育区，可根据断层产状、发育程度等作为控制参数。

3）人为地在边界上强制变位。计算边界变位后地块内应力和应变，将计算结果与控制参数对照，如果两者一致，则假设的边界位移就是变形发生时的位移边界条件，否则将重新强制边界位移，直到两者一致为止。

4）如果多次强制边界位移后仍不能得到与控制参数一致的结果，可能是最初设定的几何边界条件与实际不符，应适当调整几何边界条件后重新实验。

第四节　选择计算方法

解析法是将变形地质体视为连续体，地质体内任一点的应力、应变和位移都是特定边界条件下坐标 x、y、z 的函数。

有限单元法是将地质体划分为有限个单元，将每个单元视为连续和均匀介质，单元体之间以节点相连。以单元节点位移分量作为基本未知量，将单元内位移根据适当的位移模式用结点位移表示；然后利用几何方程和本构方程将单元内的应力和应变分量用结点位移表示；将作用于单元上的分布力转化为等效结点力，求出单元等效结点力与结点位移分量之间的关系，建立单元刚度矩阵；按最小势能原理根据单元的刚度矩阵建立总刚度矩阵，得到以结点位移为未知量的代数方程组；解代数方程组求出节点位移分量，据此求出各单元的应力和应变分量，进一步求出主应力。

为了比较两种方法，分别用两种方法计算 $y=x^2$ 曲线与 x 轴和 $x=1$ 直线所围成图形的面积（图 9-15）。

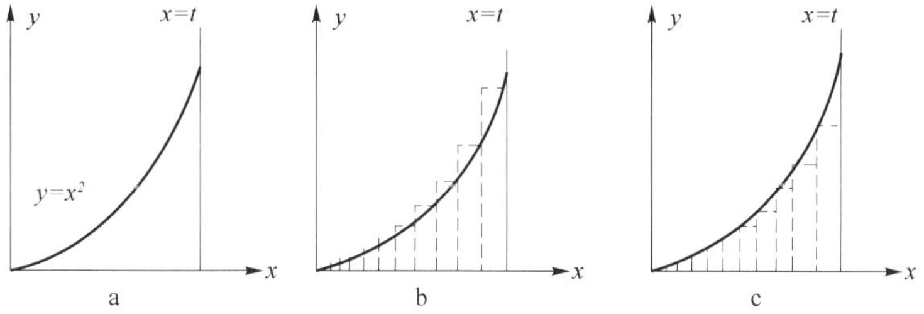

图 9-15　$y=x^2$ 与 x 轴和 $x=1$ 直线所围图形面积

如果用解析法，该图形面积 S 为：

$$S=\int_0^1 x^2\mathrm{d}x=\frac{1}{3} \tag{9-4}$$

另一种方法是将 $x=0$ 到 $x=1$ 区间 n 等分，分点 $x_R=\dfrac{k}{n}, k=0,1,\cdots,n$。小区间的面积 S_k 为：

$$S_k=\frac{1}{n}\left(\frac{k}{n}\right)^2=\frac{k^2}{n^3} \tag{9-5}$$

而整个区间的面积为：

$$S = \sum_{k=1}^{n} S_k = \frac{1}{n}\sum_{k=1}^{n} k^2 \tag{9-6}$$

如果将区间 10 等分，则 $n=10$

$$S=(1^2+2^2+\cdots+10^2)/10^3=0.385 \tag{9-7}$$

从上面分析可看出，解析法所得到的是精确的数学解而后者只是一个近似解。从图 9-15可以看出，图 9-15b 将得到大于真值的近似值，而图 9-15c 总量得到小于真值的近似值，两者之差为：

$$\frac{1}{n}\sum_{k=1}^{n}\left(\frac{k}{n}\right)^2-\frac{1}{n}$$

$$\sum_{k=0}^{n-1}\left(\frac{k}{n}\right)^2=\frac{1}{n}$$

所以近似值与真值的误差小于$\frac{1}{n}$。如果 100 等分，误差小于 1×10^{-2}；如果 1000 等分，误差小于 1×10^{-3}。

通过上面分析可以看出，解析法所得出的是精确的数学解。对于构造应力场的数学模拟来说，这种精确解依赖于地质体内每一点的应力、应变和位移分量，是坐标 x、y、z 的连续函数。这就需要地质体连续性、岩石力学性质的均匀性和各向同性。而这样的地质体几乎是不存在的。因此，解析方法在构造应力场的数学模拟实验中适用于理想化模型的研究。如地质力学工作者在进行典型的构造型式应力场数学模拟实验时，就采用这种理想化模型。由于典型构造型式并不是某一地区的特殊情况，而是一种普遍规律，所以理想化模型更具有代表意义。

但是，当模拟某一具体地区的构造应力场时，特别是模拟控矿构造应力场时，断裂构造的存在和岩性差就必须予以考虑，因为它们是造成局部应力变化和应力集中的主要因素。在此种情况下，按地质体内节理、断层和岩性的分布情况将地质体划分为有限个三角形或四边形单元，用有限单元法计算地质体内应力和应变分布，会得到理想结果（王成金等，1994，2005）。

第五节　三维有限单元法模拟成矿构造应力场实例

用弹塑性体模型（山田嘉昭，1972）的三维有限单元法对日本佐渡金矿控矿构造应力场进行模拟实验研究，取得理想结果。

一、弹塑性体模型

介质受外力作用后首先发生弹性变形，其应力和应变成比例关系。当应力超过屈服强度后，应变由弹性成分和塑性成分组成，同时，随外力增加，介质出现塑性硬化现象（图 9-16a）。上述应力和应变关系可分别由下式表示：

$$\sigma = E \cdot \varepsilon^{e} \quad (\sigma \leqslant \sigma_y) \tag{9-8}$$

$$\sigma = \sigma_y + c\,(a + \varepsilon^{p})^{n} \quad (\sigma > \sigma_y) \tag{9-8$'$}$$

式中：σ 为轴向应力；E 为弹性系数；ε^{e}为弹性变形时的应变；σ_y 为屈服应力；ε^{p}为塑性应变；c、a、n 为实验常数。

若塑性应变很大，几乎没有硬化时，$C=0$，可以近似地看作图 9-16b 的形式。

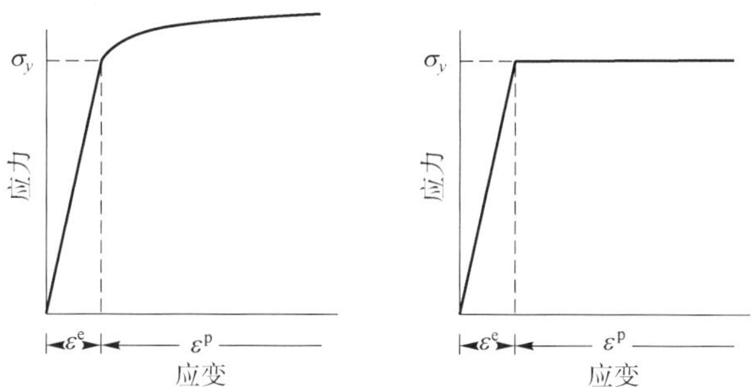

a. 强化弹塑性体　　b. 理想弹塑性体

图 9-16　弹塑性介质的应力-应变关系曲线

上述是单轴受力状态下应力-应变的关系式。在三维受力状态下，应力和应变关系也服从上述原则。设一直角坐标系 x、y、z 中一点 P，该点应力分量是 σ_x、σ_y、σ_z、τ_{yz}、τ_{zx}、τ_{xy}，应变分量为 ε_x、ε_y、ε_z、γ_{yz}、γ_{zx}、γ_{xy}，则弹性状态下应力-应变关系式为：

$$\begin{pmatrix}\sigma_x\\ \sigma_y\\ \sigma_z\\ \tau_{yz}\\ \tau_{zx}\\ \tau_{xy}\end{pmatrix} = \frac{E}{1+\nu}\begin{pmatrix}\frac{1-\nu}{1-2\nu} & \frac{\nu}{1-2\nu} & \frac{\nu}{1-2\nu} & 0 & 0 & 0\\ & \frac{1-\nu}{1-2\nu} & \frac{\nu}{1-2\nu} & 0 & 0 & 0\\ & & \frac{1-\nu}{1-2\nu} & 0 & 0 & 0\\ & \text{Sym} & & \frac{1}{2} & 0 & 0\\ & & & 0 & \frac{1}{2} & 0\\ & & & & 0 & \frac{1}{2}\end{pmatrix}\begin{pmatrix}\varepsilon_x\\ \varepsilon_y\\ \varepsilon_z\\ \gamma_{yz}\\ \gamma_{zx}\\ \gamma_{xy}\end{pmatrix} \tag{9-9}$$

式中：E 为弹性系数，ν 为泊松比。式（9-9）可写成下列形式：

$$\{\sigma\} = [D_e]\{e\} \tag{9-9$'$}$$

在三维应力状态下，当米赛斯屈服准则判定式中的 $\bar{\sigma}$ 值超过屈服强度 σ_y 时，介质进入弹塑性变形状态。

$$\bar{\sigma} = \frac{1}{\sqrt{2}}\left[(\sigma_x-\sigma_y)^2+(\sigma_y-\sigma_z)^2+(\sigma_x-\sigma_z)^2+6(\tau_{xy}^2+\tau_{zx}^2+\tau_{yz}^2)\right]^{\frac{1}{2}} \tag{9-10}$$

弹塑性变形应力和应变关系用增量形式表示：

$$\{d_{\sigma}\} = [D_p]\{d_{\varepsilon^p}\} \tag{9-11}$$

式（9-11）中［D_p］以下式给出：

$$[D_p]=[D_e]-\frac{1}{s}\times\begin{pmatrix} s_1^2 & s_1s_2 & s_1s_3 & s_1s_4 & s_1s_5 & s_1s_6 \\ & s_2^2 & s_2s_3 & s_2s_4 & s_2s_5 & s_2s_6 \\ & & s_3^2 & s_3s_4 & s_4s_5 & s_4s_6 \\ & & & s_4^2 & s_4s_5 & s_4s_6 \\ & & & & s_5^2 & s_5s_6 \\ & & & & & s_6^2 \end{pmatrix} \tag{9-11-1}$$

式（9-11-1）中：

$$\left.\begin{aligned} s_1&=\frac{E}{1+\nu}\left(\frac{1-\nu}{1-2\nu}\sigma'_x+\frac{\nu}{1-2\nu}\sigma'_y+\frac{\nu}{1-2\nu}\sigma'_z\right)\\ s_2&=\frac{E}{1+\nu}\left(\frac{\nu}{1-2\nu}\sigma'_x+\frac{1-\nu}{1-2\nu}\sigma'_y+\frac{\nu}{1-2\nu}\sigma'_z\right)\\ s_3&=\frac{E}{1+\nu}\left(\frac{1-\nu}{1-2\nu}\sigma'_x+\frac{\nu}{1-2\nu}\sigma'_y+\frac{1-\nu}{1-2\nu}\sigma'_z\right)\\ s_4&=\frac{E}{1+\nu}\tau_{yz},s_5=\frac{E}{1+\nu}\tau_{zx},s_6=\frac{E}{1+\nu}\tau_{xy},\\ \sigma_x&=\sigma_z-\sigma_m,\sigma'_y=\sigma_y-\sigma_m,\sigma'_2=\sigma_2-\sigma_m\\ \sigma_m&=\frac{\sigma_x+\sigma_y+\sigma_z}{3}\\ s&=\frac{4}{9}\sigma^2H'+s_1\sigma'_z+s_2\sigma'_y+s_3\sigma'_2+2(s_4\tau_{yz}+s_5\tau_{zx}+s_6\tau_{xy}) \end{aligned}\right\} \tag{9-11-2}$$

在式（9-11-2）的 s 等式中，H' 由下式表示：

$$H'=\frac{\mathrm{d}\sigma}{\mathrm{d}\varepsilon^{\mathrm{p}}}=n\cdot c\,(a+\varepsilon^{\mathrm{p}})^{n-1} \tag{9-11-3}$$

H' 是表示随着塑性应变增加、材料硬化、变形抵抗能力增加的系数，所以称为硬化系数或硬化率。

上述一系列公式是表示地质体内某一点的应力状态。地质体可视为一连续体，其内各不同部分岩石力学性质未必一致。为获得地质体内任意一点的应力状态，必须借助于有限单元法的理论。三维有限单元法是把三维连续体分成有限个四面体，每个四面体为一个单元，设单元内点 x、y、z 的变位分别是 u、v、w，可用 x、y、z 的一次函数近似表示：

$$\begin{aligned} u(x,y,z)&=\alpha_0+\alpha_1x+\alpha_2y+\alpha_3z\\ v(x,y,z)&=\beta_0+\beta_1x+\beta_2y+\beta_3z\\ w(x,y,z)&=\gamma_0+\gamma_1x+\gamma_2y+\gamma_3z \end{aligned} \tag{9-12}$$

式（9-12）中 α_0、α_1、α_2、α_3，β_0、β_1、β_2、β_3，γ_0、γ_1、γ_2、γ_3 由下式给出：

$$\begin{pmatrix}\alpha_0\\ \alpha_1\\ \alpha_2\\ \alpha_3\end{pmatrix}=\frac{1}{\Delta}\begin{pmatrix}\Delta_{11} & \Delta_{21} & \Delta_{31} & \Delta_{41}\\ \Delta_{12} & \Delta_{22} & \Delta_{32} & \Delta_{42}\\ \Delta_{13} & \Delta_{23} & \Delta_{33} & \Delta_{43}\\ \Delta_{14} & \Delta_{24} & \Delta_{51} & \Delta_{44}\end{pmatrix}\begin{pmatrix}U_1\\ U_2\\ U_3\\ U_4\end{pmatrix}$$

$$\begin{pmatrix}\beta_0\\ \beta_1\\ \beta_2\\ \beta_3\end{pmatrix}=\frac{1}{\Delta}\begin{pmatrix}\Delta_{11} & \Delta_{21} & \Delta_{31} & \Delta_{41}\\ \Delta_{12} & \Delta_{22} & \Delta_{32} & \Delta_{42}\\ \Delta_{13} & \Delta_{23} & \Delta_{33} & \Delta_{43}\\ \Delta_{14} & \Delta_{24} & \Delta_{51} & \Delta_{44}\end{pmatrix}\begin{pmatrix}V_1\\ V_2\\ V_3\\ V_4\end{pmatrix} \tag{9-13}$$

$$\begin{pmatrix}\gamma_0\\ \gamma_1\\ \gamma_2\\ \gamma_3\end{pmatrix}=\frac{1}{\Delta}\begin{pmatrix}\Delta_{11} & \Delta_{21} & \Delta_{31} & \Delta_{41}\\ \Delta_{12} & \Delta_{22} & \Delta_{32} & \Delta_{42}\\ \Delta_{13} & \Delta_{23} & \Delta_{33} & \Delta_{43}\\ \Delta_{14} & \Delta_{24} & \Delta_{51} & \Delta_{44}\end{pmatrix}\begin{pmatrix}W_1\\ W_2\\ W_3\\ W_4\end{pmatrix}$$

$$\Delta=\begin{pmatrix}1 & x_1 & y_1 & z_1\\ 1 & x_2 & y_2 & z_2\\ 1 & x_3 & y_3 & z_3\\ 1 & x_4 & y_4 & z_4\end{pmatrix} \tag{9-13}'$$

式（9-13）中的Δ_{ij}是行列式Δ［式（9-13）′］的i行j列的余因子；U，V，W是节点在x，y，z方向的变位；U，V，W的下标代表节点的编号。

单元内点（x、y、z）的应变用下式表示：

$$\varepsilon_x=\frac{\partial U}{\partial x}=\alpha,\varepsilon_y=\frac{\partial V}{\partial y}=\beta,\varepsilon_z=\frac{\partial W}{\partial z}=\gamma,$$

$$\gamma_{xy}=\frac{\partial u}{\partial y}+\frac{\partial v}{\partial x}=\alpha_2+\beta_1,\gamma_{yz}=\frac{\partial u}{\partial z}+\frac{\partial w}{\partial y}=\beta_3+\gamma_2,\gamma_{zx}=\frac{\partial w}{\partial x}+\frac{\partial u}{\partial z}=\gamma_1+\alpha_3 \tag{9-14}$$

将式（9-13）代入式（9-14）得节点变位和单元内应变的关系：

$\{\varepsilon\}=[B]\{u\}$，即：

$$\begin{pmatrix}\varepsilon_x\\ \varepsilon_y\\ \varepsilon_z\\ \gamma_{xy}\\ \gamma_{yz}\\ \gamma_{zx}\end{pmatrix}=\frac{1}{\Delta}\begin{pmatrix}\Delta_{12} & 0 & 0 & \Delta_{22} & 0 & 0 & \Delta_{32} & 0 & 0 & \Delta_{42} & 0 & 0\\ 0 & \Delta_{13} & 0 & 0 & \Delta_{23} & 0 & 0 & \Delta_{33} & 0 & 0 & \Delta_{43} & 0\\ 0 & 0 & \Delta_{14} & 0 & 0 & \Delta_{24} & 0 & 0 & \Delta_{34} & 0 & 0 & \Delta_{44}\\ \Delta_{13} & \Delta_{12} & 0 & \Delta_{23} & \Delta_{22} & 0 & \Delta_{33} & \Delta_{32} & 0 & \Delta_{43} & \Delta_{42} & 0\\ 0 & \Delta_{14} & \Delta_{13} & 0 & \Delta_{24} & \Delta_{23} & 0 & \Delta_{34} & \Delta_{33} & 0 & \Delta_{44} & \Delta_{43}\\ \Delta_{14} & 0 & \Delta_{12} & \Delta_{24} & 0 & \Delta_{22} & \Delta_{34} & 0 & \Delta_{32} & \Delta_{44} & 0 & \Delta_{42}\end{pmatrix}\begin{pmatrix}U_1\\ V_1\\ W_1\\ U_2\\ V_2\\ W_2\\ U_3\\ V_3\\ W_3\\ U_4\\ V_4\\ W_4\end{pmatrix} \tag{9-15}$$

将式（9-15）代入式（9-9）或式（9-11）中就可求出节点应力。

给定系统外力$\{p\}$以后，系统内各节点变位可根据下式求出：

$$[\boldsymbol{K}]\{u\}=\{p\} \tag{9-16}$$

式（9-16）中：

$$\{u\}=\begin{pmatrix} u_1 \\ v_1 \\ w_1 \\ u_2 \\ v_2 \\ w_2 \\ \vdots \\ u_n \\ v_n \\ w_n \end{pmatrix} \qquad \{p\}=\begin{pmatrix} U_1 \\ V_1 \\ W_1 \\ U_2 \\ V_2 \\ W_2 \\ \vdots \\ U_n \\ V_n \\ W_n \end{pmatrix}$$

$[\boldsymbol{K}]$ 是由 $(3^n)^2$ 个要素组成的正方对称矩阵，称为总刚矩阵，它由各单元的刚性矩阵叠加而成。刚性矩阵 $[\boldsymbol{K}_m]$ 是节点坐标和岩石力学性质的函数。

$$[\boldsymbol{K}_m]=Vol\cdot[\boldsymbol{B}]^{\mathrm{T}}[\boldsymbol{D}][\boldsymbol{B}] \tag{9-17}$$

式中：Vol 是单元的体积；$[\boldsymbol{B}]$ 式请参考式（9-15）；$[\boldsymbol{B}]^{\mathrm{T}}$ 是 $[\boldsymbol{B}]$ 的转置矩阵；$[\boldsymbol{D}]$ 在弹性状态下由式（9-9）、塑性状态下由式（9-11）给出。

二、地质概况

佐渡金矿位于日本新潟县佐渡郡相川市附近，是产于新生代火山熔岩、火山碎屑岩层中的石英脉型金矿（表 9-1；图 9-17）。

表 9-1　日本佐渡矿区地层表

地　层			名　称	厚　度/m	岩　性
新生界	新近系	中新统	中山层	650	硅质泥岩、凝灰岩
			贺子层		页岩、海绿石砂岩
			下户层	50	灰岩、砂岩、砾岩
			金北山层	350	安山岩
			真更川层	300~1000	安山岩、火山角砾岩、凝灰岩
			相川层	600	火山碎屑岩、熔接凝灰岩、页岩和凝灰岩互层
			入川层	400	石英安山岩质凝灰角砾岩、熔接凝灰岩

矿区附近主要发育的断裂系统是北北东走向，而控制石英脉的断裂走向却为北东东或近东西向。这些近东西向控矿断裂成因成为历来有关该矿床成因问题争论的焦点之一。

这组控矿断裂有如下特征：

1）控矿断裂局限于以佐渡矿山为中心，沿走向（近东西向）延长小于 2km、沿倾向小于 0.5km 范围内，超出这个范围则迅速减弱并消失。

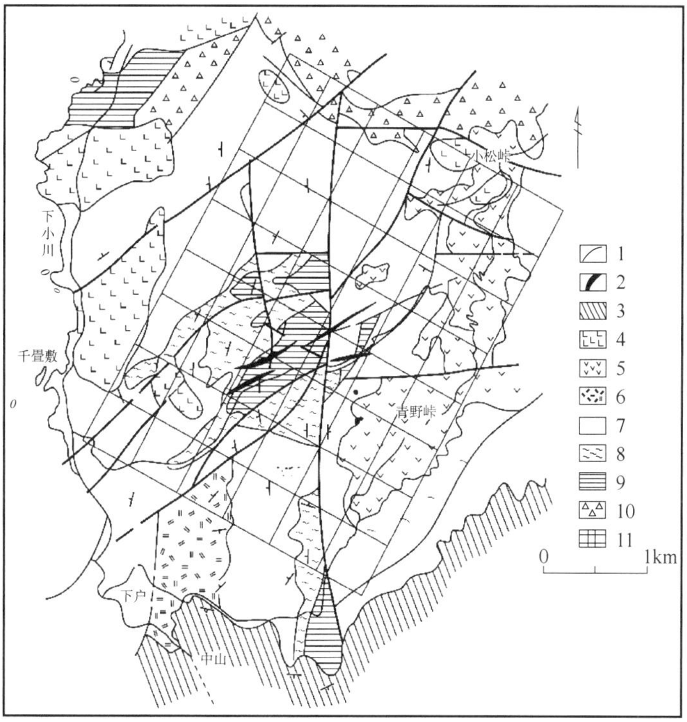

图 9-17　佐渡矿山附近地质图

1—断层；2—矿脉；3—下户层、鹤子层、中山层；4—流纹岩；5—金北山层；6—真更川层；7—相川层（火山碎屑岩）；8—相川层（熔结凝灰岩）；9—相川层（页岩、凝灰岩互层）；10—入川层；11—试验范围

2）在剖面上，近地表的断裂往往以密集节理带、小断层带的方式出现。向深部逐渐过渡为单一大断层（图 9-18）。另外，控矿断裂主要发育在直接覆盖于基底之上的入川层及入川层之上的相川层中，相川层以上的地层中该组断裂不发育。这两组现象表明，断裂剖面上的分布具有下强上弱的特点。

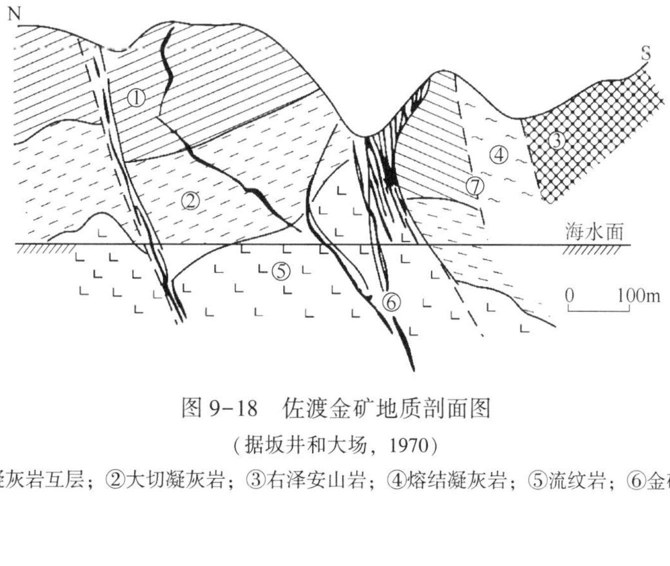

图 9-18　佐渡金矿地质剖面图

（据坂井和大场，1970）

①右泽页岩凝灰岩互层；②大切凝灰岩；③右泽安山岩；④熔结凝灰岩；⑤流纹岩；⑥金矿脉；⑦断层

3）这些断层都是正断层，但未见一般张性断层的特征，而是断层面平直、光滑、发育大量镜面、擦痕，断层带内没有张性角砾岩。

断裂在平面上分布的局限性说明它们不可能是区域构造应力场作用下形成的，而只能形成于局部构造应力场；控矿断裂剖面上的下强上弱特征及断层本身的性质暗示局部构造力来自深部。因此笔者推测这套近东西走向的控矿断裂在成因上可能与基底隆起有关。那么，“基底隆起”是否可以形成这些控矿断裂？如果可以形成，基底隆起形态如何？断裂在三维空间上呈现如何的展布规律？成为该模拟实验要解决的关键问题。

由于没有与控矿断裂有成因关系的分划性大断裂，因此以控矿断裂强烈发育处为中心，取长 4km（N30°正方向）宽 3km（N60°W 方向）作为模拟实验范围，这个范围远大于控矿断裂的分布范围。鉴于这套断裂只发育于相川层和入川层中，所以取相川层和入川层的厚度作为实验深度（1km）。将铅直方向进一步分 5 层，由下至上 1~2 层相当入川层，3~5 层相当相川层。上述 3km×4km×1km 地块按四面体划分方法分成 1440 个四面体单元，从而得到 378 个节点（图 9-19）。

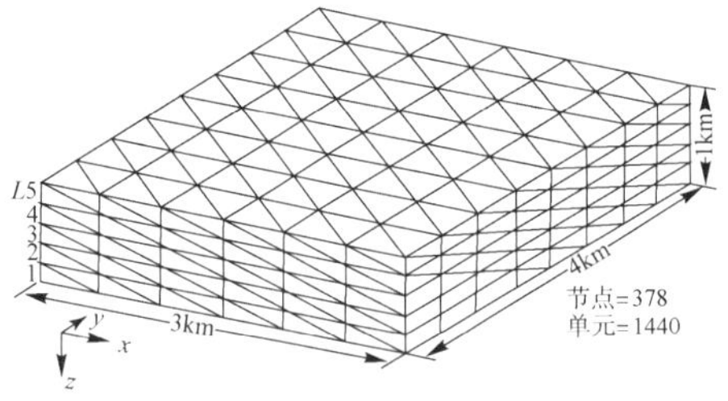

图 9-19　单元分割图

模型边界上的约束是这样确定的：于 xz 面及 yz 面平行的边界上的节点分别约束 x 方向和 y 方向变位，z 方向不受约束；上表面各节点为自由约束；下底面各节点为假想变位点，人为给以强制变位以模拟基底隆起形态。

控制参数选择如下几个标准：①控矿断裂沿走向延长的长度及走向尖灭点；②控矿断裂带宽度及强断裂带、小断层带、节理带和无裂隙带分界点；③断裂走向变化；④断裂倾角变化。将①和②同时考虑可做出强断裂带、弱断裂带和无断裂带。然后参考③和④就可较准确控制实验进展。

三、实验结果

（一）最佳基底隆起形态和上覆层变形

实验结果表明，基底隆起可以产生盖层中的控矿断裂。图 9-20 显示了最佳基底隆起状态。基底变形是以佐渡金矿为中心的半圆形隆起。隆起的中心部略呈近东西向的长轴状，并可看出整个隆起向南突出的倾向。隆起的北半部与南半部形态稍有不同，表现出隆起南北向不对称性。北部以 140 线为界，北侧构成走向东西、向北倾斜的单斜，倾角较缓。这似乎暗示在北部 140 等高线附近存在基底断裂，从而造成基底变位南北两侧的不对称性。

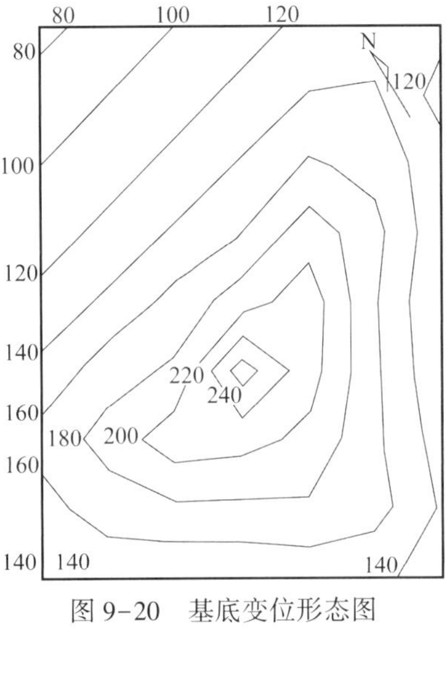

图 9-20　基底变位形态图

伴随基底变位，上覆入川层和相川层发生隆起。随着层位向上，岩层倾角变缓，相川层的上层面，尽管隆起形态与基底总体相同，但基底隆起中的一些局部变化在此已不存在，岩层倾角变缓，等高线变得圆滑。尽管如此，北部和南部变形的不对称性仍清楚可见。

（二）应变分布

如图 9-21 所示，从平面上看，应变等值线总体近东西向伸展，在佐渡矿山形成一个近圆形应变集中区。在三维空间上，同一强度等值线组成一个上小下大的不规则倒圆锥体。最下部层最大应变量是 1.8×10^{-2}，越向上，最大应变量越小，第五层的最大应变量是 1×10^{-2}。各层的最大应变范围与佐渡矿山中心矿化部位一致。此外，北侧应变等值线出现凹折的部位正是南北向乙断层通过的位置，这说明形成于近东西主控矿断裂之后的近南北向的乙断层与主控矿断裂形成的应力场有一定关系。

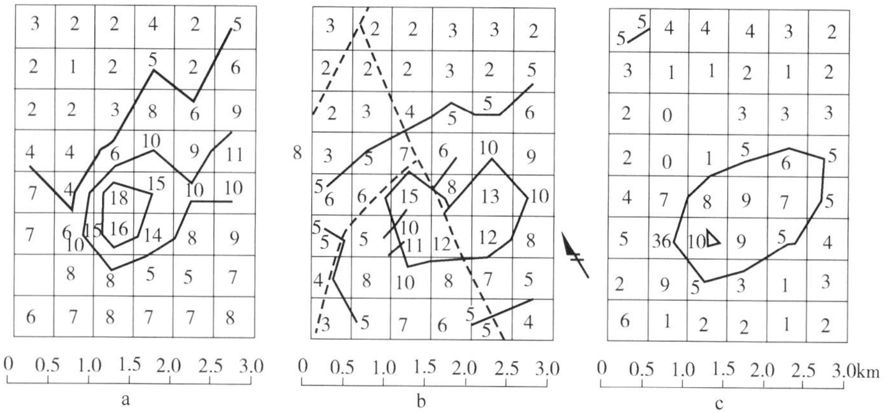

图 9-21　应变分布图

a—第一层；b—第三层；c—第五层

无论在哪一层，从强应变中心向北，应变突然减小。特别是北侧的 0.5×10^{-2} 应变等值线以北地区，应变量小而均匀，而以南部分，应变量大，分布不均，局部集中。这条北部 0.5×10^{-2} 线与前述基底变位形态 140 等值线位置几乎一致，同样暗示基底断裂存在。

（三）实验断裂的分布

根据岩石力学性质和应力分布计算的断层分布情况如下：

在第一层中，在大立矿脉、青盘矿脉和乌越矿脉附近形成大规模断层。一组产状为 N70°E/20°SE，是正断层；另一组走向与之近相同，倾角近直立，是逆断层。向东延伸，断层走向向北偏转，形成 N45°E/20°NW 的逆断层。在实验范围内，东及南东部实验断裂发育，特别是南部断裂到第三层仍很发育，第五层明显减弱。在第五层，矿山中轴部附近断层倾角变缓形成走向 N75°E 的共轭正断层。从中轴部向南形成走向东西向北倾斜的正断层，越向南，断层倾角越缓。伴随这组正断层是走向东西倾角近直立北盘上升的断层。

另外，从中轴部向北，形成走向东西、倾向南逆断层，断层倾角向北变缓。与该组断层相伴生的是走向东西、倾角直立、南盘上升的断层。

（四）矿脉分布规律与实验结果的关系

佐渡矿山主要矿脉是青盘脉、大立脉、大切脉、乌越脉。矿脉最发育的位置是从高任竖井至大立竖井的范围。在这一范围内，矿脉集中，脉幅宽，成为佐渡矿主采区。矿脉走向东西至北东80°。这种产状的断裂及断裂分布位置与模拟实验获得的基底隆起形态、最大主应变分布规律及实验断裂的产状和分布一致。在地质剖面图上，矿脉上部是细脉带，向深部为单一矿脉。这与模拟实验结果中应变的垂向分布规律一致。从前述实验结果可知，第1层至第3层，实验断裂发育强烈，因此形成大断层，控制单一矿脉；第4、第5层，实验断裂强度很弱，形成裂隙带，控制细脉带。

参 考 文 献

艾森诺尔 B. N. 1989. 地壳规模的剪切带及其对西澳大利亚太古代金矿化的成矿意义［A］. 吴美德和芮仲清主编，含金剪切带型金矿：10~19.

白文吉，杨经绥，任玉峰 . 1997. 论大陆岩石圈内的垂直转换断层［J］. 地质力学学报，3（3）：53~58.

坂井定倫，大場実 . 1970. 佐渡鉱山の地質鉱床［J］. 鉱山地質，32：479~428

冰舞幽影 . 2018. 英国格伦科峡谷介绍［OL］. https：//tieba. baidu，com/p/5877915766？red_tag：1393205304.

蔡学林 . 1989. 确定变质岩区褶皱构造形态的几种方法及其理论分析［J］. 中国科学（B 辑），（5）：530~537.

蔡志慧，许志琴，何碧竹，等 . 2012. 东天山-北山造山带中大型韧性剪切带属性及形成演化时限与过程［J］. 岩石学报，28（6）：1875~1895.

常印佛，周涛发，范裕，等 . 2012. 复合成矿与构造转换——以长江中下游成矿带为例［J］. 岩石学报，28（10）：3067~3075.

陈发景，汪新文，陈昭年 . 2007. 前陆盆地分析［M］. 北京：地质出版社 .

陈发景，汪新文，陈昭年 . 2011. 伸展断陷中的变换构造分析［J］. 现代地质，25（4）：617~625.

陈富文，李华芹，蔡红，等 . 1999. 新疆干梁子锡矿田成岩成矿作用同位素年代学研究及矿床成因探讨［J］. 矿床地质，18（1）：91~97.

陈国达 . 1978. 成矿构造研究法［M］. 北京：地质出版社 .

陈江峰，喻钢，薛春纪，等 . 2004. 辽东裂谷带铅锌金银矿集区 Pb 同位素地球化学［J］. 中国科学（D 辑：地球科学），34（5）：404~411.

陈懋弘，毛景文，吴六灵，等 . 2006. 滇黔桂矿集区微细浸染型金矿成矿年代学研究［J］. 桂林工学院学报，26（3）：334~340.

陈万峰，王金荣，张旗，等 . 2017. 洋岛和洋底高原玄武岩数据挖掘：地球化学特征及其与 MORB 的对比［J］. 地质学报，91（11）：2443~2455.

陈文，孙敬博，纪宏伟，等 . 2010. 红石金矿床 $^{40}Ar-^{39}Ar$ 年龄及其地质意义［J］. 矿床地质，29（增刊）：419~420.

陈文，孙枢，张彦，等 . 2005. 新疆东天山秋格明塔什—黄山韧性剪切带 $^{40}Ar/^{39}Ar$ 年代学研究［J］. 地质学报，79（6）：790~804.

陈文，张彦，秦克章，等 . 2007. 新疆东天山剪切带型金矿床时代研究［J］. 岩石学报，23（8）：2007~2016.

陈宣华，尹安，Gehrels GE. 2002. 青藏高原北缘中生代伸展构造 $^{40}Ar-^{39}Ar$ 测年和 MDD 模拟［J］. 地球学报，23（4）：305~310.

陈衍景，张静，张复新，等 . 2004. 西秦岭地区卡林—类卡林型金矿床及其成矿时间、构造背景和模式［J］. 地质论评，52（2）：134~152.

陈耀煌，姚书振，赵疆，等 . 2014. 大坪金矿构造矿体空间分布特征与构造控矿规律［J］. 中国地质，41（5）：1539~1553.

陈毓川，裴荣富，宋天锐，等 . 1993. 中国矿床成矿系列［A］//第五届全国矿床会议论文集 . 北京：地质出版社，89~91.

陈毓川，裴荣富，宋天锐，等 . 1998. 中国矿床成矿系列初论［M］. 北京：地质出版社 .
陈毓川，裴荣富，王登红，等 . 2015. 论矿床的自然分类——四论矿床的成矿系列问题［J］. 矿床地质，34（6）：1092~1106. .
陈毓川，裴荣富，王登红，等 . 2016. 矿床成矿系列——五论矿床的成矿系列问题［J］. 矿床地质，37（5）：519~527.
陈毓川，朱裕生，肖克炎，等 . 2006a. 中国成矿区带的划分［J］. 矿床地质，25（增刊）：1~6.
陈毓川，裴荣富，王登红 . 2006b. 三论矿床的成矿系列问题［J］. 地质学报，80（10）：1501~1508.
陈正乐，张岳桥，王小凤，等 . 2001. 新生代阿尔金山脉隆升历史的裂变径迹证据［J］. 地球学报，22（5）：413~418.
陈子光 . 1986. 岩石力学性质与构造应力场［M］. 北京：地质出版社 .
程裕淇，陈毓川，赵一鸣，等 . 1983. 再论矿床的成矿系列问题——兼论中生代某些矿床的成矿系列［J］. 地质论评，29（2）：127~139.
程裕淇，陈毓川，赵一鸣 . 1979. 初论矿床的成矿系列问题［J］. 中国地质科学院院报，1（1）：32~58.
池三川 . 1994. 非火山环境海底沉积—喷流（“SEDEX”）矿床［J］. 地学前缘，1（3-4）：183.
楚旭春，范本贤. 1982. 非洲地质概况［J］. 北京：地图出版社.
崔春香，真允庆 . 2013. 中条铜矿峪超大型斑岩铜矿床：地质、蚀变与成矿［J］. 地质找矿论丛，28（1）：1~11.
崔军文，唐哲民，邓晋福，等 . 1999. 阿尔金断裂系［M］. 北京：地质出版社 .
崔军文 . 2011. 南阿尔金断裂的韧性剪切作用时代及其构造意义［J］. 岩石学报，27（11）：3422~3434.
大庆勘探开发研究院 . 2004. 东北中新生代断陷盆地群油气资源战略调查及评价［R］. 大庆：大庆油田有限责任公司 .
戴仕炳 . 1989. 辽北太古宙绿岩带南龙王庙同韧性剪切金矿床的成因［J］. 长春地质学院学报，19（3）：279~286.
戴问天 . 1977. 密西西比河流域铅锌矿床［J］. 地质与勘探，（4）：86~96.
戴自希 . 2005. 世界铅锌资源的分布、类型和勘查准则［J］. 有色金属，（3）：15~23.
邓晋福，罗照华，苏尚国，等 . 2004. 岩石成因、构造环境与成矿作用［M］. 北京：地质出版社 .
东野脉兴 . 2004. 世界内生磷矿地质及成矿规律［J］. 化工矿产地质，26（3）：134~144.
杜思清 . 1986. 纵弯褶皱叠加的褶移现象和移褶叠加褶皱［J］. 地质论评，32（4）：359~366.
杜远生，黄宏伟，黄志强，等 . 2009. 右江盆地晚古生代—三叠纪盆地转换及其构造意义［J］. 地质科技情报，28（6）：10~15.
杜子图，吴淦国，王义强 . 1998. 微细粒浸染型金矿的构造动力成矿作用研究——以西秦岭巴西金矿为例［J］. 现代地质，12（1）：75~82.
段嘉瑞，何绍勋，周崇智 . 1992. 剪切带型金矿——以广东河台金矿为例［J］. 地质与勘探，（6）：6~11.
范正国，黄旭钊，熊盛青 . 2010. 磁测资料应用技术要求［M］. 北京：地质出版社.
方如恒 . 1991. 凡河元古宙坳拉谷关门山铅锌矿床成因研究［J］. 辽宁地质，（3）：193~218.
冯益民，何世平 . 1996. 蛇绿岩与造山作用——北祁连造山带例析［A］. 蛇绿岩与地球动力学研讨会论文集 . 北京：地质出版社，135~138.
付伟，周永章，杨志军，等 . 2005. 现代海底热水活动的系统性研究及其科学意义［J］. 地球科学进展，20（1）：81~88.
傅昭仁，李德威，李先福，等 . 1992. 变质核杂岩及剥离断层的控矿构造解析［M］. 武汉：中国地质大学出版社 .
高纪璞，杨合群 . 1992. 新疆喀拉萨依含锡花岗岩体地质特征及成岩成矿机制［J］. 西北地质科学，13

（1）：27～37.
高维，舒晴，谢顺盛，等.2016. 琼北新生代火山构造的航磁异常特征及其地质意义［J］. 地质论评，62（1）：235～247.
高阳，张寿庭.2007. 云南个旧老厂锡矿矿田构造垂直分带研究［J］. 大地构造与成矿学，31（3）：335～341.
高永宝，李文渊.2011. 东昆仑造山带祁漫塔格地区白干湖含钨锡矿花岗岩：岩石学、年代学、地球化学及岩石成因［J］. 地球化学，40（4）：324～336.
郭维民，陆建军，蒋少涌，等.2013. 安徽铜陵狮子山矿田岩浆岩年代学、Hf 同位素、地球化学及岩石成因［J］. 中国科学（D 辑：地球科学），43（8）：1268～1286.
郭彦汝，王瑾.2014. 北祁连尕大坂黑矿型矿床特征及形成环境［J］. 西北地质，47（2）：191～197.
郭振春.2002. 黔西南灰家堡金矿田“两层楼”模式及找矿意义［J］. 黄金地质，8（4）：18～23.
虢顺民，向宏发.1998. 阿尔金构造系渐新世—中新世以来断裂左旋位错时空分布规律研究［J］. 地震地质，20（1）：9～18.
韩宇捷，唐红峰，甘林.2012. 新疆东准噶尔老鸦泉岩体的锆石 U-Pb 年龄和地球化学组成［J］. 矿物学报，32（2）：193～199.
何登发，John Suppe，贾承造.2005. 断层相关褶皱理论与应用研究新进展［J］. 地学前缘，12（4）：253～364.
何绍勋，奚小双.1998. 对江西西华山钨矿脉雁行构造成因的初步探讨［J］. 地质学报，（1）：31～42.
Hutchison C S 著. 张炳熹，李文达译.1983. 矿床及其构造背景［M］. 北京：地质出版社.
Hutton D H W. 1989. 花岗岩的应变分析和定位机制［J］. 中国区域地质，（3）：193～201.
Новйков Л А，Слодской Р，М. 怡文译.1980. 火山通道的形成机制［J］. 青海地质，（2）：66～72.
侯增谦，吕庆田，王安建，等.2003. 初论陆-陆碰撞与成矿作用——以青藏高原造山带为例［J］. 矿床地质，22（4）：219～333.
侯增谦，浦边撤郎.1996. 古代与现代海底黑矿型块状硫化物矿床矿石地球化学比较研究［J］. 地球化学，25（3）：228～241.
侯增谦，宋玉财，李政，等.2008. 青藏高原碰撞造山带 Pb-Zn-Ag-Cu 矿床新类型：成矿基本特征与构造控矿模型［J］. 矿床地质，27（2）：123～144.
侯增谦.2003. 古代与现代海底热水成矿作用［M］. 北京：地质出版社.
胡受奚，林潜龙，陈泽铭，等. 1988. 华北与华南古板块拼合带地质与成矿［M］. 南京：南京大学出版社.
胡正国，钱壮志，闫广民，等.1994. 小秦岭拆离-变质杂岩核构造与金矿［M］. 西安：陕西科学技术出版社.
怀特赛德.1973. 南非前寒武纪含铀砾岩［J］. 国外放射性地质，（6）：1～11.
贾国志，陈锦荣，杨兆光，等. 2005. 金厂特大型金矿床的地质特征与成因研究［J］. 地质学报，79（5）：661～670.
江思宏，聂凤军，张义，等.2004. 浅成低温热液型金矿床研究最新进展［J］. 地学前缘，11（2）：401～411.
姜光政，高堋，饶松，等.2016. 中国大陆地区大地热流数据汇编（第四版）［J］. 地球物理学报，59（8）：2892～2910.
姜瑛，刘先利.1997. 青城子地区辽河群地层中硅质岩及其与金银矿的关系［J］. 有色金属矿产与勘查，6（4）：218～225.
焦贵浩，王同和，郭绪杰，等.2003. 二连裂谷构造演化与油气［M］. 北京：石油工业出版社.
金宝义，陈锦荣，褚金海，等.2002. 黑龙江金厂金矿区火山构造及其控矿特征［J］. 黄金地质，8

（1）：26 ~32.
科茨洛夫 . 1989. 科拉超深钻井［M］. 北京：地质出版社 .
匡文龙，刘继顺，朱自强，等 . 2003. 塔西南 MVT 型铅锌矿床成矿作用机制研究——以卡兰古铅锌矿为例［J］. 新疆地质，21（1）：136 ~ 140.
匡耀求，黄宁生，朱照宇，等 . 2002. 试论大地热流对地表环境与生态演变的影响［J］. 中国地质，29（1）：86 ~ 95.
Ivosevie S W 著 . 阮宏宏译 . 1986a. 岛弧火山成因金银矿床［J］. 国外火山地质，（3）：10 ~ 16.
Ivosevie S W 著 . 邱永泉译 . 1986b. 弧后火山成因金银矿床［J］. 国外火山地质，（3）：1 ~ 9.
李朝阳 . 1995. 有关卡林型金矿的几点认识［J］. 矿物学报，15（2）：132 ~ 137.
李大鹏，陈岳龙，王忠，等 . 2009. 内蒙古乌拉山地区大桦背岩体中锆石 LA-ICPMS 研究与成岩过程模拟［J］. 自然科学进展，19（4）：400-411.
李德伦，王恩林，梁一鸿，等 . 2011. 构造地质学［M］. 长春：吉林大学出版社 .
李东旭，张达，刘文灿，等 . 1996. 凤凰山花岗岩体构造系统分析及侵位机制［J］. 地质力学学报，2（2）：55 ~ 65.
李刚，刘正宏，李永飞，等 . 2013. 辽西医巫闾山地区韧性剪切带的应变与运动学涡度［J］. 地质通报，32（2-3）：408 ~ 423.
李红阳，牛树银，王立峰，等 . 2002. 幔柱构造［M］. 北京：地震出版社 .
李继亮 . 1992. 碰撞造山带的大地构造相［A］//现代地质学研究论文集（上）. 南京：南京大学出版社，9 ~ 21.
李继亮 . 2004. 增生型造山带的基本特征［J］. 地质通报，23（9-10）：947 ~ 951.
李继亮 . 2009. 全球大地构造相刍议［J］. 地质通报，28（10）：1375 ~ 1381.
李锦轶，肖序常，杨耀庆，等 . 1990. 新疆东准噶尔卡拉麦里地区晚古生代板块构造的基本特征［J］. 地质论评，36（4）：305 ~ 316.
李锦轶 . 2004. 新疆东部新元古代晚期和古生代构造格局及其演变［J］. 地质论评，50（3）：304 ~ 322.
李敏，冯坚，肖明尧，等 . 2012. 孙吴-嘉荫盆地早白垩世火山岩地球化学特征及其构造环境意义［J］. 世界地质，31（2）：255 ~ 261.
李四光 . 1973. 地质力学概论［M］. 北京：科学出版社 .
李文光，傅朝义，姚仲友，等 . 2014. 巴布亚新几内亚铜金矿床大地构造背景、成因类型与成矿特征［J］. 地质通报，33（2 ~ 3）：270 ~ 282.
李先福，李建威，傅昭仁 . 1999. 湘赣边区鹿井矿田走滑构造特征分析［J］. 大地构造与成矿学，23（2）：123 ~ 129.
李月臣，杨福全，赵财胜，等 . 2007. 新疆贝勒库都克岩体的锆石 SHRIMP U-Pb 年龄及其地质意义［J］. 岩石学报，23（10）：2483 ~ 2492.
李真真，李胜荣，张华锋. 2009. 黑龙江东宁县金厂金矿围岩蚀变和成矿年代学特征［J］. 矿床地质，28（1）：83 ~ 92.
梁一鸿，小玉喜三郎，岛津光夫 . 1987. 仮想基盤変位法による佐渡鉱山の割れ目系の予察的解析［J］. 鉱山地質，37（5）：337 ~ 346.
梁华英，莫济海，孙卫东，等 . 2008a. 藏东玉龙超大型斑岩铜矿床成岩成矿系统时间跨度分析［J］. 岩石学报，24（10）：2352 ~ 2358.
梁华英，喻亨祥，莫济海，等 . 2008b. 西藏冈底斯矿带成矿作用及远景分析［J］. 矿物岩石地球化学通报，27（3）：289 ~ 293.
梁良 . 1989. 澳、加不整合脉型铀矿床的构造环境［J］. 国外铀金地质，（1）：7 ~ 14.
梁新权，温淑女 . 2009. 广东凡口铅锌矿床的走滑构造及成矿模式［J］. 大地构造与成矿学，33（4）：

556~566.
梁一鸿，孙德育 . 1989. 不同层次叠加构造的控矿作用——以内蒙古十八倾壕金矿为例［J］. 长春地质学院学报，19（3）：259~269.
梁一鸿，张宏颖，秦亚，等 . 2012. 内蒙古十八倾壕金矿床的叠加成矿作用——来自黄铁矿组分特征的证据［J］. 吉林大学学报（地球科学版），42（1）：77~81.
梁一鸿，张宏颖 . 2004. 十八倾壕金矿床硫同位素组成的构造学意义［J］. 地质与勘探，40（6）：1~4.
梁一鸿 . 1990. 假想变位法模拟构造应力场的理论与实践［J］. 长春地质学院学报，20（1）：45~59.
梁一鸿 . 2004. 内蒙古十八倾壕金矿床铅同位素组成的构造学意义［J］. 中国地质，31（1）：91~95.
刘光模，简厚明 . 1983. 锡矿山锑矿田地质特征［J］. 矿床地质，（3）：43~50.
刘和甫，李晓清，刘立群，等 . 2004. 盆山耦合与前陆盆地成藏区带分析［J］. 现代地质，18（4）：389~403.
刘和甫，李晓清，刘立群，等 . 2004. 走滑构造体系盆山耦合与区带分析［J］. 现代地质，18（2）：139~150.
刘家远 . 2005. 西华山钨矿的花岗岩组成及与成矿的关系［J］. 地质找矿论丛，20（1）：1~7.
刘连登，姚风良，卿敏，等 . 1991. 中国的金矿与韧性剪切带［J］. 黄金科技动态，（3）：7~12.
刘如琦，戴立军 . 2005. 一个 S-C 构造控制金矿化的实例［J］. 地质科学，40（1）：105~113.
刘如琦 . 1976. 复合褶皱的赤平投影的分析方法［J］. 地质学报，（1）：38~56.
刘如曦 . 1980. 谈谈与火山岩有关的几个工作方法问题［J］. 抚州地质学院学报，（2）：83~101.
刘伟 . 2004. 广东河台金矿矿床成因及成矿规律研究［D］. 长沙：中南大学硕士学位论文 .
刘翔和杨崇秋 . 1996. 322 矿田主控因素新说［J］. 华东地质学院学报，19（4）：355~362.
刘寅，胡凯，韩善楚，等 . 2015. 右江盆地构造和演化及对卡林型金矿床的控制作用［J］. 高校地质学报，21（1）：1~14.
刘英超，侯增谦，杨竹森，等 . 2008. 密西西比河谷型（MVT）铅锌矿床：认识与进展［J］. 矿床地质，27（2）：253~264.
刘志刚 . 1983. 玲珑金矿田控矿构造研究［J］. 长春地质学院学报，（3）：47~54.
楼金伟 . 2012. 安徽铜陵矿集区中酸性侵入岩及狮子山矿田铜多金属矿床［D］. 合肥：合肥工业大学博士学位论文 .
卢焕章，王中刚，陈文一，等 . 2006. 贵州东南部浊积岩中金矿的地质特征和成因［J］. 矿床地质，25（4）：369~387.
卢焕章，王中刚，吴学益，等 . 2005. 贵州东南部的地质构造与金矿床的关系［J］. 地质学报，79（1）：98~105.
卢焕章，王中刚，吴学益，等 . 2012. 浊积岩型金矿地质［M］. 北京：科学出版社 .
卢衍豪 . 1980. 生物环境控制论我国寒武纪磷矿的成因类型［J］. 化工矿山技术，（4）：1~5.
卢颖淮，张宇，赖勇，等 . 2009. 黑龙江金厂金矿田岩浆和成矿作用的 LA-ICPMS 锆石定年［J］. 岩石学报，25（11）：2902~2912.
吕洪波，章雨旭，夏邦栋，等 . 2003. 南盘江盆地中三叠统复理石中的同沉积挤压构造——一类新的沉积构造的归类、命名和构造意义探讨［J］. 地质论评，49（5）：449~456.
吕庆田，董树文，史大年，等 . 2014. 长江中下游成矿带岩石圈结构与成矿动力学模型——深部探测（Sino Probe）综述［J］. 岩石学报，30（4）：889~906.
罗照华 . 2012. 小岩体成大矿学说的内涵和意义［J］. 西北地质，45（4）：204~215.
马瑾，钟嘉猷 . 1965. 几种构造变形体的光弹性模拟实验研究［A］. 构造地质问题. 北京：科学出版社，31~46.
马天林，孙立，徐兴旺 . 1998. 新疆东天山康古尔金矿控矿构造特征［J］. 地质力学学报，4（2）：45~52.

马文璞. 1992. 区域构造解析——方法理论和中国板块构造［M］. 北京：地质出版社.
马宗晋，邓起东. 1965. 节理的力学性质、分期、配套问题［A］. 构造地质问题. 北京：科学出版社，15~29.
满首波. 2003. 邓家山铅锌矿床褶皱构造控矿特征及找矿远景分析［J］. 甘肃冶金，25（3）：46~58.
毛德宝，钟长汀. 2001. 超大陆旋回和成矿作用［J］. 前寒武纪研究进展，24（2）：83~97.
毛景文，邵拥军，谢桂青，等. 2009. 长江中下游成矿带铜陵矿集区铜多金属矿床模型［J］. 矿床地质，28（2）：109~119.
莫济海，梁华英，喻亨祥. 2006. 冈底斯斑岩铜矿带冲江及驱龙含矿斑岩体锆石 LA-ICP-MS 及 SHRIMP 定年对比研究［J］. 大地构造与成矿，30（4）：504~509.
木合塔尔・扎日，吴兆宁，吴昌志，等. 2010. 东天山板块缝合区（带）的构造演化与多金属矿床成矿的关系［J］. 地球科学—中国地质大学学报，35（2）：245~253.
牛树银，孙爱群，王宝德. 2007. 地幔热柱与资源环境［M］. 北京：地质出版社.
潘桂棠，肖庆辉，陆松年，等. 2008. 大地构造相的定义、划分、特征及其鉴别标志［J］. 地质通报，27（10）：1613~1637.
潘桂棠，朱弟成. 2004. 班公湖-怒江缝合带作为冈瓦纳大陆北界的地质地球物理证据［J］. 地学前缘，11（4）：371~382.
彭少梅，伍广宇. 1994. 吴川-四会断裂带的构造演化与金矿化的关系［J］. 沈阳黄金学院学报，13（2）：109~114.
彭素霞，程建新，余吉远，等. 2013. 北祁连清水沟-白柳沟矿田块状硫化物矿床成矿特征及找矿方向［J］. 西北地质，46（4）：142~150.
普传杰. 2006. 云南潞西上芒岗金矿床成矿模式与找矿研究［D］. 昆明：昆明理工大学博士学位论文.
秦建华，吴应林，颜仰基，等. 1996. 南盘江盆地海西—印支期沉积构造演化［J］. 地质学报，70（2）：99~107.
Ramsay J G，Huber M J. 1987. 现代地质学方法——第 2 卷：褶皱和断裂［M］. 徐树桐主译. 北京：地质出版社.
任纪舜，徐芹芹，邓平，等. 2016. 构造旋回与大地构造年表［J］. 地球学报，37（5）：528~534.
日本地学团体研究会. 1984. 地学事典［M］. 东京：平凡社.
Sangster D F. 1985. 与火山有关的块状硫化物矿床［J］. 国外矿床地质，（增刊）：1~37.
山田嘉昭. 1972. 塑性・粘弹性［M］. 东京：日本鋼構造協会.
石学法，任向文，刘季花. 2009. 太平洋海山成矿系统与成矿作用过程［J］. 地学前缘，16（6）：55~65.
疏志明. 2012. 安徽铜陵凤凰山铜矿与隐伏岩体预测研究［D］. 长沙：中南大学博士学位论文.
水汀，闫晋英，王敬东. 1992. 断层模式与剪切带型金矿［J］. 国外火山地质，（3）：1~12.
宋群. 1991. 红太平多金属矿床地质特征及区域找矿意义［J］. 吉林地质，（4）：22~28.
苏玉平，唐红峰，刘丛强. 2006a. 东准噶尔别里阿屯铝质 A 型花岗岩的年代及意义［C］. 全国岩石学与地球动力学研讨会文集：158~159.
苏玉平，唐红峰，刘丛强，等. 2006b. 新疆东准噶尔苏吉泉铝质 A 型花岗岩的确立及其初步研究［J］. 岩石矿物学杂志，25（3）：175~184.
孙殿卿，邓乃恭，吴佳影，等. 1958. 柴达木盆地雁行排列和反“S”形构造所表现的运动程式［A］. 李四光，孙殿卿，吴磊伯，等著. 旋卷和一般扭动构造及地质构造体系复合问题（第二辑）. 北京：科学出版社，13~36.
孙敬博，张立明，陈文，等. 2013. 东天山红石金矿床石英 Rb-Sr 同位素定年［J］. 地质论评，（2）：382~388.

孙晓明，韦慧晓，翟伟，等 . 2010. 藏南邦布大型造山型金矿成矿流体地球化学和成矿机制［J］. 岩石学报，26（6）：1672～1684.
汤中立，焦建刚，闫海卿，等 . 2015. 小岩体成（大）矿理论体系［J］. 中国工程科学，17（2）：4～19.
唐红峰，屈文俊，苏玉平，等 . 2007. 新疆萨惹什克锡矿与萨北碱性 A 型花岗岩成因关系的年代学制约［J］. 岩石学报，23（8）：1989～1997.
唐红峰，苏玉平，邱华，等 . 2009. 新疆东准噶尔贝勒库都克锡矿带锡成矿的 $^{40}Ar-^{39}Ar$ 年龄［J］. 岩石学报，25（6）：1303～1309.
陶奎元 . 1997. 台湾金瓜石金（铜）矿床及其与福建紫金山铜（金）矿床的比较［J］. 火山地质与矿产，18（4）：260～275.
陶明信，徐永昌，史宝光 . 2005. 中国不同类型断裂带的地幔脱气与深部地质构造特征［J］. 中国科学（D 辑：地球科学），35（5）：441～451.
田升平 . 2000. 中国磷矿基本特征及分布规律［J］. 化工矿产地质，22（1）：11～16.
汪集旸，黄少鹏 . 1990. 中国大陆地区大地热流数据汇编（第二版）［J］. 地震地质，12（4）：351～366.
王成辉，徐珏，黄凡，等 . 2014. 中国金矿资源特征及成矿规律概要［J］. 地质学报，88（12）：2315～2325.
王成金，梁一鸿，王义强 . 2005. 现代地质力学［M］. 长春：长春出版社 .
王成金，梁一鸿 . 1994. 全球构造应力场理论与应用［M］. 长春：长春出版社 .
王广文 . 1990. 别子型块状硫化物矿床的地质特征构造环境及其在我国的找矿意义［J］. 矿产与勘查，（1）：17～23.
王奖臻，李朝阳，李泽琴，等 . 2001. 川滇地区密西西比河谷型铅锌矿床成矿地质背景及成因探讨[J].地质地球化学，29（2）：41～45.
王杰，任军平，何胜飞，等 . 2014. 南非主要金矿集区研究现状及存在问题［J］. 地质论评，60（5）：997～1008.
王连国，韩吉龙，柴鹏 . 2013. 黑龙江金厂金矿区 J0 号矿体闪长岩角砾的锆石 U-Pb 测年及其地质意义［J］. 世界地质，32（3）：515～521.
王平安，陈毓川，裴荣富，等 . 1998. 区域矿床成矿系列、构造-成矿旋回与演化［M］. 北京：地质出版社
王仁 . 1979. 固体力学基础［M］. 北京：地质出版社 .
王仁 . 2000. 力学的反演、反演的力学［J］. 力学与实践，22（1）：71～74.
王书来，汪东坡，祝新友 . 2001. 塔里木西南缘 MVT 型铅锌矿床流体包裹体研究［J］. 矿产与地质，15（4）：238～242.
王学平，周建廷，范爱春 . 2011. 江西省上高县七宝山铅锌铁钴矿床成矿模式［J］. 华东理工大学学报（自然科学版），34（3）：248～256.
王艳忠，程军，张苍江 . 2008. 黑龙江东宁金厂金矿地质特征及找矿前景分析［J］. 矿床地质，27（增刊）：133～138.
王义天，毛景文，陈文，等 . 2006. 新疆东天山康古尔塔格金矿带成矿作用的构造制约［J］. 岩石学报，22（1）：236～244.
王正铤 . 1988. 中国滨海砂矿成矿带［J］. 中国地质科学院天津矿产地质研究所所刊，（20）：117～131.
卫万顺，张宇辉 . 2008. 金矿床模型［M］. 北京：中国大地出版社 .
闻广，吴思本 . 1983. 安徽铜陵凤凰山岩体若干特征及成矿关系［J］. 中国地质科学院院报，（7）：1～22.
沃尔弗松，雅科夫列夫著 . 吴淦国译 . 1989. 矿田和矿床构造［M］. 武汉：中国地质大学出版社 .
吴才来，高前明，国和平，等 . 2010. 铜陵中酸性侵入岩成因及锆石 SHRIMP 定年［J］. 岩石学报，26

(9)：2630~2652.
吴德超，刘家铎，刘显凡，等.2003. 黔西南地区叠加褶皱及其对金矿成矿的意义［J］. 地质与勘探，39（2）：16~20.
吴淦国，张达，狄永军，等. 2008. 铜陵矿集区侵入岩SHRIMP锆石U-Pb年龄及其深部动力学背景［J］. 中国科学（D辑：地球科学），38（5）：630~645.
吴海威，张连生，嵇少丞.1989. 红河-哀牢山断裂带—喜马拉雅期陆内大型左行走滑剪切带［J］. 地质科学，（1）：1~8.
吴美德，芮仲清.1989. 含金剪切带型金矿床［M］. 北京：地质矿产部情报研究所.
伍跃中，赵晓健，乔耿彪，等.2017. 阿尔金成矿带的归属及成矿特征［J］. 大地构造与成矿学，41（4）：689~697.
夏邦栋，刘洪磊，吴运高，等.1992. 滇黔桂裂谷［J］. 石油实验地质，14（1）：20~30.
夏金龙，胡明安，张旺生，等.2010. 湖北大冶灵乡铁矿接触带构造与成矿［J］. 地质科技情报，29（6）：41~44.
夏林圻，夏祖春，徐学义.1998. 北祁连山早古生代洋脊-洋岛和弧后盆地火山作用［J］. 地质学报，72（4）：301~312.
夏雄刚，李凤辉.2007. 锡矿山锑矿田断褶窿曲构造及其控矿特征［J］. 西部探矿工程，（7）：99~100.
肖力，汤媛媛，赵玉锁，等.2013. 黑龙江金厂金矿床构造控岩控矿规律及找矿方向［J］. 黄金，34（11）：20~24.
肖庆辉，邓晋福，马大铨.2002. 花岗岩研究思维与方法［M］. 北京：地质出版社.
谢建成，杨晓勇，肖益林，等.2012. 铜陵矿集区中生代侵入岩成因及成矿意义［J］. 地质学报，86（3）：423~459.
徐光荣.1990. 太平洋大金环的基本特征［J］. 矿床地质，9（3）：223~230.
徐开礼，朱志澄.1989. 构造地质学［M］. 北京：地质出版社.
徐树桐，夏宗国.1980. 赤平投影在变质岩褶皱构造分析中的应用［J］. 合肥工业大学学报，（3）：21~34.
许靖华，崔可锐，施央申.1994. 一种新型的大地构造相模式和弧后碰撞造山［J］. 南京大学学报（自然科学版）.30（3）：381~389.
薛春纪，祁思敬，隗合明，等.2007. 基础矿床学［M］. 北京：地质出版社.
阎恩德.1974. 旋卷构造平面应力场之推导［J］. 地质与勘探，（6）：36~38.
杨合群，宋忠宝. 王兴安，等.2002. 北祁连山中西段塞浦路斯型铜矿特征、成矿作用及找矿标志[J].西北地质，35（4）：65~85.
杨金和.2006. 平顶山岩金矿床地质特征及成因探讨［J］. 世界地质，25（3）：264~269.
杨立强，邓军，王庆飞，等.2006. 深部构造与地质过程控矿研究［J］. 矿床地质，25（增刊）：107~110.
杨言辰，马志红，杨宝俊.2002. 中国北方古元古代成矿带矿床成矿系列研究［M］. 长春：吉林人民出版社.
杨振升.1985. 韧性变形带与太古宙杂岩［J］. 长春地质学院学报，（2）：1~11.
杨志明，侯增谦.2009. 初论碰撞造山环境斑岩铜矿成矿模型［J］. 矿床地质，28（5）：515~538.
姚凤良，孙丰月.2006. 矿床学教程［M］. 北京：地质出版社.
伊齐克松著. 刘浩龙，许德焕，于之鸿，等译.1985. 太平洋区域成矿分带［M］. 北京：地质出版社.
于明旭，任风翘.1992. 内蒙古十八倾壕金矿区韧性剪切带变质作用研究［J］. 黄金科技动态，（3）：6~11.
俞旭.1978. 世界大洋的锰结核［J］. 海洋科学，（3）：25~36.

袁见齐，朱上庆，翟裕生．1985．矿床学［M］．北京：地质出版社．
袁晓丹．1994．褶皱构造对七宝山铅锌矿石质与量的影响［J］．江西冶金，14（2）：44．
曾庆栋，刘建明，万志民，等．2007．内蒙古赤峰市白音诺尔铅锌矿床构造控制与找矿方向［J］．大地构造与成矿学，31（4）：430~434．
曾允孚，刘文均，陈洪德，等．1995．华南右江复合盆地的沉积构造演化［J］．地质学报，69（2）：113~124．
翟裕生，林新多．1993．矿田构造学［M］．北京：地质出版社．
翟裕生，秦长兴．1987．关于成矿系列和成矿模式［A］//矿床参考书（下册）．北京：地质出版社，214~227．
翟裕生，姚书振，崔彬．1996．成矿系列研究［M］．武汉：中国地质大学出版社．
翟裕生．1981．矿田构造与成矿［M］．北京：地质出版社．
翟裕生．1984．矿田构造学概论［M］．北京：冶金工业出版社．
翟裕生．1997．大型构造与超大型矿床［M］．北京：地质出版社．
翟裕生．2000．成矿系统及其演化——初步实践到理论思考［J］．地球科学，25（4）：333~ 339．
张 蕾，杜定全，张晗彬，等．2012．黔西南灰家堡金矿田的构造控矿模式研究［J］．黄金，33（9）：13~18．
张斌，陈文，喻顺．2014．美国卡林型金矿定年史的启示［J］．黄金科学技术，22（1）：1~7．
张长青，毛景文，吴锁平，等．2005．川滇黔地区 MVT 铅锌矿床分布、特征及成因［J］．矿床地质，24（3）：336~348．
张长青，余金杰，毛景文，等．2009．密西西比型（MVT）铅锌矿床研究进展［J］．矿床地质，28（2）：195~210．
张长青．2008．中国川滇黔交界地区 MVT 铅锌矿床成矿模型［D］．北京：中国地质科学院研究生院博士学位论文．
张达，吴淦国，李东旭．2001．铜陵凤凰山岩体接触带构造变形特征［J］．地学前缘，8（3）：223~228．
张德全，王富春，佘宏全，等．2007．柴北缘—东昆仑地区造山型金矿床的三级控矿构造系统［J］．中国地质，34（1）：92~100．
张国武．1993．凡河元古宙坳拉谷关门山铅锌矿床铅同位素研究［J］．辽宁地质，（1）：24~37．
张建忠，杨捷，杨旭，等．2014．贵州赫章县菜园子菱铁矿矿床地质特征及找矿前景［J］．化工矿产地质，36（1）：24~30．
张锦泉，蒋廷操．1994．右江三叠纪弧后盆地沉积特征及盆地演化［J］．广西地质，7（2）：1~14．
张进江，郑亚东，刘树文．2003．小秦岭金矿田中生代构造演化与矿床形成［J］．地质科学，38（1）：74~84．
张秋生．1987．对“科拉超深钻井”简介与评价［J］．地质论评，33（5）：489~491．
张树明和王方正．2002．玄武岩在研究岩石圈深部过程及构造背景中的应用［J］．地球科学进展，17（5）：685~692．
张兴洲，孙加鹏，高福红，等．2008．中国东北与俄罗斯毗邻地区中-新生代盆地对比研究［R］．大庆：大庆油田有限责任公司勘探开发研究院．
张杨，陈奇，杨洪波，等．2012．吉林红太平铜多金属矿床地质特征及成因探讨［J］．吉林地质，21（3）：48~52．
张贻侠主编．1993．矿床模型导论［M］．北京：地震出版社．
张永北．1999．龙陵-瑞丽走滑体系中段自相似结构与热液成矿定位［J］．地质学报，73（4）：334~341．
赵全国．2006．通化赤柏松镁铁—超镁铁质岩石的形成时代与地球化学特征及对成矿作用的制约［D］．长春：吉林大学硕士学位论文．

赵一鸣，毕承思 . 2000. 宁乡式沉积铁矿床的时空分布和演化［J］. 矿床地质，19（4）：350 ~ 362.
赵寅震 . 1977. 黑龙江某矿田构造及控矿规律探讨［J］. 长春地质学院学报，（4）：12 ~ 25.
赵永鑫 . 1994. 破背斜的控矿作用［J］. 矿床地质，（增刊）：93 ~ 95.
郑禄林，杨瑞东，刘建中，等 . 2014. 黔西南泥堡金矿床大型隐伏金矿体地质特征研究［J］. 地质与勘探，50（4）：689 ~ 699.
郑庆年 . 1993. 一个褶皱控矿的典型—厚婆坳银多金属矿床成矿构造浅析［J］. 地质与勘探，（11）：23 ~ 28.
郑有业，多吉，王瑞江，等 . 2007. 西藏冈底斯巨型斑岩铜矿带勘查研究最新进展［J］. 中国地质，34（2）：324 ~ 334.
周朝宪，魏春生，叶造军 . 1997. 密西西比河谷型铅锌矿床［J］. 地质地球化学，（1）：65 ~ 75.
周二斌 . 2011. 豆荚状铬铁矿床的研究现状及进展［J］. 岩石矿物学杂志，30（3）：530 ~ 542.
周辉，吴巧生，李继亮 . 1998. 德国大陆深钻 KTB 的新认识［J］. 地质科技情报，17（3）：45 ~ 46.
周家云，陈家彪，沈冰，等 . 2008. 四川拉拉铜矿构造成矿动力学机制［J］. 大地构造与成矿学，32（1）：98 ~ 104.
周俊法，吴江涛 . 1983. 航磁异常与陆相火山构造［J］. 地质与勘探，（1）：50 ~ 56.
周乃武 . 1999. 液态矿源说二次迁移论——内生金矿成矿模式与找矿模型［J］. 黄金学报，1（2）：85 ~ 89.
周涛发，范裕，袁峰，等 . 2011. 长江中下游成矿带火山岩盆地的成岩成矿作用［J］. 地质学报，85（5）：712 ~ 730.
周勇，潘裕生 . 1998. 茫崖-肃北段阿尔金断裂右旋走滑运动的确定［J］. 地质科学，33（1）：9 ~ 16.
周勇，潘裕生 . 1999. 阿尔金断裂早期走滑运动方向及其活动时间探讨［J］. 地质论评，45（1）：1 ~ 9.
朱光，刘程，顾承串，等 . 2018 . 郯庐断裂带晚中生代演化对西太平洋俯冲历史的指示［J］. 中国科学：地球科学，48（4）：415 ~ 435.
朱光，牛漫兰，刘国生，等 . 2005. 郯庐断裂带肥东段走滑运动的 $^{40}Ar/^{39}Ar$ 法定年［J］. 地质学报，79（3）：303 ~ 316.
朱上庆，池三川 . 1992. 层控矿床及找矿［M］. 北京：地质出版社 .
朱永红，徐石辉，王祁仑，等 . 2012. 贵州务川汞矿带木油厂矿田地质特征及成矿模式［J］. 地质与勘探，48（1）：38 ~ 48.
朱裕生，肖克炎，宋国耀，等 . 2007. 中国主要成矿区（带）成矿地质特征及矿床成矿谱系［M］. 北京：地质出版社 .
朱志澄 . 1990. 构造地质学［M］. 北京：地质出版社 .
朱志澄 . 1991. 逆冲推覆构造［M］. 武汉：中国地质大学出版社 .
祝新友，汪东坡，王书来 . 1997. 新疆塔木-卡兰古 MVT 铅锌矿带地质特征［J］. 有色金属矿产与勘查，6（4）：202 ~ 207.
祝新友，汪东坡，王书来 . 1998. 新疆阿克陶县塔木—卡兰古铅锌矿带矿床地质和硫同位素特征［J］. 矿床地质，17（3）：204 ~ 214.
卓维荣 . 1990. 热泉型金矿床地质特征和成矿模式［J］. 国外铀金地质，（2）：16 ~ 20.
Acocella V，Palladino D M，Cioni R et al. 2012. Caldera structure，amount of collapse，and erupted volumes：The case of Bolsena caldera，Italy［J］. GSA Bulletin，124：（9/10）：1562 ~ 1576.
Acocella V. 2006. Caldera types：How end - members relate to evolutionary stages of collapse［J］. GEOPHYSICAL RESEARCH LETTERS，33（18）：L18314.
Anderson D L. 1975. Chemical Plumes in the Mantle［J］. Geol. Soc. AM. Bull.，86：1593 ~ 1600.
Anderson E M. 1936. The dynamics of the formation of cone sheets，ring-dykes and cauldron subsidences［J］.

Proc. R. Soc. , 56: 128~57.

Anderson E M. 1951. The dynamics of faulting: 2nd ed [M]. Edinburgh: oliver and Boyd.

Aramaki S. 1969. Pyroclastic flows, calderas, and other depressions in southern Kyushu, Japan [C]. symposium on Volcanoes and their roots, volume of abstracts: 77.

Armstrong R A, Compston W, Retief E A et al. 1991. Zircon ion micro-probe studies bearing on the age and evolution of the Witwatersrand triad [J]. Precambrian Research, 53: 243~266.

Aramaki S. 1984. Formation of the Aira Caldera, Southern Kyushu [J]. Journal of Geophysical Research, 89: 8485~8501.

Armstrong R A, Wilson A H. 2000. A SHRIMP U-Pb Study of Zircons from the Layered Sequence of the Great Dyke, Zimbabwe, and a Granitoid Anatectic Dyke [J]. Earth and Planetary Science Letters, 180 (1-2) : 1~12.

Barbarin B. 1999. A review of the relationships between granitoid type, their origins and their geodynamic environment [J]. Lithos, 46: 605~625.

Barr S M, Macdonald A S. 1978. Geochemistry and Petrogenesis of Late Cenozoic Alkalinee Basalts of Thailand [J]. Bull. Geol. Soc. Malaysia, 10: 25-52.

Basuki N I, Spooner E T C. 2004. A review of fluid inclusion emperatures and salinities in Mississippi Valley-type Zn-Pb deposits: Identifying thresholds for metal transport [J]. Exploration and Mining Geology, 11 (1-4): 1~17.

Batchelor R A, Bowden P. 1985. Petrogenetic interpretation of granitoid rock series using multicationic parameters [J]. Chemical Geology , 48 (1-4): 43~55.

Beloussov V V. 1984. The summary of international Pamir-Himalayan project and future working imagine [C]. Earth crust and upper mantle of Pamir-Himalaya and southern Tainshan, 3~8.

Billings M P, 1972. Structural geology (3nd edition) [M]. Englewood Cliffs, New Jersey, Prentice Hall, Inc.

Bonatti E, Kay M et al. 1976. Metalliferous Deposits from the Apennine Ophiolites: Mesozoic Equivalents of Modern Deposits from Oceanic Spreading Centers [J]. Bull. Geol. Soc. Am. , 87: 83~94.

Bonham H F. 1986. Models for volcanic-hosted epithermal precious metal deposits: A review [C]//Volcanism, hydrothermal systems and related mineralization. International Volcanological Congress, Sym-posium. Hamilton, NewZealand, 13~17.

Bowden P, Kinnaird J A. 1978. Younger Granites of Nigeria——a Zinc-reach tin Province [J]. Trans. Instn Min. Metall, 87: 66~69.

Boyer S E, Elliott D. 1982. Thrust Systems [J]. A. A. P. G. Bull. , 66 (9): 1196~1230.

Boyle R W. 1979. The geochemistry of gold and its deposits [M]. Ottawa, Ontario, Canada: Bulletin-Geological Survey of Canada.

Brace W F. 1964. Indentation hardness of minerals and rocks [J]. Neues Jahrbuch fuer Geologie und Palaeontologie. Monatshefte: 257~269.

Bradshaw G D, Rowins S M, Peter J M. 2008. Genesis of the Wolverine Volcanic Sediment-Hosted Massive Sulfide Deposit. Finlayson Lake District, Yukon, Canada: Mineralogical, Mineral Chemical, Fluid Inclusion, and Sulfur Isotope Evidence [J]. Economic Geology, 103: 35~60.

Burke K, Dewey J F. 1973. Plume-generated Triple Junctions: Key Indicators in Applying plate tectonics to old rocks [J]. Journal of Geology, 81 (4): 406~433

Caia J. 1976. Palaeogeographical and Sedimentological Controls of Copper, Lead, and Zinc Mineralization in the Lower Cretaceous Sandstones of Africa [J]. Econ. Geol. , 71: 409~422.

Cawood P A , Kroener A, Windley B F. 2003. Accretionary orogens: Definition, character, significance [M]//

EGS-AGU-EUG Joint Assembly. Abstracts from the Meeting Held in Nice France: 6~11.
Condie K C. 1981. Archean greenstone belts [M]. Amsterdam: Elsevier Scientific Publishing Company.
Cox D P, Singer D A. 1986. Mineral Deposit Models [M]. Reston, VA, United States: U. S. Geological Survey.
Cox S F. 1990. Fluid generation、fluid circulation and deformation. Nuna research conference on Greenstone gold and crustal evolution [C]. Geol. Assoc. Canada, St. John's, NL, Canada: 95~97.
Dahlkamp F J. 1980. The time related occurrence of uranium deposits [J]. Mineralium Deposita, 15 (1): 69~79.
De Jager D H, Fourie P J. 1978. A Review of Some New Aspects on Phosphate Mineralization in the Palabora Igneous Complex (South Africa) [C]. Preprint Am. Instn. Min. Metall. Eng. Meeting. Denver, Colorado.
Deans T. 1966. Economic Mineralogy of Africa Carbonatites [A]. O. F. Tuttle and J. Gittins, eds. Carbonatites. New York: Interscience, 385~413.
Dedn J G Van. 1978. Stratiform copper and zinc mineralization in the Cretaceous of Angola [J]. Econ. Geol., 73: 1154~1161.
Du Plessis C P, Walraven F. 1990. The tectonic setting of the Bushveld Complex in Southern Africa [J]. Tectonophysics, 179 (3-4): 305~319.
Faulds J E, Varga R J. 1998. The role of accommondation zones and transfer zones in the regional segmengtation of extended terranes [J]. GSA. 323 (Special Papers): 1~45.
Fletcher J M, Bartley J M, Martin M W et al. 1995. Large-magnitude continental extension: An example from the central Mojave metamorphic core complex [J]. GSA Bulletin, 107 (12): 1468~1483.
Fyfe W S, Price N J, Thompson A B. 1978. Fluid in the Earth's crust [M]. Amsterdam: Elsevier.
Gammons C H, Williams-Jones A E. 1997. Chemical Mobility of Gold in the Porphyry-Epithermal Environmen [J]. Economic Geology, 92: 45~59.
Garson M S, Krs M. 1976. Geophysical and Geologcal Evidence of Red Sea Transverse Tectonic to Ancient Fractures [J]. Bull. Geol. Soc., 87: 169~181.
Garson M. S. 1966. Carbonatites in Malawi [J]. Bull. Geol. Surv. Malawi: 33~71.
George U. 1979. An Ocean is Born [J]. Geo., 1: 93~112.
Gerasimovsky V I, Kogarko L N, Volkov V P et al. 1974. The Kola Peninsula [M]. London: John Wiley and Sons.
Geringer G J, Pretorius J J, Cilliers F H. 1987. Strata-bound copper-iron sulfide mineralization in a Proterozoic front arc setting at Boksputs, Northwest Cape, South Africa——a possible Besshi-type deposit [J]. Mineralium Deposita, 22 (2): 81~89.
Goodfellow W D. 2001. Genesis of massive sulphide deposits in the Bathurst mining camp, northern New Brunswick, Canada [C]. North Atlantic Minerals Symposium, Extended Abstracts Volume: 51~57.
Goto Y, McPhie J. 2018. Tectonics, structure, and resurgence of the largest Quaternary caldera in Japan: Kutcharo, Hokkaido [J]. GSA Bulletin, 130 (7-8): 1307~1322.
Groves D I, Goldfarb R J, Hagemann S G et al. 1998. Orogenic gold deposits: A proposed classification in the context of their crustal distribution and relationship to other gold deposit types [J]. Ore Geology Reviews, 13 (1-5): 7~27.
Guild P W. 1972. Massive Sulphides vs. Porphyry Deposits in their Global Tectonic Setting [C]. Tokyo: Joint meeting MMIJ-AIME.
Harding T P. 1985. Seismic characteristics and identification of negative flower structures, positive flower structures, and positive structural inversion [J]. AAPG Bulletin, 69 (4): 582~600.

Harris J F. 1961. Summary of the Geology of Tanganyika. Part IV: Economic Geology [R]. Geological Survey of Tanganyika.

Hashimoto M, Saito Y. 1970. Metamorphism of Paleozoic greenstone of the Tamba Plateau [J]. J. Geol. Soc. Japan, 76: 1~6.

Heald P, Foley N K, Hayba D O. 1987. Comparative Anatomy of Volcanic Hosted Epithermal Deposits : Acid Sulphate and Adularia-sericite Type [J]. Econ. Geol. , 82 (1): 1~26.

Hedenquist J W, Izawa E, Arribas A et al. 1996. Epithermal gold deposits: styles, characteristics, and exploration [M]. Resource Geology (Special Publication) . Ibaraki: Society of Resource Geology.

Hendenquist J W. 1994. The role of magmas in the formation of hydrothermal ore deposits [J]. Nature, 370: 519~527.

Horikoshi E. 1990. Opening of the Sea Japan and Kuroko deposit formation [J]. Mineral Deposita, 25 (2): 140~145.

Hutchison C S. 1989. Geological evolution of SE Asia [M]. Oxford: Oxford University Press.

Hutton D H W, Depster T J, Brown P E et al. 1990. A new mechanism of granite emplacement: intrusion in active extensional shear zones [J]. Nature, 343: 452~455.

Hutton D H W, Reavy R J. 1992. Strike-slip tectonics and granite emplacement [J]. Tectonic, 11: 960~967.

Hutton D H W. 1988. Granite emplacement mechanisms and tectonic controls: inperences from deformation studies [J]. Earth Sciens. (79): 245~255.

Jamison W R. 1987. Geometric analysis of fold development in overthrust terranes [J]. Journal of Structural Geology, 9 (2): 207~219.

Johnson A M. 1977. Styles of folding: mechanics and mechanisms of folding of natural elastic materials [M]. Amsterdam: Elsevier Scientific Pub. Co.

Kerrich R, Goldfarb R, Groves D et al. 2000. The characteristics , origins and geodynamic setting of supergiant gold metallogenic provinces [J]. Science in China (D), 43 (supp.): 1~68.

Khanchuk A I, Gonevchk G A, Seltmann R. 2004. Metallogeny of the Pacific northwest (Russian Far East): Tectonics, magmatism and metallogeny of active continental margins [M]. Vladivostok: Far East Geological Institute.

Khanchuk A I. 2006. Geodynamics, magmatism and metallogeny of the Russian east [M]. Vladivostok: Far East Geological Institute.

King B C. 1970. Volcanicity and Rift Tectonics in East Africa [A]. Clifford T N, Gass I G eds. African Magmatism and Tectonics. Edinburgh: Oliver and Boyd, 263~283.

Kokelaar P. 2007. Friction melting, catastrophic dilation and breccia formation along caldera superfaults [J]. Journal of the Geological Society, 164: 751~754.

Leach D L, Bradley D C, Huston D L et al. 2010. Sediment-hosted lead-zinc deposits in Earth history [J]. Economic Geology , 105 (3): 593~625.

Leach D L, Bradley D C, Lewchuk M T et al. 2001. Mississippi Valley-type lead-zinc deposits through geological time: Implications from recent age-dating research [J]. Mineralium Deposita, 36: 711~740.

Li Z P, Peters S G. 1998. Comparative geology and geochemistry of sedimentary-rock-hosted (Carmin Type) gold deposits in the People's Republic of China and in Nevada, USA [R]. U. S. geological Survey of Open-file Report (98-466): 1~160.

Lister G S, Snoke A W. 1984. S-C mylonites [J]. Journal of Structural Geology , 6 (6): 617~638.

Lister G S, Davis G A. 1989. The origin of metamorphic core complexes and detachment faults formed during Tertiary continental extension in the northern Colorado river regine, U. S. A [J]. J. Stuc. Geol. , 11 (1-2):

65～94.
Lonsdale P. 1979. A Deep-sea Hydrothermal site on a strike-slip fault [J]. Nature, 281: 531～534.
Lowell J D. 1985. Structural styles in petroleum exploration [M]. Oil & Gas Consult. Int., Tulsa, OK, United States.
Lvingstone D E. 1973. A Plate Tectonic Hypothesis for the Genesis of Porphyry Copper Deposits of the Southern Basin and Range Province [J]. Earth Planet. Sci. Lett. 20: 171～179.
Maniar P D, Piccoli P M. 1989. Tectonic discrimination of granitoids [J]. GSA. Bull., 101: 635～643.
Margaret G, Robert McA. Jr, Carol L W. 1973. Glossary of Geology [M]. Washington: American Geological Institute.
Marti J, Ablay G J, Redshaw L T et al. 1994. Experimental studies of collapse calderas [J]. Journal of the Geological Society, Lodon, 151: 919～929.
Maruyama S. 1994. Plume Tectonics [J]. Jour. Geol. Soc. Japan, 100 (1): 24～49.
Mattaue M. 1980. Fault geometry at zones of accretion [J]. Bulletin de la Societe Geologique de France, 22 (6): 975～979.
Meschede M. 1986. A method of discriminating between different types of mid-ocean ridge basalts and continental tholeiites with the Nb-Zr-Y diagram [J]. Chemical Geology, 56 (3-4): 207～218.
Mitchell A H G, Garson M S. 1981. Mineral Deposit and Global Tectonic Setting [M]. London: Academic Press.
Mitchell A H G, Garson M S. 1976. Mineralization at Plate Boundaries [J]. Minerals Sci. Engng, 8: 129～169.
Mitchell A H G. 1979. Rift, Subduction and Collision-related in Belts [J]. Bull. Geol. Soc. Malaysia, 11: 81～102.
Mitchell A H G. 1976. Tectonic Settings for Emplacement of Subduction-related Magmas and Associated Mineral Deposits [J]. Spec. Paps. Geol. Ass. CAN, 14: 3～21.
Mitchell A H G. 1977. Tectonic Setting for Emplacement of Southeast Asian Tin Granites [J]. Bull. Geol. Sco. Malaysia, 9: 123～140.
Miyashiro A. 1972. Metamorphism and Metamorphic belt [M]. London: George Allen and Unwin Ltd.
Monika W, Ulrich K, Shigeyuki S. 2017. Zircon U-Pb geochronology and Hf isotopes from the Sanbagawa metamorphic belt, western Shikoku, Japan: evidence for the prevalence for the Late Cretaceous protoliths [C]. European Geosciences Union General Assembly Conference Abstracts: 19.
Moore I, Kokelaar P. 1997. Tectonic influences in piecemeal caldera collapse at Glencoe Volcano, Scotland [J]. Journal of the Geological Society, London, 154: 765～768.
Moore I, Kokelaar P. 1998. Tectonically controlled piecemeal caldera collapse: A case study of Glencoe volcano, Scotland [J]. GSA Bulletin, 110 (11): 1448～1466.
Morgan W J. 1971. Convection plumes in the lower mantale [J]. Nature, 230: 42～43.
Muntean J L, Cline J S, Simon A C. 2011. Magatic-hydrothermal origin of Nevada's Carlin-type gold deposits [J]. Nature Geoscience, 4 (2): 122～127.
Myers J S. 1997. Geology of granite [J]. Journal of the Royal Society of Western Australia, 80 (Part 3): 87～100.
Norman D I. 1978. Ore Deposits Related to the Keweenawan Rift [A]. Petrology and Geochemistry of Continental Rift. Riedel, Holland: Proc. NATO. Advanced Study Inst., (1): 245～253.
Nozaki T, Kato Y, Suzuki K et al. 2011. Re-Os ages of besshi type massive sulfide deposits associated with in situ basalt as a new age constraint for ridge subduction [J]. Mineralogical Magazine, 75 (3): 1553.
Nozaki T, Kato Y, Suzuki K. 2010. Re/Os geochronology of the Iimori besshi-type massive sulfide deposit in the Sanbagawa metamorphic belt, Japan [J]. Geochimica et Cosmochimica Acta, 74 (15): 4322～4331.

Nozaki T, Nakamura K, Awaji S et al. 2006. Whole-rock geochemistry of basic schists from the Besshi area, central Shikoku: Implications for the tectonic setting of the Besshi sulfide deposit [J]. Resource Geology, 56: 423~432.

Nozaki T. 2015. Metallogenic study of besshi-type volcanogenic massive sulfide deposit using a Re-Os dating method [J]. Geochemistry, 49 (2): 65~78.

Okamoto K, Maruyama S, Isozaki Y. 2000. Accretionary complex origin of the Sambagawa high P/T metamorphic rocks, Central Shikoku, Japan—layer-parallel shortening structure and greenstone geochemistry [J].Journal of Geological Society of Japan, 106: 70~86.

Olade M A. 1976. Global Tectonic and Metallogeny of Intracontinental Rifts and Aulacogens [C]. 25th International Geological Congress, Symposium 104. 1, Metallogenesis and the new global tectonics, Sydney. 16~25.

Olson P, Yuen D A. 1982. Thermochemical plumes and mantle phase transitions [J]. Jour. Geophys. Res., 87: 3993~4002.

Packham G H, Falvey D A. 1971. An hypothesis for the formation of marginal seas in the western Pacific [J]. Tectonophysics, 11 (2): 79~109.

Paterson M S, Weiss L E. 1966. Experimental deformation and folding in phyllite [J]. GSA Bulletin, 77: 343~374.

Pearce J A, Harris N B W, Tindle A G. 1984. Trace element discrimination diagrams for the tectonic interpretation of granitic rocks [J]. Journal of Petrology, 25: 956~983.

Pearce J A, Cann J R. 1973. Tectonic setting of basic volcanic rocks determined using trace element analyses [J]. Earth Planetary Science Letters, 19: 290~300.

Pearce J A, Gale G H. 1977. Identification of ore-deposition environment from trace-element geochemistry of associated igneous host rocks [A]. In: Volcanic Processes in Ore Genesis. Geological Society, London, (Special Publications): 14~24.

Pearce J A, Norry M J. 1979. Petrogenetic implications of Ti, Zr, Y, and Nb variations in volcanic rocks [J]. Mineralogy and Petrology, 69 (1): 33~47.

Pearce J A. 1976. Statistical analysis of major element patterns in basalts [J]. J. Petrol., 17: 15~43.

Pearce J A. 1982. Trace element characteristics of lavas from destructive plate boundaries [A]. In: Orogenic Andesites and Related Rocks by Thorpe R. S. Chichester: John Wiley and Sons.

Pearce T H, Gorman B E, Birkett T. C. 1977. The relationship between major element chemistry and tectonic environment of basic and intermediate volcanic rocks [J]. Earth and Planetary Science Letters, 36 (1): 121~132.

Popov V K, Simanenko V P, Sakhno V G. 2006. East Sikhote volcanic-plutonic belt (Late Cenomanian-Maastrichtian) [M]. (in Geodynamocs, Magmatism and Metallogeny of the Russian East by KhanchukA. I.) 273~281

Ramsay J G. 1967. Folding and Fracturing of Rocks [M]. New York: McGraw-HiU.

Ramsay J G. 1980. The crack-seal mechanism of rock deformation [J]. Nature, 284: 135~139.

Rodionov S M. 1999. Geodynamic setting and lithological control of tin mineralization of Russia East [C]. In: Structure and evolution of East Asia, by Institute of Tectonics and Geophysics, Far East Branch of Russian Academy of Sciences. Khabarovsk: 58~85.

Rona P A. 1978. Criteria for Recognition of Hydrothermal Mineral Deposits in Oceanic Crust [J]. Econ. Geol., 73: 135~160.

Rytuba J J. 1994. Evolution of volcanic and tectonic features in caldera settings and their importance in the localization of ore deposits [J]. Economic Geology, 89: 1687~1696.

Sangster D F. 1985. Silver in sediment - hosted stratiform lead - zinc deposits [C]. Silver '85. Vancouver: Geol. Assoc. Can.

Sato K, Kase K. 1996. Pre-accretionary mineralization of Japan [J]. Island Arc, 5: 216~228.

Sato T. 1977. Kuroko Deposits: their Geology, Geochemistry and Origin [A]. Volcanic Process in Ore Genesis. Instn. Min. Metall. and Geol. Soc. Lond. Spec. Pub, 153~161.

Sawkins F J. 1972. Sulfide Ore Deposits in Relation to Plate Tectonics [J]. J. Geol., 80: 377-397.

Sawkins F J. 1976. Metal Deposits Related to Intracontinental Hotspot and Rifting Environments [J]. J. Geol., 84: 653~671.

Shervais J W. 1982. Ti-V plots and the petrogenesis of modern and ophiolitic lavas [J]. Earth and Planetary Science Letters, 59 (1): 101~118.

Shimamoto T. 1989. The origin of S-C mylonites and a new fault-zone model [J]. Journal of Structural Geology, 11 (1-2): 51~64.

Sibson R H. 1977. Fault rocks and fault mechanisms [J]. Journal of the Geological Society, 133 (3): 191~233.

Skilling I P. 1993. Incremental caldera collapse of Suswa volcano, Gregory Rift Valley, Kenya [J]. Journal of the Geological Society, London, 150: 885~896.

Smith R L, Bailey R A. 1968. Resurgent cauldrons [J]. Geological Society of America Memoir, 116: 613~662.

Sobel E R, Arnaud N, Jolivet M et al. 2001. Jurassic to Cenozoic exhumation history of the Altun Tagh range, northwest China, constrained by $^{40}Ar-^{39}Ar$ and apatite fission track thermochronology [J]. In: Paleozoic and Mesozoic Tectonic Evolution of Central Asia: from Continental Assembly to Intracontinental Deformation. Geological Society of America Memoir, 194: 247~267.

Sobel E R, Arnaud N. 1999. A possible middle Paleozoic suture in the Altyn Tagh, northwest China [J]. Tectonics, 18: 64~74.

Stewart S A. 1999. Mid-Jurassic volcanic structures in the Outer Moray Firth Basin, UK [J]. Journal of the Geological Society, 156: 487~499.

Sun S S, McDonough W F. 1989. Chemical and isotopic systematics of oceanic basalts: implications for mantle composition and processes [J]. Geological Society, London, Special Publications, 42 (1): 313~345.

Suppe J. 1983. Geometry and kinematics of fault-bend folding [J]. Amer Jour Sci., 283 (7): 684~721.

Tatsumi T, Takagi Y, Otagaki T. 1972. Geology of the Kuroko Deposits [C]. Joint meeting MMIJ - AIME. Tokyo: Technical session.

Taylor R P. 1979. Topsails igneous complex - further evidence of middle Palazoepeirogeny and anorogenic magmatism in the northern Appala-chians [J]. Geology, 7: 488~490.

Tomek F, Žák J, Svojtka M. 2019. Emplacement dynamics of syn-collapse ring dikes: An example from the Altenberg-Teplice caldera, Bohemian Massif [J]. GSA Bulletin, 131 (5/6): 997~1016.

Troll V R, Walter T R, Schmincki H U. 2002. Cyclic caldera collapse: Piston or piecemeal subsidence? Field and experimental evidence [J]. Geology, 30 (2): 135~138.

Turner F J, Weiss L E. 1963. Structural analysis of metamorphic tectonites [M]. New York: McGraw - Hill Book Co.

Vokes F M, Gale G H. 1976. Metallogeny Relatable to Global Tectonics in Southern Scandinavia [J].Spec. Pap. Geol. Ass. Can., 14: 413~441.

Watanabe M, Hoshino K, Kagami H et al. 1998. Rb - Sr, Sm - Nd and K - Ar systematics of metamorphosed pillowed basalts and associated besshi-type deposits in the Sanbagawa Belt, Japan [J]. Mineralium Deposita, 34 (1): 113~120.

White W. 1968. Ore Deposits of the Western United States, 1933~1967 [M] . Am. Inst. Metall. Engng, 303.

Williams H. 1941. Calderas and their origin [J]. Geological Sciences, 25 (6): 239~346.

Williamson A, Hancock G. 2005. The Geology and Mineral Potential of Papua New Guinea [M]. Port Moresby: Papua New Guinea Depart-ment of Mining.

Wilson J T. 1963. A possible origin of the Hawaiian islands [J]. Can. J. Phys. , 41 : 863~870.

Wilson J T. 1965. Evidence from ocean islands suggesting movement in the earth [C]. In symposium on continental drift. Phi. Trans. R. Soc. Lond: 258 : 145~167.

Wilson J T. 1966. Did the Atlantic close and then re-open? [J]. Nature, 211, 676~681.

Yokoyama I. 1969a. Geophysical studies of the subsurface structure of calderas [C]. Symposium on volcanoes and their roots, volume of abstracts: 75.

Yokoyama I. 1969b. Some remarks on calderas [J]. Geophysical Bulletin of the Volcanological Society of Japan, 14 (2): 77~83.

Yoshiki S, Kazumasa A. 2018. Three distinct metamorphic units in the Cretaceous Sanbagawa HP belt inferred from LA-ICP-MS zircon U-Pb dating [J]. Geological Society of America, 2018 annual meeting & exposition Abstracts: 42.